贵州省交通建设系列科技专著

贵州机制砂高性能混凝土工程应用

贵州省交通运输厅　组织编写
蒋正武　梅世龙　康厚荣　编　　著

人民交通出版社股份有限公司
China Communications Press Co.,Ltd.

内 容 提 要

本书为"贵州省交通建设系列科技专著"中的一本。全书全面总结了贵州省近年来在交通建设中机制砂高性能混凝土的工程应用实践，主要内容包括机制砂高性能混凝土定义与发展、机制砂高性能混凝土施工技术、普通机制砂高性能混凝土及各类特种机制砂高性能混凝土，如机制砂自密实混凝土，超大粒径骨料机制砂自密实混凝土，机制砂水下抗分散混凝土，机制砂抗扰动混凝土，机制砂高强混凝土，机制砂超高泵送混凝土等生产、制备技术及其在交通建设中典型重大工程案例中的应用实践与分析。

本书可供交通、市政、建筑、水运专业从事混凝土工程、混凝土材料、混凝土施工的研究、设计、施工人员使用，也可作为大专院校师生参考使用。

图书在版编目(CIP)数据

贵州机制砂高性能混凝土工程应用 / 蒋正武，梅世龙，康厚荣编著 ；贵州省交通运输厅组织编写. —北京：人民交通出版社股份有限公司，2015.11

(贵州省交通建设系列科技专著)

ISBN 978-7-114-12592-8

Ⅰ. ①贵… Ⅱ. ①蒋… ②梅… ③康… ④贵… Ⅲ. ①高强混凝土—研究 Ⅳ. ①TU528.31

中国版本图书馆 CIP 数据核字(2015)第 257575 号

贵州省交通建设系列科技专著

书　　名：**贵州机制砂高性能混凝土工程应用**

著 作 者：蒋正武　梅世龙　康厚荣

责任编辑：周　宇　牛家鸣

出版发行：人民交通出版社股份有限公司

地　　址：(100011)北京市朝阳区安定门外外馆斜街 3 号

网　　址：http://www.ccpress.com.cn

销售电话：(010)59757973

总 经 销：人民交通出版社股份有限公司发行部

经　　销：各地新华书店

印　　刷：北京市密东印刷有限公司

开　　本：787×1092　1/16

印　　张：17.5

字　　数：410 千

版　　次：2015 年 11 月　第 1 版

印　　次：2015 年 11 月　第 1 次印刷

书　　号：ISBN 978-7-114-12592-8

定　　价：65.00 元

贵州省交通建设系列科技专著

编审委员会

总序

古往今来，独特的地形地貌赋予贵州重峦叠嶂山高谷深的隽秀之美，但山阻水隔也桎梏着贵州经济社会发展的步伐。打破交通运输瓶颈，建设内捷外畅的现代综合交通运输体系，与全国同步迈向小康，一直是贵州人的夙愿。

改革开放特别是进入"十二五"以来，党中央、国务院及交通运输部等国家部委高度重视贵州经济社会发展。2012 年年初，国务院出台支持贵州发展的国发 2 号文件，将贵州省经济社会发展的战略规划上升到国家层面。贵州省委、省政府立足当前、着眼长远，提出坚持把交通作为优先发展的重大战略，举全省之力加快交通基础设施建设。2012 年以来，贵州省先后启动了高速公路建设、水运建设三年会战，普通国省干线公路建设攻坚，"四在农家·美丽乡村"小康路行动计划，"多彩贵州·最美高速"和"多彩贵州·平安高速"创建等一系列行动，志在"十二五"末，通过交通大建设一举打破大山的束缚，畅通经济发展的交通网络。

广大交通建设者紧紧抓住发展的历史机遇，凝心聚智，在广袤的黔山秀水之间，用光阴和汗水构筑贵州面向未来的交通新格局。"十二五"期间，全省交通基础设施建设将完成投资 4 500亿元，新建成高速公路 3 600 公里，高速公路通车总里程将突破 5 100 公里，全省 88 个县(市、区)将全部通高速公路。乌江、赤水河建成四级航道 700 公里，改写了贵州无高等级航道的历史。建成构皮滩水电站翻坝枢纽工程，实现乌江航道全线通航。曾经的黔道天堑正变成康庄大道，一张以高速公路为骨架、国省干线公路为支撑、县乡公路为脉络、小康路为基础的四级公路路网正在形成，"扬帆赴江海"指日可待。

围绕贵州交通发展中出现的科技需求，贵州省交通运输厅组织开展了一批省部级重大科研项目攻关，重点突破一批关键、共性技术难题，在支撑工程建设、引领行业创新发展方面成效显著。在山区复杂条件下大型桥梁建设技术方面，形成了千米级悬索桥、高墩大跨刚构桥和钢管混凝土拱桥等设计施工成套技术，有力支撑了坝陵河大桥、清水河大桥、鸭池河大桥、赫章大桥、木蓬大桥等一批世界级桥梁建设工程，实现了我省桥梁建设技术的大跨越；针对西部山区复杂地质地形条件，从勘察设计、建设施工、养护管理和生态环保等方面系统开展基础研究和技术开发,形成一批山区高速公路修筑技术,其成果居国内先进水平,有力支撑了复杂山区环境下高速公路项目建设;在山区航道整治、船型标准、通航枢纽建设等方面取得的创新性成果,促进了贵州航运工程的发展;完成了“贵州乌蒙山区毕都高速公路安全保障科技示范工程”等交通运输部科技示范项目,有力推动了交通科技成果推广应用;以“互联网+便捷交通”推进智慧交通建设,率先开展智能交通云的建设和应用。交通运输科技成果连续3年获得贵州省科技进步和成果推广一等奖。

为展现在公路、水路和交通安全、信息化建设等方面取得的技术成就,促进技术交流,加大推广应用,贵州省交通运输厅组织编写了“贵州省交通建设系列科技专著”。这套科技专著的出版,对传承科技创新文化,提升交通科技水平,深入实施科技兴省战略,促进贵州经济社会快速发展,意义重大、影响深远。

交通成就千秋梦,东西南北贯黔中。编撰这套系列科技专著,付出的是艰辛、凝结的是智慧、反映的是成绩,折射了交通改变地理劣势、奋斗推动跨越的创新精神,存史价值较高,是一笔当代贵州的可贵财富。

2015年10月

前言

Foreword

高性能混凝土是现代混凝土技术发展的必然方向，目前已广泛应用于交通、市政、建筑、水运等工程领域。高性能混凝土是以耐久性为首要设计目标，以全寿命周期过程质量控制为主要技术手段，以满足不同工程要求的性能而制备的匀质性混凝土，如工作性、耐久性、适用性、强度、体积稳定性等。高性能混凝土不是混凝土的一个品种，而是强调混凝土的性能或者质量水平，是一种重视混凝土生产与施工全过程质量控制的理念与技术。住房和城乡建设部及工业和信息化部于2014年联合发文推广高性能混凝土，并成立高性能混凝土推广应用技术指导组，在全国加快全面推广高性能混凝土。贵州省因河沙资源严重缺乏，采用机制砂全面替代河沙在混凝土工程推广应用是混凝土行业可持续发展的必然选择。

近年来贵州省交通系统一直致力于在交通建设工程中研究并推广应用机制砂高性能混凝土。本书是部分工程应用实践的总结，共11章，第1章主要介绍了机制砂高性能混凝土定义与发展情况；第2章、第3章介绍了机制砂高性能混凝土对原材料的基本要求和普通机制砂高性能混凝土施工技术；第4章介绍了机制砂大体积混凝土技术；第5章、第6章、第7章、第8章主要介绍了各类特种机制砂高性能混凝土的制备技术与工程应用，分别是机制砂自密实混凝土、超大粒径骨料机制砂自密实混凝土、机制砂高强混凝土、机制砂超高泵送混凝土等；第9章、第10章分别介绍了机制砂混凝土抑制碱集料反应技术和耐腐蚀技术；第11章介绍了特殊季节机制砂混凝土施工需要注意的问题。

本书由同济大学蒋正武教授主编与审阅，由同济大学与贵州省交通运输系统有关单位及部门分工负责编写，具体分工为：同济大学蒋正武教授编写第1章；贵州高速公路集团有限公司梅世龙编写第3章；谢明宇、何荷编写第2章；贵州省交通运输厅康厚荣、贵州高速公路集团有限公司管桂平编写第4章；贵州省交通规划勘察设计研究院股份有限公司吕晓舜、贵州省公路工程集团有限公司周大庆编写第5章；贵州高速公路集团有限公司石大为、沈仪平编写第6章；贵州省交通规划勘察设计研究院股份有限公司陈尚江、贵州省公路工程集团有限公司尤诏、任达成编写第7章；贵州高速公路集团有限公司陶志山、张平编写第8章；贵州高速公路集团有限公司许涤平、杨志刚编写第9章;贵州省交通运输厅董翔、贵州公路工程集团有限公司母进伟、胡涛编写第10章;贵州高速公路集团有限公司周勇、严敏编写第11章。贵州高速公路集团有限公司、贵州省交通规划勘察设计研究院股份有限公司、贵州公路工程集团有限公司、贵州桥梁建设集团有限责任公司、贵州路桥集团有限公司等单位提供相关工程技术资料。同济大学多名博士、硕士研究生邓子龙、袁政成、马敬畏、肖鑫、周磊、仇铄、赵楠等同学参与了资料、文字整理等工作,在此一并表示感谢。

本书内容不仅是贵州省机制砂高性能混凝土的理论研究、科研与工程实践的积累,也参考了国内外大量的技术文献资料。在此一并向相关作者和研究机构表示谢意。另外,由于机制砂高性能混凝土仍处于研究和实践阶段,书中错误之处难免,敬请广大读者不吝赐教、指正。

作　者

2015年9月

目 录

Contents

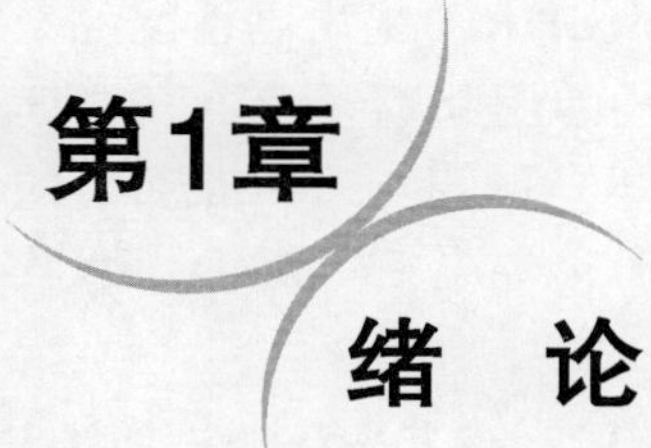

第1章 绪　论

1.1 高性能混凝土的定义与发展

高性能混凝土自20世纪80年代出现以来，对其的定义或含义，国际上迄今为止尚没有一个统一的解释，早期各个国家不同人群有不同的理解。一般说来，高性能混凝土是指高强、高耐久性、高工作性混凝土。一些美国学者更强调高强度和尺寸稳定性(北美型)，欧洲学者更注重耐久性(欧洲型)，而日本学者偏重于高工作性(日本型)。美国混凝土学会(ACI)曾给出的较为正式的定义为：高性能混凝土是符合特殊性能组合和匀质性要求的混凝土，采用传统的原材料和一般的拌和、浇筑与养护方法，往往不能大量地生产出这种混凝土。所指特性主要包括易于浇筑、振捣不离析、早强、长期力学性能、抗渗性、密实性、低水化温升、韧性、体积稳定性、恶劣环境下的较长寿命。该定义仍然强调拌和物的均质性，认为高性能混凝土不是混凝土的一个品种而是强调混凝土的“性能”(performance)或者质量、状态、水平，或者说是一种质量目标，是一种重视混凝土生产与施工全过程质量控制的理念。对不同的工程，高性能混凝土有不同的性能强调重点，即“特殊性能组合”。ACI的定义提出后，逐渐被世界各地的混凝土研究者和工程技术人员所接受，成为混凝土研究和工程应用的行为准则[1,2]。

大多数学者承认单纯高强不一定耐久，而提出高性能则希望既高强又耐久。可能是由于发现强调高强后的弊端，1998年美国ACI又重新定义高性能混凝土，修订为：“高性能混凝土是符合特殊性能组合和匀质性要求的混凝土，如果采用传统的原材料组分和一般的拌和、浇筑与养护方法，未必总能大量地生产出这种混凝土。”ACI对该定义所做的解释是：“当混凝土的某些特性是为某一特定的用途和环境而制定时，这就是高性能混凝土。如下面所列举的这些特性对某一用途来说可能是非常关键的：易于浇筑、振捣时不离析、早强、长期的力学性能、抗渗性、密实性、水化热、韧性、体积稳定性、恶劣环境下的较长寿命。因为高性能混凝土的许多特性是相互联系的，改变其中之一常会使其他的特性发生变化，当混凝土为某一用途生产而必须考虑若干特性时，则每一个特性都必须清楚地规定在合同文件中”。

1998年ACI定义与1990年ACI、NIST定义的区别是：前者把“早强”列入“特殊性能组合”作为可选性能之一，而不是必要的强调。而欧洲混凝土学会和国际预应力混凝土协会，则将高性能混凝土定义为水胶比低于0.40的混凝土。在日本，将高流态的自密实混凝土(免振混凝土)称为高性能混凝土，强度一般为40～45MPa，混凝土中除水泥外，还有矿渣粉、粉煤灰及膨胀剂。也有一些部门根据其专业的特点对高性能混凝土提出具体的要求，如1995年美国联邦公路管理局(Federal Highway Administration,FHWA)将高性能混凝土分成4级,每级在与强度和耐久性有关的8个参数上都规定了定量的指标。

美国公路战略研究计划(Strategic Highway Research Program,SHRP)提出高性能混凝土用于公路工程应满足:①水胶比≤0.35;②300次冻融循环,相对动弹模≥80%;③抗压强度4h≥17.2MPa,或24h≥34.5MPa,或28d≥68.9MPa。该定义偏重于早强,定义了一个特定的高性能混凝土,缺乏普遍适用性。用于桥梁尤其是大跨度桥梁的高性能混凝土应满足:①水胶比≤0.40;②强度≥41.4MPa;③徐变率低。

我国高性能混凝土的工程应用开始于一些需要长的安全使用寿命或处于恶劣环境中的重点工程,如高速铁路、跨海大桥、超高层建筑、大型水利工程和地铁等。近年来各行业制定了一些标准规范,指导高性能混凝土的应用。这些标准规范对于高性能混凝土的定义大同小异。《海港工程混凝土结构防腐蚀技术规范》(JTJ 275—2000)关于高性能混凝土的定义:"用混凝土的常规材料、常规工艺,在常温下,以低水胶比、大掺量优质掺和料和较严格的质量控制制作的高耐久性、高尺寸稳定性、良好工作性及较高强度的混凝土。"

原铁道部2005年颁布施行的《客运专线铁路高性能混凝土技术条件》详细规定了各种环境中使用的高性能混凝土的原材料、配合比设计、制备、施工与质量检验等。中国工程建议标准化协会发布的《高性能混凝土应用技术规程》(CECS 207—2006),关于高性能混凝土的定义:"采用常规材料和工艺生产的能保证混凝土结构所要求的各项力学性能并具有高耐久性、高工作性和高体积稳定性的混凝土,称之为高性能混凝土。"

《公路桥涵施工技术规范》(JTG/T F50—2011)关于高性能混凝土的定义:"采用混凝土的常规材料、常规工艺,在常温下,以低水胶比、大掺量优质掺和料和严格的质量控制措施制作的,具有良好的施工工作性能且硬化后具有高耐久性、高尺寸稳定性及较高强度的混凝土。"中国建筑科学研究院正在编写的《高性能混凝土应用技术指南》关于高性能混凝土的定义为:"以建设工程设计和施工对混凝土性能特定要求为总体目标,合理选用优质常规原材料,掺加外加剂和合理掺量的矿物掺和料,采用较低水胶比并优化配合比,通过绿色和预拌生产方式以及严格的施工措施,制成符合本指南技术要求的、具有优异综合性能的混凝土。"

在我国学术界,对高性能混凝土定义的争议更多。冯乃谦在其1996年出版的《高性能混凝土》著作中开宗明义地指出:"高性能混凝土必须是高强的,因为一般情况下高强对耐久性有利,同时他认为高性能混凝土发展的物质基础是现在有了好的掺和料和减水剂,因此高性能混凝土必须掺掺和料。"冯乃谦的这些观点代表了当时我国大多数混凝土学者对高性能混凝土的认识[3]。

吴中伟针对当时科研界过度追求高强度的趋向,及时提出"有人认为高强度必须高耐久性,这是不全面的,因为高强混凝土会带来不利于耐久性的因素"。高性能混凝土还应包括中等强度混凝土,如C30混凝土。吴中伟高度重视耐久性,并早在1986年就提出高强未必一定高耐久,低强也不一定就不耐久的观点是非常有前瞻性的,而且今天他的这个观点也是正确的。我国著名的混凝土科学家吴中伟教授进一步定义高性能混凝土为一种新型高技术混凝土,是在大幅度提高普通混凝土性能的基础上采用现代混凝土技术制作的混凝土,它以耐久性作为设计的主要指标,针对不同用途要求,对下列性能有重点的予以保证:耐久性、工作性、适用性、强度、体积稳定性以及经济合理性[4]。1997年3月吴中伟教授在高强高性能混凝土会议上又指出，高性能混凝土应更多地掺加以工业废渣为主的掺和料，更多地节约水泥熟料，提出了绿色高性能混凝土(Green High Performance Concrete，GHPC)的概念[5,6]。

清华大学廉慧珍教授认为“高性能混凝土不是混凝土的一个品种，而是达到工程结构耐久性的质量要求和目标，是满足不同工程要求的性能和具有匀质性的混凝土。高强不一定耐久，高流动性也不是任何工程都需要的，也不是只要有掺和料就能高性能；混凝土的质量不是试验室配出来的，而是优选配合比的混凝土由生产、设计、施工和管理人员在结构中实现的，开裂的就不是高性能混凝土，除了特殊结构(如临时性结构)外，没有什么混凝土结构不需要耐久。针对不同工程的特点和需要，对混凝土结构进行满足具体要求的性能和耐久性设计，比笼统强调高性能混凝土的名词更要科学”。在这里，高性能混凝土强调的是混凝土的“性能”或者质量、状态、水平，或者说是一种质量目标，对不同的工程，高性能混凝土有不同的强调重点(即“特殊性能组合”)。

阎培渝教授认为，中国工程界仍然强调高性能混凝土是具有优异综合性能的混凝土，多着眼于具体的原材料选择和配合比设计，对于全过程质量控制理念关注不够，不重视施工过程对于高性能混凝土在结构中的表现的影响。由于许多人认为使用高性能减水剂和合理掺量的矿物掺和料所配制的混凝土就是高性能混凝土，忽视了全过程的质量控制，因此将一些人为因素造成的工程质量事故归咎于高性能混凝土，对高性能混凝土提出质疑，认为应该取消“高性能混凝土”这个名词，此观念在我国混凝土学术界与建设工程技术界引起很多争论。

自从美国提出高性能混凝土这一概念，近几十年来，始终没有一个统一的或者标准的定义。尽管目前对高性能混凝土的确切定义仍然存在争议，但有两点是明确的，高性能混凝土是以耐久性为主要设计目标的，以混凝土全寿命周期全过程质量控制为主要技术手段，且是混凝土技术发展的主流方向。

高性能混凝土是在高强混凝土基础上的发展出来的，也可说是高强混凝土的进一步完善。高强混凝土仅仅是以强度的大小来表征或确定其何谓普通混凝土、高强混凝土与超高强混凝土，而且其强度指标随着混凝土技术的进步而不断有所变化和提高。而高性能混凝土则由于其技术物性的多元化，诸如良好的工作性(施工性)、体积稳定性、耐久性、物理力学性能等等而难以用定量的性能指标给高性能混凝土定义。

从材料的“性能”含义而论，既包括力学性能的概念，也包括了一些非力学性能的概念，如高填充性、不离析、抗渗性、抗侵蚀性、体积稳定性。

因此，混凝土的技术进步不能以高强为目标，而应是高性能，单纯以高抗压强度来表征混凝土的高性能是不确切的。从高强向高性能方向发展是必然趋势。高性能混凝土应根据工程要求，包括不同强度等级的高性能混凝土，如普通强度的高性能混凝土和高强高性能混凝土。

1.2 机制砂高性能混凝土的发展与分类

1.2.1 机制砂特性及其生产

沙作为混凝土的主要原材料之一，包括天然沙和机制砂。目前我国沙石年产量达 20 亿 t

以上。其中天然沙是一种地方性资源，短期内不可再生，也不利于长距离运输。随着我国基础设施建设的日益发展，由于天然沙资源逐渐短缺、价格上涨，以及山区交通不便，公路建设材料运输困难，同时出于环境保护的需要，机制砂替代天然沙已成为混凝土行业可持续发展的一种趋势。

从20世纪60年代起，因为一些建设工程的环境条件所限，我国水电、建筑部门就开始用当地石材进行机制砂的生产工艺、技术性能和应用于混凝土的研究，并开始在工程上使用。从70年代起，贵州省已在建筑上大规模使用机制砂，并制定了地方标准。此后，云南、重庆、广东、福建、浙江、河北、山西等省(市)都有了机制砂的生产线。几十年大量的工程实践，证明了使用机制砂在经济上是合理的，技术上是成熟的。国外，美、英、日等工业发达国家使用机制砂也有几十年的历史，将机制砂纳入其国家标准的时间至少30年以上[7-14]。

贵州省因资源与环境的限制，机制砂一直用于各类混凝土工程中。2008年贵州省颁布了《贵州省高速公路机制砂高强混凝土技术规程》(DBJ 52-55—2008)地方标准，更进一步促进了机制砂在交通工程中的广泛应用。机制砂也逐渐从普通混凝土向高强、高性能混凝土中应用。

然而机制砂的材料特性与普通河沙有很大的区别，这也使得机制砂混凝土配合比设计、生产、施工等方面也存在差异。因此，本节结合贵州省机制砂特点，分析了机制砂的品质特点及在混凝土行业中应用存在的问题，并提出相应的对策建议，以期对我国机制砂的生产、管理及混凝土行业中应用等方面起到借鉴与指导意义[10]。

目前，机制砂的品质及其在混凝土中应用存在的问题，主要包括以下几个方面：

(1)机制砂的级配

机制砂的级配，一般呈现典型的“两头大中间小”的特点，其中大于4.75mm颗粒较多，一般2.36mm筛余可以高达40%，而小于0.075mm的石粉颗粒可以高到10%。如果不经过处理，很难达到国家标准的要求。这主要是由机制砂的母岩品质与机制砂生产工艺所决定的。不良级配导致采用机制砂配制的混凝土较为散，需要提高砂率增强黏聚性；此外，不良级配以及级配情况不稳定，容易导致混凝土状态波动较大，保坍性差。机制砂优点在于可以进行级配调整进而确保其质量，但是增加工艺及成本，导致在实际生产中很少有机制砂生产企业专门去调整级配。

(2)机制砂的石粉含量

机制砂在生产过程中，会不可避免地产生一定量的石粉。机制砂中适量的石粉对混凝土是有益的，有适量石粉的存在，弥补了机制砂配制混凝土和易性差的缺陷，同时，它的掺入对完善混凝土细集料的级配、提高混凝土密实性都有益处。此外，有学者提出石粉起到了晶核的作用，诱导水泥水化产物结晶，加速水化产物的生产，从而提高了强度。因此，在《水泥混凝土用机制砂》(JT/T 819—2011)中，机制砂的石粉含量根据配制混凝土的强度等级分别定为3%、5%、7%。

实际工程中采用的机制砂，石粉含量一般是远远超过国标中的规定。经过大量试验表明，在机制砂的亚甲蓝MB值满足国标要求的情况下，石粉含量较高对混凝土没有明显的不利影响。对于机制砂中石粉含量，应该有个正确的认识，在亚甲蓝MB值小于1.4时，可以适当放宽石粉含量的要求，没有必要为了刻意降低石粉含量而采用水洗，导致大量细颗粒流失，严重影响混凝土的工作性及强度。如果必须采用水洗工艺，可以考虑掺入一定量的粉煤灰等掺和料，以弥补机制砂细颗粒较少的不足。

标准中石粉含量要求严格，尤其对高强混凝土。实践证明，适宜的石粉含量是有利于混凝土的工作性与耐久性。实际生产中，很多时候是因石粉中含泥量过高引起混凝土拌和物性能不良，从而导致在很多混凝土工程中，均限制石粉含量。

(3)机制砂的含泥量

严格意义上来讲，含泥量指标无法用来定量表征机制砂的品质，因为在标准中，将天然沙中粒径小于75μm的颗粒定义为泥，将机制砂中粒径小于75μm的颗粒定义为石粉，通过亚甲蓝试验来检测石粉中究竟是碎石破碎过程中形成的粉末还是泥土。亚甲蓝试验时，由于膨胀性黏土矿物具有极大的比表面，很容易吸附亚甲蓝染料，而细集料中的非黏土性矿物质颗粒的比表面相对要小得多，且并不吸收任何可见数量的染料，亚甲蓝值表示用染料的单分子层覆盖其试样黏土部分的总表面积所需的染料量。亚甲蓝值与黏土含量乘以黏土比表面的乘积成正比。因此，亚甲蓝试验可以定性的表征机制砂中含泥量的高低。

机制砂石粉中，如果含泥量过高，对混凝土是有害的，不仅影响混凝土的工作性，而且还影响混凝土的强度及耐久性，应严格限制其含量。控制机制砂中含泥量方法大多采用水洗，但在机制砂的生产过程中，宜把除土处理放在原料加工前进行，如直接采用水洗后的碎石加工机制砂，加工后尽量保留和利用机制砂的石粉。

(4)机制砂的表面形态

机制砂的表面一般较为粗糙，棱角尖锐。机制砂表面形态导致在相同用水量的情况下，混凝土坍落度较低，但表面粗糙有利于加强细集料和浆体之间的黏结。研究表明，用机制砂配制的混凝土，水胶比较天然沙混凝土放大0.05后，其强度不但不降，反有提高。

机制砂的表面形态，受生产设备与工艺的影响较大。冲击式破碎机生产机制砂粒型呈圆形颗粒状，粒形较好，并利用圆锥破碎机对机制砂产品细碎整形，可以改善机制砂的表面形态，提高机制砂的质量。

(5)机制砂与外加剂的匹配问题

机制砂在配制添加外加剂的混凝土时，对外加剂的反应比天然沙敏感。国内外大量研究表明，聚羧酸减水剂(PCE)对黏土非常敏感，主要是因为PCE的支链插入了黏土中，导致其在黏土表面吸附量很大，成为PCE推广应用过程中的难题。现在的解决办法主要是在PCE分子结构上增加一些对黏土选择吸附的支链，或者选择加入一些高价阳离子，使得黏土吸附饱和，从而减少对PCE分子的吸附。因此，严格控制机制砂的含泥量，可以提高机制砂与外加剂的适应性。

1.2.2 我国机制砂生产技术水平

1)机制砂生产技术水平概况[15]

目前，国内各地砂石生产除少数地区企业机械化程度较高外，大多数企业生产呈落后状态，效率低、质量差、成本高，对建筑工程质量有一定的影响。大多数小规模砂石厂通常是采用“两段一闭”式工艺流程，采用小型锤式破碎机或反击式破碎机进行制砂作业。锤式破碎机虽然具有产率高、便于维护和构造简单的特点，但也存在设备部分配件磨损较快的问题。采用这些破碎设备不能有效控制砂颗粒的形貌和级配，机制砂产品粗大颗粒含量偏多，细度模数较大。

对于国内一些大型水利建设项目，往往配套相应的机制砂制砂设备，这类工艺模式主要为粗、中、细三段破碎再加上棒磨机。这种工艺设计理念可以概括为多破碎少研磨，以挤破代磨破，破碎研磨相结合。这样做的好处是可以按照工程实际需要，人为较稳定地控制人工砂的质量。然而能够采用这样完善的生产工艺的厂家少之又少，不符合国内砂石企业的生产实际。

2)传统机制砂生产工艺

(1)湿法生产工艺

该生产工艺是最早在国内采用的，也是最成熟的人工砂生产工艺，至今仍得到广泛的应用。工艺流程如图 1.1 所示。

制砂原料为制石系统按比例调节转来粒径 5～40mm 的集料到制砂调节仓，通过振动给料器给棒磨机喂料。棒磨机是湿法制砂的核心设备，为中心排矿的圆筒式棒磨机。物料和水从圆筒两端进入，筒内装有约 30t 不同直径的钢棒，圆筒转动时，物料在钢棒间研磨破碎，破碎后与水一起从圆筒中心排出，进入“螺旋分级机”，在叶片的搅动中进行清洗、分级。制石系统产生的≤5mm(或≤2.5mm)的砂，也进入“棒磨机”(数量少时或进入“螺旋分级机”)。合格的砂进入脱水筛脱水后，输出到成品砂料堆，细颗粒的泥(石粉)随水排出。

(2)干法生产工艺

由于湿法制砂用水量大的问题，干法生产工艺在许多年前已被提出，由于粉尘回收工艺的限制，一直未能得到推广和应用，近年来在水电系统已有少量的应用。工艺流程如图 1.2 所示。

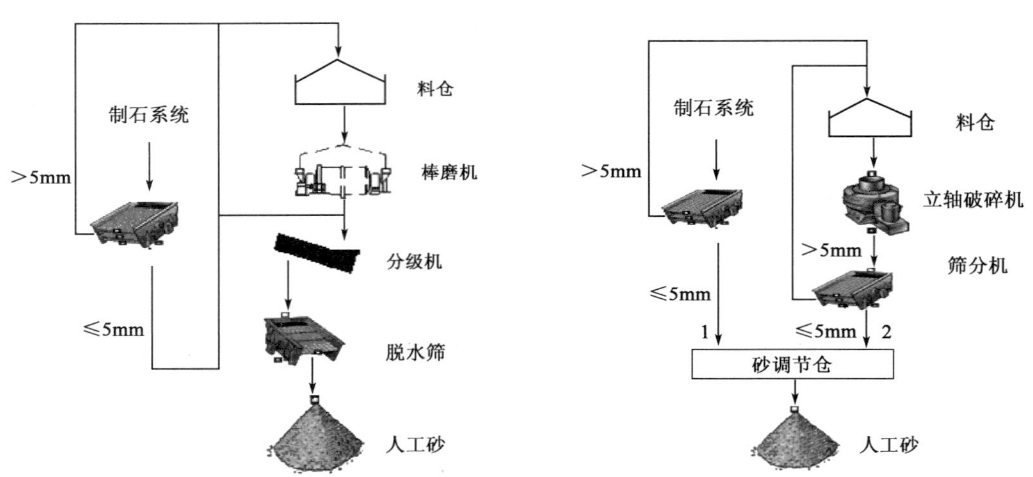

图 1.1 湿法生产工艺图

图 1.2 干法生产工艺图

干法工艺成品砂有两个来源：一是制石系统≤5mm 的部分；二是制砂系统生产的成品砂。制砂系统原料为制石系统按比例调节转来粒径 5～40mm 的集料到制砂调节仓，通过振动给料器给立轴冲击破碎机喂料。立轴冲击破碎机是干法制砂的核心设备，立轴破碎机分为石打铁型和石打石型，制砂采用的是石打铁型。转子将物料沿直径方向甩出，撞击到腔体的反击板上得到破碎。由于立轴破得到的产品不是完全砂，必须经隔筛将＞5mm 的物料返回到料仓，实行闭路循环重复破碎。

(3)两种生产工艺比较

湿法的优点:生产过程空气污染较小,可以在混凝土厂区内生产;机制砂比较干净,在颜色外观上与天然沙接近,比较容易让人接受。

湿法的缺点:生产地需要有水源,还会产生大量泥浆,处理难度较大。在洗走石粉的同时,也容易洗走大量其他细微颗粒,导致机制砂级配不合理,细度模数偏大,造成配制的混凝土和易性差,特别在低强度等级或低水泥用量混凝土中表现非常明显,给机制砂的推广应用带来阻力。

干法的优点:机制砂级配、细度模数及石粉含量调节方面,比较合理,对提高混凝土的和易性及密实性都有益处。收集的石粉还可以考虑再利用,一举两得。

干法的缺点:外观与天然沙明显不同,特别是干法生产原状机制砂(只要石粉含量在10%左右时)看上去就像都是石头粉(或土)一样,使人心生疑虑,不敢使用。设备、场地及能耗投入比湿法大。空气污染较湿法为大(取决于设备投入大小),下雨天无法生产,要有稳定、大量的石粉销路。

3)生产工艺改进

(1)生产设备优化

除在初破及二破过程中采用较为传统的颚式破碎机和圆锥式破碎机以外,为了使机制砂产品得到理想的颗粒形貌,使颗粒棱角更少、粒型更接近天然沙的球体,可采用立轴式冲击破碎机,如图1.3所示。

图1.3 立轴式冲击破碎机

立轴式冲击破碎机原理:石料由机器上部直落入高速旋转的转盘,在高速离心力的作用下,与另一部分以伞形方式分流在转盘四周的靶石产生高速度的撞击与高密度的粉碎,石料在互相打击后,又会在转盘和机壳之间形成涡流运动而造成多次的互相打击、摩擦、粉碎直至粉碎成所要求的粒度。

(2)湿法生产工艺优化

针对湿法生产工艺缺点,最新工艺设计取消了旋流器回收石粉工艺,增加了刮砂机预处理工艺。将一筛废水和其他车间废水完全分开沉淀、浓缩。利用压滤机在城市废水处理中能全部分离废水中固体颗粒或杂物的独特作用,采用刮砂机作为辅助预处理设备。压滤机作为主要石粉回收设备,打破了湿法生产工艺不能完全回收流失石粉的传统观念,为湿法生产工艺大幅度提高石粉含量探索出了一条新途径。

(3)干法生产工艺优化

干法生产工艺的主要任务是解决粉尘问题。新型砂粉分离机可提供1~5个级别的风挡,可对机制砂进行不同程度的除粉处理。

(4)半干法生产工艺

由于湿法与干法制砂工艺均存在弊端,目前半干法制砂工艺的提出引起了业内人士极大的关注,对其良好的发展前景给予了肯定。半干式制砂技术是在整个工艺流程的生产过程中全面的考虑节能降耗、绿色环保、智能优质的设计理念。

①以破代磨,多破少磨。

半干式制砂工艺技术,主张以破代磨,多破少磨的设计思路。通过应用半干式制砂工艺技术,在达到或优于人工制砂集料质量的同时,摒弃或部分摒弃一些传统且高能耗的制砂设备。

破碎机对集料的破碎方式,往往直接决定了产品粒形质量指标和粒度分布。单从产品的粒形指标来看,同通常石打石立轴破优于石打铁,立轴破优于反击破,圆锥和旋回破优于颚式破碎机。岩石硬度也是工艺流程设计和设备选型的一个重要指标。硬度较大的岩石不容易破碎,需要选用破碎力大的破碎设备。而硬度较小的岩石容易破碎,可以选用反击式破碎机来破碎。对于岩石的磨蚀性强且功指数高的岩石,往往根据集料粒径需求情况采用四段或三段破碎工艺。对于岩石的磨蚀性偏低,功指数适中的岩石,常采用三段破碎工艺。

砂中的石粉含量控制:系统砂产品中的石粉含量与工艺流程、岩石岩性等情况有关,因不同行业混凝土对石粉的要求不一,生产过程中采用气力分级技术作为收粉措施。

②前湿后干,干湿混合。

毛料含泥量大于2%的岩石,在中碎前的半成品料源需充分冲洗,使集料中不含泥或其他有害物质,在中碎、细碎过程中采用半干式生产。

③智能节能。

自动化控制是将其工艺流程控制与生产性试验调整修正的参数输入中控系统。中国水电九局研发的"半干式制砂智能化控制技术",不仅可以使破碎设备处于最佳运行和自我保护状态,而且还可以和给料设备、给水、高频筛分连锁,使工艺流程中的设备总是处于满负荷运行。严格控制生产过程中各环节的用水需求,加入适量水可控制破碎过程中粉尘扬弃到大气中。实践经验表明,加或不加自动化控制系统,可以使破碎机的效率相差20%~30%。

④绿色环保。

自动化程度高;占地较少,与传统工艺相比平面布置上可节省用地35%~50%(平式35%,坡式50%);节约原材料,加工过程中只要是满足要求的毛料均可全部利用;废弃泥及杂质可用于复耕,恢复生态平衡;节约用水,常规生产砂石料每一循环用水2.5~4m^3/t,而半干式制砂,每一循环用水量仅为0.8m^3/t。

4)机制砂生产与应用建议

(1)机制砂生产工艺。

良好的机制砂品质,应是级配良好、适宜的石粉含量、含泥量低、粒形合理。要制备出良好的机制砂,应选用合理的机制砂生产工艺。

机制砂制备的关键技术在于块石的破碎粉磨和洗砂除粉,生产工艺流程可分为以下几个阶段:块石→粗碎→中碎→细碎→筛分→除粉→机制砂。在实际生产中,厂家根据自己的生产形式对多级破碎进行调整,质量有好有差,差别较大,机制砂的破碎环节决定了机制砂的细度模数、级配以及颗粒形状等。此外,根据机制砂除粉的方式,可以分为湿法生产和干法生产,前者是通过洗砂机水洗的办法除掉机制砂中的泥和石粉。而干法生产工艺就是通过除尘器收尘或砂石粉分离机的办法除掉机制砂中的泥和石粉。该环节对机制砂的石粉含量、含泥量以及泥块含量,甚至级配等影响较大。目前国内机制砂生产主要有三种形式:一是开矿产石的同时专门生产机制砂,质量较好,生产厂家数量少;二是在河道里用卵石生产机制砂,或配以少量天然砂生产混合砂,质量有好有差,差别较大,生产厂家数量也少;三是利用各种尾矿生产的机制砂,其中主要是各地生产石灰石碎石后的石屑或石粉,经过简单再加工和筛分,或直接利用,质量有好有差,差别很大,生产厂家数量达近万家。

目前,大多数机制砂生产工艺简单,无法确保产品品质。现阶段对于机制砂生产管理水平低下,大多仅仅是将碎石破碎后的尾矿经简单筛分后作为机制砂,不仅没有后续的除粉环节,而且也缺乏相关基本指标的检测,这也导致《建筑用砂》(GB/T 14684—2011)标准在实际生产中很难执行。加强机制砂的管理是提高其品质的关键措施,各地相关部门应该提高认识,加强生产管理,尤其是重要技术指标的控制。

(2)机制砂混凝土配合比设计

按天然沙的规律进行混凝土配比设计,机制砂的需水量大,和易性稍差,易产生泌水,特别在水泥用量少的低强度等级混凝土中,表现明显。因此,采用机制砂配制混凝土时,应该适当提高砂率、增大水胶比,保证混凝土的工作性。此外,也可以将机制砂中大于 4.75mm 的颗粒和部分 4.75～2.36mm 颗粒算作碎石组分,进行混凝土配合比设计更为合适。

另外,对机制砂混凝土配合比试验调整中,也应充分考虑机制砂中石粉含量与含泥量等因素的影响。

(3)加强机制砂混凝土在重大工程中应用示范与指导

全面推广应用机制砂混凝土的关键在于工程应用示范。相关科研机构应从工程实际需求出发,研究并制订各类混凝土工程应用施工技术指南、应用技术规程等技术文件。相关机构应在各地区的重点工程,如高速公路、桥梁、水电工程等,全面推广机制砂高性能混凝土,加强整个项目的技术指导与监控,为混凝土行业起到很好的示范作用,从而全面提升机制砂混凝土的应用水平。

1.2.3　机制砂高性能混凝土的分类

机制砂高性能混凝土是指采用机制砂作为细集料制备的高性能混凝土。从性能角度来划分,可分为普通机制砂高性能混凝土与特种机制砂高性能混凝土。

普通机制砂高性能混凝土按强度等级可进一步进行分类,主要分成三大类:机制砂普通强度高性能混凝土(C50 强度等级及以下),机制砂高强高性能混凝土(C50 强度等级以上及 C100 强度等级及其以下),机制砂超高强高性能混凝土(C100 强度等级以上)。

特种机制砂高性能混凝土,从性能与功能角度可进一步分类,包括机制砂自密实混凝土、机制砂抗扰动混凝土、机制砂钢管拱自密实混凝土、机制砂水下抗分散混凝土、机制砂超大粒径骨料自密实混凝土、机制砂超高墩泵送混凝土、变质岩碱集料反应抑制混凝土、机制砂耐腐蚀混凝土等。

另外,从高速公路结构不同部位采用不同功能的机制砂高性能混凝土来分,可将其可进一步细分成如下:机制砂大体积混凝土,机制砂超高泵送混凝土,机制砂自密实混凝土,机制砂水下灌注混凝土,机制砂喷射混凝土等。

随着混凝土技术的发展,贵州省利用机制砂开发配制特种高性能混凝土也越来越多,主要包括机制砂抗扰动混凝土、机制砂钢管拱自密实混凝土、机制砂水下抗分散混凝土、机制砂超大粒径骨料自密实混凝土、机制砂超高墩泵送大体积混凝土、机制砂高强高性能混凝土、变质岩碱集料反应抑制混凝土、机制砂耐腐蚀混凝土等。这些机制砂特种混凝土，已经在贵州省重大工程中得到广泛应用，并取得了显著的经济效益、社会与环境效益[16-37]。

(1)机制砂抗扰动混凝土

抗扰动混凝土是为适应现代交通技术发展需求而研制的一种新型的混凝土，它可以抵抗行车荷载引起的车桥耦合振动对新拌及硬化混凝土的损害损伤，进而保证在不中断交通的情况下，进行桥面大范围重新铺装浇筑质量。

抗扰动混凝土具有以下特点：①高抗交通扰动性，可以充分抵抗或削弱车辆、机械或人工引起的各类扰动破坏；②合理的初凝终凝时间差，交通扰动对处于凝结阶段的混凝土性能影响程度最大，尤其是初凝至终凝阶段，抗扰动混凝土相对于普通混凝土而言，其初终凝时间差大大缩短；③高早期强度，抗扰动混凝土早期强度发展快，可大大减小交通扰动的不利影响，满足不中断交通修补工程的需求；④高抗裂性，抗扰动混凝土不泌水，不易分层离析，其具有极高的抗裂性，尤其是抗早期的收缩开裂性能，可以大大抵抗交通扰动引起的引力破坏或开裂；⑤高流动性能，抗扰动混凝土的流动度大，工作性良好，在一定时间内损失较小，具有较好的施工性能；⑥高黏结性能，新浇筑的抗扰动混凝土与老的基层混凝土和钢筋具有良好的黏结力；⑦高耐久性，抗扰动混凝土从高耐久性角度设计混凝土的配合比，其在修补工程中具有良好的耐久性。

抗扰动混凝土广泛适用各类混凝土修补工程，尤其适用于桥梁、隧道、公路等混凝土修补与抢修工程。

(2)机制砂钢管拱自密实混凝土

自密实混凝土是一种通过合理配合比设计与配制而成的具有高流动性、穿越钢筋能力和抗离析能力的特种混凝土，是高性能混凝土的一个重要分支和发展方向之一。因其具有优异的性能而广泛应用于各类混凝土工程。

机制砂钢管拱自密实混凝土是将机制砂自密实混凝土填入薄壁钢管拱内形成的一种介于钢结构和钢筋混凝土结构之间的一种新型组合结构材料，钢管拱及其核心混凝土之间的力学与刚度的协同互补，使其在施工工艺方面表现出了其他材料无可比拟的优势。

(3)机制砂水下抗分散混凝土

普通混凝土在水中下落时容易受到环境水的冲洗、稀释，造成各组分的分离，使水泥浆流失，混凝土强度大大降低，工程质量无法保证。一般混凝土施工技术规范均规定，普通混凝土不能在水中浇筑成型。

机制砂水下抗分散混凝土，即采用水下抗分散剂与合理的混凝土原材料，经合理配合比设计后，配制出一种在水下施工时不离析、抗分散、自密实、自流平且安全无毒，不污染环境的水下抗分散混凝土。水下抗分散混凝土的性能、配制方法、施工技术的好坏，直接影响了水下混凝土结构的质量和使用寿命。

(4)机制砂超大粒径骨料自密实混凝土

机制砂超大粒径骨料自密实混凝土是指首先将满足一定粒径要求的大块石/超大粒径骨料直接放入施工仓，形成有一定空隙的超大粒径骨料体，然后在超大粒径骨料体表面浇筑机制砂配制的超流态机制砂自密实混凝土，依靠自重，完全填充超大粒径骨料空隙，机制砂超流态机制砂自密实混凝土硬化后与超大粒径骨料形成完整、密实、低水化热的混凝土结构(图1.4)。

图1.4 超大粒径骨料堆放与机制砂超流态自密实混凝土的浇筑

超流态机制砂自密实混凝土是指混凝土拌和物具有非常良好的工作性,黏度极低、流动性很好且黏聚性好,倒坍落度筒流出时间小于6s,仅仅依靠混凝土自重作用,无须振捣作用,便能够均匀密实的填充超大粒径骨料自然堆积后的空隙的高性能自密实混凝土。

机制砂超大粒径骨料自密实混凝土采用大量超大粒径骨料和粉煤灰,减少了水泥用量、降低水化热,从而减少温室气体排放和能量消耗,是一种环保型混凝土;并且在片块石机制砂自密实混凝土施工过程中,超大粒径骨料的掺加可采用机械进行,混凝土不用进行振捣,最大限度地减少人工、降低工人技术水平和质量管理水平对工程质量的影响,在提高施工质量的基础上,可明显缩短工期,提高施工效率,在工程应用中具有重大的实际意义。该混凝土可以适用于贵州省公路混凝土挡墙工程,也可适用于超大粒径骨料混凝土基础、超大粒径骨料混凝土涵墙身、超大粒径骨料混凝土桥台等领域的混凝土工程。

机制砂超大粒径骨料自密实混凝土,具有施工效率高、人工劳动少、工程质量高、施工管理水平高等特点。非常适合贵州省高速公路挡墙的设计施工,也可在铁路、水利、冶金、城建等部门推广应用。目前机制砂超大粒径骨料自密实混凝土已在贵州惠新高速、毕威高速等工程得到广泛的推广应用。

(5)机制砂超高墩泵送混凝土

泵送混凝土与一般混凝土主要区别在于其不仅要满足设计要求的强度、耐久性等,还要有良好的工作性及可泵性,即拌和物在输送管道中摩擦阻力小、黏聚性好,不离析、不堵管。尤其在大高差、长距离泵送条件下,原材料的选择与质量控制和配合比设计是实现高墩泵送混凝土良好工作性能的首要基础。

对机制砂泵送混凝土,集料级配不合理,细颗粒总量多,内聚性差,在管内作“柱塞”运动时,阻碍形成合适的润滑层,导致流动阻力增加。因此机制砂超高混凝土提高可泵性的技术关键是增大混凝土内聚性,减小流动阻力。

机制砂超高泵送混凝土是指采用机制砂制备的具有良好工作性、适用于超高泵送的高性能混凝土。

(6)机制砂高强高性能混凝土

机制砂高强高性能混凝土,不仅要求其具有良好的可泵性,且必须达到强度要求,此外考虑到混凝土的应用环境和耐久性,要求其为高性能混凝土。高性能混凝土在配制上的特点是采用低水胶比,选用优质原材料,且必须掺加足够数量的矿物细掺料和高效外加剂。概括来说,高性能混凝土就是能更好地满足结构功能要求和施工工艺要求的混凝土,能最大限度地延长混凝土结构的使用年限,降低工程造价。

1.3 贵州省机制砂高性能混凝土的发展应用

贵州省是我国典型的岩溶地区,一方面,大部分地区山高谷深,江河沙资源缺乏,采集困难;另一方面在一些江河沙资源丰富的地区,过度采集河沙已经带来了环境破坏等一系列问题。因此,采用机制砂代替河沙浇筑混凝土已成为今后贵州省混凝土应用的发展趋势。贵州省 2008 年颁布《贵州省高速公路机制砂高强混凝土技术规程》(DBJ 52-55—2008)地方标准,2009 年 9 月颁布《贵州省山砂混凝土技术规程》(DB 24-016—2010),更进一步促进了机制砂在混凝土工程的广泛应用,机制砂也逐渐从普通凝土向高强高性能混凝土中应用。

近年来,随着我国西部大开发战略的深入实施,贵州省地区大兴土木,基础设施建设速度不断加快,工程规模也在不断增大。机制砂高性能混凝土的应用领域、应用范围也在不断扩大,在高铁、水利、水电、建筑、交通等领域应用快速发展。

针对贵州省机制砂混凝土应用领域存在的共性问题,贵州省交通运输厅等相关部门加强对混凝土原材料、配合比的控制,尤其是针对机制砂品质的控制,编写相关的规范规程,严格保证机制砂的性能,使得共性问题得到较大程度地解决。此外,结合贵州省自然资源条件及环境特点不同,机制砂高性能混凝土应用技术发展趋势表现出以下不同特点及方向。

(1)从高强向高性能混凝土转变

高性能混凝土是在高强混凝土基础上的发展和提高,也可说是高强混凝土的进一步完善。贵州省从早期关注混凝土强度发展到现在,更多地强调发展以耐久性为主的高性能混凝土,特别适用于贵州地区的高层建筑、桥梁以及暴露在严酷环境中的建筑结构。近几年来贵州地区高性能混凝土的应用范围和规模正在逐步扩大。

(2)极端环境条件下混凝土的设计应用

贵州省地处云贵高原东北侧,其凝冻灾害出现次数之多居全国首位,对混凝土耐久性尤其是抗冻融性有更高的要求。因此,针对特殊的服役环境,抗凝冻的混凝土的设计与使用也逐渐增多。

(3)机制砂自密实混凝土的大量使用

由于自密实混凝土具有良好的工作性,使混凝土的填充性、密实性、均匀性得到显著的提高,成为高性能混凝土技术的一项新的进展与发展方向。由于贵州省天然沙缺乏,机制砂资源丰富,使得机制砂自密实混凝土得到广泛认同,从以前特殊工程使用,到今天许多工程、不同领域均在推广应用。

本章参考文献

[1] 阎培渝.高性能混凝土的现状与发展[C].第九届全国高强与高性能混凝土学术交流会论文集,2014,11:1.

[2] A. Neveille,P-C. Aitcin. High performance concrete——An overview[J]. Materials and Structures. 1998,31:111-117.

[3] 冷发光,何更新,周永祥,等.高强高性能混凝土——混凝土技术发展方向[C].第十四届全国混凝土及预应力混凝土学术会议,2007.

[4] P. K. Mehta Concrete Technology for Sustainable Development——An Overview of Essential Principles[C]. Int. Symp. on Sustainable Development of Cement and Concrete Industry, 1998.

[5] 吴中伟,廉慧珍.高性能混凝土[M].北京:中国铁道出版社,1999.

[6] 吴中伟.高性能混凝土(HPC)的发展趋势与问题[J].建筑技术,1998,29(01):8-13.

[7] 韩继先,肖旭雨.我国集料的现状与发展趋势[J].混凝土世界,2013,(09):36-42.

[8] 朱俊利,郎学刚,贾希娥.机制砂生产现状与发展[J].矿冶,2001,(04):38-42.

[9] 陈欣声.机制砂在商品混凝土中的应用[J].工程机械,2004,(11):74-75.

[10] 陈家珑,周文娟.我国人工砂的发展与问题探讨[J].建筑技术,2007,38(11):849-852.

[11] 蒋正武,任启欣,吴建林,等.机制砂特性及其在混凝土中应用的相关问题研究[J].新型建筑材料,2010,(11):1-4.

[12] 张红.机制砂产业的远虑与近忧——机制砂石人工骨料的生产和在混凝土中的应用技术交流会侧记[J].混凝土世界,2013,51(09):30-35.

[13] 陈家珑.人工砂——新型建筑用砂[J].新型建筑材料,2002,(06):32-34.

[14] 中华人民共和国国家标准.GB/T 13684—2011 建设用砂[S].北京:中国标准出版社,2012.

[15] 中华人民共和国国家标准.GB/T 14685—2011 建设用卵石、碎石[S].北京:中国标准出版社,2012.

[16] 蒋正武,梅世龙.机制砂高性能混凝土[M].北京:化学工业出版社,2015.

[17] 江京平.对应用于HPC中人工砂若干问题的认识与实践[J].建筑技术,2001,32(1):44-45.

[18] 蒋正武,李享涛,孙振平,等.钢管拱自密实混凝土的配制与应用[J].建筑材料学报,2010,13(2):203-209.

[19] Zhengwu Jiang, Shilong Mei. Properties of Self-Compacting Concrete with Machine-Made Sand and High-Volume Mineral Admixtures[J]. The Open Construction and Building Technology Journal, 2008, 2: 96-102.

[20] 梅世龙,蒋正武,孙振平.集料对自密实混凝土性能的影响[J].建筑技术,2006,38(1):53-55.

[21] 蒋正武,石连富,孙振平.用机制砂配制自密实混凝土的研究[J].建筑材料学报,2006,10(2):154-160.

[22] Zhengwu Jiang, Zhenping Sun and Peiming Wang. Autogenous relative humidity change and autogenous shrinkage of high-performance cement pastes[J]. Cement and Concrete Research,2005,35(8):1539-1545.

[23] 徐健，蔡基伟，王稷良，等. 机制砂与机制砂混凝土的研究现状[J]. 国外建材科技. 2004,25(3):20-24.

[24] 蒋正武,徐海源,等.磷渣粉对机制砂混凝土的性能影响[J],粉煤灰. 2010,19:10-12.

[25] 周大庆,道友,华耕,等.机制砂高性能混凝土配合比设计的研究[J]. 国外建材科技. 2005,26(3):20-23.

[26] 蒋正武,周磊,李文婷. 石灰岩集料混凝土强度与弹性模量相关性研究[J]. 建筑材料学报,2014,17(4):649-653.

[27] 蒋正武,黄青云，肖鑫,等. 机制砂特性及其在高性能混凝土中应用[J]. 混凝土世界,2013,(43):35-42.

[28] 周大庆,任达成,蒋正武. 交通修补用机制砂抗扰动自密实混凝土的配制与工程应用[J]. 混凝土世界,2013,(47):72-77.

[29] 周大庆,任达成,胡涛,等. C50 机制砂超高墩高强大体积混凝土的制备和性能研究[J]. 商品混凝土,2013,7:54-57.

[30] 周大庆,蒋正武,袁政成,等. 超大粒径集料堆放过程的二维计算机模拟研究[J]. 建筑材料学报,2013,16:567-571.

[31] 王伯航,周大庆,尤诏,等. C20 超流态机制砂自密实混凝土的制备及性能研究[J]. 商品混凝土,2012,4:38-41.

[32] 母进伟,胡涛,郑文,等. 机制砂自密实块片石混凝土的试验研究及工程应用[J]. 混凝土技术,2012,4:31-34.

[33] 蒋正武,吴建林. 贵州地区机制砂在混凝土中应用存在的问题及建议[J]. 商品混凝土,2011,8(8):4-6.

[34] 蒋正武,潘峰,吴建林,等. 机制砂参数对混凝土性能的影响研究[J]. 混凝土世界,2011,(08):66-70.

[35] 任启欣,蒋正武. 机制砂在普通干混砂浆中的应用研究[J]. 商品砂浆的科学与技术,2011,11:135-144.

[36] 陶华山,蒋正武. 水下抗分散混凝土在溶洞修补工程中的应用技术[J]. 公路交通科技(应用技术版),2011,8:84-86.

第2章 机制砂高性能混凝土原材料的基本要求

为在我国贵州省推广应用机制砂高性能混凝土技术，并在机制砂高性能混凝土设计、生产与施工中做到安全可靠、经济合理，确保机制砂高性能混凝土工程施工质量，其关键之处在于对机制砂高性能混凝土的原材料进行严格控制。

针对上述原因，本章主要对机制砂高性能混凝土的原材料提出普遍性的控制指标，并对原材料的储存管理等方面提出指导性建议，而针对具体诸如普通高性能混凝土、机制砂自密实混凝土、机制砂抗扰动混凝土等混凝土原材料的特定要求，将在后续章节中逐步展开。

2.1 机制砂生产与技术控制

2.1.1 机制砂生产工艺

技术要先进，设备选型要合理，运行要可靠，生产工艺环节要求机械化程度较高，一般环节以经济实用为主，以尽量减少建设投资。在机制砂的生产过程中，一般采用三级破碎工艺，即粗碎、中碎、制砂机破碎。不同破碎阶段选用的破碎机也不尽相同，在粗碎中最常用的是颚式破碎机，中碎一般采用反击式破碎机，制砂机械一般以冲击式破碎居多。

一般生产工艺主要有干法生产和湿法生产，为了节能降耗、绿色环保、智能优质，可以采用半干法生产工艺。湿法生产工艺主要优点是可以完全去除毛料中的含泥，系统中不会产生粉尘。但其缺点是成品砂的石粉含量较低，不仅影响机制砂的品质和混凝土拌和物的性能，而且产生严重的环境污染。大型水电站人工砂石系统仍然采用湿法生产工艺，但为了提高石粉含量和处理废水，随着对新工艺的不断探索，有效提高石粉含量已成为可能。

良好的机制砂品质，应是级配良好、适宜的石粉含量、含泥量低、粒形合理。要制备出良好的机制砂应选用合理的机制砂生产工艺[1]。机制砂的生产工艺流程一般可分为以下几个阶段：块石→粗碎→中碎→细碎→筛分→除尘→机制砂。即制砂过程是将块状岩石经几次破碎后，制成颗粒小于 4.75mm 的机制砂[2]。目前，国内典型的机制砂干法生产工艺流程，如图 2.1所示[3]。干法生产工艺的主要任务是解决粉尘问题。

由于湿法与干法制砂工艺均存在弊端，目前半干法制砂工艺的提出引起了业内人士极大的关注，对其良好的发展前景给予了肯定。半干式制砂技术在整个工艺流程的生产过程中体现了全面考虑节能降耗、绿色环保、智能优质的设计理念。

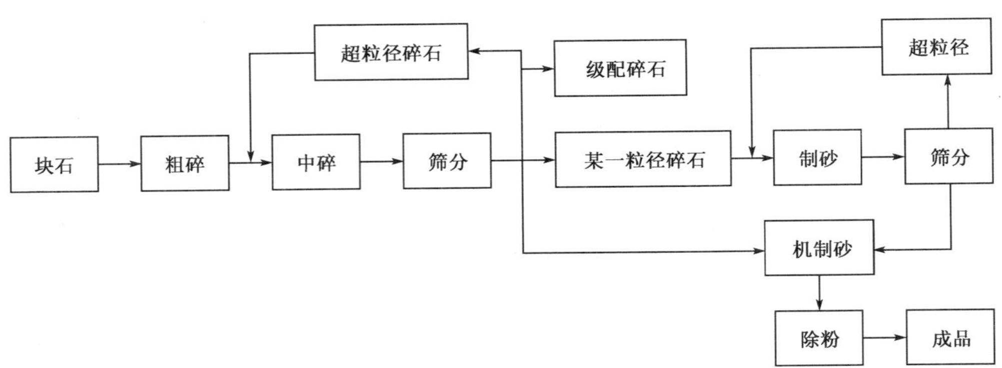

图 2.1　典型的机制砂干法生产工艺

2.1.2　机制砂生产设备要求

根据所要获取机制砂的质量规格，选取相应的设备。主要设备有振动给料机、破碎机、制砂机、振动筛以及除粉设备等（表 2.1、表 2.2、表 2.3[4]）。为了获取高品质机制砂，破碎机可以选取冲击式破碎机，并引入整形机；为了有效控制机制砂含泥量和石粉含量，可以使用洗砂机。

常用破碎机性能　表 2.1

名称	破碎方法	运动方式	粉碎比	适用范围	物料种类
颚式破碎机	压碎为主	往复	4～6，中碎最高达 10 左右	粗、中碎	硬质、中硬物料
圆锥式破碎机	压碎为主	回转	粗碎 4～6；中、细碎 3～17	粗、中、细碎	硬质、中硬物料
辊式破碎机	压碎为主	旋转（慢速）	3～8	中、细碎	硬质、软质物料
锤式破碎机	冲击	旋转（快速）	单转子式10～15，双转子式 30 左右	中、细碎	硬质、中硬、软质物料
反击式破碎机	冲击	旋转（快速）	10 以上，最高达 40	中碎	中硬物料
冲击式破碎机	冲击	旋转（快速）	—	细碎	中硬物料

棒磨式制砂机、反击式制砂机和冲击式制砂机对比　表 2.2

名称	破碎方法	影响因素	生成机制砂方法	机制砂特点
棒磨机	压碎	—	将某一粒径碎石经过棒磨机进行破碎，经过筛分得到机制砂	细度模数较好，级配良好，石粉含量偏低
反击式破碎机	冲击	转子转速、反击式破碎机板锤间隙	反击破制砂，即块石经过粗碎和中碎后通过振动筛粒径小于 5mm 的物料，是料厂生产碎石的副产品	机制砂级配良好，各级含量相对均匀，级配曲线平滑，但棱角较多，粒形较差

续上表

名称	破碎方法	影响因素	生成机制砂方法	机制砂特点
冲击式破碎机	冲击	破碎机转子的线度、物料含水量、给料量、入料粒径	将某一粒径碎石经过立式冲击破碎机进行破碎，经过筛分得到机制砂	机制砂级配呈“两头多，中间少”的规律，粒形呈圆形颗粒状，粒形较好

各种除粉工艺对比　　表2.3

工艺名称	设备名称	除粉方法	优　点	缺　点
湿法除粉	螺旋洗砂机	螺旋洗砂机是借助于固体粒大小不同，比重不同，在液体中的沉降速度不同的原理，细矿粒浮游在水中成溢流出，粗矿粒沉于槽底，由螺旋推向上部排出，细料从溢流管子排出	结构简单、工作可靠、操作方便	机制砂级配破坏严重、耗水量大、机制砂细度模数大
	轮式洗砂机	沙石由给料槽进入洗槽中，在叶轮的带动下翻滚，互相研磨，除去沙石表面的杂质；同时加水，形成水流，将杂质及比重小的异物带走，从溢出口排出；干净的沙石由叶片带走，最后沙石从旋转的叶轮倒入出料槽	洗净度高，结构合理，处理量大，功率消耗小，洗沙过程中沙子流失少	机制砂级配稍有破坏、耗水量大、机制砂细度模数大
干法除粉	干法制砂分级机	物料由进料系统进入分级室，利用转子的旋转所产生的离心力，将粉体按粒径大小分开，原料粉体中的粗粒由于受到较大离心力的作用，被转子叶片抛向筒体四周并沿筒体下滑，在降落过程中又受到二次风气流冲击，使粗粒中团聚的细粉冲散并再次吹向分级室，粗粉在重力作用下由下部排料阀排除	级配好、细度模数较低、石粉含量合适、产量高、含水率低、生产过程用水少、生产场地小、不受季节影响	对原料要求高、砂表面感官性差、设备费用高、污染环境、堆放、运输易造成机制砂离析

机制砂的除粉工艺是机制砂石粉含量控制的关键，既要机制砂中粉料含量满足不同等级混凝土使用要求，又对级配影响较小，建议采用干法制砂分级机或轮式洗砂机除粉。北方天气寒冷、干旱、水资源缺乏地区，应多采用干法机制砂生产工艺。

2.1.3　机制砂技术控制指标[5]

机制砂的主要技术控制指标有砂的细度模数和砂的类别。一般要求包括砂的颗粒级配、含泥量、石粉含量及含泥块量、有害物质、坚固性、表观密度、松散堆积密度、空隙率、碱集料反应、含水率和饱和面干吸水率等。

严格意义上来讲，含泥量指标无法用来定量表征机制砂的品质，因为在标准中，将天然沙中粒径小于75μm的颗粒定义为泥，将机制砂中粒径小于75μm的颗粒定义为石粉，可通过亚甲蓝试验来检测石粉中究竟是碎石破碎过程中形成的粉末还是原材料中含有的泥土。在亚甲蓝试验时，由于膨胀性黏土矿物具有极大的比表面积，很容易吸附亚甲蓝染料，而细集料中的非黏土性矿物质颗粒的比表面积相对要小得多，且并不吸收任何可见数量的染料，亚甲蓝值（MB值）表示用染料的单分子层覆盖其试样黏土部分的总表面积所需的染料量。亚甲蓝值与黏土含量乘以黏土比表面的乘积成正比。因此，亚甲蓝试验可以定性的表征机制砂中含泥量的高低。关于石粉含量的测试可按《建筑用砂》(GB/T 14684—2011)进行。

机制砂 MB 值≤1.4 或快速法试验合格时,石粉含量和泥块含量应符合表 2.4 的规定;机制砂 MB 值>1.4 或快速法试验不合格时,石粉含量和泥块含量应符合表 2.5 的规定。

石粉含量和泥块含量(MB 值≤1.4 或快速法试验合格)　　表 2.4

类别	Ⅰ	Ⅱ	Ⅲ
MB 值	≤0.5	≤1.0	≤1.4 或合格
石粉含量(按质量计)(%)	≤10.0		
泥块含量(按质量计)(%)	0	≤1.0	≤2.0

注:根据使用地区和用途,在试验验证的基础上,可由供需双方协商确定。

石粉含量和泥块含量(MB 值>1.4 或快速法试验不合格)　　表 2.5

类别	Ⅰ	Ⅱ	Ⅲ
石粉含量(按质量计)(%)	≤1.0	≤3.0	≤5.0
泥块含量(按质量计)(%)	0	≤1.0	≤2.0

机制砂开采前,岩石表层覆盖土和夹层土应清除干净,并将风化层剥离。不得将强风化的碳酸盐类岩石用于机制砂的生产。

制砂系统的设备安装地点,距采石场爆破区不应小于 200m。

在筛分过程中,宜设置水洗工艺对制砂半成品含泥量进行控制。机制砂中的石粉宜采用风选或筛分的方式进行分离。

机制砂生产工艺参数,应按设备的特性进行优化,并加强设备的维护,及时更换易磨损配件,稳定机制砂的质量。

机制砂成品干料堆料高度不宜超过 5m,堆存的地面应硬化,并宜设置防雨篷,堆场四周应做好排水工作。

机制砂在运输、装卸和堆放过程中,应防止颗粒离析、混入杂质,并采取必要措施防止扬尘,污染环境。

2.1.4　细集料控制指标[6]

细集料的颗粒级配(累计筛余百分率)应满足表 2.6 的规定。

细集料的累计筛余百分率(%)　　表 2.6

级配区 筛孔尺寸(mm)	Ⅰ区	Ⅱ区	Ⅲ区
10.0	0	0	0
5.00	10~0	10~0	10~0
2.50	35~5	25~0	15~0
1.25	65~35	50~10	25~0
0.63	85~71	70~41	40~16
0.315	95~80	92~70	85~55
0.160	100~90	100~90	100~90

除5.00mm和0.63mm筛档外，细集料的实际颗粒级配与表2.6中所列的累计筛余百分率相比允许稍有超出分界线，但其总量不应大于5%。

细集料的粗细程度按细度模数分为粗、中、细三种规格，其细度模数分别为：

粗砂 3.7～3.1

中砂 3.0～2.3

细砂 2.2～1.6

配制混凝土时宜优先选用中砂。当采用粗砂时，应提高砂率，并保持足够的水泥用量，以满足混凝土的和易性要求；当采用细砂时，宜适当降低砂率。

当所用细集料的颗粒级配不符合表2.6的要求时，应采取经试验证明能确保工程质量的技术措施后，方允许使用。

细集料的吸水率应不大于2%，细集料的坚固性用硫酸钠溶液循环浸泡法检验，经5次循环后试样的质量损失率应不超过8%。

采用天然沙配制混凝土时，砂的有害物质的含量应符合表2.7的规定。

砂中有害物质含量限值 表2.7

项　目	质量指标		
	＜C30	C30～C45	≥C50
含泥量(%)	≤3.0	≤2.5	≤2.0
泥块含量(%)	≤0.5		
云母含量(%)	≤0.5		
轻物质含量(%)	≤0.5		
氯化物(以氯化钠计)(%)	＜0.03		
硫化物及硫酸盐含量(折算成SO_3)(%)	≤0.5		
有机物含量(用比色法试验)	颜色不应深于标准色，如深于标准色，则应按水泥胶砂强度试验方法，进行强度对比试验，抗压强度比不应低于0.95		

如发现砂中含有颗粒状的硫酸盐或硫化物杂质时，应进行专门检验，确认其能满足混凝土的耐久性要求时方能采用。

如是板岩细集料，按《厦蓉高速公路贵州境水口至都匀段混凝土碱集料反应预防技术暂行规定》(以下简称《暂行规定》)执行。非板岩细集料的应采用砂浆棒法检验其碱活性，且砂浆棒的膨胀率应小于0.10%。

人工砂或混合砂的压碎指标值，应小于25%。经亚甲蓝试验判定后，人工砂或混合砂的石粉含量，应符合表2.8的规定。

人工砂或混合砂中石粉含量限值 表2.8

混凝土强度等级		＜C30	C30～C45	≥C50
石粉含量(%)	MB＜1.40	≤15	≤10	≤8
	MB≥1.40	≤10.0	≤8.0	≤5.0

2.2 水泥

水泥应选用硅酸盐水泥或普通硅酸盐水泥。在有充分实践经验证明可行的情况下，大体积混凝土也可选用矿渣硅酸盐水泥。水泥的混合材宜为粉煤灰或矿渣。有耐硫酸盐侵蚀要求的混凝土，也可选用中级抗硫酸盐硅酸盐水泥或高级抗硫酸盐硅酸盐水泥。

水泥的技术要求，除应满足国家标准《通用硅酸盐水泥》(GB 175—2007)的有关规定外[7]，还应满足表2.9的规定。

水泥的技术要求　　表2.9

序号	项　　目	技术要求	备　　注
1	比表面积	≤350m^2/kg(硅酸盐水泥、抗硫酸盐硅酸盐水泥)	按《水泥比表面积测定方法(勃氏法)》(GB/T 8074—2008)检验
2	80μm方孔筛筛余	≤10.0%(普通硅酸盐水泥)	按《水泥细度检验方法(80μm筛筛析法)》(GB/T 1345—2005)检验
3	游离氧化钙含量	≤1.0%	按《水泥化学分析方法》(GB/T 176—2008)检验
4	碱含量	≤0.80%	
5	熟料中的C_3A含量	非氯盐环境下≤8%，氯盐环境下≤10%	按《水泥化学分析方法》(GB/T 176—2008)检验后计算求得
6	Cl^-含量	不宜大于0.10%(钢筋混凝土)，≤0.06%(机制砂预应力高性能混凝土)	按《水泥原料中氯离子的化学分析方法》(JC/T 420—2006)检验

注：1. 当集料使用板岩骨料时，水泥的碱含量不应超过0.60%。
2. C40及以上混凝土用水泥的碱含量不宜超过0.60%。

2.3 矿物掺和料

矿物掺和料应选用品质稳定的产品，其品种宜为粉煤灰、磨细粉煤灰、磨细矿渣粉或硅灰[8-10]。

2.3.1 粉煤灰

粉煤灰的技术要求应满足表2.10的规定。

粉煤灰的技术要求　　表2.10

序号	名　　称	技术要求		备　　注
		C50以下混凝土	C50及以上混凝土	
1	细度(%)	≤20	≤12	按《用于水泥和混凝土中的粉煤灰》(GB/T 1596—2005)检验
2	Cl^-含量(%)	不宜大于0.02		按《水泥原料中氯离子的化学分析方法》(JC/T 420—2006)检验

续上表

序号	名　称	技术要求		备　注
		C50 以下混凝土	C50 及以上混凝土	
3	需水量比(%)	≤105	≤100	按《用于水泥和混凝土中的粉煤灰》(GB/T 1596—2005)检验
4	烧失量(%)	≤5.0	≤3.0	按《水泥化学分析方法》(GB/T 176—2008)检验
5	含水率(%)	≤1.0(对干排灰而言)		按《用于水泥和混凝土中的粉煤灰》(GB/T 1596—2005)检验
6	SO_3含量(%)	≤3		按《水泥化学分析方法》(GB/T 176—2008)检验

2.3.2　磨细矿渣粉

磨细矿渣粉的技术要求，应满足表 2.11 的规定。

磨细矿渣粉的技术要求　　表 2.11

序号	名　称	技术要求	备　注
1	MgO 含量(%)	≤14	按《水泥化学分析方法》(GB/T 176—2008)检验
2	SO_3含量(%)	≤4	
3	烧失量(%)	≤3	
4	Cl^-含量(%)	不宜大于 0.02	按《水泥原料中氯离子的化学分析方法》(JC/T 420—2006)检验
5	比表面积(m^2/kg)	350～500	按《水泥比表面积测定方法(勃氏法)》(GB/T 8074—2008)检验
6	需水量比(%)	≤100	按《高强高性能混凝土用矿物外加剂》(GB/T 18736—2008)检验
7	含水率(%)	≤1.0	按《用于水泥和混凝土中的粒化高炉矿渣粉》(GB/T 18046—2008)检验
8	28d 活性指数(%)	≥95	按《用于水泥和混凝土中的粒化高炉矿渣粉》(GB/T 18046—2008)检验

2.3.3　硅灰

硅灰的技术要求，应满足表 2.12 的规定。

硅灰的技术要求　　表 2.12

序号	名　　称	技 术 要 求	备　　注
1	烧失量(%)	≤6	按《水泥化学分析方法》(GB/T 176—2008)检验
2	Cl^-含量(%)	不宜大于 0.02	按《水泥原料中氯离子的化学分析方法》(JC/T 420—2006)检验
3	SiO_2含量(%)	≥85	按《高强高性能混凝土用矿物外加剂》(GB/T 18736—2002)检验
4	比表面积(m^2/kg)	≥18 000	
5	需水量比(%)	≤125	
6	含水率(%)	≤3.0	按《水泥化学分析方法》(GB/T 176—2008)检验
7	28d 活性指数(%)	≥85	按《高强高性能混凝土用矿物外加剂》(GB/T 18736—2002)检验

2.4 粗集料

如是板岩粗集料，按《暂行规定》执行。非板岩粗集料的应采用砂浆棒法检验其碱活性，且砂浆棒的膨胀率应小于 0.10%。粗集料应选用级配合理、粒形良好、质地均匀坚固、线膨胀系数小的洁净碎石，也可采用碎卵石，不宜采用砂岩碎石。

粗集料的最大公称粒径，不宜超过钢筋混凝土保护层厚度的 2/3，且不得超过钢筋最小间距的 3/4[11]。配制强度等级 C50 及以上机制砂预应力高性能混凝土时，粗集料最大公称粒径(圆孔)不应大于 25mm。

粗集料应采用二级或多级级配，其松散堆积密度应大于 1 500kg/m^3，紧密空隙率宜小于 40%，吸水率应小于 2%(用于干湿交替或冻融环境条件下的混凝土应小于 1%)。

当粗集料为碎石时，碎石的强度用岩石抗压强度表示，且岩石抗压强度与混凝土强度等级之比不小于 1.5。施工过程中碎石的强度可用压碎指标值进行控制，且应符合表 2.13 的规定。

若粗集料为卵石，卵石的强度用压碎指标值表示，且应符合表 2.13 的规定。

粗集料的压碎指标值(%)　　表 2.13

混凝土强度等级	<C30			≥C30		
岩石种类	水成岩	板岩或深成的火成岩	火成岩	水成岩	板岩或深成的火成岩	火成岩
碎石	≤16	≤20	≤30	≤10	≤12	≤13
卵石	≤16			≤12		

注：水成岩包括石灰岩、砂岩等；板岩包括片麻岩、石英岩等；深成的火成岩包括花岗岩、正长岩、闪长岩和橄榄岩等；喷出的火成岩包括玄武岩和辉绿岩等。

粗集料的坚固性用硫酸钠溶液循环浸泡法进行检验，经 5 次循环后，试样的质量损失率应符合表 2.14 的规定。

粗集料的坚固性　　表 2.14

结构类型	混凝土结构	机制砂预应力高性能混凝土结构
质量损失率(%)	≤8	≤5

粗集料的有害物质含量应符合表 2.15 的规定。

粗集料的有害物质含量限值　　表 2.15

强度等级	<C30	C30～C45	≥C50
含泥量(%)	≤1.0	≤1.0	≤0.5
泥块含量(%)	0.25		
针、片状颗粒总含量(%)	≤10	≤10	≤8
硫化物及硫酸盐含量(折算成 SO_3)(%)	≤1.0		
氯化物(以氯化钠计)(%)	<0.03		
卵石中有机质含量(用比色法试验)	颜色不应深于标准色，当深于标准色时，应配制成混凝土进行强度对比试验，抗压强度比不应小于 0.95		

粗集料的碱活性首先应采用岩相法进行检验。若粗集料含有碱-硅酸反应活性矿物，其砂浆棒膨胀率应小于 0.10%，否则应按要求采取抑制碱-集料反应的技术措施。不得使用具有碱-碳酸盐反应活性的集料。

碱活性集料按砂浆棒长度膨胀法试验(砂浆棒养护龄期 180d 或 16d)按膨胀量的大小分为以下四种。

A 种：非碱活性集料，膨胀量小于或等于 0.02%。

B 种：低碱活性集料，膨胀量大于 0.02%，小于或等于 0.06%。

C 种：碱活性集料，膨胀量大于 0.06%，小于或等于 0.10%。

D 种：高碱活性集料，膨胀量大于 0.10%。

2.5　外加剂[12,13]

2.5.1　减水剂

减水剂应采用减水率高、坍落度损失小、适量引气、能明显改善或提高混凝土耐久性能的质量稳定产品。减水剂与水泥之间应有良好的相容性。在道路工程施工中，外加剂产品应经相关检测单位检验合格方可使用。

减水剂的性能应满足表 2.16 的要求。

减水剂的性能指标 表 2.16

序号	项　　目		指标	备　　注
1	水泥净浆流动度(mm)		≥240	按《混凝土外加剂匀质性试验方法》(GB/T 8077—2012)检验
2	硫酸钠含量(%)		≤5.0	
3	氯离子含量(%)		≤0.2	
4	总碱量(Na_2O+0.658K_2O)(%)		≤10.0	
5	减水率(%)		≥20	按《混凝土外加剂》(GB 8076—2008)检验
6	含气量(%)	用于配制非抗冻混凝土时	≥3.0	
		用于配制抗冻混凝土时	≥4.5	
7	坍落度保留值(mm)	30min	≥180	按《普通混凝土拌合物性能试验方法标准》(GB/T 50080—2002)检验
		60min	≥150	
8	常压泌水率比(%)		≤20	按《混凝土外加剂》(GB 8076—2008)检验
9	压力泌水率比(%)		≤90	按《普通混凝土拌合物性能试验方法标准》(GB/T 50080—2002)检验
10	抗压强度比(%)	3d	≥130	按《混凝土外加剂》(GB 8076—2008)检验
		7d	≥125	
		28d	≥120	
11	对钢筋锈蚀作用		无锈蚀	
12	收缩率比(%)		≤135	
13	相对耐久性指标(%),200 次		≥80	

注:坍落度保留值、压力泌水率比仅对于泵送混凝土用外加剂而言。减水剂的匀质性,应满足国家标准《混凝土外加剂》(GB 8076—2008)的规定。

2.5.2 其他外加剂

除减水剂外,为改善机制砂高性能混凝土拌和物工作性与后期耐久性等性能,应根据实际工程情况,在满足工程要求的前提下,选择合适品种的外加剂,可加入其他外加剂,如引气剂、增稠剂、早强剂、抗分散剂、耐腐蚀剂等。各类外加剂应符合《混凝土外加剂》(GB 8076—2008)的要求,同时还应符合《混凝土外加剂应用技术规范》(GB 50119—2013)中的有关规定。

2.6 水

混凝土拌和用水应满足表 2.17 的规定[14]。

拌和用水的品质指标 表 2.17

项目	机制砂预应力高性能混凝土	钢筋混凝土	素混凝土
pH 值	>4.5	>4.5	>4.5
不溶物(mg/L)	<2 000	<2 000	<5 000
可溶物(mg/L)	<2 000	<5 000	<10 000

续上表

项目	机制砂预应力高性能混凝土	钢筋混凝土	素混凝土
氯化物(以 Cl^- 计)(mg/L)	<500	<1 000	<3 500
硫酸盐(以 SO_4^{2-} 计)(mg/L)	<600	<2 000	<2 700
碱含量(以当量 Na_2O 计)(mg/L)	<1 500	<1 500	<1 500

用拌和水和蒸馏水(或符合国家标准的生活饮用水)进行水泥净浆试验所得的水泥初凝时间差及终凝时间差均不得大于 30min,其初凝和终凝时间尚应符合国家水泥标准的规定。

用拌和水配制的水泥砂浆或混凝土的 28d 抗压强度,不得低于用蒸馏水(或符合国家标准的生活饮用水)拌制的对应砂浆或混凝土抗压强度的 90%。

拌和用水不得采用海水。当混凝土处于氯盐环境时,拌和水中 Cl^- 含量应不大于 200mg/L。对于使用钢丝或经热处理钢筋的机制砂预应力高性能混凝土,拌和水中 Cl^- 含量不得超过 350mg/L。

养护用水除不溶物、可溶物可不作要求外,其他项目应符合表 2.17 的规定。不得采用海水养护混凝土。

2.7　原材料的储存

混凝土用水泥、矿物掺和料等宜采用散料仓分别储存。袋装粉状材料在运输和存放期间应用专用库房存放,不得露天堆放,且应特别注意防潮。

水泥储运过程中,还应符合下列规定:

(1)装运水泥的车、船应有棚盖。

(2)储存水泥的仓库应设在地势较高处,周围应设排水沟。

(3)袋装水泥在装卸、搬移过程中不得抛掷。

(4)水泥应按品种、强度等级分批堆垛,堆垛高度不宜大于 1.5m。堆垛应架离地面 0.2m 以上,并距离四周墙壁 0.2~0.3m,或预留通道。

(5)水泥不宜露天堆放,临时露天堆放时应上盖下垫。

(6)储存散装水泥过程中,应采取措施降低水泥的温度或防止水泥升温。

不同类型集料应分别堆放。当混凝土采用多级级配粗集料时,粗集料应实行分级采购、分级运输、分级堆放、分级计量。

不同混凝土原材料,应有固定的堆放地点和明确的标识,标明材料名称、品种、生产厂家、生产日期和进厂(场)日期。原材料堆放时,应有堆放分界标识,以免误用。集料堆场地面应进行硬化处理,并设置必要的排水条件。

混凝土原材料进场(厂)后,应及时建立"原材料管理台账",台账内容包括进货日期、材料名称、品种、规格、数量、生产单位、供货单位、"质量证明书"编号、"复试检验报告"编号及检验结果等。"原材料管理台账"应填写正确、真实、项目齐全。

本章参考文献

[1] 蒋正武,吴建林.贵州地区机制砂在混凝土中应用存在的问题及建议[J].商品混凝土,2011,(8):5.

[2] 孙江涛,马洪坤,麦伟雄,等.机制砂生产工艺及设备选型研究[J].建材世界,2012,33(3):61-62.

[3] 黎鹏平,熊建波,王胜年.机制砂的制备工艺及在某桥梁工程中的应用[J].混凝土,2012,3:127.

[4] 蒋正武,梅世龙.机制砂普通强度高性能混凝土[M].北京:化学工业出版社,2015.

[5] 中华人民共和国国家标准.GB/T 14684—2011 建筑用砂[S].北京:中国标准出版社,2011.

[6] 中华人民共和国行业标准.JGJ 52—2006 普通混凝土用砂、石质量及检验方法标准[S].北京:中国建筑工业出版社,2006.

[7] 中华人民共和国国家标准.GB 175—2007 通用硅酸盐水泥[S].北京:中国标准出版社,2007.

[8] 中华人民共和国国家标准.GB/T 18736—2002 高强高性能混凝土用矿物外加剂[S].北京:中国标准出版社,2002.

[9] 中华人民共和国国家标准.GB/T 1596—2005 用于水泥和混凝土中的粉煤灰[S].北京:中国标准出版社,2005.

[10] 中华人民共和国国家标准.GB/T 18046—2005 用于水泥和混凝土中的粒化高炉矿渣粉[S].北京:中国标准出版社,2008.

[11] 中华人民共和国国家标准.GB 50666—2011 混凝土结构工程施工规范[S].北京:中国建筑工业出版社,2011.

[12] 中华人民共和国国家标准.GB 8076—2008 混凝土外加剂[S].北京:中国标准出版社,2008.

[13] 中华人民共和国国家标准.GB 50119—2003 混凝土外加剂应用技术规范[S].北京:中国建筑工业出版社,2003.

[14] 中华人民共和国行业标准.JGJ 63—2006 混凝土用水标准[S].北京:中国建筑工业出版社,2006.

第3章 机制砂普通强度高性能混凝土工程应用

3.1 概述

高性能混凝土是一种新型的高技术混凝土，除了必须对水泥、集料和水的质量进行有效的控制外，配制高性能混凝土还必须采用低水胶比和掺加足量的矿物细掺料与高效外加剂，以保证高性能混凝土的耐久性、工作性、各种力学性能、实用性、体积稳定性和经济合理性。

通过对原材料的优选和质量控制、配合比优化、生产过程的有效控制，使生产出的混凝土拌和物具有良好的施工性能，硬化混凝土的结构改善，其强度及抗渗等级高于原来基准混凝土，具有相对较高的耐久性。这种通过改善普通混凝土的内部结构、提高性能、延长使用寿命的工作，称为“普通混凝土高性能化”或“普通强度等级高性能混凝土”。普通混凝土向高性能混凝土发展，已是必然的趋势，并能够获得多方面的利益，其中环境效益尤为重要。

普通强度等级高性能混凝土，以耐久性设计优先而不以强度设计优先，片面强调混凝土的高强度将影响混凝土耐久性能的提高。吴中伟院士建议将 HPC 的强度下限从 50～60MPa 降到 30MPa 左右，从而扩大高性能混凝土的应用范围，为提高我国混凝土耐久性创造条件，而且可以根据工程与环境条件合理选用。降低 HPC 的强度下限应以不损及混凝土内部结构（如孔结构、界面区结构、水化物结构等）为度[1-6]。

根据吴中伟院士的建议，本书将普通强度等级高性能混凝土定义为强度等级在 C50 以下，并且以增加矿物掺和料用量，降低水胶比来获得高密实度和优良耐久性的混凝土。

混凝土的特点是抗压强度高，长期以来，人们一直以抗压强度作为评价混凝土优劣的最重要指标，混凝土的发展也就成为使之强度不断提高的过程，然而高强混凝土的应用，要求有更高素质的施工人员和更细致的施工过程，因而用常规方法施工建造的高强混凝土工程并不像当初人们设想的那么耐久[7]。

为提高耐久性能，混凝土的设计强度等级不断提高，因为传统的混凝土理论总是认为，混凝土抗压强度提高了，耐久性能也能得到相应提高。可以说，最近几十年来混凝土科学发展的历史，就是混凝土强度不断提高的历史。但依靠提高强度来改善混凝土耐久性并非良策。一则不经济；二则由于潜在的副作用（如高强混凝土常采用的高水泥用量带来的高水化热易引起温差裂缝等）可能使高强混凝土的耐久性大打折扣，反而不能满足工程的耐久性要求。而且现实中许多重大工程结构的混凝土（如海工、水工混凝土），尤其是一些大体积混凝土，对强度要求并不高，但需要混凝土具有优异的耐久性。因此，从目前的情况来看，中低强度混凝土如

C20、C30、C40 的混凝土如何提高其性能、延长其使用寿命，这是混凝土研究的一个方面，也是普通混凝土向高性能化方向发展的一个必然趋势。

江西省赣江石虎塘航电枢纽工程、东海大桥结构混凝土工程和南京地铁一号线一期工程等使用的混凝土都是高性能化的 C30 混凝土。而日本的明石大桥 2 号和 3 号大体积柱基设计强度仅有 17MPa，这些工程都以降低水泥和水的用量、使用较低水灰比、提高矿物掺和料的掺量和使用高效减水剂等方法，通过提高混凝土的密实程度来提高混凝土的耐久性能，从而配制出满足设计年限的设施[8-10]。

3.2 机制砂普通强度高性能混凝土的配制与性能

3.2.1 配制原则

工程中，机制砂普通强度高性能混凝土配制的基本原则如下：

(1)控制总胶凝材料，选用优质硅酸盐水泥或普通硅酸盐水泥，尽量降低水泥熟料用量，单掺或复掺适量的矿物掺和料，如粉煤灰或矿渣粉，掺量宜大于 20%。

(2)合理的配合比参数(集料级配、砂率及减水剂用量)，获得较好的拌和物工作性，在满足混凝土拌和物工作性的前提下，适当降低水胶比，提高混凝土强度。

(3)机制砂及碎石应严格控制其泥、泥块含量及针片状颗粒含量，优化级配，砂率根据机制砂石粉含量调整。

(4)优先选用性能良好的聚羧酸高性能减水剂及其他外加剂，同时保证与水泥的适应性。采用特种外加剂时，保证混凝土具有较好流动性的同时，保持较好的黏聚性，不离析、不泌水。

3.2.2 机制砂普通强度高性能混凝土原材料

机制砂普通强度高性能混凝土的原材料与普通高性能混凝土基本相同：普通硅酸盐水泥、粉煤灰、高效减水剂、粗集料。不同处在于细集料，机制砂因其机械破碎加工过程的影响，使得颗粒棱角较多，石粉含量也相对偏高。加工过程如若管理不当，容易出现级配不好的现象。

1)水泥

配制机制砂普通强度高性能混凝土常用的水泥为通用水泥，是以硅酸钙为主要成分的熟料制得的硅酸盐系列水泥[11,12]。根据《通用硅酸盐水泥》(GB 175—2007)标准[11]，通用水泥包括硅酸盐水泥(P. I、P. II)、普通硅酸盐水泥(P. O)、火山灰硅酸盐水泥(P. P)、粉煤灰硅酸盐水泥(P. F)、矿渣硅酸盐水泥(P. S)和复合硅酸盐水泥(P. C)。不同强度等级的各类水泥的强度指标与化学指标应分别满足《通用硅酸盐水泥》(GB 175—2007)中的规定。

配制机制砂普通强度高性能混凝土所用水泥，应符合国家标准《通用硅酸盐水泥》(GB 175—2007)和《矿渣硅酸盐水泥、火山灰质硅酸盐水泥及粉煤灰硅酸盐水泥》(GB 1344—1999)的要求[11,13]。性能指标参见第 2 章。

机制砂普通强度高性能混凝土配制时，一般选用普通硅酸盐水泥或硅酸盐水泥，强度等级一般不小于 52.5 或 42.5，具体根据实际工程需要进行选择。在机制砂普通强度高性能混凝土中，选择需水量较小的水泥可以实现混凝土水灰比的降低，有利于强度的提高，较高的水泥强度也有利于形成较高的混凝土强度[14]。

2)集料

集料对混凝土性能的影响非常大，所以如何选择集料品种及级配，是普通强度高性能混凝土配制的关键。

(1)粗集料

碎石往往具有棱角，且表面粗糙，在水泥用量和用水量相同的情况下，用碎石拌制的混凝土拌和物流动性较差，但其与水泥黏结较好，故强度较高；相反卵石多为表面光滑的球形颗粒，用卵石拌制的混凝土拌和物流动性较好，但强度较差。如要求流动性相同，采用卵石时用水量可适当减少，结果强度不一定比用碎石的低。

粗集料的颗粒中还有一些为针、片状颗粒。凡岩石颗粒的长度大于该颗粒所属粒级的平均粒径的2.4倍者为针状颗粒；厚度小于平均粒径0.4倍者为片状颗粒。平均粒径指该粒级上、下限粒径的平均值。这种针、片状颗粒过多，会影响混凝土的和易性，并降低混凝土的强度。

根据《混凝土结构工程施工规范》(GB 50666—2011)的规定[15]，混凝土粗集料的最大粒径不得超过结构截面尺寸的1/4，同时不得大于钢筋间最小净距的3/4；对于实心混凝土板，集料的最大粒径不宜超过板厚的1/3，且不得超过40mm。

石子的颗粒级配要求，针、片状颗粒含量，含泥量，泥块含量，强度，坚固性，硫化物和硫酸盐含量以及碱活性，都应满足《普通混凝土用砂、石质量及检验方法标准》(JGJ 52—2006)[16]中的相关要求。

(2)机制砂

机制砂是由机械破碎、筛分制成的粒径小于4.75mm的岩石颗粒，但不包括软质岩、风化岩的颗粒。天然沙外观多呈黄色，含泥量高且不容易看出，而机制砂多数呈灰白色或黑色，颗粒尖锐。

机制砂自身的主要特点是：目前基本为中粗砂，细度模数在2.6～3.6之间，颗粒级配稳定、可调，含有一定量的石粉，除150μm的筛余有所增加外，其余筛余均多呈三角体或方矩体，表面粗糙，棱角尖锐。由于全国各地机制砂的生产矿源不同、生产加工机制砂的设备和工艺不同，生产出的机制砂粒型和级配可能会有很大区别。如有些机制砂片状颗粒较多，有些机制砂的颗粒级配为两头大中间小，但只要能满足国标中对机制砂的全部技术指标，就可以在混凝土和砂浆中使用。

机制砂的含泥量大，其针片状颗粒含量高，使混凝土的需水量增大。这些均会对机制砂普通强度高性能混凝土的工作性、强度和耐久性产生不良影响。

配制机制砂自密实混凝土用的机制砂，须用质地坚硬、母材强度＞80MPa，且不含对混凝土有害的化学成分的岩石，经机械轧制而成。

机制砂颗粒粗糙，石粉含量高，这势必减弱混凝土的流动性，增加需水量。在相同条件下，配制相同坍落度的混凝土，机制砂比天然河沙需水量增加5～10kg/m^3。机制砂的石粉含量应控制在8%～10%之间，超过10%应在混凝土配合比设计中作为惰性矿物掺和料使用。

如在机制砂自密实混凝土的配制中，由于其砂浆量较大，砂率较大，如果选用细砂，则混凝土的强度和弹性模量等力学性能将会受到不利影响，同时，细砂的比表面积较大将增大拌和物的需水量，对拌和物的工作性产生不利影响；若选用粗砂，则会降低混凝土拌和物的黏聚性。所以，机制砂自密实混凝土宜选用中砂或偏粗中砂[17-19]。

3)外加剂

混凝土外加剂按其主要功能，一般分为以下5类[20,21]：

(1)改善新拌混凝土流变性能的外加剂，包括减水剂、泵送剂、引气剂和保水剂等。

(2)调节混凝土凝结、硬化性能的外加剂，包括早强剂、缓凝剂和速凝剂等。

(3)调节混凝土气体含量的外加剂，包括引气剂、加气剂、泡沫剂和消泡剂等。

(4)改善混凝土耐久性的外加剂，包括引气剂、抗冻剂和阻锈剂等。

(5)改善混凝土其他性能的外加剂，包括引气剂、膨胀剂和防水剂等。

与条件相同的天然沙相比，在配比设计、其他材料、成型养护条件都相同的情况下，用机制砂配制混凝土的特点是：坍落度减小，混凝土28d标准强度提高；如保持坍落度不变，则需水量增加；但在不增加水泥的前提下水灰比变大后，一般情况下，混凝土实测强度并不降低。按天然沙的规律进行混凝土配比设计，机制砂的需水量大，和易性稍差，易产生泌水，特别是在水泥用量少的低强度等级混凝土中表现明显。因此在配制机制砂普通强度高性能混凝土时，可以根据需要掺入一定的外加剂，调整混凝土的工作性能，使混凝土达到设计要求。

在机制砂混凝土中掺加外加剂，可以提高混凝土的工作性和耐久性，增加混凝土的黏聚性、保水性，减少其经时损失，并在混凝土中引入孔径小于200μm的独立毛细孔来增加混凝土的抗冻性。如配制机制砂自密实混凝土时，为保证混凝土具有大流动度，需要选用优质高效减水剂，宜选用减水率大于30%的聚羧酸系高效减水剂。

在外加剂品种的选择上，应根据实际工程情况，在满足工程要求的前提下，选择合适品种的外加剂。

(1)配制高强混凝土，宜选择减水率较大的聚羧酸类外加剂。

(2)配制泵送混凝土，如果只考虑控制混凝土的坍落度损失和提高可泵性，可选择氨基磺酸类减水剂以及泵送剂。聚羧酸类外加剂及改性萘系减水剂也适用于泵送混凝土的配制。

(3)配制大体积混凝土，宜选择减缩剂和具有减缩性能和降低水泥水化放热能力的聚羧酸类外加剂、改性萘系减水剂。

(4)配制高耐久性混凝土，最好选用具有减缩性能的聚羧酸类外加剂和引气剂复合。如果施工性能满足要求，也可以选择改性萘系减水剂、引气剂和抗冻剂复合。

(5)配制对减缩性能要求很高的混凝土时，宜选择减缩剂、膨胀剂与具有减缩能力的聚羧酸类外加剂或改性萘系减水剂复合使用。

4)矿物掺和料

当前常用的矿物掺和料中，粉煤灰、磨细矿渣、硅灰，在机制砂混凝土中的应用最为普遍。

(1)粉煤灰

粉煤灰是一种颗粒非常细小，经过特殊设备收集的粉状物质。在混凝土中掺加粉煤灰节约了大量的水泥和细集料，减少了用水量，改善了混凝土拌和物的和易性，增强混凝土的可泵性，减少了混凝土的徐变，减少水化热、热膨胀性，提高混凝土抗渗能力，增加混凝土的修饰性。拌制混凝土和砂浆用粉煤灰应满足《用于水泥和混凝土中的粉煤灰》(GB/T 1596—2005)的技术要求。在机制砂自密实混凝土的配制中，优质的粉煤灰（细度约 4 000m^2/g）是机制砂自密实混凝土最常用的活性掺和料，可有效改善机制砂自密实混凝土的流动性。

（2）矿渣粉

在高炉冶炼生铁时，所得以硅铝酸盐为主要成分的熔融物，经淬冷成粒后，具有潜在水硬性的材料，即为粒化高炉矿渣，简称矿渣。根据比表面积和活性指数的不同，将矿渣粉分为三个等级：S105、S95 和 S75[22-24]。

矿渣微粉等量替代各种用途混凝土及水泥制品中的水泥用量，可以明显改善混凝土和水泥制品的综合性能。矿渣微粉作为高性能混凝土的新型掺和料，具有改善混凝土各种性能的优点。具体表现为：大幅度提高水泥混凝土的后期强度；有效抑制水泥混凝土的碱集料反应，提高水泥混凝土的耐久性；有效提高水泥混凝土的抗海水浸蚀性能；显著减少水泥混凝土的泌水量，改善混凝土的和易性；显著提高水泥混凝土的致密性，改善水泥混凝土的抗渗性；显著降低水泥混凝土的水化热。矿渣粉应符合《用于水泥中的粒化高炉矿渣》（GB/T 203—2008）和《用于水泥和混凝土中的粒化高炉矿渣粉》（GB/T 18046—2008）的要求。磨细矿渣（粒径小于 0.125mm）能够改善和保持机制砂自密实混凝土的工作性，提高机制砂自密实混凝土硬化后的强度。

（3）硅灰

在冶炼硅铁合金或工业硅时，通过烟道排出的粉尘，经收集得到的以无定形二氧化硅为主要成分的粉体材料，即为硅灰[25]。

硅灰的密度约为 2.2g/cm^3，一般是由非常细小、表面平滑的玻璃态球形颗粒组成，比表面积介于 15 000～20 000m^2/kg 之间。高细度是硅灰的重要特征之一，因为微小颗粒能够高度分散在混凝土中，填充在水泥颗粒之间而提高混凝土的密实度，同时微小颗粒相对具有更高的火山灰活性，能更快、更全面地与水泥水化产生的氢氧化钙反应，因而掺加硅灰可以显著改善混凝土的强度和耐久性。硅灰的技术要求应符合《砂浆和混凝土用硅灰》（GB/T 27690—2011）的要求。硅灰能够改善机制砂自密实混凝土的流变性能和抗离析能力。

加入外掺料有利于改善混凝土的黏聚性、水化作用（减少水泥的水化热，降低混凝土的温度），提高混凝土的后期强度，有利于改善混凝土的内部结构、密实度和工作性，增加粒子密集堆积，降低孔隙率，改善孔结构，对提高混凝土的抗腐蚀能力和延缓混凝土的性能退化有较大的作用，尤其是矿物细料对抑制碱-集料反应更为重要。

不同类型的机制砂普通强度高性能混凝土，对所用矿物掺和料的类型也有要求。如在配制机制砂超高泵送混凝土时，为控制混凝土良好性能及成本，应合理使用不同品种的矿物掺和料。一般机制砂超高泵送混凝土优选性能良好的一级粉煤灰、准一级粉煤灰或矿渣微粉，对于高强混凝土，应考虑复掺硅灰。配制机制砂高强混凝土时，粉煤灰宜选用一级灰，若无一级粉煤灰，也可选用二级粉煤灰；但二级粉煤灰的需水量、细度、烧失量三项技术指标中只允许有一项达不到一级指标要求。

3.2.3　机制砂普通强度高性能混凝土配合比设计

1）配合比设计原则

配制机制砂普通强度高性能混凝土，首先应当遵循《普通混凝土配合比设计规程》

(JGJ 55—2011)的规则。在此基础上,根据机制砂普通强度高性能混凝土力学性能与耐久性的要求进行调整。

影响混凝土的力学性能与耐久性能的因素贯穿于混凝土原材料的选取、配合比设计、施工、养护等各个环节。基本设计原则见 3.2.1 节。

2)配合比设计注意事项

机制砂不同于普通河砂,其级配不稳定、细粉颗粒含量多,对混凝土性能影响较大,因此在配制过程中要注意以下几点:

(1)原材料

根据工程实际需要,选择合适的原材料。由于机制砂普通强度高性能混凝土较普通高性能混凝土更难配制施工,因此在配制机制砂普通强度高性能混凝土时要对原材料进行检测,确保原材料符合施工要求。

(2)需水量

机制砂为机械破碎而成,其颗粒多棱角表面粗糙。因此,一般来讲,达到同样坍落度的前提下,机制砂混凝土需要更多的用水量。在相同条件下,配制相同坍落度的混凝土,机制砂比天然河沙需水量增加 5～10kg/m^3。

由于配制机制砂普通强度高性能混凝土时,所需用水量较普通高性能混凝土大,用水量增大将导致混凝土极易发生泌水现象;因此在保证混凝土工作性能的前提下,要适当控制混凝土的拌和用水量。如通过调整外加剂的用量优化混凝土的配合比。

(3)机制砂和砂率的选择

与普通混凝土中常用的河沙相比,机制砂级配一般较差,需要较高的砂率,但随着机制砂中石粉含量的增加,砂率相应地降低。即采用机制砂配制混凝土时,其砂率的选择不仅要考虑机制砂细度模数的大小,还要充分注意其石粉含量的影响。石粉含量的增加会使合理砂率降低,用高石粉含量机制砂配制混凝土的砂率,应参考最佳水粉比,或由最佳水粉比决定砂率。

研究表明,对于中低强度混凝土石粉含量的最优值为 10%～15%、最高限值为 20%;对于高强度混凝土石粉含量的最优值为 7%～10%、最高限值为 14%。在配制机制砂普通强度高性能混凝土时,可以利用机制砂的高石粉含量解决强度富余过多与工作性差之间的矛盾,在水灰比较大的情况下,石粉的贡献更加突出。

(4)矿物掺和料

矿物掺和料是配制高性能混凝土必需的原材料。由于机制砂级配一般较差,因此在配制过程中适当掺入矿物掺和料,能够显著改善机制砂普通强度高性能混凝土的工作性能。常用的矿物掺和料包括粉煤灰、矿渣粉和硅灰等。

上述 3 种矿物掺和料与高效减水剂复掺后,复合物的不同掺量会对混凝土强度以及流动性产生影响。结果显示:同时掺加复合矿物掺和料和高效减水剂的方案,是到目前为止在不改变通用施工工艺的情况下配制高性能混凝土比较可行的方法之一,多种矿物掺和料的复合效应,对高性能混凝土的强度以及耐久性,均有提高的作用。硅灰与矿渣粉复掺优于单掺矿渣的效果,但却不及单掺硅灰的效果。

工程应用中,粉煤灰掺量调控尤为常见。研究粉煤灰掺量变化,对机制砂普通强度高性能混凝土力学性能、体积稳定性能与耐久性能的影响，由此确定混凝土配合比中的粉煤灰最佳掺量，并在此基础上研究水胶比变化对机制砂普通强度高性能混凝土力学性能、体积稳定性能与耐久性能的影响。根据这些研究结论选定施工用配合比。

(5)外加剂

外加剂是高性能混凝土的重要组成成分。由于机制砂本身的特性，在配制机制砂普通强度高性能混凝土时，为保证工作所需的坍落度，要适当提高外加剂(尤其是减水剂)的掺量。同时，也可以采用多种外加剂复配的方式提高混凝土的工作性能。

3.2.4　机制砂普通强度高性能混凝土的性能

机制砂普通强度高性能混凝土，是以耐久性为主要指标进行设计的混凝土，它以优异的耐久性(而不是高强度)为主要特征，具备良好的工作性，又有优异的力学性质和耐久性；易于浇筑、捣实而不离析，高强的、能长期保持的力学性质，高早期强度、高韧性、体积稳定，在严酷的环境下使用寿命长。为了达到高耐久性，混凝土应具备的性能是：在新拌和状态下有良好的工作性，即高流动性而不离析、不泌水，以便成形均匀、密实，硬化早期的沉降收缩和水化收缩小、温升低、硬化过程干缩小，以便达到无初始裂缝，硬化后的渗透性低。

由于机制砂普通强度高性能混凝土是按耐久性设计的混凝土，所以在不同的环境中，起主导破坏的因素也不同，混凝土的劣化会有不同的表现，但往往仍是许多因素综合的、复杂的作用。因此，至今难以建立起一个评价混凝土耐久性的确定指标。目前，对混凝土耐久性的评价主要可分为以下几个方面：

1)机制砂普通强度高性能混凝土渗透性

机制砂由于表面比较粗糙，可以与浆体很好的黏结，增加水泥石的密实性，石粉虽然不具有活性，但提高了混凝土的密实性，增强了水泥石与集料界面的黏结；石粉能加速 C_3S 的水化，并与 C_3A、C_4AF 反应生成结晶水化物，改善了水泥石的孔隙结构，因此抗渗性能得到提高；石粉填充了界面的空隙，使水泥石结构和界面结构更为致密，阻断了可能形成的渗透通路[26]，使混凝土的抗渗性得到改善，石粉越多，被阻断的透水通道也就越多，越能改善混凝土的抗渗性能。有研究表明，大的水灰比条件下，石粉含量的增加会改善混凝土的抗渗性，对于较小水胶比，石粉含量的提高会削弱混凝土的抗渗性。机制砂的颗粒级配也会影响硬化后混凝土的耐久性，级配连续分布的颗粒使机制砂具有较高的堆积密度，从而可以提高混凝土的抗渗性能，进而提高混凝土抵抗腐蚀的性能。

采用基准配合比成型试块，试块为 10cm×10cm×10cm 的立方体，成形后在标准养护条件下养护 28d。然后将试块放入浓度为 10%的 NaCl 溶液中浸泡，达到相应浸泡时间后取出，将表面水擦干、破形，滴上浓度为 0.1mol/L 的 $AgNO_3$ 溶液，测定氯离子渗透深度。表 3.1 是不同等级混凝土各龄期的氯离子渗透深度。

不同强度等级混凝土各时间的氯离子渗透深度(mm)　　表 3.1

强度等级	集料类型	28d	180d	360d
C30	石灰质	6.2	14.7	20.5
C55		3.1	7.6	9.8

从表 3.1 和图 3.1 可以发现，随着时间的增加，混凝土氯离子渗透深度增加，但随着时间的推移，曲线的斜率在逐渐降低，说明氯离子的渗透速率在逐渐降低，但降低程度不是特别明显。同时可以看出在相同时间下，C55 混凝土的氯离子渗透深度明显低于 C30 混凝土，这主要是因为，高强度的混凝土水灰比较低，混凝土硬化后其中的凝胶孔隙和毛细孔隙也较少，降低了氯离子的渗透速率和渗透深度。

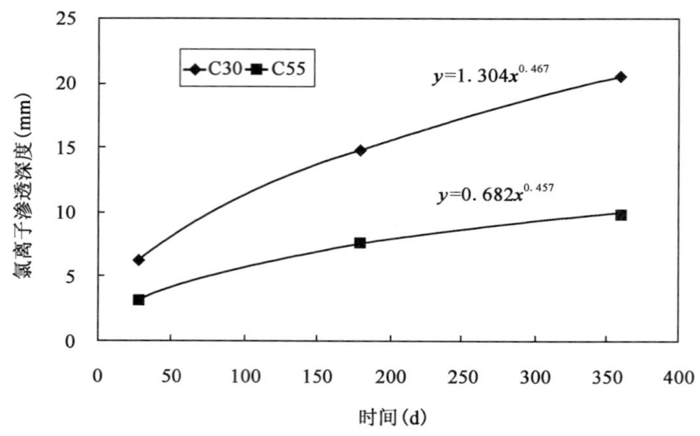

图 3.1　不同强度等级混凝土氯离子渗透深度与时间关系

大多数研究者以氯离子渗透系数来表征混凝土的抗渗性。如图 3.2 所示，在低强度混凝土中，随机制砂中石粉含量的增加，尤其是当石粉含量大于 5%时，机制砂普通强度高性能混凝土的氯离子渗透系数降低。所以在水灰比和用水量相同的条件下，石粉能够提高中低强度混凝土的抗渗性能。

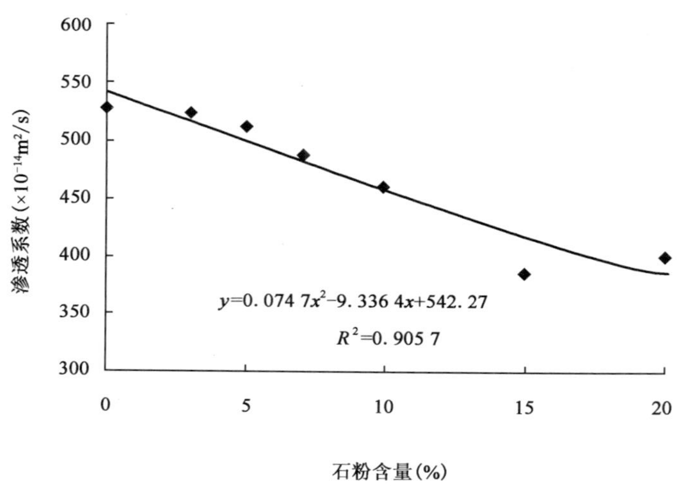

图 3.2　石粉含量对 C30 混凝土抗渗系数的影响

机制砂中石粉有利于提高胶凝材料少、强度等级低混凝土的抗渗性。

含泥量对机制砂普通强度高性能混凝土的抗渗性并未造成很坏的影响。主要由于混凝土采用高性能化理念设计，水灰比较小，在保证强度的前提下，同时掺用了优质粉煤灰，混凝土结构密实性很好，泥粉含量对渗透性的作用不甚明显。

影响混凝土渗透性的因素很多，在外部环境确定的条件下，提高混凝土抗渗性的常用方法有：通过掺加矿物掺和料、高效减水剂，降低混凝土水胶比等，强度越高，混凝土的抗渗性越好。

2）机制砂普通强度高性能混凝土碱-集料反应

机制砂的存在，增大了碱-集料反应发生的可能性。在混凝土工程中，需要进行碱-集料检测后再进行使用。详见本书第9章。

3）机制砂普通强度高性能混凝土抗腐蚀性

（1）硫酸盐腐蚀

对混凝土有侵蚀性的硫酸盐分为内部和外部两种。外部硫酸盐存在于某些地区的土壤、工业生产排放的固体或液体的废气物和海水中，当混凝土中使用某些外加剂或某些含石膏的增强剂时，就会引入过量的硫酸盐成分。硫酸盐侵蚀的结果是硫酸盐与水泥中的含铝相、含钙成分，或者早期生成的单硫型水化硫铝酸盐反应，生成体积膨胀的钙矾石，从而破坏混凝土。

随着机制砂普通强度高性能混凝土石粉含量的增加，混凝土砂浆的抗硫酸盐侵蚀性能随之提高。主要是由于石粉含量增加，提高了砂浆的密实性，降低了硫酸盐的侵入速度，因此砂浆试件受到硫酸盐侵蚀后其强度下降幅度逐渐减小。而不同的岩性石粉对砂浆抗硫酸盐侵蚀的影响基本无差异，加入石粉后硫酸盐侵蚀的类型仍为石膏结晶型侵蚀，其CH和C-S-H凝胶受到严重溶蚀[27]。

（2）酸腐蚀

表3.2给出各水泥水化产物能够稳定存在时环境的pH值[28]。目前，对混凝土受酸性介质的侵蚀机理以及如何提高混凝土在酸性环境下的耐久性能都存在分歧，如何提高混凝土耐酸性环境侵蚀能力，已经成为一个迫切需要解决的问题。

水泥各水化产物稳定存在的pH值　　表3.2

水化产物	水化硅酸钙（C-S-H）	水化铝酸钙（CAH）	水化硫铝酸钙（AFt、AFm）	氢氧化钙（CH）
pH值	10.4	11.4	10.7	10.23

Durning研究表明，在混凝土中加入硅灰能够提高混凝土的耐硫酸能力，是由于硅灰的加入减少了混凝土CaO中的量。但是Monteny声明加入硅灰能够使混凝土中的孔隙直径变小，由于细小毛细孔的虹吸作用使得混凝土的耐硫酸能力下降。同时还指出60%的矿粉掺入量能够明显提高混凝土的抗硫酸性能。

究其原因，各研究者在模拟酸性环境时，采用不同的手段来加速腐蚀速率，也许在试验过程中的某个细节的差异就能导致试验结论的偏差。用不同的性能指标衡量腐蚀程度也可能出现相互矛盾的结论，所以在研究中，需要尽量采取统一的标准。

酸蚀破坏也是混凝土耐久性劣化的主要原因之一。使结构进一步劣化，失去承载能力。为研究石灰岩质集料混凝土的耐酸侵蚀性能，依据相关试验要求，在试验室内模拟酸雨条件进行酸腐蚀试验，具体结果见表3.3和图3.3。

不同强度等级混凝土各腐蚀时间的酸腐蚀强度(MPa)　　表 3.3

强度等级	集料类型	28d	180d	360d
C30	石灰质	53.4	38.2	24.5
C55		81.3	69.9	51.4

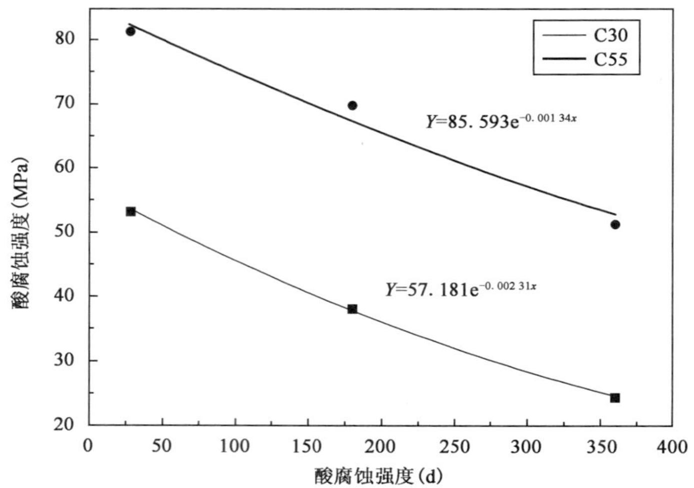

图 3.3　不同强度等级混凝土各腐蚀时间的酸腐蚀强度

从表 3.3 和图 3.3 可以看出,从腐蚀 28d 开始,随着腐蚀时间的增加,混凝土抗压强度逐渐下降;同时相同腐蚀时间下,C55 混凝土的酸腐蚀强度明显高于 C30 混凝土。主要是由于 C55 混凝土较 C30 混凝土水胶比更低,减少了硬化混凝土中的孔隙,降低了渗水性,从而降低对混凝土的酸腐蚀。

研究不同岩性的机制砂普通强度高性能混凝土的抗酸腐蚀性能,试验结果见表 3.4。从试验结果可以看出,不论是 C30 还是 C60 混凝土,石灰石岩质混凝土抗酸腐蚀能力均好于砂岩质混凝土。主要是因为石灰岩骨料与胶凝材料的黏结性能高于砂岩骨料。

不同强度等级的机制砂普通强度高性能混凝土在 28d 龄期的强度损失　　表 3.4

不同集料混凝土		抗压强度(MPa)	强度损失率(%)
		28d	28d
砂岩质	C30	31.8	46
	C60	62.5	12
石灰质	C30	53.4	15
	C60	80.3	1

国内外学者通过研究发现,石灰岩集料与水泥石具有最佳的黏结力和握裹力,效果超越一般机械力,具有一定的化学结合作用。有国外学者发现石灰岩骨料自身表面空隙率约为石英岩的 3 倍,而石英岩与水泥石界面的空隙率比石灰岩与水泥石黏结面的孔隙率高 10%,这表明石灰岩与水泥石的黏结界面更牢固。我国学者黄蕴元通过研究也认为,C_3S 与石灰岩微集料的水化反应比砂岩等微集料更加深入,其界面效应也更有利于黏结。其综合效应则可明显

地提高混凝土的强度与密实度。这也就很好地解释了石灰石岩质混凝土早期与长期强度发展均高于砂岩质混凝土。

4)机制砂普通强度高性能混凝土抗冻性

在寒冷地区,混凝土受冻融循环作用往往是导致混凝土劣化的主要因素,冻融循环还常和除冰盐共同作用,加剧混凝土的劣化。对于高性能混凝土,由于抗渗性较好,饱水程度较低,孔径较小,冰点较低,所以在同样的冻融循环条件下,高性能混凝土中的结冰量较少,因而有可能结冰所引起的破坏应力或应变值较小,这是高性能混凝土结构有利的一面。但是由于混凝土的弹性模量较高,脆性较大,在孔溶液均结冰的条件下,使高性能混凝土中的结冰破坏压力大于普通混凝土。由于其孔结构的孔径或孔隙较低的原因,其损伤发展速率将大于普通混凝土的损伤速率。

由于机制砂表面粗糙和生产过程中经受轧制创伤可能产生微裂纹,吸水率高于天然沙产生的连通毛细孔会比天然砂多一些,抗冻性能差一些;另一方面,机制砂经受轧制创伤、砂粒内极小孔径的开口毛细孔进水不进浆,水被水泥浆封堵在孔内,产生密闭容器效应,如果吸水饱和度达到临界饱和度的91.7%[29],冻结时就会使周围混凝土破裂。但是石粉在一定程度上能够改善混凝土的毛细孔结构,提高混凝土的抗冻融性。很多情况下,研究人员因试验材料和条件的差异,却得出截然相反的结论。普遍认为中低强度机制砂普通强度高性能混凝土抗冻性普遍低于天然沙混凝土。

但是也有研究者认为石粉能够提高机制砂普通强度高性能混凝土的抗冻融性,优于天然沙混凝土。但对于高强度混凝土,由于水灰比小,抗冻等级都很高,石粉含量对其抗冻性能没有明显的影响趋势。

含泥量对混凝土的抗冻性有重要的影响作用。一般情况下,随着泥粉含量的增加,机制砂普通强度高性能混凝土的抗冻性能级有明显的下降趋势。

在大量试验研究和分析的基础上,可得到一些提高机制砂普通强度高性能混凝土抗冻融性的措施。减小水胶比,选择质量良好的机制砂,掺加矿物掺和料,掺入引气剂等,都可以提高其抗冻融性。对于有抗冻要求高于F50的机制砂普通强度高性能混凝土,需要采用引气剂。适量的含气量,一方面提高了抗冻性能;另一方面能够保证混凝土的机械性能。

3.3　机制砂普通强度高性能混凝土施工质量保障

3.3.1　机制砂普通强度高性能混凝土的搅拌

搅拌混凝土前,应严格测定粗、细集料的含水率,准确测定因天气变化而引起粗、细集料含水率的变化,以便及时调整施工配合比。一般情况下每班抽测2次,雨天应随时抽测。

搅拌混凝土应采用强制式搅拌机,计量器具应定期检定。搅拌机经大修、中修或迁移至新的地点后,应对计量器具重新进行检定。每一工班正式称量前,应对计量设备进行校核。

应严格按照经批准的施工配合比,准确称量混凝土原材料,其最大允许偏差应符合下列规定(按重量计):胶凝材料(水泥、矿物掺和料等)±1%;外加剂±1%;粗、细集料±2%;拌和用水±1%。

混凝土原材料计量后，宜先向搅拌机投入细集料、水泥和矿物掺和料，搅拌均匀后，加水并将其搅拌成砂浆，再向搅拌机投入粗集料，充分搅拌后，再投入外加剂，并搅拌均匀为止。应根据具体情况制订严格的投放制度，并对投放时间、地点、数量的核准等做出具体的规定。

自全部材料装入搅拌机开始搅拌起，至开始卸料时止，延续搅拌混凝土的最短时间应经试验确定。表3.5规定的混凝土最短搅拌时间可供参考。

混凝土最短搅拌时间 表3.5

搅拌机容器(L)	混凝土坍落度(mm)		
	<30	30～70	>70
≤500	1.5	1.0	1.0
>500	3.0	2.5	2.0

注：1. 当使用搅拌车运输混凝土时，可适当缩短搅拌时间，但不应少于2min。
2. 搅拌机装料数量，不应大于搅拌机核定容量的110%。
3. 混凝土搅拌时间不宜过长，每一工作班至少应抽查2次。

搅拌机拌和的第一盘混凝土粗集料数量宜用到标准数量的2/3。在下盘材料装入前，搅拌机内的拌和料应全部卸清。搅拌设备停用时间不宜超过30min，最长不应超过混凝土的初凝时间。否则，应将搅拌筒彻底清洗后才能重新拌和混凝土。

冬季或夏(热)期搅拌混凝土的要求可参考相关规定[30]。

3.3.2 机制砂普通强度高性能混凝土的运输

混凝土宜采用内壁平整光滑，不吸水，不渗漏的运输设备进行运输。当长距离运输混凝土时，宜采用搅拌车运输；近距离运输混凝土时，宜采用混凝土泵、混凝土料斗或皮带运输。在装运混凝土前，应认真检查运输设备内是否存留有积水，或内壁黏附的混凝土是否清除干净。每天工作后或浇筑中断30min及以上时间再行搅拌混凝土时，必须再次清洗搅拌筒。

混凝土运输设备的运输能力应适应混凝土凝结速度和浇筑速度的需要，保证浇筑过程连续进行。运输过程中，应确保混凝土不发生离析、漏浆、严重泌水及坍落度损失过多等现象，运至浇筑地点的混凝土应仍保持均匀和规定的坍落度。当运至现场的混凝土发生离析现象时，应在浇筑前对混凝土进行二次搅拌，但不得再次加水。

采用机动车运输混凝土时，运输道路、车道板或行车轨道等设备应平顺、牢固。

用手推车运输混凝土时，道路或车道板的纵坡不宜大于15%。用机动车运输混凝土时，混凝土的装载厚度不应小于40cm。用轻轨斗车运输混凝土时，轻轨应铺设平整，以免混凝土拌和物因斗车振动而发生离析。

用吊斗(罐)运输混凝土时，吊斗(罐)出口到承接面间的高度不得大于2m。吊斗(罐)底部的卸料活门应开启方便，并不得漏浆。

采用混凝土搅拌运输车运送已搅拌好的混凝土时，运输过程中宜以2～4r/min的转速搅动；当搅拌运输车到达浇筑现场时，应高速旋转20～30s后，再将混凝土拌和物喂入泵车受料斗或混凝土料斗中；运输车每天使用完后应清洗干净。

用带式运输机运送混凝土应符合下列规定：

(1)传送带的倾斜度,不应超过表3.6的规定。

传送带最大倾斜角度 表3.6

混凝土坍落度(mm)	最大倾斜角度	
	向上运送	向下运送
<40	18°	12°
40~80	15°	10°
>80	通过工艺试验确定	

(2)混凝土卸于传送带上和由传送带卸下时,应通过漏斗等设施,保持垂直下料。

(3)传送带上应设置刮刀等设备。

(4)传送带运转速度不应超过1.2m/s。

(5)开始搅拌混凝土时,应考虑有2%~3%的砂浆损失。

混凝土在倒装、分配或倾注时,应采用滑槽、串筒或漏斗等金属类器具辅助进行。当采用木制辅助器具时,应内衬铁皮。

运输混凝土过程中,应尽量减少混凝土的转载次数和运输时间。混凝土从加水拌和到入模的最长时间,应由试验室根据水泥初凝时间及施工气温确定,并宜符合表3.7的规定。

混凝土拌和物运输时间限值(min) 表3.7

气温(℃)	无搅拌运输	有搅拌运输
≤30,>20	30	60
≤20,>10	45	75
≤10,≥5	60	90

为了避免日晒、雨淋和寒冷气候,对混凝土质量的影响,防止局部混凝土温度升高(夏季)或受冻(冬季),需要时应将运输混凝土的容器加上遮盖物或保温隔热材料。

3.3.3 机制砂普通强度高性能混凝土的浇筑

浇筑混凝土前,应做好如下准备工作:

(1)制订浇筑工艺,明确结构分段分块的间隔及浇筑顺序(尽量减少后浇带或连接缝)和钢筋的混凝土保护层厚度的控制措施。

(2)根据结构截面尺寸大小,研究确定必要的降温防裂措施。

(3)将基础上松动的岩块及杂物、泥块清除干净,并采取防、排水措施,按有关规定填写检查记录。对干燥的非黏性土基面,应用水湿润;对未风化的岩石,应用水清洗,但其表面不得积水。在旧混凝土面上接续浇筑新混凝土时,基面准备工作应符合相关标准的规定。

(4)仔细检查模板、支架、钢筋、预埋件的紧固程度和保护层垫块的位置、数量等,并指定专人作重复性检查,以提高钢筋混凝土保护层厚度尺寸的质量保证率。

构件侧面和底面的垫块,应至少为4个/m^2,绑扎垫块和钢筋的铁丝头不得伸入保护层内。保护层垫块的尺寸,应保证混凝土保护层厚度的准确性,其形状(宜为工字形或锥形)应有利于钢筋的定位,不得使用砂浆垫块。当采用细石混凝土垫块时,其抗渗能力和抗压强度应高于本体混凝土,且水胶比不大于0.4。

(5)对于桥梁、隧道或大体积混凝土结构，应在不同季节选择有代表性结构进行试浇筑，并通过测温或计算分析，事先确定施工过程中混凝土温度参数的合理控制值。

浇筑混凝土应符合下列一般规定：

(1)在炎热气候条件下，混凝土入模时的温度不宜超过 30℃。应避免模板和新浇混凝土受阳光直射，控制混凝土入模前模板和钢筋的温度以及附近的局部气温不超过 40℃。应尽可能安排在傍晚浇筑而避开炎热的白天，也不宜在早上浇筑，以免气温升到最高时加剧混凝土内部温升。

(2)当昼夜平均气温低于 5℃或最低气温低于−3℃时，应按冬季施工处理，混凝土的入模温度不应低于 5℃。

(3)在相对湿度较小、风速较大的环境条件下，可采取场地洒水、喷雾、挡风等措施，或在此时避免浇筑有较大暴露面积的构件。

(4)浇筑重要工程的混凝土时，应定时测定混凝土温度以及环境气温、相对湿度、风速等参数，并根据环境参数变化及时调整养护方式。

(5)混凝土应分层进行浇筑，不得随意留置施工缝。其分层厚度(指捣实后厚度)应根据搅拌机的搅拌能力、运输条件、浇筑速度、振捣能力和结构要求等条件确定，表 3.8 中的数值可供参考，但混凝土最大摊铺厚度不宜大于 400mm，泵送混凝土的最大摊铺厚度不宜小于 600mm。

混凝土的浇筑层厚度 表 3.8

振捣方法		浇筑层厚度(cm)
插入式振动		振捣器作用部分长度的 1.25 倍
表面振动	无筋或配筋稀疏的结构	25
	配筋较密的结构	15
附着式振动		30

注：表列规定可根据结构物和振动器型号等情况适当调整。

在新浇筑完成的下层混凝土上，再浇筑新混凝土时，应在下层混凝土初凝或能重塑前浇筑完成上层混凝土。上下层同时浇筑时，上层与下层前后浇筑距离应保持 1.5m 以上。在倾斜面上浇筑混凝土时，应从低处开始逐层扩展升高，保持水平分层。

(6)混凝土浇筑应连续进行。当因故间歇时，其间歇时间应小于前层混凝土的初凝时间或能重塑的时间。对不同混凝土的允许间歇时间，应根据环境温度、水泥性能、水胶比和外加剂类型等条件，通过试验确定。

当允许间歇时间已超过时，应按浇筑中断处理，同时应留置施工缝，并做出记录。施工缝的平面应与结构的轴线相垂直，施工缝处应埋入适量的接茬超大粒径骨料、钢筋或型钢，并使其体积露出前层混凝土外一半左右。

(7)新浇混凝土与邻接的已硬化混凝土或岩土介质间的温差不得大于 20℃。

(8)在浇筑混凝土过程中或浇筑完成时，如混凝土表面泌水较多，须在不扰动已浇筑混凝土的条件下，采取措施将水排除。继续浇筑混凝土时，应查明原因，采取措施，减少泌水。

(9)浇筑混凝土期间，应设专人检查支架、模板、钢筋和预埋件等的稳固情况，当发现有松动、变形、移位时，应及时处理。

(10)浇筑混凝土时，应填写混凝土施工记录。

自高处向模板内倾卸混凝土时，为防止混凝土离析，一般应满足下列要求：

(1)从高处直接倾卸时，混凝土自由倾落高度不宜超过 2m，以不发生离析为度。

(2)当倾落高度超过 2m 时，应通过串筒、溜管或振动溜管等设施辅助下落。

(3)串筒出料口距混凝土浇筑面的高度不宜超过 1m。

在混凝土施工缝处接续浇筑新混凝土时，一般应满足下列要求：

(1)应凿除处理层混凝土表面的水泥砂浆和松弱层，但凿除时，处理层混凝土须达到下列强度：

①用水冲洗凿毛时，须达到 0.5MPa。

②用人工凿除时，须达到 2.5MPa。

③用风动机凿毛时，须达到 10MPa。

(2)经凿毛处理的混凝土面，应用水冲洗干净，但不得存有积水。在浇筑新混凝土前，对垂直施工缝宜在旧混凝土面上刷一层水泥净浆，对水平施工缝宜在旧混凝土面上铺一层厚 10～20mm、水胶比比混凝土略小的 1∶2 水泥砂浆，或铺一层厚约 30cm 的混凝土，其粗集料宜比新浇筑混凝土减少 10%。

(3)对于混凝土结构或钢筋稀疏的钢筋混凝土结构，应在施工缝处补插锚固钢筋。钢筋直径不小于 16mm，间距不大于 20mm。有抗渗要求的混凝土结构，施工缝宜做成凹形、凸形或设置止水带。

(4)施工缝为斜面时，旧混凝土应浇筑成或凿成台阶状。

(5)施工缝处理后，须待处理层达到 1.2MPa 后才能继续浇筑混凝土。当结构物为钢筋混凝土时，处理层混凝土强度不得低于 2.5MPa。混凝土达到上述抗压强度的时间宜通过试验确定。

浇筑墩台混凝土时，一般应满足如下要求：

(1)对墩台基底的处理应符合下列规定：

①基底为非黏性土或干土时，应将其润湿。

②基面为岩石时，应加以润湿，并铺一层厚 20～30mm 的水泥砂浆，然后于水泥砂浆凝结前浇筑第一层混凝土。

(2)对一般墩台及基础混凝土，应在整个平截面范围内水平分层进行浇筑。

(3)浇筑大体积墩台基础混凝土时，当大体积墩台基础混凝土的平截面过大，不能在前面混凝土初凝或能重塑前浇筑完成次层混凝土时，可分块进行浇筑。

(4)采用滑升模板浇筑墩台混凝土时，应符合下列规定：

①宜采用低流动度或半干硬性混凝土。

②浇筑应分层分段进行，各段应浇筑到距离模板上口不小于 10～150mm 的位置为止。若为排柱式墩台，各立柱应保持进行一致。

③在滑升过程中，须防止千斤顶或油管接头在混凝土或钢筋处漏油。

④每个整体结构的浇筑应连续进行。若因故中途停工，应按施工缝处理。

⑤混凝土脱模时的强度宜为 0.2～0.5MPa。

浇筑梁式结构混凝土时，一般应满足下列要求：

(1)梁体混凝土应采用快速、稳定、连续、可靠的浇筑方式在全梁范围内水平分层连续浇筑成形。每片梁的浇筑时间最长不宜超过 6h。当梁的平面面积较大时，也可采用斜向分段、水平分层的方法连续浇筑。梁身较高时也可分 2 次或 3 次浇筑；梁身较低时可分为 2 次浇筑。分次浇筑时，宜先底板及腹板根部，其次腹板，最后浇顶板及翼板，同时应符合关于分段的有关规定。

（2）在支架上浇筑大跨度简支梁以及在基底刚性不同的支架上浇筑连续梁或悬臂梁时，应按下列方法之一进行：

①混凝土浇筑应加速，最初的浇筑层在浇完全梁时，仍应具有随支架沉降而变形的可塑性。

②浇筑前，应先在支架上加置相当于全部梁体质量的荷载，当支架充分变形后，再随浇筑的进行，逐渐卸载。

③当取得设计单位同意后，可将梁分段，并按规定顺序及要求浇筑。

（3）浇筑先张构件时，应避免振动器碰撞预应力筋；浇筑后张结构时，应避免振动器碰撞预应力筋的管道、预埋件等。应经常检查模板、管道、锚固端垫板及支座预埋件等，以保证其位置及尺寸符合设计要求。

在隧道、明洞、路堑等挖方作业面上浇筑混凝土时，应满足如下一般要求：

（1）浇筑前，应清除坍塌的土石方和支撑材料。当坍塌地段的支撑不易清除时，位于浇筑断面以外的支撑经检查并作记录后，可留于坍塌体内，但浇筑断面以内不得留有支撑。

（2）浇筑隧道拱圈等长筒形拱混凝土时，应视具体情况按其长度方向分节浇筑，且分节界面应与拱的纵向轴线垂直。

（3）当连续浇筑拱肋或拱圈时，应自两拱脚向拱顶对称浇筑。当混凝土、钢筋混凝土拱肋或拱圈的跨度在 16m 及以内时，应一次连续浇筑完。

（4）当混凝土或钢筋混凝土拱肋跨度大于 16m 时，应沿拱的跨度方向分段浇筑。各分段的界面应与拱肋中心线垂直。

两邻接浇筑段之间应预留间隔槽，其位置应设在拱架节点外，并应避开拱肋间的横撑、隔板以及梁上的杆件。

拱肋的分段段数、分段位置、浇筑顺序以及间隔槽的宽度，均应符合设计要求。

（5）各分段内的混凝土应一次浇完。当因故中断再接续浇筑混凝土时，新旧混凝土的接合面应垂直于拱的中心线。

当接续浇筑混凝土时，已浇筑的混凝土面应加以修凿或凿成阶梯形（当拱的截面厚度过大时），并与拱中心线垂直。

（6）预留间隔槽中的混凝土，应待各段混凝土浇筑完，且两邻段混凝土至少硬化 7d 后，方可由拱脚向拱顶依次对称浇筑。浇筑时，应尽量采用坍落度较小的混凝土，并符合相关规定。

（7）封顶时，应待两侧其他间隔槽浇筑完，且已浇筑混凝土温度接近拱的设计浇筑温度时，方可浇筑拱顶间隔槽中的混凝土。应对封顶时的气温和混凝土的温度做好记录。

（8）当浇筑大跨度钢筋混凝土拱肋时，已安装的纵向钢筋不应由于拱架沉陷或其他原因而发生变形现象。钢筋接头应符合设计要求，且不应使用沿拱肋全长的通长钢筋。

（9）当浇筑大跨度拱肋或拱圈混凝土时，可在征得设计部门同意后，采用分层浇筑法浇筑。

当浇筑与墙或柱（墩）整体连接（不设施工缝）的梁或板时，应待墙或柱（墩）的混凝土浇筑完毕并初步沉实 1～1.5h 后，再接续浇筑梁或板的混凝土。

3.3.4　机制砂普通强度高性能混凝土的振捣

混凝土浇筑过程中，应随时对混凝土进行振捣并使其均匀密实。振捣宜采用插入式振捣器垂直点振，也可采用插入式振捣器和附着式振捣器联合振捣。混凝土较黏稠时(如采用斗送法浇筑的混凝土)，应加密振点分布。机制砂预应力高性能混凝土箱梁，宜采用侧振并辅以插入式振捣器振捣成形。

混凝土振捣过程中，应避免重复振捣，防止过振。应加强检查模板支撑的稳定性和接缝的密合情况，防止在振捣混凝土过程中产生漏浆。

采用机械振捣混凝土时，应符合下列规定：

(1)采用插入式振捣器振捣混凝土时，插入式振捣器的移动间距不宜大于振捣器作用半径的1.5倍，且插入下层混凝土内的深度宜为50～100mm，与侧模应保持50～100mm的距离。当振动完毕需变换振捣棒在混凝土拌和物中的水平位置时，应边振动边竖向缓慢提出振动棒，不得将振捣棒放在拌和物内平拖，不得用振捣棒驱赶混凝土。

(2)表面振动器的移动距离，应能覆盖已振动部分的边缘。

(3)附着式振动器的设置间距和振动能量应通过试验确定，并应与模板紧密连接。

(4)应避免碰撞模板、钢筋及其他预埋部件。

(5)每一振点的振捣延续时间宜为20～30s，以混凝土不再沉落，不出现气泡，表面呈现浮浆为度，防止过振与漏振。

(6)对于箱梁腹板与底板及顶板连接处的承托、预应力筋锚固区以及施工缝处等其他钢筋密集部位，宜特别注意振捣。

(7)当采用振动台振动时，应预先作工艺设计。

混凝土振捣完成后，应及时修整、抹平混凝土裸露面，待定浆后再抹第二遍并压光或拉毛。抹面时严禁洒水，并应防止过度操作影响表层混凝土的质量。寒冷地区受冻融作用的混凝土和暴露于干旱地区的混凝土，尤其要注意施工抹面工序的质量保证。

3.3.5　机制砂普通强度高性能混凝土的养护

混凝土的养护，包括自然养护和蒸汽养护。混凝土养护期间，应重点加强混凝土的湿度和温度控制，尽量减少表面混凝土的暴露时间，及时对混凝土暴露面进行紧密覆盖(可采用篷布、塑料布等进行覆盖)，防止表面水分蒸发。暴露面保护层混凝土初凝前，应卷起覆盖物，用抹子搓压表面至少两遍，使之平整后再次覆盖，此时应注意覆盖物不要直接接触混凝土表面，直至混凝土终凝为止。

混凝土的蒸汽养护，可分静停、升温、恒温、降温4个阶段。静停期间应保持环境温度不低于5℃，浇筑结束4～6h且混凝土终凝后，方可升温，升温速度不宜大于10℃/h。恒温期间混凝土内部温度不宜超过60℃，最大不得超过65℃。恒温养护时间应根据构件脱模强度要求、混凝土配合比情况以及环境条件等通过试验确定，降温速度不宜大于10℃/h。

混凝土带模养护期间，应采取带模包裹、浇水、喷淋洒水或通蒸汽等措施进行保湿、潮湿养护，保证模板接缝处不至失水干燥。为了保证顺利拆模，可在混凝土浇筑24～48h后略微松开模板，并继续浇水养护至拆模后再按表3.9的要求继续保湿养护至规定龄期。

混凝土去除表面覆盖物或拆模后，应对混凝土采用蓄水、浇水或覆盖洒水等措施进行潮湿养护，也可在混凝土表面处于潮湿状态时，迅速采用麻布、草帘等材料将暴露面混凝土覆盖或包裹，再用塑料布或帆布等将麻布、草帘等保湿材料包覆(裹)。包覆(裹)期间，包覆(裹)物应完好无损，彼此搭接完整，内表面应具有凝结水珠。有条件地段应尽量延长混凝土的包覆(裹)保湿养护时间。

混凝土采用喷涂养护液养护时，应确保不漏喷。

混凝土终凝后的持续保湿养护时间可参照表 3.9 的规定执行。

不同混凝土潮湿养护的最低期限 表 3.9

混凝土类型	水胶比	大气潮湿($50\%<RH<75\%$)，无风，无阳光直射		大气干燥($RH<50\%$)，有风，或阳光直射	
		日平均气温 T (℃)	潮湿养护期限 (d)	日平均气温 T (℃)	潮湿养护期限 (d)
胶凝材料中掺有矿物掺和料	≥0.45	$5\leqslant T<10$	21	$5\leqslant T<10$	28
		$10\leqslant T<20$	14	$10\leqslant T<20$	21
	≤0.45	$5\leqslant T<10$	14	$5\leqslant T<10$	21
		$10\leqslant T<20$	10	$10\leqslant T<20$	14
		$20\leqslant T$	7	$20\leqslant T$	10
胶凝材料中未掺矿物掺和料	≥0.45	$5\leqslant T<10$	14	$5\leqslant T<10$	21
		$10\leqslant T<20$	10	$10\leqslant T<20$	14
		$20\leqslant T$	7	$20\leqslant T$	10
	≤0.45	$5\leqslant T<10$	10	$5\leqslant T<10$	14
		$10\leqslant T<20$	7	$10\leqslant T<20$	10
		$20\leqslant T$	7	$20\leqslant T$	7

注：大体积混凝土的养护时间，不宜小于 28d。

在任意养护时间，若淋注于混凝土表面的养护水温度低于混凝土表面温度时，二者间温差不得大于 15℃。

混凝土养护期间，应注意采取保温措施，防止混凝土表面温度受环境因素影响(如曝晒、气温骤降等)而发生剧烈变化。养护期间混凝土的芯部与表层、表层与环境之间的温差不宜超过 20℃(梁体不宜超过 15℃)。大体积混凝土施工前应制订严格的养护方案，控制混凝土内外温差满足设计要求。

混凝土在冬季和炎热季节拆模后，若天气产生骤然变化时，应采取适当的保温(寒季)隔热(夏季)措施，防止混凝土产生过大的温差应力。

混凝土拆模后，可能与流动水接触时，应在混凝土与流动的地表水或地下水接触前，采取有效保温保湿措施养护，养护时间应比表 3.9 规定的时间有所延长(至少 14d)，且混凝土的强度应达到 75%以上的设计强度。养护结束后，应及时回填。

当昼夜平均气温低于 5℃或最低气温低于−3℃时，应按冬季施工处理。当环境温度低于 5℃时，禁止对混凝土表面进行洒水养护。此时，可在混凝土表面喷涂养护液，并采取适当保温措施。

混凝土养护期间，应对有代表性的结构进行温度监控，定时测定混凝土芯部温度、表层温度以及环境气温、相对湿度、风速等参数，并根据混凝土温度和环境参数的变化情况及时调整养护制度，严格控制混凝土的内外温差，并满足要求。

混凝土养护期间，施工和监理单位应各自对混凝土的养护过程作详细记录，并建立严格的岗位责任制。

3.3.6　机制砂普通强度高性能混凝土的拆模

混凝土拆模时的强度应符合设计要求。当设计未提出要求时，应符合下列规定：

(1)侧模应在混凝土强度达到2.5MPa以上，且其表面及棱角不因拆模而受损时，方可拆除。

(2)底模应在混凝土强度符合表3.10的规定后，方可拆除。

拆除底模时所需混凝土强度　表3.10

结构类型	结构跨度(m)	达到混凝土设计强度的百分率(%)
板、拱	≤2	50
	2～8	75
	>8	100
梁	≤8	75
	>8	100
悬臂梁(板)	≤2	75
	>2	100

(3)芯模或预留孔洞的内模，应在混凝土强度能保证构件和孔洞表面不发生塌陷和裂缝时，方可拆除。

混凝土的拆模时间除需考虑拆模时的混凝土强度应满足上述规定外，还应考虑拆模时混凝土的温度(由水泥水化热引起)不能过高，以免混凝土接触空气时降温过快而开裂，更不能在此时浇注凉水养护。混凝土内部开始降温以前以及混凝土内部温度最高时不得拆模。

一般情况下，结构或构件芯部混凝土与表层混凝土之间的温差、表层混凝土与环境之间的温差大于20℃(梁体和截面较为复杂时，温差大于15℃)时，不宜拆模。大风或气温急剧变化时，不宜拆模。在寒冷季节，若环境温度低于0℃时不宜拆模。在炎热和大风干燥季节，应采取逐段拆模、边拆边盖的拆模工艺。

拆模宜按立模顺序逆向进行，不得损伤混凝土，并减少模板破损。当模板与混凝土脱离后，方可拆卸、吊运模板。

当拆除拱架、拱圈及跨度大于8m梁式结构的模板或特殊设计的模板时，应按设计要求的程序及措施进行。

拆除临时埋设于混凝土中的木塞和其他预埋部件时，不得损伤混凝土。

拆除模板时，不得影响或中断混凝土的养护工作。

拆模后的混凝土结构应在混凝土达到100%的设计强度后，方可承受全部设计荷载。

3.3.7　机制砂普通强度高性能混凝土的缺陷处理

混凝土拆模后，如表面有粗糙、不平整、蜂窝、孔洞、疏松麻面和缺棱掉角等缺陷或不良外观时，应认真分析缺陷产生的原因，及时报告监理工程师和业主，不得自行处理。

当混凝土表面缺陷经分析不危及结构或构件的使用性能和耐久性能时，可采用经有关部门批准的技术方案进行修补处理。

混凝土表面缺陷修补后，修补或填充的混凝土应与本体混凝土表面紧密结合，在填充、养护和干燥后，所有填充物应坚固、无收缩开裂或产生鼓形区，表面平整且与相邻表面平齐，达到工程技术规范要求的相应等级及标准的要求。修补后混凝土的耐久性能应不低于本体混凝土。

除监理工程师批准外，用模板成型的混凝土表面不允许粉刷。

3.3.8 机制砂普通强度高性能混凝土质量检验

混凝土原材料进厂(场)后，应对水泥、矿物掺和料、集料、外加剂、水的品种、规格、数量以及质量证明书等进行验收核查，向水泥供应商索要水泥熟料的化学成分和矿物组成、矿物掺和料种类和数量等资料，并对水泥供应商提供的上述资料进行确认，并按规定取样复验。混凝土原材料的品质指标应满足相应要求。对于检验不合格的原材料，应按有关规定清除出厂(场)。

混凝土搅拌过程中，应对水泥、矿物掺和料、集料、外加剂、拌和水等主要原材料的品质进行日常批量抽检，检验结果应满足相应规范要求。

在搅拌和浇筑混凝土过程中，应采用专用设备对混凝土拌和物性能进行抽检，检验结果应满足混凝土配合比及本规定相关要求。各种拌和物性能测定值与要求值之间的最大偏差宜控制为：坍落度±20mm；水胶比±0.02。新建搅拌站首次搅拌混凝土时，应按现行国家标准《混凝土搅拌机》(GB/T 9142—2000)的规定对混凝土拌和物的匀质性进行检验。检验混凝土拌和物的匀质性时，可在搅拌机的卸料过程中，从卸料流的 1/4～3/4 之间的部位采取混凝土试样进行试验，其检测结果应符合下列规定：

(1)混凝土拌和物应拌和均匀，颜色一致，不得有离析和泌水现象。

(2)混凝土中砂浆密度两次测值的相对误差不应大于 0.8%。

(3)单位体积混凝土中粗集料含量两次测值的相对误差不应大于 5%。

在混凝土施工过程中，应对混凝土的力学性能和耐久性能进行抽检，检验结果应满足设计和施工要求。

(1)混凝土强度的检验评定，应符合《混凝土强度检验评定标准》(GB/T 50107—2010)的有关规定，但机制砂预应力高性能混凝土、蒸养混凝土、喷射混凝土试件的试验龄期为 28d，其他混凝土试件的试验龄期为 56d。混凝土耐久性的检验评定，应符合《混凝土耐久性检验评定标准》(JGJ/T 193—2009)，混凝土试件的试验龄期为 56d。

(2)对于用于施工过程控制的现场混凝土试件，应根据不同要求从同一盘混凝土或同一车运送的混凝土中取出，并在与实际结构相同的条件下成型和养护。

(3)对于用于强度评定和耐久性抽检的现场混凝土试件，应根据不同要求从同一盘混凝土或同一车运送的混凝土中取出，并在与实际结构相同的条件下成型。当混凝土结构采用自然养护时，试件应在标准养护条件下养护到规定龄期再进行试验；当混凝土结构采用蒸汽养护时，试件应先在与实际蒸养条件相同的条件下养护，再在标准养护条件下养护到规定龄期后再进行试验。

在混凝土施工过程中，如更换水泥、外加剂、矿物掺和料等主要原材料，应重新进行混凝土配合比选定试验，并对新选定的配合比混凝土的拌和物性能、力学性能和耐久性能进行检验，检验结果应分别满足设计和施工要求。

混凝土拆模且养护结束后实体混凝土的质量、可按下列途径进行检测：

(1)应用肉眼或放大镜观察实体混凝土结构表面是否存在非外力裂缝。当混凝土表面出现非外力裂缝时，普通混凝土结构表面的裂缝宽度不得大于 0.20mm。

(2)当对实体混凝土强度有疑问时，可依据《铁路工程结构混凝土强度检测规程》(TB 10426—2004)，采用后装拔出法间接测定结构表层混凝土的抗压强度。测定宜在 56d 左右的龄期进行，要求测得的强度均值不低于设计值或规定的数值。当不满足要求时，可用钻芯取样法进行校核。

(3)采用钢筋保护层厚度检测仪测定现场混凝土保护层的实际厚度，要求钢筋的混凝土保护层实际厚度不低于设计值。当不满足要求时，可将混凝土保护层凿开实测。

(4)当对实体混凝土耐久性有疑问时，可依据《铁路工程结构混凝土强度检测规程》(TB 10426—2004)对钻芯取样的具体要求，在现浇混凝土实体结构上随机钻芯抽取混凝土芯样，测定实体混凝土的电通量。

钢筋保护层厚度检验的结构部位和构件数量，应符合下列要求：

(1)钢筋保护层厚度检验的结构部位，应由建设、监理、施工等各方根据结构构件的重要性共同选定。

(2)对梁类、板类构件，应各抽取构件数量的 2%，且不少于 5 个构件进行检验；当有悬挑构件时，抽取的构件中悬挑梁类、板类构件所占比例均不宜小于 50%。

对选定的梁类构件，应对全部纵向受力钢筋的保护层厚度进行检验；对选定的板类构件，应抽取不少于 6 根纵向受力钢筋的保护层厚度进行检验。对每根钢筋，应在有代表性的部位测量 1 点。

(3)可采用非破损或局部破损的方法检验钢筋的混凝土保护层厚度，也可采用非破损方法并用局部破损方法进行校准。当采用非破损方法检验时，所使用的检测仪器应经过计量检验，检验操作应符合相应规程的规定。钢筋保护层厚度检验的检测误差不应大于 1mm。

混凝土表面缺陷修补后，可采用目测或用放大镜对接头进行外观检验。接茬面周边应看见挤出修补材料，不得留有缝隙。当对修补质量有怀疑时，可采用钻芯取样、金属敲击法等进行检验。

3.4 C30 机制砂普通强度高性能混凝土在毕都高速北盘江特大桥 5 号～10 号墩桩基中的应用

3.4.1 工程概况

杭瑞高速贵州省毕节至都格(黔滇界)公路是《国家高速公路网规划》(7918 网)的重要组成部分，毕都高速 T18 合同段——北盘江特大桥，位于六盘水市水城县都格乡与云南省宣威市普立乡腊龙村交界的北盘江大峡谷云南岸。起讫桩号：K219＋521.806～K220＋244.806，全长0.723km。北盘江特大桥桥型采用720m钢桁梁斜拉桥，桥梁全长1 341.4m，桥跨布置为80m+2×88m+720m+2×88m+80m+3×34m，BD-T18合同段云南岸桥跨布置为720/2m+2×88m+80m+3×34m，全长723m。

1)工程名称与规划

杭瑞高速贵州省毕节至都格(黔滇界)公路是《国家高速公路网规划》(7918网)中第12横杭州至瑞丽高速公路在贵州境的重要组成部分，路线起点位于毕节市城东南的龙滩边，终点位于水城县都格乡北盘江峡谷，路线全长140.177km(含云南境723m)，全线采用全封闭、控制出入的四车道高速公路建设标准，设计速度为80km/h，整体式路基宽度24.5m。

2)特大桥结构简介

主桥为连续钢桁梁斜拉桥方案，桥跨布置为80m+2×88m+720m+2×88m+80m，边跨设置2个辅助墩和1个过渡墩，总长1 232m。北盘江大桥5号、6号辅助墩墩身为空心薄壁墩，其尺寸为7m×5m，高28.3～57.2m；7号～9号墩均为实心墩，其中7号过渡墩墩身尺寸为15.09×5.5/2m，高12.8～17.8m；8号、9号引桥墩墩身尺寸为5.2m×2m，高8～14m；10号桥台承台尺寸为12.24m×6.75m，高5.025～8.725m。5～9号墩墩身混凝土强度等级均为C40，10号桥台台身混凝土强度等级为C30。

3)地质水文

桥区场地处于扬子准地台—黔北台隆—六盘水断陷—普安旋扭构造变形区西北部—布坑底背斜的南翼，新构造运动处于缓慢上升节段，基岩强烈褶皱、断裂。不良地质现象主要为岩溶、滑坡、崩塌及裂隙带。地层产状一般为132°～135°∠24°～25°，岩溶、裂隙较发育，溶蚀现象普遍分布，地表裸露形态以溶沟、溶槽、小溶洞为主，其中走向315°节理最为发育。

根据桥位区地质特点和含水岩组情况，桥位区的地下水主要为第四系孔隙水和岩溶裂隙水。孔隙水主要分布于云南岸地表的第四系松散层中，含水层薄，主要接受大气降水补给，水量小。岩溶裂隙水分布于桥轴线附近的碳酸盐岩层中，受大气降雨和侧向径流补给。由于两岸均以陡谷地形存在，岩溶水埋深大，冲探过程中冲孔中均未见地下水位。

3.4.2 墩桩基C30机制砂普通强度高性能混凝土配制与性能

1)混凝土的性能要求

北盘江特大桥施工设计要求，外掺料粉煤灰选用30%掺量，符合《粉煤灰混凝土应用技术规范》(GB/T 50146—2014)。在配合比设计思路上采用“双掺技术”(即掺粉煤灰和聚羧酸外加剂)，优化配合比以满足以下要求：

(1)混凝土的初凝时间控制在15h，混凝土终凝时间控制在20h。

(2)水泥用量不宜<350kg/m^3，当掺有适当数量的减水缓凝剂或粉煤灰时，可不少于300kg/m^3；若加入粉煤灰时，其抗压龄期为60d。

(3)粗集料宜优先选用卵石，如采用碎石宜适当增加混凝土配合比的含砂率。集料的最大粒径不应大于导管内径的1/6～1/8和钢筋最小净距的1/4，同时不应大于40mm。

(4)细集料宜选用级配良好的中(粗)砂。

(5)混凝土配合比的含砂率宜采用0.4～0.5，水灰比宜采用0.5～0.6；有试验依据时含砂率和水灰比可酌情增大或减少。

(6)混凝土拌和物应有良好的和易性，在运输和浇筑过程中应无显著离析、泌水现象。浇筑时应保持足够的流动性，其坍落度宜为 180～220mm，混凝土拌和物中宜掺用外加剂、粉煤灰等材料。

混凝土的配合比对承台的外观质量的好坏有着重要的影响。为保证混凝土的外观质量，试验室将根据混凝土的设计要求和施工工艺做混凝土配合比设计，施工过程中，将采用同一厂家的水泥、同一产地的砂料、同一产地的石料，同时选用适当的外加剂，调整出较为理想的配合比，具体配合比见表 3.11。

墩身混凝土配合比　　表 3.11

强度等级	水胶比	砂率(%)	材料名称及单位材料用量(kg)							
			水泥	水	细集料	粗集料			外加剂	外掺料
						5～10mm	10～20mm	16～31.5mm		
C30	0.4	48	273	156	890	174	790	—	3.51	117

混凝土的工作性及力学性能要求见表 3.12。

工作性与力学性能要求　　表 3.12

强度等级	强度要求(MPa)		实际坍落度(mm)
	28d	60d	
C30	37.4	41.8	200～220

2)混凝土的配合比设计过程

(1)计算初步配合比

①混凝土设计强度($f_{cu,k}$)为 C30，计算水泥混凝土配制强度($f_{cu,o}$)$=f_{cu,k}+1.645\sigma=30+8.2=38.2$MPa。

②确定水灰比(W/C)，利用强度经验公式计算水胶比 $W/B=0.4$。

③参照泵送经验，单方用水量取 156kg/m^3，则单方水泥用量为 273kg/m^3。按照泵送大体积混凝土特性，选用二级粉煤灰取代水泥，超量系数为 1，则粉煤灰的用量为 117kg/m^3。

④参照工程经验，选定砂率为 48%～52%，C30 混凝土设计密度为 2 400kg/m^3。则单位砂用量为 890kg/m^3，单位石子用量为 964kg/m^3，外加剂选用高效聚羧酸高效减水剂。则设计配合比为：水泥：砂：石：粉煤灰：掺和料：水：外加剂＝1：2.33：2.96：0.33：0：0.48：0.01。

(2)调整工作性，提出基准配合比

按初步配合比，试拌水泥混凝土拌和物 25L，测定其黏聚性、保水性、坍落度。坍落度测定值为 180mm，黏聚性和保水性亦良好，满足施工和易性要求。

经过工作性调整，确定基准配合比为：(水泥＋粉煤灰)：砂：石：水：外加剂＝(0.7＋0.3)：2.28：2.47：0.4：0.01，水胶比为 0.4。

3.4.3　墩桩基 C30 机制砂普通强度高性能混凝土施工过程

水下混凝土的浇筑应该在最短的时间内完成，以保证混凝土浇筑的连续性，混凝土在拌和站集中拌制，由搅拌车通过施工便道运输到现场，混凝土技术指标必须满足设计及规范要求。

混凝土采取集中拌和，用输送泵配合混凝土运输车运输至施工现场，浇筑时采取人工配合吊车进行。图3.4～图3.7为墩桩基的施工现场图。

图3.4 主墩(7号墩)桩基施工现场

图3.5 7号墩11号桩基

图3.6 5号墩桩基施工现场

图3.7 6号墩桩基施工现场

1)浇筑前的工作准备

(1)首先应检查成孔后护筒顶高程，根据护筒顶高程、设计孔底高程，设计桩顶高程、设计钢筋笼顶高程、预留破桩头的高度等数据，迅速计算出钢筋笼顶高程、混凝土浇筑顶高程(桩顶预加0.5～1.0m)及确定这两个控制面，一般是从护筒顶面向下反算、反测符合要求的米数，孔内有水头或淤泥时，用钢筋或其他硬质杆件探测。

(2)检查砂、石、水泥用量及质量是否满足要求，并根据现场原材料含水率调整现场配合比，把配合比用油漆或粉笔写在施工牌上，实行挂牌施工。

(3)计算导管上端漏斗储存的混凝土数量是否满足第一次下料后埋设导管下口深度的要求。导管埋设深度一般为100cm以上。

(4)检查泥浆比重是否符合清孔中所提的指标，并检查孔底沉渣厚度，对不能满足要求的须重新清孔，直到满足要求为止。浇筑前，应从孔底吊出一桶泥浆，检查其含砂率及泥浆比重，含砂率过大时，应使泥浆比重接近上限，以防砂子沉淀过快，反之，应接近下限。

(5)核定拌和及运输设备的性能和数量，要求必须有备用的拌和设备及备用发电机，并组织有足够的劳动力，以保证浇筑的连续性。

(6)对有外加剂的混凝土，要提前用分袋称好每次拌和混凝土所需外加剂的质量，以保证施工时外加剂投放准确、及时，进一步保证混凝土的质量。

(7)孔内第一次混凝土浇筑时,导管下口距冲孔孔底间距以40cm左右为宜。

2)浇筑水下混凝土

水下混凝土须满足配合比设计要求,浇筑时先浇筑首批混凝土,首批混凝土数量须经过认真计算,使其有足够的冲击能量,能把泥浆从导管中排出,并能将孔底沉渣向外置换,同时能把导管下口埋入混凝土不小于1m的深度,因而漏斗的大小须充分考虑首批混凝土数量制作。漏斗下端口设有翻转式闸阀,混凝土装满漏斗需要浇筑时,打开闸阀,混凝土立即沉入孔底,排开泥浆及沉渣,迅速埋住导管下口,完成首批混凝土浇筑。随着混凝土的继续浇筑,导管也相应上拔,中途停滞时间不应超过15min。导管提升过程中,下管口在混凝土内的埋深控制为2~6m。水下混凝土浇筑过程中由专人经常测量孔内混凝土高度,及时调整导管埋深,并填写水下混凝土浇筑记录。为防止钢筋骨架因混凝土压力而上浮,当混凝土顶面接近钢筋笼底部时,适当降低混凝土浇筑速度,至钢筋笼埋深4m以上时,可恢复正常浇筑。随着导管的不断提升,孔口多于导管应分节段拆除,拆除时间不宜超过15min,拆除的导管应及时清洗干净。水下混凝土是利用导管内混凝土超压力使孔内混凝土顶面不断上升,上升速度一般不小于2m/h,孔内混凝土浇筑至孔顶高程后,必须确认混凝土表面泥浆已经完全排出后方可终止浇筑。孔内混凝土达到一定强度后进行桩头处理,桩头处理为0.5~1m(埋设护筒时,孔顶高程须考虑桩头处理高度),残余桩头需无松散层。图3.8为主墩桩基混凝土浇筑现场图。

图3.8 主墩桩基混凝土浇筑现场

3)混凝土拆模

混凝土拆模时的强度,应符合设计要求。当设计未提出要求时,应符合下列规定:

(1)混凝土的拆模时间除需考虑拆模时的混凝土强度外,还应考虑到拆模时的混凝土温度(由水泥水化热引起)不能过高,以免混凝土接触空气时降温过快而开裂,更不能在此时浇注凉水养护。

(2)侧模在混凝土强度达到2.5MPa以上,且其表面及棱角不因拆模而受损时,方可拆除。

(3)拆模宜按立模顺序逆向进行,不得损伤混凝土,并减少模板破损。当模板与混凝土脱离后,方可拆卸、吊运模板。

(4)拆模后的混凝土结构应在混凝土达到100%的设计强度后,方可承受全部设计荷载。

(5)拆模时,混凝土与表层混凝土之间的温差、表层混凝土与环境之间的温差均不大于15℃时方可拆模。大风或气温急剧变化时不宜拆模。

(6)混凝土内部开始降温前不得拆模。

(7)炎热和干燥季节,应采取逐段拆模、边拆边盖、边拆边浇水或边拆边喷涂养护剂的拆模工艺。

4)孔底沉淀处理

浇筑水下混凝土前,清孔或钢筋笼下落完毕后,由于换浆时间及浓度掌握不好,或安装钢筋笼的影响,可能会出现过量的沉淀,当沉淀超标过大时,要重新清孔。当沉淀超标较小时,用其他方法处理会比较麻烦，这种情况下可用空压机风管对孔底进行扰动，使孔底残留沉渣处于悬浮状态，并立即进行混凝土浇筑。值得注意的是必须将风管放入孔底后再开机进行扰动，且扰动时间不宜过长。

3.4.4 墩桩基 C30 机制砂普通强度高性能混凝土质量保证措施

除了满足 3.3 节中的相关要求外，还应测定混凝土的入模温度、坍落度和含气量等工作性能指标；只有拌和物性能符合《公路工程质量检验评定标准 第一册 土建工程》(JTG F80/1—2004)及相关技术规范要求后方可入模浇筑，并需满足以下要求：

(1)首批混凝土的数量，应能满足导管首次埋置深度(≥1m)和填充导管底部的要求。

(2)混凝土拌和物运至浇筑地点时，应检查其均匀性和坍落度等指标，如不符合要求，应进行第二次拌和，二次拌和后仍不符合要求时，不得使用。

(3)首批混凝土拌和物下落后，混凝土应连续浇筑。

(4)在浇筑过程中，应注意保持孔内水头。

(5)在浇筑过程中，导管的埋置深度应控制在 2～6m。当导管内的混凝土不饱满时应徐徐地浇筑，禁止在导管内形成高压气带。

(6)在浇筑过程中，应经常测探井孔内混凝土面的位置，及时地调整导管的埋深，导管拆除要迅速。

(7)为防止钢筋骨架上浮，当浇筑的混凝土顶面距钢筋骨架底部 1m 左右时，应降低混凝土的浇筑速度。当混凝土拌和物上升到骨架底口 4m 以上时，运输道路平顺畅通，选用与生产、浇筑能力相匹配的专用混凝土运输车，对运输车采取保温隔热措施。泵送混凝土时，输送管路起始水平管段长度不小于 15m。除出口处可采用软管外，输送管路的其他部位均不采用软管。输送管路用支架、吊具等加以固定，不与模板和钢筋接触。高温环境下，输送管路应分别用湿帘覆盖。

3.4.5 墩桩基 C30 机制砂普通强度高性能混凝土的应用效果

2013 年 12 月～2014 年 8 月陆续完成 5 号～10 号墩桩基的修建，如图 3.9 所示，4 号索塔桩基的修建也于 2013 年年初完成。为确保工程质量，在承台钢筋绑扎完毕后，项目部组织专家进行了首件检验，施工和监理单位多次研究，组织开展施工工艺试验，对全体参加施工人员进行技术和安全质量交底。

图 3.9 北盘江特大桥主墩桩基修建完成

现场测试墩桩基 C30 机制砂普通强度高性能混凝土的工作性，其中坍落度为 200～220mm，坍落扩展度为 580mm，1h 内无坍落度损失。混凝土试块成型后在自然条件下养护，28d 抗压强度为 37.4MPa，60d 抗压强度为 41.8MPa，均满足工程设计的要求，经相关机构检测，工程质量优异。

3.5　C30 机制砂普通强度高性能混凝土在水盘高速北盘江特大桥中的应用

机制砂普通强度高性能混凝土在贵州的路桥工程中大量使用，除了前文中的毕都高速路段北盘江特大桥之外，现已通车的水盘高速路段中的北盘江特大桥同样大量使用了C30机制砂普通强度高性能混凝土，本节将对这一工程的C30机制砂普通强度高性能混凝土配制原则及实际配比做一简要介绍。

3.5.1　工程概况

北盘江特大桥主桥所采用的290m跨径预应力混凝土空腹（斜腿）式连续刚构，是亚洲最大跨度的预应力混凝土连续刚构桥，也是世界上最大的预应力混凝土空腹（斜腿）式连续刚构，如图3.10所示。

图3.10　主跨290m的北盘江特大桥

大桥主桥分5跨设置，跨中部分即7、8号墩为主悬浇T箱梁，边跨部分即6、9号墩为次悬浇T箱梁。主悬浇T箱梁采用空腹式构造，在主梁悬臂长度57m范围分上下弦设置，上下弦均采用箱梁截面形式。上弦箱梁最大梁高7m，下弦箱梁正截面为等截面箱梁，箱梁梁高7.5m，三角区共12个节段，单个节段长度4m。主悬浇T箱梁悬臂浇筑长度为144m，共34个节段，次悬浇T箱梁悬臂浇筑长度为74m，共17个节段。

大桥设计新颖，结构壮观、宏伟，其空腹式结构形式属世界首创，工程设计、施工工艺、施工方法均为创新。

主桥主墩7号墩下设25根直径2.8m的挖孔灌注桩，桩长35m，承台采用整体式承台，承台平面尺寸为28m×28m，厚5m，承台顶部设置2m高墩座。6号墩下设16根直径2.4m的挖孔灌注桩，桩长25m，承台平面尺寸为19.4m×22.4m，厚4m。

主桥桥墩均为左右幅分离式设置，采用双柱式空心薄壁墩构造，6号墩墩高75m，7号墩墩高117m。箱梁采用单箱单室构造。

3.5.2 C30 机制砂普通强度高性能混凝土配制与性能

1)混凝土的性能要求

配合比设计原则上应遵循北盘江特大桥施工设计要求和《公路桥涵施工技术规范》(JTG/T F50—2011)规定(大体积混凝土水泥用量不宜超过 350kg/m^3)。外掺料粉煤灰选用30%掺量,符合《粉煤灰混凝土应用技术规范》(GB/T 50146—2014)的要求。在配合比设计思路上采用"双掺技术"(即掺粉煤灰和聚羧酸外加剂),优化配合比以满足以下要求:

(1)合适的水胶比,以保证混凝土的强度。

(2)合理的配合比参数,获得拌和物较好的工作性。

(3)降低水泥用量,增大粉煤灰用量;控制总胶凝材料用量,以降低水化热。

(4)延缓混凝土凝结时间,以延缓放热峰。

在温度控制上的目标是使大体积混凝土内部的温度场变化按照预计的方向发展,防止温度裂缝的产生或把裂缝控制在某个界限内。其主要包括以下几部分:

(1)降低核心混凝土的最高温度和最高温升。

(2)降低内外温差,控制在允许范围内,使混凝土内温度分布尽量均匀。

(3)控制基础温差,以防止混凝土可能出现的贯穿性裂缝。

(4)控制上下层温差,以防止可能出现的层间裂缝。

(5)控制混凝土降温速率,以防出现冷击。

对混凝土泵送性能、扩展性、坍落度、坍损等性能要求:30min 无坍损,1h 坍损不大于 3cm,扩展度不小于 50cm,坍落度在 160~200mm 之间,初凝时间应在 16h 以上,T_{50}控制在 3~6s 之间。

混凝土的配合比对承台的外观质量的好坏有着重要的影响。为保证混凝土的外观质量,试验室将根据混凝土的设计要求和施工工艺做混凝土配合比设计,施工过程中,将采用同一厂家的水泥、同一产地的砂料、同一产地的石料,同时选用适当的外加剂,调整出较为理想的配合比,具体配合比见表 3.13。

墩身混凝土配合比 表 3.13

强度等级	水胶比	砂率(%)	材料名称及单位材料用量(kg)							
			水泥	水	细集料	粗集料			外加剂	外掺料
						5~10mm	10~20mm	16~31.5mm		
C30	0.45	44	263	169	816	519	519	—	3.7	113

墩身采用高强混凝土,具有高集料、低水胶比、早强缓凝等特性。墩身混凝土采用吊装吊斗垂直运输,对混凝土的和易性、泌水性以及缓凝早强性能要求很高。

混凝土具体配合比设计由试验室试验确定。墩身混凝土配合比要求:坍落度按 16~18cm 控制,初凝时间不少于 10h,工作性及力学性能要求见表 3.14。

工作性及力学性能要求 表 3.14

强度等级	强度要求(MPa)		实际坍落度(mm)
	7d	28d	
C30	33.3	47.2	185

2)混凝土的配合比设计过程

(1)计算初步配合比

①混凝土设计强度($f_{cu,k}$)为C30,计算水泥混凝土配制强度为($f_{cu,o}$)$=f_{cu,k}+1.645\sigma=30+8.2=38.2$MPa。

②确定水灰比(W/C),利用强度经验公式计算水胶比$W/B=0.45$。

③参照泵送经验,单方用水量取169kg/m³,则单方水泥用量为263kg/m³。按照泵送及自密实混凝土特性,选用二级粉煤灰取代水泥,超量系数为1,则粉煤灰的用量为113kg/m³。

④参照工程经验,选定砂率为44%,C40混凝土设计密度为2 400kg/m³。则单位砂用量为816kg/m³,单位石子用量为1 038kg/m³,外加剂选用高效聚羧酸高效减水剂。

(2)调整工作性,提出基准配合比

按初步配合比试拌水泥混凝土拌和物25L,测定其黏聚性、保水性、坍落度。坍落度测定值为185mm,黏聚性和保水性亦良好,满足施工和易性要求。

经过工作性调整,确定基准配合比为:(水泥+粉煤灰)∶砂∶石∶水∶外加剂=(0.7+0.3)∶2.17∶2.76∶0.45∶0.01,水胶比为0.45。

3.6　C40机制砂普通强度高性能混凝土在清水河特大桥1号~9号墩身中的应用

3.6.1　工程概况

1)工程简介

贵州省贵阳至瓮安高速公路是对"6横7纵8联"及4个城市环线网的进一步完善优化,高速公路路线全长70.722km。其中清水河特大桥位于贵州省东部,是沟通贵阳至瓮安的主要交通要道,桥型布置如图3.11所示。

清水河特大桥桥位起终点桩号为K69+261~K71+432.4。设计采用9×40m(开阳岸引桥)+1 130m(单跨钢桁架梁悬索桥)+16×42m(瓮安岸引桥)构造。主桥为主跨1 130m的单跨简支钢桁架加劲梁悬索桥,主缆计算跨径258m+1 130m+345m。引桥采用分幅设置,开阳岸引桥为9×40mT形梁,瓮安岸引桥为16×42mT形梁。

2)地质、地貌条件

开阳岸岩性较简单,表层为第四系残破积红黏土及黏土夹碎石,广泛分布于桥位区宽缓斜坡地带,分布面积较广,分布不均,厚度变化大,一般为0.5~10m。局部溶槽、溶沟内厚可达22m。下伏基岩为栖霞—茅口组($P_{2q}+m$)中厚至厚层状灰岩,局部含燧石团块,节理裂隙发育,隐伏岩溶发育。岩层倾向95°~110°,倾角25°~30°左右。

开阳岸引桥区为一斜坡地貌,坡向与路线走向基本一致,地形坡度较缓总体坡度20°,呈多级平台分布,局部为2~3m的陡坎,高程在915~1 000m,相对高差85m。地貌上属岩溶中山斜坡地貌。浅表10m岩体较破碎,其下岩体总体较完整,局部破碎。部分区域岩体受溶蚀、节理等影响,地表以下40m岩体破碎,以下至勘探深度内岩体较完整。

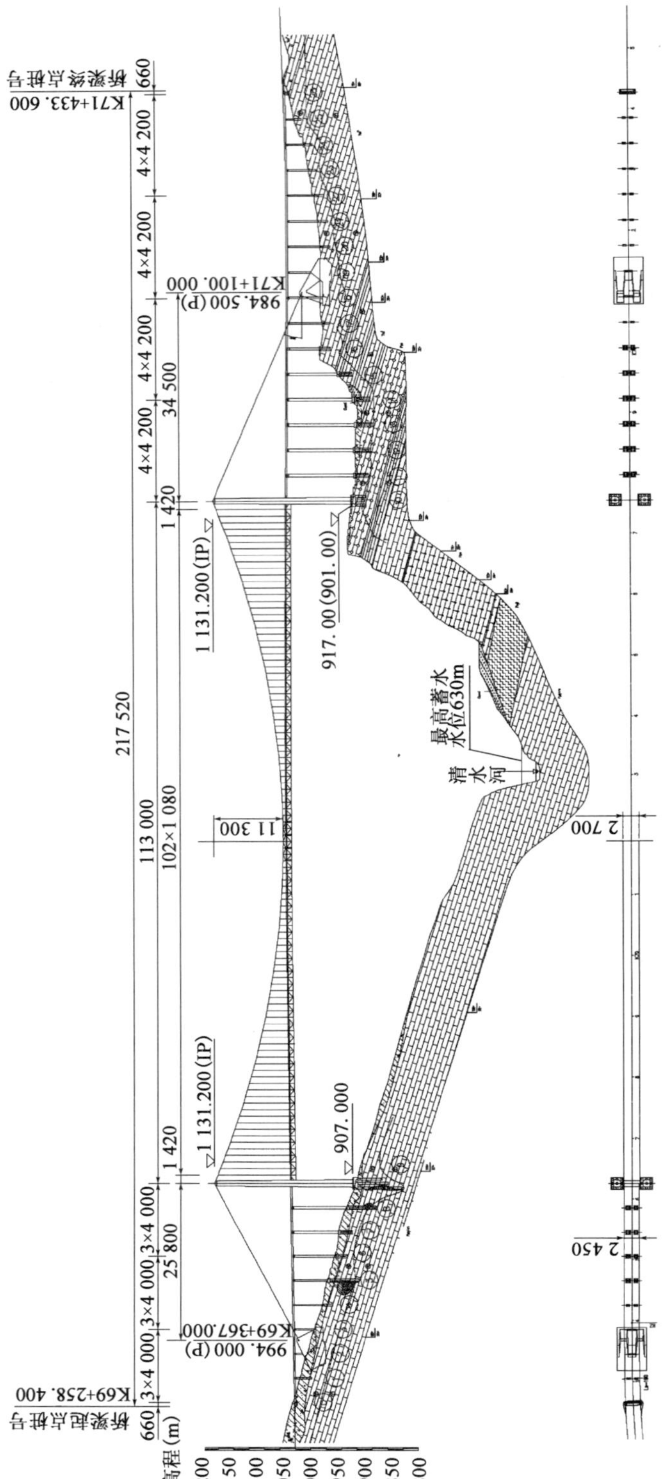

图3.11 清水河特大桥桥型布置图(尺寸单位：cm)

3.6.2　墩身C40机制砂普通强度高性能混凝土配制与性能

1)混凝土的性能要求

混凝土的配合比对墩身的外观质量的好坏有着重要的影响。为保证混凝土的外观质量，试验室将根据混凝土的设计要求和施工工艺做混凝土配合比设计，施工过程中，将采用同一厂家的水泥、同一产地的砂料、同一产地的石料，配合比设计原则上遵循《公路桥涵施工技术规范》(JTG/T F50—2011)规定，外掺料粉煤灰选用25%掺量，符合《粉煤灰混凝土应用技术规范》(GB/T 50146—2014)规定。在配合比设计思路上采用“双掺技术”(即掺粉煤灰和聚羧酸外加剂)，优化配合比。因浇筑墩身面积较大，应同时选用适当的外加剂，调整出较为理想的配合比，具体配合比见表3.15。

墩身混凝土配合比　　表3.15

强度等级	水胶比	砂率(%)	材料名称及单位材料用量(kg)							
			水泥	水	细集料	粗集料			外加剂	外掺料
						5～10mm	10～20mm	16～31.5mm		
C40	0.36	44	358	162	787	200	801	—	4.5	112

墩身采用高强混凝土，具有高集料、低水胶比、早强缓凝等特性。墩身混凝土采用吊装吊斗垂直运输，对混凝土的和易性、泌水性以及缓凝早强性能要求很高。

混凝土具体配合比设计，由试验室试验确定。墩身混凝土配合比要求为:坍落度按16～18cm控制，初凝时间不少于10h，工作性及力学性能要求见表3.16。

工作性与力学性能要求　　表3.16

强度等级	强度要求(MPa)		设计坍落度(mm)
	7d	28d	
C40	40	47	160～200

2)混凝土的配合比设计过程

(1)计算初步配合比

①混凝土设计强度($f_{cu,k}$)为C40，计算水泥混凝土配制强度($f_{cu,o}$)$=f_{cu,k}+1.645\sigma=40+8.2=48.2$MPa。

②确定水灰比(W/C);利用强度经验公式计算水胶比$W/B=0.36$。

③参照泵送经验，单方用水量取162kg/m^3，则单方水泥用量为338kg/m^3。按照泵送及自密实混凝土特性，选用二级粉煤灰取代水泥，超量系数为1，则粉煤灰的用量为112kg/m^3。

④参照工程经验，选定砂率为44%，C40混凝土设计密度为2 400kg/m^3。则单位砂用量为787kg/m^3，单位石子用量为1 001kg/m^3，外加剂选用高效聚羧酸高效减水剂。则设计配合比为:水泥∶砂∶石∶粉煤灰∶掺和料∶水∶外加剂=1∶2.33∶2.96∶0.33∶0∶0.48∶0.01。

(2)调整工作性，提出基准配合比

按初步配合比试拌水泥混凝土拌和物25L，测定其黏聚性、保水性、坍落度。坍落度测定值为180mm，黏聚性和保水性亦良好，满足施工和易性要求。经过工作性调整，确定基准配合比为:水泥∶砂∶石∶粉煤灰∶掺和料∶水∶外加剂=1∶2.33∶2.96∶0.33∶0∶0.48∶0.01，水胶比为0.36。

3.6.3 墩身C40机制砂普通强度高性能混凝土施工过程

引桥墩身为分离式矩形墩，墩身高度多在40m以上，为高墩施工作业。墩身采用C40混凝土。根据引桥墩身特点，墩身混凝土均采用分段浇筑施工，每次施工高度为4.5m，每段混凝土一次连续浇筑完成。墩身混凝土浇筑均采用吊斗浇注。

1)混凝土的浇筑

墩身混凝土的生产在HZS120全自动拌和站进行。混凝土理论生产量为240m^3/h，实际生产量约为160m^3/h，可完全满足实际需要。

待施工现场准备工作就绪，满足混凝土浇筑要求后，将拌制好的混凝土通过8m^{3}混凝土运输车运送至施工现场，平均运距约1.6km。采用吊斗浇筑入仓，插入式振捣器振捣，混凝土采用分层平铺法浇筑，每层浇筑厚度控制在30cm。浇筑时，必须满足混凝土的自由倾落高度小于2m，指派专门人员对吊斗出料口进行控制，混凝土施工浇筑过程如图3.12～图3.17所示。

图3.12 罐车卸料

图3.13 提升料斗

图3.14 卸料

图3.15 完成卸料

每浇筑一个墩身，应在浇筑地点或拌和地点随机制取2组混凝土试件，检验其在28d龄期的抗压极限强度。

图3.18和图3.19表示的是振捣前后的混凝土状态，明显发现经过振捣的机制砂混凝土

较均匀，能够有效地保证混凝土施工质量。

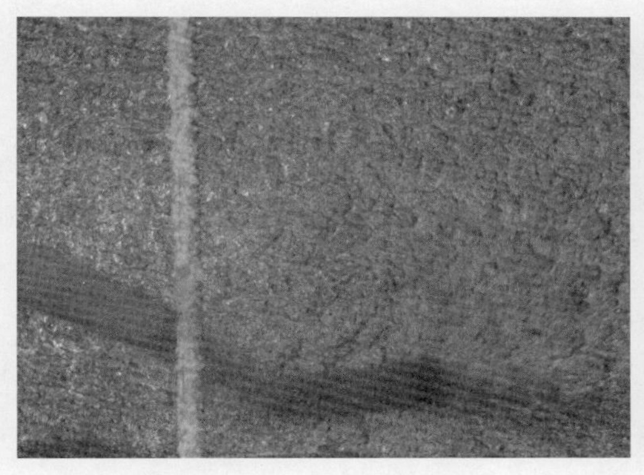

图 3.16　振捣

图 3.17　吊落料斗

图 3.18　施工前混凝土状态

图 3.19　振捣后混凝土状态

2)施工缝的处理与养护

墩身施工缝的位置应在混凝土浇筑前确定，宜留置在结构受剪力和弯矩较小且便于施工的部位。处理时采用人工凿毛的方法(图 3.20)，当首节墩身混凝土强度达到 2.5MPa 时，立模前人工凿除混凝土表面的水泥砂浆和松散混凝土，并用高压水冲洗干净。混凝土浇筑前，施工缝先浇筑 2cm 厚 1∶2 水泥砂浆。

图 3.20　人工凿毛

墩身采用自然养护的方法，混凝土顶面采用覆盖保温、保湿养护，侧面采用保湿养护。在混凝土浇筑完成后即开始养护，在顶面覆盖土工布，并及时充分洒水养护，在墩身脱模前，保持模板湿润，以减少混凝土的收缩。同时根据环境气温变化，及时调整保温层厚度，当气温较高、温降较缓时，减少保温层厚度，加速降温；当气温较低、温降较快时，增加保温层厚度，减缓降温，确保混凝土内外温差控制在 25℃以内。

3)季节性混凝土施工质量保证措施

(1)夏、冬季混凝土施工保证措施。

夏冬季节的施工质量保证详见本书 11.1 和 11.2 节。

(2)雨季混凝土施工保证措施。

①在雨季,现场排水系统应贯通,施工道路应不积水,如有积水应派专人进行疏通。

②在混凝土拌和前,对原材料(砂、碎石)进行含水率测定,及时调整混凝土配合比,控制混凝土的坍落度。

③混凝土浇筑时,必须事先注意天气情况,尽量避开雨天,若不得已,必须做好防雨措施。

④对于已浇筑好的混凝土,用隔雨篷布或油布进行覆盖保护,以保证浇筑混凝土的质量。

3.6.4 墩身 C40 机制砂普通强度高性能混凝土应用效果

2014 年 1 月~8 月完成了大部分引桥墩身的修建,浇筑墩身平整度高,几乎没有裂缝,如图 3.21~3.23 所示。

图 3.21 引桥墩身(一)

图 3.22 引桥墩身(二)

图 3.23 引桥墩身(三)

现场测试 C40 引桥墩身机制砂混凝土的工作性,其中坍落度为 230mm,混凝土试块成型后在自然条件下养护,28d 抗压强度为 48.4MPa,均满足工程要求,经相关机构检测,工程质量优异。

本章参考文献

[1] 吴中伟. 高性能混凝土——绿色混凝土[J]. 混凝土与水泥制品,2000,1:3-6.

[2] 缪昌文. 高性能混凝土在建筑工程中的应用[J]. 混凝土与水泥制品,2000,5:3-4.

[3] 吴中伟. 高性能混凝土(HPC)的发展趋势与问题[J]. 建筑技术,29(1):8-13.

[4] 吴中伟. 绿色高性能混凝土——混凝土的发展方向[J]. 混凝土与水泥制品,1998,1:3-6.

[5] 吴中伟. 绿色混凝土与科技创新[J]. 建筑材料学报,1998,3:1-7.

[6] 吴中伟,韩素芳. 预拌混凝土和高性能混凝土技术的现状与发展[J]. 建筑技术,28(7):463-465.

[7] 蒲心诚. 论混凝土工程的超耐久化[J]. 混凝土,2000,1:3-7.

[8] 刘松柏,周玉军,张晨钟. 低强度等级混凝土高性能化工程应用[J]. 福建建筑,2009,12:99-100.

[9] 孙家瑛,周承功. 钢筋混凝土桥梁用 C30 普通混凝土高性能化研究[J]. 粉煤灰,2003,4:10-11.

[10] 张勇,刘建忠. 中低强度等级混凝土高性能化及其工程应用[J]. 江苏建筑,2006,2:45-46.

[11] 蒋正武,等. 混凝土修补——原理、技术与材料[M]. 北京:化学工业出版社,2008.

[12] 中华人民共和国国家标准. GB 175—2007 通用硅酸盐水泥[S]. 北京:中国标准出版社,2007.

[13] 中华人民共和国国家标准. GB 1344—1999 矿渣硅酸盐水泥、火山灰质硅酸盐水泥及粉煤灰硅酸盐水泥[S]. 北京:中国标准出版社,1999.

[14] 周大庆,张道友,赵华耕,等. 机制砂普通强度高性能混凝土配合比设计的研究[J]. 国外建材科技,2005,26(3):20-23.

[15] 中华人民共和国国家标准. GB 50666—2011 混凝土结构工程施工规范[S]. 北京:中国建筑工业出版社,2011.

[16] 中华人民共和国行业标准. JGJ 52—2006 普通混凝土用砂、石质量及检验方法标准[S]. 北京:中国建筑工业出版社,2006.

[17] 中华人民共和国国家标准. GB/T 14684—2011 建设用砂[S]. 北京:中国标准出版社,2011.

[18] 蔡基伟. 石粉对机制砂混凝土性能的影响及机理研究[D]. 武汉:武汉理工大学,2006.

[19] 王稷良. 机制砂特性对混凝土性能的影响及机理研究[D]. 武汉:武汉理工大学,2008.

[20] 中华人民共和国国家标准. GB/T 8075—2005 混凝土外加剂定义、分类、命名与术语[S]. 北京:中国标准出版社,2005.

[21] 中华人民共和国国家标准. GB 8076—2008 混凝土外加剂[S]. 北京:中国标准出版社,2008.

[22] 中华人民共和国国家标准. GB/T 203—2008 用于水泥中的粒化高炉矿渣[S]. 北京:中国标准出版社,2008.

[23] 中华人民共和国国家标准. GB/T 18046—2008 用于水泥和混凝土中的粒化高炉矿渣

粉[S]. 北京：中国标准出版社，2008.

[24] 高怀英，马树军，黄国泓. 大掺量磨细矿渣混凝土国内外研究与应用综述[J]. 海河水利，2006，(3)：47-50.

[25] 中华人民共和国国家标准. GB/T 27690—2011 砂浆和混凝土用硅灰[S]. 北京：中国标准出版社，2011.

[26] 陈剑雄，李鸿芳，陈寒斌. 石灰石粉超高强高性能混凝土性能研究[J]. 施工技术，2005，35(5)：27-28.

[27] 王稷良. 机制砂特性对混凝土性能的影响及机理研究[D]. 武汉：武汉理工大学，2008.

[28] B. M. 莫斯克文. 混凝土和钢筋混凝土的腐蚀及其防护方法[M]. 倪继森，译. 北京：化学工业出版社，1988.

[29] A. M. Neville. Properties of concrete[M]. London：Pitman Publishing，1981.

[30] 蒋正武，梅世龙. 机制砂普通强度高性能混凝土[M]. 北京：化学工业出版社，2015.

第4章

机制砂大体积混凝土工程应用

4.1 概述

4.1.1 定义

大体积混凝土指的是最小断面尺寸大于 $1m^2$ 以上，施工时必须采取相应的技术措施妥善处理水化热引起的混凝土内外温度差，合理解决温度应力并控制裂缝开展的混凝土结构[1]。

机制砂大体积混凝土是以机制砂部分或全部取代河砂配制而成的大体积混凝土。近年来，我国加大力度进行西部开发，西部地区建设量逐年增加，建筑工程越来越大型化、特性化，许多新建筑构思应用的新材料技术，往往会受到地区资源的制约。因此，人们越来越意识到，结合地区资源开发工程需要的材料，有助于节约建筑成本、提高建造质量，是一件利国利民的大事。由于自然资源分布不均，加上地域的限制，在我国的云贵川等地区，传统用来制备自密实混凝土的天然砂资源稀少，而山砂、机制砂资源丰富，只有结合本地机制砂丰富的特点，制备出大体积混凝土，才能得到良好的推广应用。

大体积混凝土的施工特点是：整体性要求比较高，要求连续浇筑；结构的体量较大，浇筑混凝土后形成较大的内外温差和温度应力。大体积混凝土工程结构较厚，体形较大，钢筋较密，混凝土数量较多，施工条件较为复杂，施工技术要求高，必须同时满足强度、刚度、整体性和耐久性要求，另外，还存在如何控制和防止温度应力，变形裂缝产生等问题。随着大体积混凝土施工技术的不断提高，高质量的施工技术也成为社会发展的必然要求[2]。

4.1.2 国内外研究应用现状

随着生产技术和生产力的不断提高以及建设领域的逐渐扩大，大体积混凝土逐渐应用于大型钢筋混凝土结构。自 20 世纪 90 年代以来，尤其是在混凝土耐久性概念的提出后，大体积混凝土开裂问题越来越引起工程界与学术界的关注，国内外学者围绕这一问题展开了大量的学术研究与工程实践[3,4]。为防止大体积混凝土出现开裂，水工桥梁用大体积混凝土多采用预设冷却水管的方式来降低混凝土内外温差。

近年来随着施工及材料技术的不断提高，城市高层和超高层建筑此起彼伏，高层和超高层建筑底板大体积混凝土一次浇筑方量不断提高。环球金融中心一次浇筑 28 900m^3 混凝土，深圳平安金融中心一次浇筑 32 000m^3C40 混凝土，上海中心大厦一次浇筑 61 000m^3 混凝土，这是我国民用建筑领域一次性连续浇筑方量最大的基础底板工程。在水电工程中，由于所用大体积混凝土强度低，一般为C15～C30，混凝土的水化热低，大体积混凝土结构多采用“冷却水管”作为降低混凝土内外温差的措施。但对于高层和超高层建筑物的底板结构混凝土设计等级一般都较高，混凝土总胶凝材料用量高，混凝土的水化热高，温升快，如采用“冷却水管”反而起到不利作用[5-7]。

随着大体积混凝土的应用范围越来越多，其配制和施工技术也在不断发展，目前国内外对于大体积混凝土的研究主要集中在以下几个方面[8]：

(1)材料方面。混凝土材料技术不断发展，水灰比逐渐减小，单位体积的水泥用量不断增大，混凝土外加剂和超细活性掺和料广泛应用，这些变化都会使混凝土早期水化热放热量增大，导致大体积混凝土内部堆积热量更高，更易引起裂缝。

(2)设计施工方面。混凝土结构向着更高、更大、更深方向发展的同时，泵送施工进一步增大了砂率、水泥用量和坍落度，一些现浇复杂结构也不利于进行混凝土保温保湿养护，这都诱发了大体积混凝土早期裂缝的出现；大多设计单位对大体积混凝土没有明确的设计方案，施工单位也很难准确掌握大体积混凝土施工技术，不能有效地控制大体积混凝土的温度场及应力场，有些单位考虑到进度和成本，不注重工程质量的控制，这些主观因素都带来了大体积混凝土早期裂缝的出现。

(3)使用环境方面。随着国民经济建设的需要，大体积混凝土结构承受更为严酷的寒潮环境、海洋环境、强腐蚀性环境、高温环境、干湿交替环境等，这更使得有效地控制大体积混凝土早期开裂面临更大的挑战。

目前，许多学者应用现代化的计算机技术，综合考虑混凝土的入模温度、混凝土的弹性模量在浇注过程的变化规律以及水泥水化热散热规律和外界气温变化规律，采用有限差分法或有限单元法求解一、二及三维大体积混凝土温度场，有些学者全面地总结了大体积混凝土结构温度与裂缝控制最新研究结果及各种工业结构的裂缝控制方法，提出了较为实用的大体积混凝土工程裂缝的控制方法以及温度场和温度应力场的计算方法，并已在大量工程中得到了广泛应用。

4.1.3 关键技术

大体积混凝土施工的主要技术难题是如何控制混凝土水化热导致的结构物内外温差，防止出现温度应力引起的温度裂缝。研究降低水化热、防止混凝土收缩开裂、选择合理的温控措施、加强温度监控等技术措施是大体积混凝土施工的关键技术。

大体积混凝土配合比设计应首先在满足质量要求和工作性能的基础上，减少水泥用量和用水量，选择合理的砂率、控制含气量、提高粗骨料含量，以减少混凝土的自收缩，降低绝对温升，延缓水化热峰值，提高混凝土的抗裂性、密实性和耐久性。

根据大体积混凝土工程的施工特点，大体积混凝土工程设计除应满足设计规范及施工工艺的要求以外，还可以适当提高混凝土的强度，合理配制温度筋，减小外部和内部约束，选择合理的结构形式和分缝分块，编制详细的施工组织设计等措施。

大体积混凝土施工要制定合理的温控方案，加强对大体积混凝土的温度检测工作，不仅要对成型后的混凝土内部温度进行检测，而且要对混凝土的原材料、拌和物、入模和浇筑温度等进行系统的实测。

混凝土在浇筑的初期，强度低、抵抗变形能力小，不利的外界条件将极易使混凝土表面产生有害的冷缩和干缩裂缝。因此要加强对大体积混凝土的保温和养护。保温和养护的目的是减小混凝土表面与内部温差及表面混凝土温度梯度，防止表面裂缝的发生。

4.2　机制砂大体积混凝土的配制与性能

4.2.1　机制砂大体积混凝土原材料

混凝土原材料选择可参见第2章相关规定，机制砂大体积混凝土对原材料的特殊要求如下：

(1)水泥

大体积混凝土应优先选用中、低热硅酸盐水泥或低热矿渣硅酸盐水泥，大体积混凝土施工所用水泥的3d水化热不宜超过240kJ/kg，7d水化热不宜大于270kJ/kg。

(2)集料

级配良好的集料，可以有效改善混凝土的抗裂能力。同时通过大量试验表明，集料中含泥量过大，对混凝土的强度、干缩、徐变及和易性等都会产生不利的影响，尤其会增加混凝土的收缩，引起混凝土抗拉强度的降低，对混凝土的抗裂十分不利[9]。

大体积混凝土所用集料的选择，除应符合《普通混凝土用砂、石质量及检验方法标准》(JGJ 52—2006)的相关规定外[10]，还应符合下列规定：

①细集料采用机制砂，其细度模数应大于2.3，含泥量不大于3%，当含泥量超标时，应在搅拌前进行水洗，检测合格后方可使用。

②粗集料宜选用粒径5～31.5mm，级配良好，含泥量不大于1%，非碱活性的粗集料；非泵送施工时粗集料的粒径可适当增大。

4.2.2　机制砂大体积混凝土配合比设计

配合比设计是混凝土设计、生产和应用中最重要的环节之一，配合比设计是否合理，决定了混凝土的技术先进性、成本可控性和发展可持续性等问题。大体积混凝土配合比设计应首先在满足质量要求和工作性能的基础上，减少水泥用量和用水量，选择合理的砂率、控制含气量、提高粗集料含量，以减少混凝土的自收缩，降低绝对温升，延缓水化热峰值，提高混凝土的抗裂性、密实性和耐久性。

机制砂大体积混凝土的配合比优化设计除应符合《普通混凝土配合比设计规程》(JGJ 55—2011)外[11]，还应符合以下规定[12]：

(1)经设计单位同意，当大体积混凝土的强度等级为C20以上时，可利用混凝土60d的后期强度作为混凝土强度评定、工程交工验收及混凝土配合比设计的依据。

(2)在保证设计所规定强度、耐久性等要求和满足施工工艺特性的前提下，应按照合理使用材料、减少水泥用量和降低混凝土的绝热温升的原则进行大体积混凝土配合比选择。

(3)大体积混凝土配合比选择时应考虑尽量减少水泥用量,使混凝土浇筑后的内外温差和降温速度得到有效控制,以降低养护的费用。

(4)大体积混凝土配合比设计中应遵循的具体参考指标有:

①混凝土强度等级的设计依据可利用混凝土 60d 或 90d 后期强度。

②混凝土拌和物浇筑时坍落度应低于 160±20mm;水泥用量宜控制在 230～450kg/m^3(强度等级在 C25～C40)。

③水胶比不宜大于 0.55,拌和水用量不宜大于 190kg/m^3,砂率宜为 38%～45%,拌和物泌水量宜小于 10L/m^3。

④矿物掺和料的掺量,应根据工程的具体情况和耐久性要求确定;粉煤掺量不宜超过水泥用量的 40%;矿渣粉的掺量不宜超过水泥用量的 50%;两种掺和料的总量不宜大于混凝土中水泥重量的 50%。

⑤混凝土配合比应通过计算和试配确定,对泵送混凝土还应进行泵送试验。

除上述规定外,配制大体积混凝土还应满足如下原则:

(1)对 C30 及其以下低强度等级的大体积混凝土,胶凝材料用量不大于 360kg/m^3,其中水泥用量不超过 250kg/m^3。其余采用粉煤灰等矿物掺和料替代。

(2)宜采用缓凝型减水剂,加缓凝剂等外加剂。选择配合比时,应同时按数种不同流动度的要求选定。水泥或胶凝材料的初凝时间不宜小于 8h。

(3)对具有碱活性的集料,应掺入大量的粉煤灰矿物掺和料,一般粉煤灰掺量在 35%左右,不应低于 30%。对粉煤灰矿物掺和料,应采取超量取代法进行配合比设计,超量取代系数在 1.3%～1.5%之间,具体根据混凝土性能需求进行调整。

(4)对泵送机制砂大体积混凝土,混凝土坍落度控制在 160～180mm。可以通过减水剂掺量来控制,对减水剂掺量一定时,可通过调整用水量来进行。混凝土单位用水量不应超过 200kg/m^3。

(5)对具有碱活性的集料,应根据《暂行规定》中规定的碱含量计算方法,对混凝土配合比中的总碱含量进行计算,其总碱含量不应超过 3kg/m^3。审核是否符合其规程规定要求。如超过技术规程所规定的含量,应重新进行配合比设计。对非碱活性骨料,不做总碱含量限制要求。

(6)大体积混凝土具体配合比设计步骤,按照机制砂板岩混凝土的配合比设计报告执行。大体积混凝土应具有足够的流动性和良好的和易性,且在浇筑过程中不应发生离析或泌水过多等现象。

4.2.3 机制砂大体积混凝土性能

在大体积混凝土施工中,由于混凝土结构设计强度等级的提高,水泥等胶凝材料细度的提高,外加剂的加入,用水量的减少,使大体积混凝土在施工过程中由于水泥水化热引起发生混凝土内部温度发生剧烈变化,导致混凝土早期塑性收缩和混凝土硬化过程中的收缩增大,使混凝土内部的温度—收缩应力剧烈变化,当温度—收缩压力超过混凝土的极限抗拉强度时,混凝土结构产生裂缝,影响了混凝土结构的使用和耐久性,并且这种情况在大体积混凝土工程施工十分常见,给工程造成了很大的损失。因此,控制混凝土浇筑块体因水化热引起的温升、混凝土浇筑块体的内外温差及降温速度，防止混凝土出现有害的温度裂缝是其施工技术的关键问题。结合工程的具体情况，主要从混凝土后期强度的充分利用、混凝土原材料的选择、混凝土配合比的设计、混凝土的搅拌、运输、浇筑、混凝土的保温保湿养护以及混凝土硬化过程中内部温度的监测等技术环节入手，采取了一系列技术措施，针对大体积混凝土工程施工中的技术难点——温度差进行控制，成功控制了大体积混凝土裂缝出现和发展的过程，确保了工程质量。

(1)大体积混凝土基础的工程设计除应满足设计规范及生产工艺的要求外，宜符合下列要求：

①混凝土设计强度等级宜在C25～C40的范围内。

②配置承受温度应力及控制温度裂缝开展的构造钢筋。

③当大体积混凝土置于岩石类地基上时，宜在混凝土垫层上设置滑动层。

④设计中应尽可能减少大体积混凝土外部约束。

⑤设计单位提出温度场和应变的相关测试要求。

⑥大块式基础及其他筏式、箱体基础不宜设置永久变形缝及竖向施工缝。

⑦大体积混凝土应根据混凝土浇筑过程中温度裂缝控制的要求设置水平施工缝。

(2)大体积混凝土工程施工前，应验算浇筑体的温度、温度应力及收缩应力，确定施工阶段升温峰值，内外温差及降温速率的控制指标，制订温控的技术措施。一般情况下，混凝土入模温度绝热温升值最大值不超过45℃；内外温差不超过30℃。降温速率为2.0℃/d。

(3)大体积混凝土施工前，应掌握近期气象情况(如高温、寒潮等)。在冬季施工时，应制定相应措施。

(4)大体积混凝土模板宜采用钢模板、木模板或钢木混合模板。

4.3　机制砂大体积混凝土施工质量保证

本节适用于在原材料、施工工艺和质量检验与普通混凝土工程有所区别的大体积混凝土工程施工。

除了满足本节的有关规定外，大体积混凝土工程施工尚应符合有关章节的相应规定。大体积混凝土工程施工应符合设计要求。必要时，应制订必要的施工方案。

4.3.1　机制砂大体积混凝土的浇筑

大体积混凝土在浇筑前应做如下控制：

(1)降低混凝土入模温度，以降低混凝土内部温度的峰值。

(2)控制部分原材料的温度。可采用以下措施降低水温和水泥温度：夏季将蓄水池加盖板，防止日晒；拌和机上水管路不直接暴露在阳光下；在供水强度满足时直接将自来水引到搅拌机，以降低拌和水温度。水泥采用易于散热的袋装水泥，进场后经过水泥库储存，降至自然温度以后再使用。

(3)混凝土浇筑尽量安排夜间施工。夜间浇筑时所有原材料温度都偏低。

(4)控制混凝土运输和入模过程中的升温。在夏季施工时，加强组织协调，缩短混凝土从出机到入模的时间。将泵送管路用湿麻袋覆盖，防止日晒升温。还可以经常在混凝土罐车的转筒上浇水降温。

(5)选择合理的结构形式和分缝分块。对基础结构混凝土的强度等级、结构配筋及变形缝、施工缝的设置提出要求，要选择合理的结构形式和分缝分块。为了防止底板和墙板、墙板和墙板每个施工流水段之间约束应力作用引起的裂缝，以及防止墙板施工区段出现边缘效应引起的上宽下窄的裂缝，可以在这些薄弱部位增大配筋率，以提高混凝土极限拉伸值，控制裂缝的展开。大体积混凝土施工中还允许设置水平施工缝，水平施工缝的设置应根据混凝土浇筑过程中温度裂缝控制的要求、混凝土浇筑能力和方便结构钢筋的绑扎等因素进行确定。

在搅拌混凝土时，可改变以往的投料程序，采取先把水、水泥和砂拌和后，再投放石子进行搅拌的新方法。这种搅拌工艺被为"裹砂法"，也可称为二次投料法。

浇筑后的混凝土，在振动界限以前，给予二次振捣，能排除混凝土因泌水在粗骨料、水平钢筋下部生成的水分和孔隙，提高混凝土与钢筋的握裹力，防止因混凝土沉落而出现的裂缝，以减小内部微裂，增加混凝土密实度。根据结构物的大小、钢筋的疏密程度、混凝土供应条件等具体情况，混凝土浇筑可采用全面分层浇筑、分段分层浇筑和斜面分层浇筑。

(1)全面分层浇筑。在第一层全面浇筑完毕，混凝土还未初凝时，开始浇筑第二层，如此逐层进行，直至浇筑完成。

(2)分段分层浇筑。适用于厚度不大而面积或长度较大的工程，施工时混凝土先从底层开始浇筑，进行至一定距离后再浇筑到第二层，如此依次向前浇筑其他各层。

(3)斜面分层浇筑。适用于结构的长度超过厚度三倍的浇筑层，振捣工作从浇筑层的下端开始，逐渐上移，此时向前推进的浇筑混凝土摊铺坡度应小于 1∶3，以保证分层混凝土之间的施工质量。混凝土浇筑时的分层厚度应不超过振动棒长度的 1.25 倍，在振捣上一层时，应入下一层混凝土内约 5cm，以消除两层之间的接缝，一般在大体积混凝土工程中，分层厚度可定为 40～60cm，数量较少的混凝土工程中分层厚度可取 25～35cm。

4.3.2 机制砂大体积混凝土的养护与拆模

大体积混凝土的养护分为浇筑时的养护和浇筑后的早期及后期养护，各种方法的中心内容都是降低浇筑时的混凝土温度和调节浇筑后的混凝土体内外温差，养护的过程既是调节温度的过程又能达到保湿的目的。应采取的养护方式主要有：

(1)仓面喷雾养护。掺气管喷雾是在仓面上空形成一层雾状隔热层，使仓面混凝土在浇筑过程中减少阳光直射强度，降低仓面环境温度，对减少混凝土在浇筑振捣过程中温度回升有较好效果。掺气管喷雾是将掺气管固定在仓面两侧模板上，沿管长每 50cm 钻一个 2mm 小孔，将有孔方向对向仓面上方，仰角 20°～30°。掺气管外接 0.4～0.6MPa 高压水及 0.6～0.8MPa 高压风，风、水在管内混合后由掺气管小孔喷出。这种装置喷射距离一般可达 8～10m，雾化效果尚可，但需注意的是掺气管下方往往由于有水滴下而需设置排水设施。

仓面喷雾机将清水通过离心式压力雾化喷嘴雾化成细小雾滴后，用风力将雾滴均匀吹送到混凝土浇筑面上方形成雾层，一方面雾滴吸热蒸发，同时雾层阻隔阳光直射，从而降低浇筑面上环境温度。

(2)流水养护。表面流水养护可使混凝土早期最高温度降低 1.5℃左右，但因浇筑仓面一般平整度较差，仓面难以做到全部有流水，同时对相邻坝段混凝土施工有较大干扰，故实施时有一定难度。

(3)保温养护。保温被作为控制仓面温度回升是一种方便有效的措施。采用第三代泡沫塑料制品高压聚乙烯泡沫塑料，可适用仓内高低不平的任何形状混凝土面作覆盖物而紧贴混凝土表面起到隔温效果。夏季浇筑温控混凝土时，为防止仓面混凝土温度回升过快，必须在浇筑过程中，对新浇混凝土及浇筑台阶进行覆盖保温。仓面保温材料一般选择保温被，保温被采用两层 1cm 厚的聚乙烯保温卷材外套塑料编织彩条布而成。对仓面覆盖的保温被，应在浇筑时对振捣好的混凝土进行立即覆盖；当要覆盖新混凝土时，应揭开保温被，振捣完后再盖上，直到混凝土初凝或收仓为止，对温度控制不是很严的部位也可以到无强日照为止。塔带机输送能力满足浇筑时，仓面保温被备料面积不小于仓面面积的 2/3，每浇筑层振捣区域应立即覆盖，直至上层混凝土开始布料时方能揭开保温被。

对大体积混凝土的养护一般有如下规定：

(1)采用河水。混凝土浇筑完毕后，对混凝土表面及所有侧面应及时洒水养护，以保持经常湿润；浇筑完毕短期内应避免太阳光曝晒，混凝土表面宜加遮盖，低流态混凝土应延长养护时间。

(2)一般应在混凝土浇筑完毕后 12～18h 内即开始养护，但在炎热、干燥气候情况下应提前养护。

(3)如采用特种水泥，应按专门规定执行。

(4)养护应保持连续性，不得采用时干时湿的养护方法。

(5)混凝土养护应有专业队或专人负责，并认真做好养护记录。

大体积混凝土拆模时间应根据大体积混凝土内外温差、气候条件、混凝土强度等因素确定。

4.3.3　机制砂大体积混凝土的质量检验

在大体积混凝土施工以前，首先要对工人进行必要的技术交底，使之掌握大体积混凝土的施工工艺及技术要点；其次，确保各种设备、工具能立即投入使用，使混凝土温度控制能够满足设计要求。

大体积混凝土的质量检查应符合下列规定：

(1)加强对大体积混凝土的温度监测工作。应在生产开始前，就对原材料、混凝土拌和、入模和浇筑温度进行系统的实测。测温的办法可以采用先进的测温方法，也可采用简易的测温方法。先进的测温方法包括在底板测温中采用智能巡测温度计等测温设备，如测温传感器等，如有经验也可采用简易测温方法。这些经验与监测工作会给施工组织者及时提供信息，反映大体积混凝土浇筑块体内温度变化的实际情况，以及所应采取的施工技术措施，为施工组织者在施工过程中能够及时准确采取温控对策提供科学依据，实现信息化施工。

(2)对大体积混凝土表层裂缝应及时观察、检测、监测其发展，必要时，采用钻芯取样，确定裂缝深度、宽度和发展趋势。

(3)大体积混凝土每 500～1 000m^3 混凝土应制作不小于 1 组的强度检查试件；不足 500m^3 时，也应制作 1 组试件。当材料或配合比变更时，应分别制作试件。

4.4 C30机制砂大体积混凝土在北盘江特大桥承台工程中应用

4.4.1 北盘江特大桥机制砂大体积混凝土配制与性能

北盘江特大桥是杭瑞高速贵州省毕节至都格(黔滇界)公路上重要的工程节点,其具体工程介绍参见第3章。

北盘江特大桥主塔承台为立方体结构,尺寸为37.5m×21.8m×7.0m,混凝土设计总方量为5 722.5m^3,属于大体积混凝土。混凝土输送方量集中,为防止混凝土早期水泥水化热快、绝热温升高,配合比设计原则上遵循北盘江特大桥施工设计要求和《公路桥涵施工技术规范》(JTG/T F50—2011)规定(大体积混凝土水泥用量不宜超过350kg/m^3)。外掺料粉煤灰选用40%掺量,符合《粉煤灰混凝土应用技术规范》(GB/T 50146—2014)的要求。在配合比设计思路上采用“双掺技术”(即掺粉煤灰和聚羧酸外加剂),优化配合比。

因浇筑承台面积大,对混凝土泵送性能、扩展性、坍落度、坍损等性能要求高:30min无坍损,1h坍损不大于3cm,扩展度不小于50cm。同时,坍落度应在250mm以上,初凝时间应在15h以上,T_{50}控制在3~6s之间。通过大量的试配和配合比优化,选取配合比见表4.1。

C30混凝土配合比(kg/m^3) 表4.1

水泥	粉煤灰	砂	10~20mm碎石	5~10mm小碎石	水	外加剂
216	144	953	723	158	155	3.6

所用原材料技术指标如下:

(1)水泥。采用曲靖宣峰42.5低热水泥。

(2)细集料——中砂。选用自产料场的材料,筛分结果细度模数为3.0~3.1,在中、粗砂范围内。人工砂石粉含量为4.8%,技术性能指标符合《公路桥涵施工技术规范》(JTG/T F50—2011)的要求。

(3)粗集料——碎石。选用自产料场的材料,筛分结果为5~10mm和10~20mm单粒级配碎石,技术性能指标符合《公路桥涵施工技术规范》(JTG/T F50—2011)的要求。

(4)粉煤灰。选用法耳辉煌粉煤灰厂级粉煤灰,技术指标符合《用于水泥和混凝土中的粉煤灰》(GB/T 1596—2005)的要求。

(5)外加剂。优先选用聚羧酸外加剂,采用超长缓凝型的外加剂,经试验检测马贝外加剂符合《混凝土外加剂应用技术规范》(GB 50119—2013)和《聚羧酸系高性能减水剂》(JG/T 223—2007)等标准的要求。

(6)拌和用水。北盘江水,经试验检测符合《混凝土用水标准》(JGJ 63—2006)和《公路桥涵施工技术规范》(JTG/T F50—2011)要求,可用于混凝土施工拌和用水。

经试验室测试,C30大体积混凝土的基本性能指标见表4.2。

C30 机制砂大体积混凝土的基本性能指标　　表 4.2

坍落度（mm）	1h 坍落度损失（mm）	扩展度（mm）	黏聚性	保水性	有无抓底、离析、泌水	28d 抗压强度（MPa）	60d 抗压强度（MPa）
180	0	500～510	良好	良好	无	37.4	41.8

4.4.2 主塔承台混凝土内部温度场理论计算与分析

本部分研究拟通过数值计算的方法，研究结构从浇筑到养护水化放热全过程，得到采用不同粒径集料时，承台大体积混凝土早龄期温度场分布特征，为大体积混凝土结构控裂提供参考依据。

1）温度场计算方法

计算混凝土早期温度场时，采用求解传统的正交各向异性体内部的三维热传导微分方程的方式，微分方程见式 4.1。

$$k_x \frac{\partial^2 T}{\partial z^2} + k_y \frac{\partial^2 T}{\partial y^2} + k_z \frac{\partial^2 T}{\partial z^2} + \frac{f(\Gamma_{\mathrm{hydr}})}{c\rho} = \frac{\partial T}{\partial t} \tag{4.1}$$

此处的 k_x、k_y、k_z 为三个正交方向的热传导率；$f(\Gamma_{\mathrm{hydr}})$ 为热源函数，c 及 ρ 分别为混凝土的比热和密度。假设热传导率为各向同性，因此 $k_x = k_y = k_z = \lambda_{\mathrm{eff}}/c\rho$，其中 λ_{eff} 为有效热传导系数。初始条件 $T(t_0)$ 为混凝土浇筑后温度，由混凝土的浇筑时温度、拌和温度、运输浇筑时室外气温等计算。

边界条件分为两种：一种为表面恒温边界 S_1（第一类边界条件），用于模拟表面直接接触垫层及其他混凝土面的情况；另一种为表面对流边界 S_2（第二类边界条件），用于模拟与空气接触情况的混凝土，具体如式 4.2 所示。

$$S_1 = \begin{cases} T(x,y,z,t) = T_0 = \mathrm{const} \\ ax + by + cz + d = 0 \end{cases}$$

$$S_2 = \begin{cases} k_x \dfrac{\partial T}{\partial x} l_x + k_y \dfrac{\partial T}{\partial y} l_y + k_z \dfrac{\partial T}{\partial z} l_z + a(T - T_\infty) = 0 \\ ax + by + cz + d = 0 \end{cases} \tag{4.2}$$

2）计算假设

（1）钢筋

由于在承台结构中配筋率相对较低，所以在数值计算中，不考虑钢筋对大体积混凝土结构温度场的影响。

（2）内部冷却管

本工程采用了内置冷却管来降低大体积混凝土内部温度的措施。为了简化数值计算，通过理论分析将内置冷却管的作用转化为等效的内部温度降低 X℃，计算过程如下所述。

由于本研究更注重采用不同粒径集料的 3 种配合比时工况的横向比较，内部冷却管作用并非研究重点，因此统一将内部冷却管的影响等效为内部温度的降低是可行的。

混凝土由于冷却管作用导致的温度降低为：

$$T=\frac{\rho_W\times C_W\times V_W}{\rho_C\times C_C\times V_C}\times\Delta T \tag{4.3}$$

式中：ρ_W和ρ_C——水和混凝土的密度(kg/m^3)；

C_W和C_C——水和混凝土的比热(kJ/kg·K)；

V_W和V_C——水和混凝土的体积(m^3)；

ΔT——冷却水管进出水口的温差(℃)。

承台体积为37.5m×21.8m×7m=5 722.5m^3，冷却水管在平面上分为7套，在立面上分布4层。按照每个回路平均布置，则每回路的混凝土体积V_C为204 m^3。冷却管的公称口径为40mm，壁厚2.0mm，每小时通水量为25L/min，合36 m^3/d。

$$T=\frac{\rho_W C_W\times V_W}{\rho_C\times C_C\times V_C}\times\Delta T=\frac{1\,000\times 4.2\times 3.6}{2\,400\times 0.96\times 204}\times 10=3.22℃ \tag{4.4}$$

通过理论计算，由冷却管通水带走的热量使得混凝土中心温度每天下降约3.22℃。

(3)混凝土浇筑顺序

浇筑混凝土总方量为5 722.5m^3，依据承台高度分两次浇筑，第一次浇筑4m，第二次浇筑3m，间隔7d。现场能够生产每小时60m^3的混凝土，浇筑第一分块和第二分块所需时间约为54h和40h。

为了简化计算，数值计算时不考虑每一个分块的浇筑持续时间，而是假设每一分块同时浇筑完成。

3)数值计算模型

(1)几何模型

建立承台的立方体几何模型，长为37.5m，宽为21.8m，高为7m。

(2)有限元参数

有限元模型如图4.1所示，每个单元尺寸为0.75m×0.73m×0.7m，节点数量为15 252，单元数量为12 000，单元类型为8节点线性传热单元。

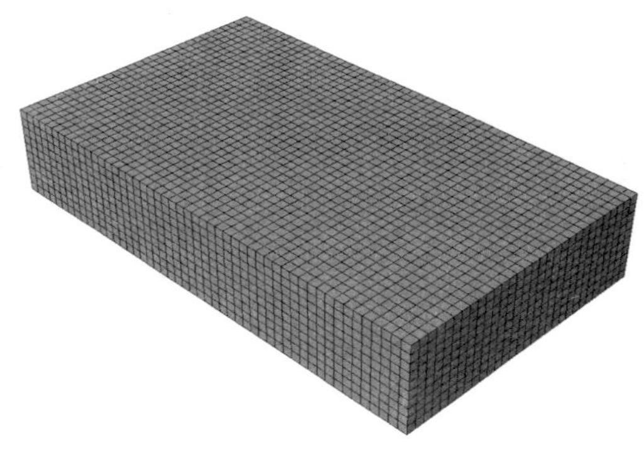

图4.1 有限元网格划分

(3)混凝土材料参数

数值计算主要考虑了超大粒径骨料、大粒径骨料混凝土和普通粒径集料这3种混凝土。

3种配合比的混凝土密度由试验测试获得。假设不考虑3种配合比的热传导系数差异，统一参考《民用建筑热工设计规范》(GB 50176—1993)取值。3种配合比的理论最大温升由《承台大体积混凝土温度场模拟参考资料》报告获得。

两种大粒径骨料混凝土的比热可通过差值计算得到。由Matlab软件计算得到超大粒径骨料和大粒径骨料的集料堆积率分别为68.23%和69.74%。超流态机制砂自密实混凝土和大粒径集料的比热分别为0.96kJ/(kg·K)和0.749 kJ/(kg·K)，计算得到超大粒径骨料混凝土和大粒径骨料混凝土的比热分别为0.816kJ/(kg·K)和0.812 kJ/(kg·K)。

最后，混凝土材料参数汇总于表4.3。

混凝土材料参数　　表4.3

自密实混凝土种类	密度 (kg/m^3)	比热 [J/(kg·K)]	热传导系数 [W/(m^2·K)]	理论最大温升 (℃)
超大粒径骨料 30～60cm	2 550	0.816	1.74	11.5
大粒径骨料 10～30cm	2 550	0.812	1.74	12.5
普通粒径集料 0.5～2cm	2 350	0.96	1.74	35.2

(4)施工工况

浇筑混凝土总方量为5 722.5m^3，依据承台高度分两次浇筑，第一次浇筑4m，第二次浇筑3m，间隔7d。因此，将大体积混凝土模型沿高度分为4m和3m两个部分。

现场混凝土入模温度为10℃。

(5)热学边界条件

承台混凝土的养护措施为：承台使用钢模，施工时钢模高度高出承台高度，承台顶部放入一定量的水进行养护。因此在计算时，考虑承台混凝土侧面为钢模板条件，其热交换系数为9.9W/(m^2·K)；混凝土顶板为蓄水养护，设置其热交换系数为6.0 W/(m^2·K)。

混凝土计划5月浇筑，根据当地(云南省曲靖市宣威县)气象数据，设置环境温度为20℃。

4)结果分析

(1)小尺寸构件温度监测与数值计算对比

为了验证数值计算模型，首先进行了小尺寸构件的浇筑测试，测量了构件中心的温度发展，并与数值计算结果进行对比。

小尺寸构件试验的尺寸为1m×1m×6m，四周为钢模，底部为C30混凝土＋砂浆找平，然后涂脱模油＋塑料薄膜＋一层脱模油，顶部用麻袋覆盖，并定期洒水。

共进行了普通粒径集料自密实混凝土和超大粒径骨料自密实混凝土这两组试件的浇筑。在试件中心埋设温度探头，并分别于浇筑后3h、5h和9h对普通粒径集料自密实混凝土、大粒径骨料自密实混凝土和超大粒径骨料自密实混凝土进行监测，监测持续至浇筑后约69h(图4.2、图4.3)。

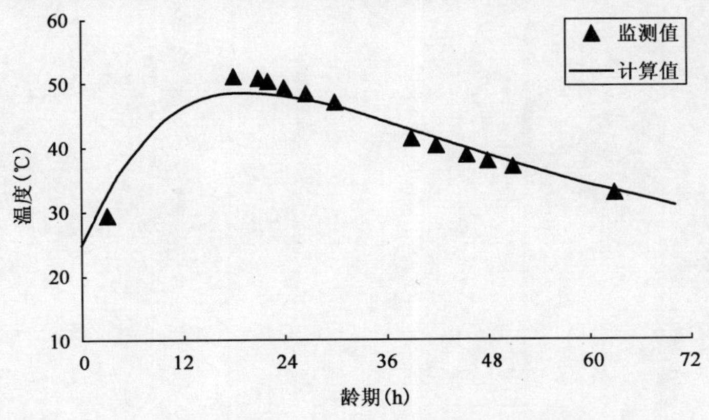

图4.2　普通粒径集料自密实混凝土构件浇筑试验

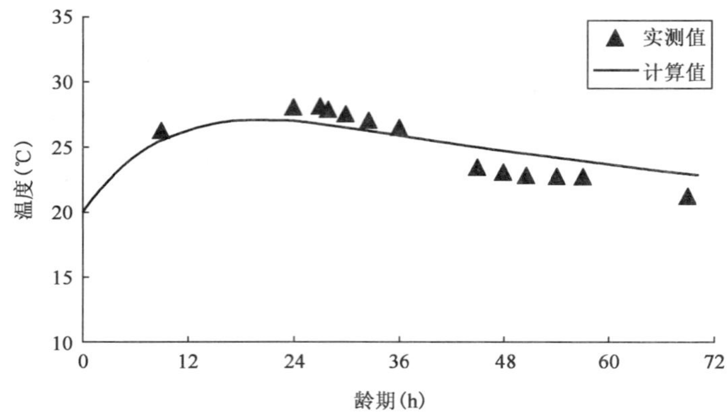

图 4.3 超大粒径骨料自密实混凝土构件浇筑试验

从实测值和监测值的对比可以看出，两者在浇筑早期、峰值出现时间、温度发展趋势方向上基本一致，吻合较好，部分的差异是由于计算时简化了环境温度所致。由此可知所用计算模型能够较好的模拟超大粒径骨料和普通集料自密实混凝土构件的早龄期温度发展。

(2)承台大体积普通粒径集料混凝土早龄期温度发展预测(图 4.4～图 4.7)

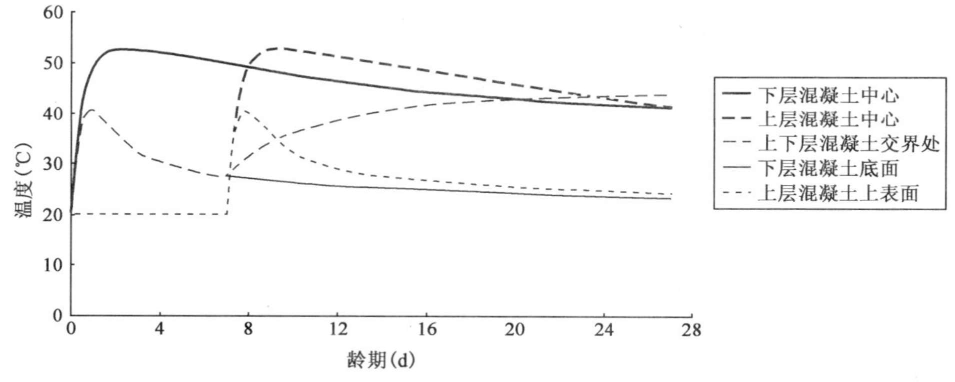

图 4-4 采用普通粒径集料混凝土的承台浇筑后温度发展

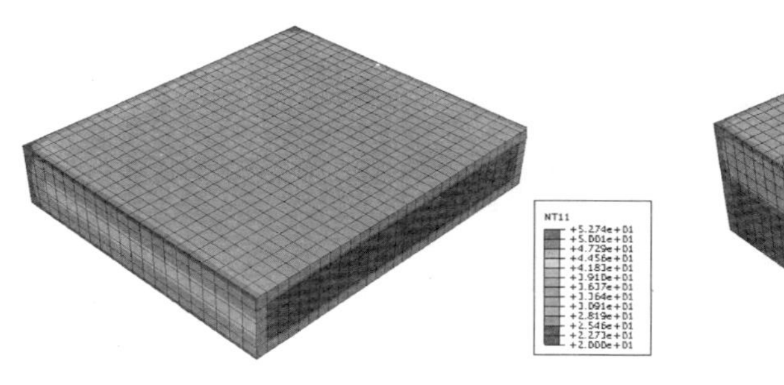

图 4.5 下层混凝土浇筑后第 2.5d 温度云图

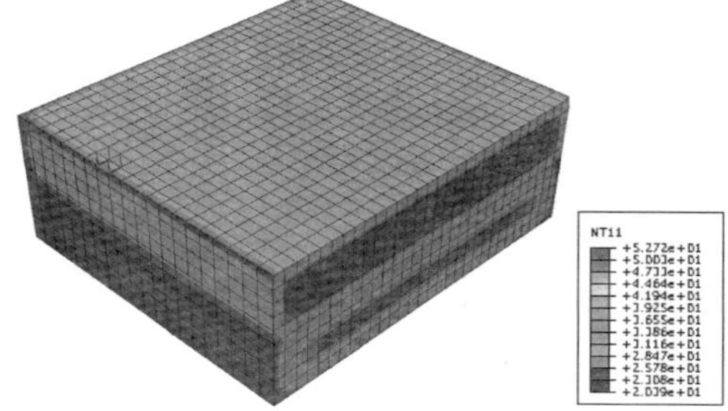

图 4.6 上层混凝土浇筑后第 7.5d(下层混凝土浇筑后 14.5d)温度云图

首先浇筑的下层混凝土在浇筑后温度迅速上升，最高温度于浇筑后 2.5d 出现，为52.7℃，其后温度缓慢下降，在浇筑后 28d 时为 41.1℃。其底面最高温度为 40.7℃，其后迅速下降逐渐接近环境温度 20℃。

其次浇筑的上层混凝土表现了和下层混凝土相同的温度发展特征，其峰值温度为 52.7℃，略高于下层混凝土的温度峰值。其顶面的温度发展亦类似于下层混凝土底面的发展特征。

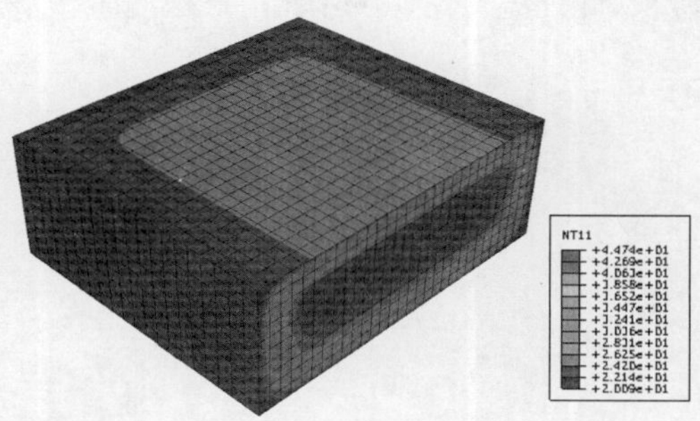

图 4.7　上层混凝土浇筑后第 21d(下层混凝土浇筑后第 18d)温度云图

值得注意的是上下混凝土交界面的温度，此部位的温度随着下层混凝土浇筑先升高后降低，在 7d 时已下降到 27.5℃。伴随着上层混凝土的浇筑，此处的温度又得以上升，随着上下两层混凝土热量的逐渐累积，此处温度继续升高，在下层混凝土浇筑 28d 后达到 41.5℃，已成为承台内最高的温度。

(3)承台大体积大粒径骨料(10～30cm)自密实混凝土早龄期温度发展预测

当采用大粒径骨料混凝土时，混凝土内部温度发展体现了类似的发展特征(图 4.8～图 4.11)。

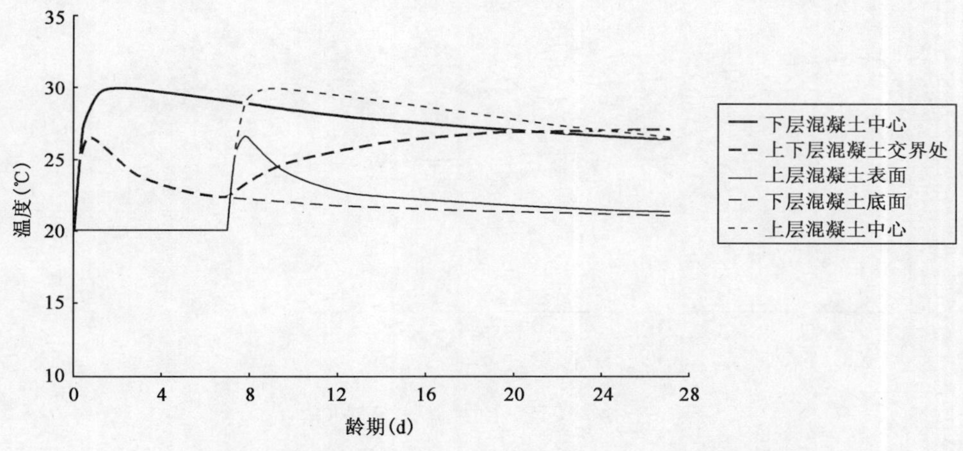

图 4.8　采用大粒径骨料(10～30cm)混凝土的承台浇筑后温度发展

首先浇筑的下层混凝土在浇筑后温度迅速上升，最高温度于浇筑后 2.5d 出现，为29.9℃，其后温度缓慢下降，在浇筑后 28d 时为 26.4℃。其底面最高温度为 26.5℃，其后迅速下降逐渐接近环境温度 20℃。

其次浇筑的上层混凝土体现了和下层混凝土相同的温度发展特征，其峰值温度为 29.4℃，略高于下层混凝土的温度峰值。其顶面的温度发展亦类似于下层混凝土底面的发展特征。

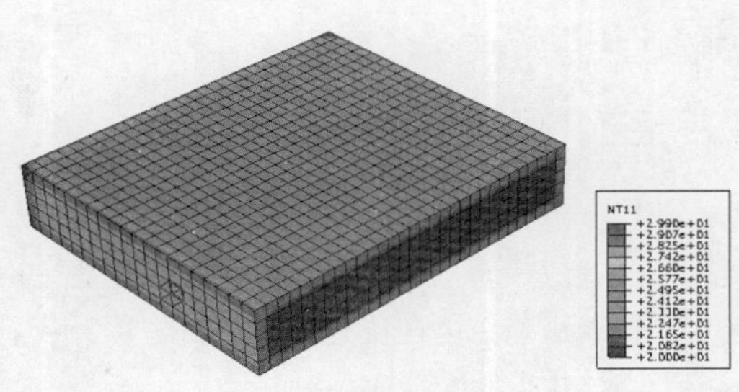

图 4.9　下层混凝土浇筑后第 2.5d 温度云图

上下混凝土交界面的温度随着下层混凝土的浇筑先升高后降低，在 7d 时已下降到 22.3℃。伴随着上层混凝土的浇筑，此处的温度又得以上升，随着上下两层混凝土热量的逐渐累积,此处温度继续升高,在下层混凝土浇筑 28d 后达到27.1℃,已成为承台内的最高温度。

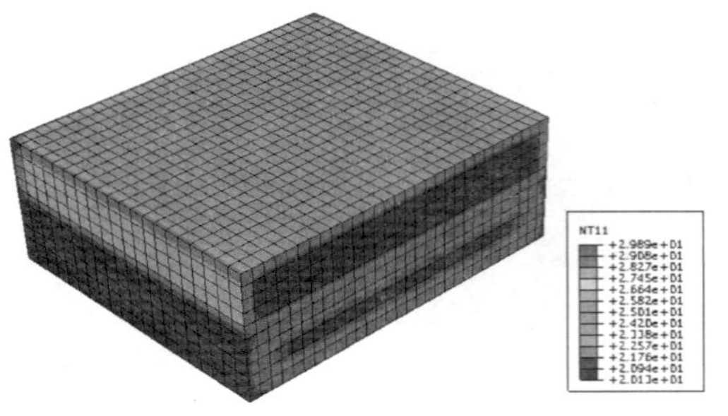

图 4.10　上层混凝土浇筑后第 7.5d(下层混凝土浇筑后 14.5d)温度云图

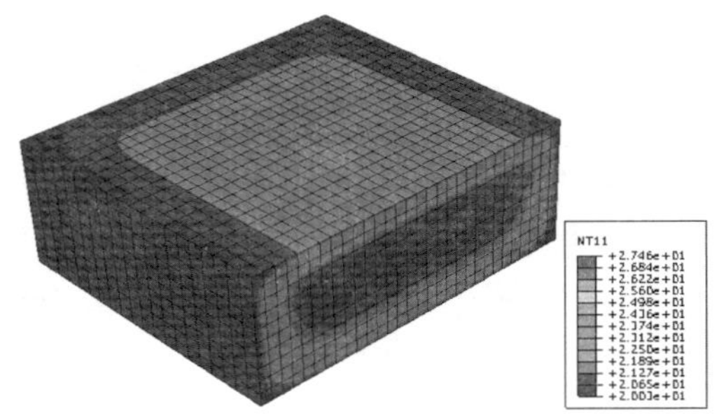

图 4.11　上层混凝土浇筑后第 21d(下层混凝土浇筑后第 18d)温度云图

(4)承台大体积超大粒径骨料(30～60cm)自密实混凝土早龄期温度发展预测

当采用超大粒径骨料混凝土时,混凝土内部温度发展与采用大粒径骨料自密实时发展趋势基本相似,仅峰值点略有降低(图 4.12)。以下略去其浇筑后温度发展云图。

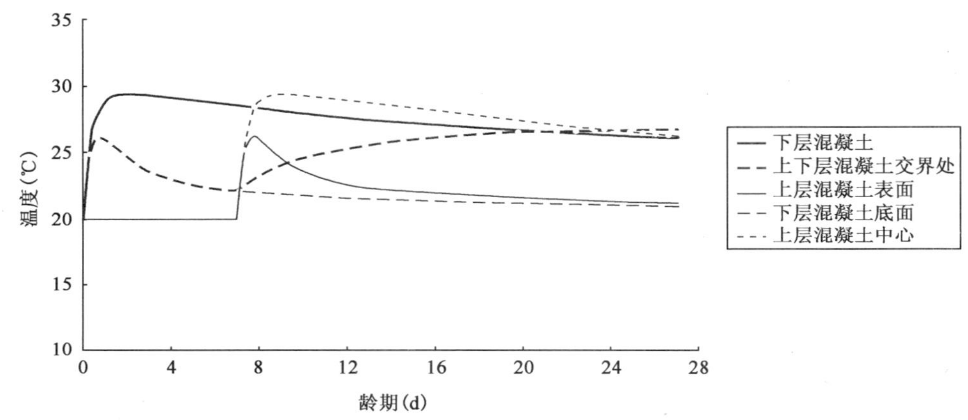

图 4.12　采用超大粒径骨料(30～60cm)混凝土的承台浇筑后温度发展

首先浇筑的下层混凝土在浇筑后温度迅速上升,最高温度于浇筑后 2.2d 出现,为29.1℃,其后温度缓慢下降,在浇筑后 28d 时为 25.9℃。其底面最高温度为 25.9℃,其后迅速下降逐渐接近环境温度 20℃。

其次浇筑的上层混凝土体现了和下层混凝土相同的温度发展特征,其峰值温度为29.9℃,略高于下层混凝土的温度峰值。其顶面的温度发展亦类似于下层混凝土底面的发展特征。

上下混凝土交界面的温度随着下层混凝土浇筑先升高后降低,在 7d 时已下降到 22.1℃。伴随着上层混凝土的浇筑,此处的温度又得以上升,随着上下两层混凝土热量的逐渐累积,此处温度继续升高,在下层混凝土浇筑 28d 后达到 26.7℃,已成为承台内的最高温度。

5)结论与讨论

(1)承台混凝土内部温度差发展分析

承台内部的温度差是引起大体积混凝土早龄期开裂的主要原因,因此以下将主要分析采用 3 种粒径自密实混凝土时承台最大温度差的发展。

当采用普通粒径集料混凝土时,列出承台内部最大温差的发展情况(图 4.13),包括下层混凝土内部与其下底面，上层混凝土内部与其上表面，下层混凝土中心与其上表面，上层混凝土中心与其下底面。

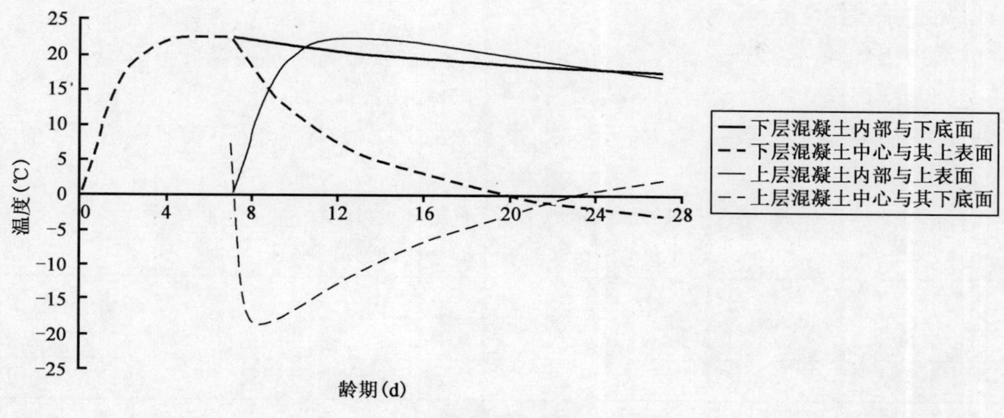

图 4.13 承台内部最大温差发展情况

从图可知，最大的温差出现在下层混凝土内部与表面，以及上层混凝土内部与其上表面，分别为 22.6℃(浇筑后 5.7d)与 22.4℃(浇筑后 5.7d)。因此，可以选取下层混凝土内部与其下表面的温差作为温差控制的代表，并依此比较 3 种粒径集料的自密实混凝土。

(2)3 种集料自密实混凝土承台温差对比

图 4.14 列出分别采用普通粒径集料、大粒径骨料和超大粒径骨料时，承台内部最大温差发展曲线图。

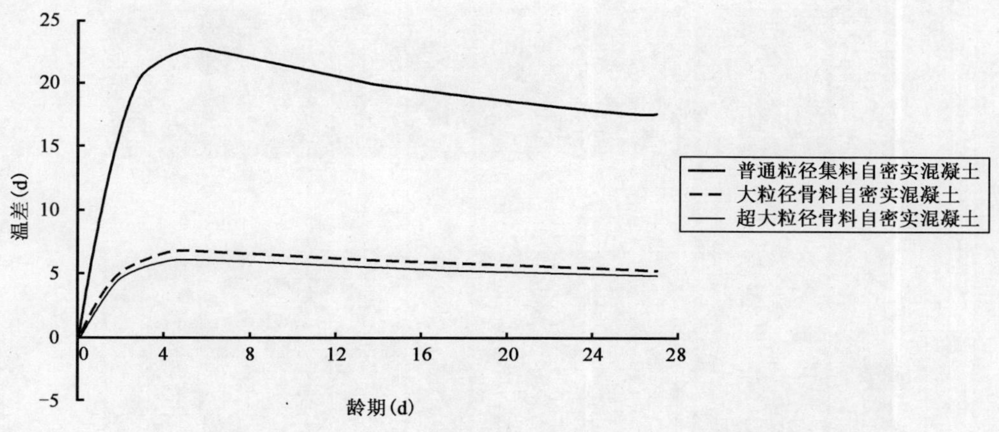

图 4.14 3 种材料承台最大温差发展图

从图可知，当采用普通粒径集料时，最大温差为 22.6℃，而采用大粒径骨料和超大粒径骨料时，最大温差分别为 6.7℃和 6.1℃。较低的温差大大减少了大体积混凝土由于温度应力产生的早龄期开裂现象。

因此，采用大粒径和超大粒径骨料制备自密实混凝土，大大降低了混凝土的绝热温升，进而降低了混凝土结构在早龄期的温度梯度(温度差)，具有很好的控制温度裂缝的作用。

4.4.3 主塔承台混凝土内部温度场在线监测与分析

1)实际施工工况和混凝土配合比

主塔承台大体积混凝土施工于 2014 年 5 月进行,浇筑混凝土总方量为 5 722.5mm³,依据承台高度分两次浇筑,第一次浇筑 4m,第二次浇筑 3m,间隔 14d。

5 月 7 日～5 月 11 日完成第一阶段浇筑,共计 4d;5 月 21 日～5 月 24 日完成第二阶段浇筑,共计 3d。

主塔承台大体积混凝土采用 C30 普通大体积混凝土。具体混凝土配合比见表 4.4。

C30 普通大体积混凝土配合比(kg/m³)　　表 4.4

胶凝材料	水泥	粉煤灰	砂	石子		水灰比	砂率	水	减水剂
				瓜米石	碎石				
360	216	144	954	158	723	0.35	52%	155	1%

水泥采用云南曲靖宣峰水泥,粉煤灰为贵州烨煌环保材料科技有限公司生产的 I 级灰,砂石为北盘江特大桥项目部自产的碎石和机制砂,减水剂为马贝聚羧酸减水剂。

2)混凝土内部温度场在线监测方案

工程采用预埋式测温系统,即将测温探头预埋至已设定的测温点,定时测温以检测大体积混凝土内部温度变化。

本方案共设定 52 个测温点,沿承台高度方向分 4 层布设,每层 13 个,具体测温点布置如图 4.15、图 4.16 所示。(为下文分析方便,从下到上分别为 1、2、3、4 层)。

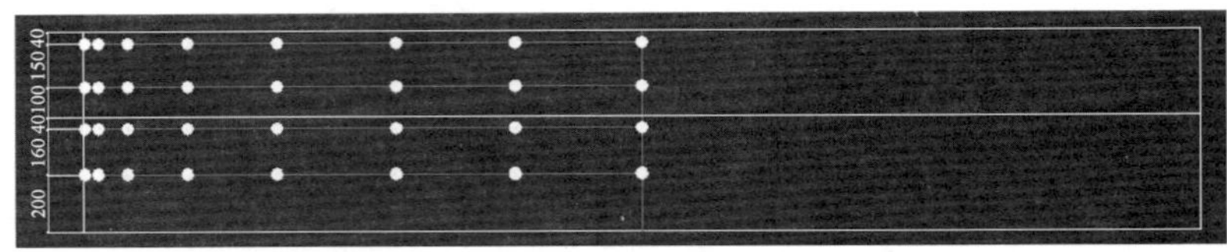

图 4.15　温度测点立面布置示意图(尺寸单位:cm)

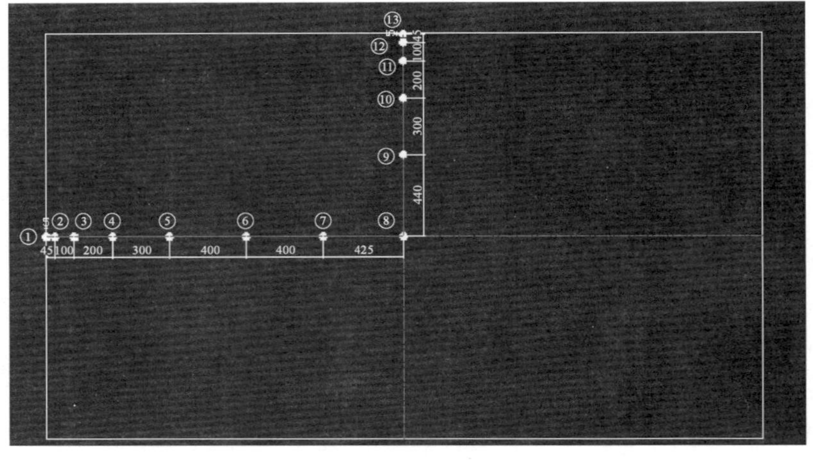

图 4.16　每一层温度测点布置示意图(尺寸单位:cm)

测温频率采取每 2h 测量一次，数据采集从混凝土将测温点覆盖时开始，为防止混凝土开裂缝的产生，测温工作将持续到中心温度降至稳定状态为止，测温时间为 15d。

3)混凝土内部温度场在线监测结果与分析

根据测温数据得到如下每层混凝土中心温度变化情况(图 4.17、图 4.18)。

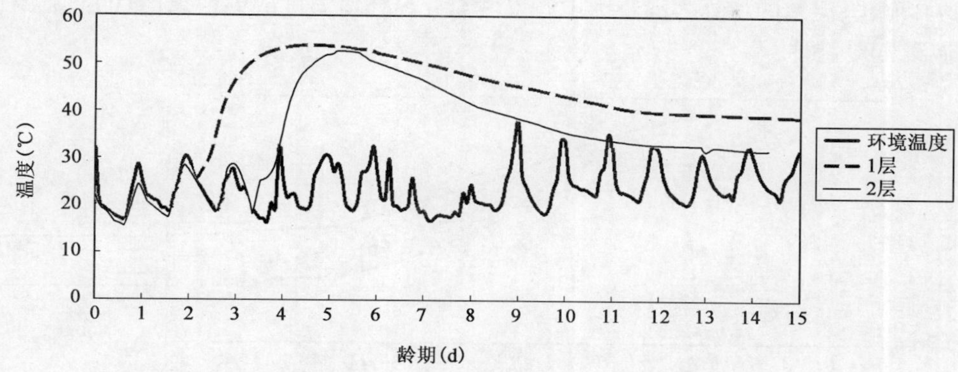

图 4.17 第一阶段浇筑混凝土中心温度发展情况

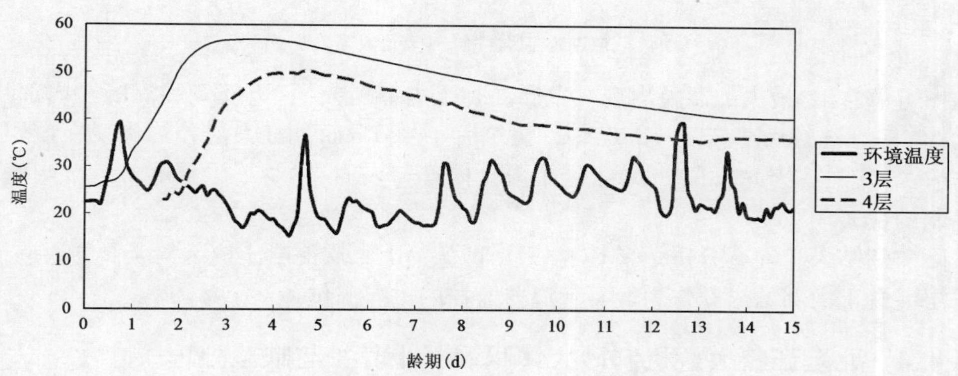

图 4.18 第二阶段浇筑混凝土中心温度发展情况

第 1 层测温点所在位置为第一阶段浇筑混凝土的中间层，该位置于 2d 后被混凝土覆盖，随后第 1 层混凝土中心温度不断上升，并于 4.5d 时达到最高温度 53.9℃，随后温度缓慢下降，14d 时温度为 39℃。

第 2 层测温点所在位置距离第一阶段浇筑混凝土的表层 40cm，于 2.75d 时被混凝土覆盖，随后混凝土中心温度随环境温度上下波动，至第一阶段混凝土浇筑完成后，第 2 层混凝土中心温度开始不断升高，并在 5.25d 时达到最高温度 53℃，随后中心温度逐渐下降，14d 时温度为 32℃。

第 3 层测温点所在位置位于距离第 2 次浇筑混凝土底部 100cm 处，该位置在浇筑 1d 后被混凝土覆盖，随后第 3 层混凝土中心温度不断上升，在浇筑开始后第 3 天达到 56.9℃，随后其中心温度在 56℃以上保持 2d 后开始缓慢下降，14d 时其中心温度为 40℃。

第 4 层测温点所在位置位于距离混凝土表面 40cm 处，该位置在浇筑 2.67d 后被覆盖，随后第 4 层混凝土中心温度开始上升，并在覆盖 1d(即 3.6d)时达到 49℃，并在 49℃以上保持 2d

后开始缓慢下降，14d 时其中心温度为 36℃。

承台内部的温度差是引起大体积混凝土早龄期开裂的主要原因，因此以下将主要分析大体积混凝土承台最大温度差的发展。

当采用普通粒径集料混凝土时，列出测温点所在位置承台内部最大温差的发展情况（图 4.19）。最大温差的计算为混凝土中心温度与外界环境温度的差值，计算的起点为该层测温点被混凝土覆盖时。

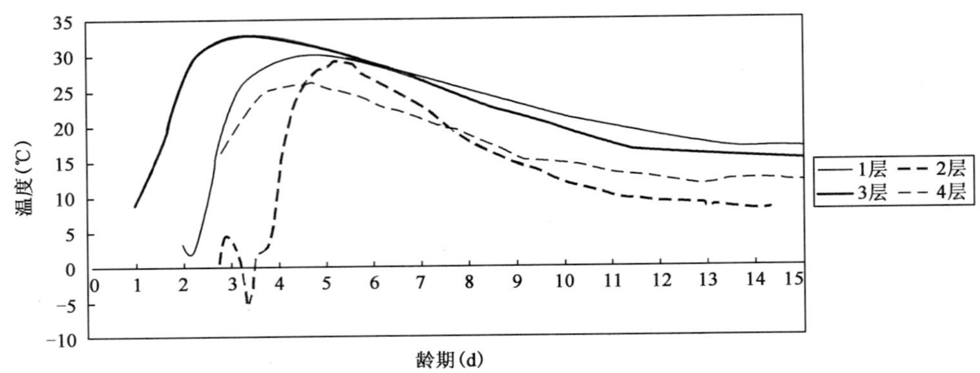

图 4.19 测温点所在层混凝土中心最大温差发展情况

从图可以看出，最大的温差出现在上层混凝土内部与表面，以及下层混凝土内部与表面，分别为 32.8℃（浇筑后 3.25d）与 30.1℃（浇筑后 4.42d），而且最大温差均出现在该层被混凝土覆盖后 2d 左右。因此，可以选取上层混凝土内部与表面，以及下层混凝土内部与表面作为温差控制的代表。

实际监测结果和理论分析结果基本一致，即认为上下层混凝土内部与表面的温差最大，并把上下层混凝土内部的温升作为混凝土温差监控的重点部位。

4.4.4 北盘江特大桥机制砂大体积混凝土养护与缺陷处理

1）混凝土养护

（1）浇筑混凝土前，应对冷却水管进行通水试验，以防止接头滑脱和漏水。

（2）混凝土入模前，测定混凝土的温度、坍落度和含气量等工作性能，只有拌和物性能符合设计或配合比要求的混凝土方可入模浇筑。混凝土的入模温度宜控制在 5～30℃。

（3）混凝土入模坍落度按设计的规定值进行控制，控制偏差为±20mm。

（4）由于混凝土浇筑高度较大（第一次 4m，第二次 3m），为防止混凝土浇筑时发生离析，应采用溜槽形式，泵送混凝土先进入溜槽，经溜槽缓冲后进入承台底部。

（5）混凝土的浇筑采用分层连续平行推移的方式进行，泵送混凝土的一次摊铺厚度宜控制在 30～50cm，采用插入式振捣棒振捣应选用 50 型及以上的，承台混凝土浇筑时必须保证现场至少有 8 个振捣棒，振捣时间以混凝土没有明显气泡上升为控制标准。分层浇捣时应严格控制振动棒插入深度，上层振捣插入下层 5～10cm，以利于上下层混凝土连成一个整体。混凝土浇筑至承台顶时，应严格控制混凝土高程，当高程达到承台顶设计高程时，停止浇筑混凝土。通水清洗输送管，同时对塔座外侧承台顶层混凝土进行精确找平。

(6)混凝土浇筑应连续进行，当因故间歇时，其间歇时间应小于前层混凝土的初凝时间或能重塑的时间。不同混凝土的允许间歇时间应根据环境温度、水泥性能、水胶比和外加剂类型等条件通过试验确定。

(7)新浇混凝土与邻接的已硬化混凝土或岩土间的温差不得大于15℃。

(8)在新浇筑混凝土过程或浇筑完成时，如混凝土表面泌水较多，需在不扰动已浇筑混凝土的条件下，采取措施将水排出，继续浇筑混凝土仍泌水较多时，应查明原因，采取措施减少泌水。

(9)浇筑混凝土时应设专人检查支架、模板、钢筋和预埋件等设施的稳固情况，如发现有变形、松动、移位时，应及时处理。

(10)浇筑混凝土时，应认真填写混凝土施工记录。

2)混凝土凿毛

承台第一、二次浇筑完成后均需对施工缝处已浇筑混凝土表面进行凿毛处理。凿毛应达到以下要求：

(1)应凿除混凝土表面的水泥砂浆和松弱层，凿除时，处理混凝土须达到下列强度：

①用水冲洗凿毛时，须达到0.5MPa。

②用人工凿除时，须达到2.5MPa。

③用风动机凿除时，须达到10MPa。

(2)硅表面的浮浆必须全部凿出干净。

(3)混凝土表面必须凿成深度不小于6mm的凹凸不平面，凿眼间距不大于10cm，一般以5～7cm效果最佳。

(4)凿毛完成后应对其表面进行清理，不得残留有浮灰、砂浆和油渍。

3)混凝土缺陷处理

(1)混凝土拆模后，如表面有粗糙、不平整、蜂窝、孔洞缺棱掉角等缺陷或不良外观时，应认真分析缺陷产生的原因，及时报告监理工程师和业主，不得自行处理。

(2)当混凝土的表面缺陷经分析不危及结构或构件的使用性能和耐久性能时，可采用专门方案进行修补处理。

(3)混凝土表面缺陷修补后，修补或填充的混凝土应与本体混凝土表面紧密结合，在填充养护和干燥后，所有填充物应坚固、无收缩开裂或产生鼓形区，表面平整且与相邻表面平齐，达到规定要求，修补后的混凝土耐久性能应不低于本体混凝土。

(4)除监理工程师批准外，用模板成型的混凝土表面不允许修饰。

4.4.5　北盘江特大桥机制砂大体积混凝土应用效果

北盘江特大桥于2014年5月进行主塔承台机制砂大体积混凝土施工，该项目按照预定施工方案进行并取得圆满成功(图4.20、图4.21)。承台采用C30强度等级混凝土，整个承台共绑扎高强度钢筋697t。为确保大体积承台顺利浇筑，主塔承台浇筑分为2次，5月7日～5月10日完成4m高，浇筑混凝土3 270m^3。5月20日～5月24日完成3m高，混凝土浇筑2 452.5m^3。合计浇筑混凝土5 722.5m^3。

北盘江特大桥主塔高246.5m，此次承台基础的成功浇筑，为下一步主塔的施工打下了稳固的基础。

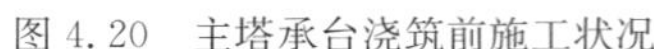

图 4.20 主塔承台浇筑前施工状况

图 4.21 主塔承台浇筑后施工状况

4.5 C40 机制砂大体积混凝土在马岭河特大桥承台工程中应用

4.5.1 马岭河特大桥工程概况

马岭河特大桥工程是国家高速公路网汕昆公路贵州境板坝至江底段的组成部分，是贯穿南昆经济带的重要通道。项目位于贵州省兴义市顶效开发区内，跨越著名国家 4A 级风景区——马岭河大峡谷。

大桥梁全长 1 380m，跨径组成为：3×50m＋4×50m＋155m＋360m＋155m＋4×50m＋3×50m。主桥主跨为 360m 双塔预应力混凝土斜拉桥，两边孔跨径为 155m；引桥为 50m 先简支后连续预应力 T 梁，分 3 孔和 4 孔一联。下部构造为承台桩基础、重力式桥台、空心薄壁墩或实体墩，主塔高度为 192.075m，引桥最大墩高为 82.1m（图 4.22）。

图 4.22 马岭河特大桥效果图

马岭河特大桥主塔承台为立方体结构，尺寸为33.8m×22.2m×5.0m，混凝土设计总方量为3 751.8m^3，属于大体积混凝土，混凝土强度设计等级为C40。

4.5.2　马岭河特大桥机制砂大体积混凝土配制与性能

为减少大体积混凝土内部温度过高，需要选取性能优异的原材料。马岭河特大桥主塔承台施工用混凝土的原材料如下：

(1)水泥

选用富余系数较高的顶效瑞安P.O 42.5普通硅酸盐中热水泥。能够减小配合比水泥用量，降低水化热，大体积混凝土不宜超过350kg/m^3。

(2)砂

选用规格≤4.75mm Ⅰ级区级配、细度模数2.5～3之间的中砂。

(3)碎石

选用规格为5～31.5mm级配良好的连续级配材料，对节约水泥和保证混凝土和易性有很大的关系，施工前对碎石进行洒水降温处理。

(4)粉煤灰

在保证混凝土强度的情况下，大体积混凝土中掺入一定量的粉煤灰可以提高混凝土的可泵性。经试验选用盘县电厂Ⅱ级粉煤灰，等量代换20%的水泥。

(5)减水剂

大体积混凝土中掺入一定量的缓凝减水剂，可降低大体积混凝土早期的水化放热速率，降低水泥水化过程中的放热峰值，从而达到降低混凝土内部温升的目的。外加剂使用前要进行试配，按其具体工作性能和施工需要进行选取。

具体配合比见表4.5。

C40机制砂大体积混凝土配合比(kg/m^3)　　表4.5

水泥	粉煤灰	砂	碎石	水	外加剂
307	102	821	1 044	176	3.7

注：1.水泥采用顶效瑞安P.O 42.5水泥，粉煤灰选用盘县电厂Ⅱ级粉煤灰。
2.砂为机制山砂(中偏粗)。
3.外加剂采用广东湛江FDN高效减水剂。

混凝土7d强度为42.1MPa，28d抗压强度为51.4MPa。

4.5.3　马岭河特大桥机制砂大体积混凝土施工

马岭河特大桥承台混凝土施工工艺如下：

1)桩头凿除、清渣、垫层施工

2)钢筋加工与安装

3)冷却水管预埋

4)模板安装、加固、校正

5)混凝土浇筑前准备

(1)材料准备

材料进场前必须通过质检科自检，并通过机料科认真落实数量，确保材料供应连续，能够满足施工需要。

(2)人员组织

通过项目处统一安排值班人员，确保浇筑、测温和养护连续进行。

(3)机械设备组织

施工前必须对混凝土生产设备和运输设备进行全面检修，确保混凝土浇筑连续进行。

6)混凝土浇筑

为了使混凝土浇筑不出现裂缝，要求前后浇筑混凝土搭接时间控制在5h内。因此，混凝土浇筑前经详细计算安排浇筑次序、流向、浇筑厚度、宽度、长度及前后浇筑的搭接时间，实施以下浇筑方案：

(1)搅拌

拌和站严格按照配合比进行施工，并在施工前搅拌一盘砂浆润滑输送管道后，再进行浇注混凝土。混凝土搅拌前5盘后，根据坍落度、和易性再次调整施工配合比。

(2)浇筑

浇筑前应先浇水润湿垫层和桩头，并直接将混凝土送到预先准备的出料口。吊斗出料口距操作面高度以30～40cm为宜，并不得集中一处倾倒。

(3)振捣

应沿承台梁浇筑的顺序方向，采用斜向振捣法，并保持振捣棒与水平面倾角约30°。棒头朝前进方向，快插慢提，插棒间距以50cm为宜，以防止漏振。振捣时间以混凝土表面翻浆并出气泡为准。

(4)分层

保证施工质量利于混凝土早期散热，应对厚混凝土进行相对较长的分层施工，一般分4层，每层30～50cm深(每一大层内仍须做到斜面分层)，待每层达到预定高度后略作停歇，5～8h后混凝土完成大部分早期沉缩，散发了大量的早期水化热，此时再集中覆盖下一层混凝土，并于两层混凝土之间进行二次振捣(二次振捣时间应在下层混凝土初凝前，以振捣棒插入振捣拔出后原位孔洞能立即恢复为准)，确保深厚混凝土施工质量。

(5)抹平

由于大体积混凝土表面水泥浆较厚，浇筑后3～4h内初步用水平刮尺刮平，初凝前用铁滚筒碾压2遍，再用木抹子搓平压实，以控制表面龟裂，并按规定覆盖养护。

7)混凝土养护

通常采用保温保湿养护，在顶层混凝土开始降温时，先在混凝土顶层覆盖一层塑料薄膜，一层麻袋，然后再覆盖一层塑料薄膜，最后再一层麻袋。下层薄膜用来防止水分蒸发，上层薄膜用来隔离低温雨水，同时使表面已升高的温度不易散失，有效地减少混凝土的内外温差。混凝土终凝后养护时间不得少于14d。

4.5.4 马岭河特大桥机制砂大体积混凝土应用效果

马岭河特大桥横跨国家4A级风景区—马岭河大峡谷，于2009年8月28日合龙(图4.23、图4.24)。

图 4.23 马岭河特大桥承台 C40 机制砂大体积混凝土施工图

图 4.24 马岭河特大桥立面图

主塔承台混凝土浇筑后，承台内部最高温度达到 68.25℃，属于可控范围。同时在实际监控过程中，混凝土内外温差控制在 25℃以内。水化热后期温度降温速率控制在 4℃/d 以下。从总的监测数据看，由于在施工和后期养护中均采取了积极有效的措施，所以各主要指标均满足要求。

根据《公路工程质量检验评定标准》(JTG F80/1—2004)8.5.9 中关于承台外观鉴定的要求：

(1)混凝土表面平整，棱角平直，无明显施工接缝。

(2)蜂窝麻面面积不得超过该面总面积的 0.5%，深度超过 1cm 的必须进行处理。

(3)混凝土表面出现非受力裂缝时，裂缝宽度超过设计规定或设计未规定时超过 0.15mm 必须进行处理。

马岭河特大桥的主塔承台外观检查结果为混凝土表面平整度良好，棱角平直，施工接缝处理较好；混凝土表面未出现裂缝，符合要求。

4.6 C40 机制砂大体积混凝土在武佐河特大桥承台工程中应用

4.6.1 武佐河特大桥工程概况

武佐河特大桥位于贵州省织金至纳雍高速公路第五合同段，本合同段起讫里程为 K97＋060～K100＋520，标段全长 3.42km。主要包括寒家崖大桥(左幅 22×20m、右幅 21×20m 的预应力混凝土 T 梁)、分离式立体交叉 1 处(含平寨中桥 1×25m 的预应力简支小箱梁)。合同造价 4.97 亿元，合同总工期为 1 035 日历天，开工日期为 2012 年 7 月 29 日，计划竣工日期为 2015 年 5 月 29 日。

武佐河特大桥主桥上部结构为 13×40m 预应力混凝土 T 梁＋178m＋380m＋178m 预应力混凝土斜拉桥＋5×40m 预应力混凝土 T 梁。斜拉索布置为双索面、扇形密索体系，每个主塔布有 24 对空间索，主梁的基本断面形式是边主梁，断面全宽 27.1m。主塔采用“花瓶型”空间索塔，15 号、16 号索塔均高 207m(含塔座)。承台为 23.6m×41.6m×6m。承台上设 2.5m 高塔座，基础各采用 28 根直径 2.6m 的钻孔桩。

武佐河特大桥16号主墩位于武佐河纳雍岸，承台长41.6m、宽23.6m、厚度6m。承台设计顶高程为1 197.373m，底高程为1 191.373m，承台底部垫层为C25混凝土，厚度30cm整体裸置于地面以上。承台混凝土设计强度等级为C40，设计总方量5 890m^3，现场分2次浇筑。

4.6.2 武佐河特大桥机制砂大体积混凝土配制与性能

武佐河特大桥机制砂大体积混凝土配制完全按照大体积混凝土配制原则进行设计施工。所采用的具体原材料如下：

(1)水泥

水泥采用贵州金久水泥有限公司生产的拓达牌普通硅酸盐42.5水泥。

(2)粉煤灰

粉煤灰采用贵州黔西电厂生产的优质Ⅱ级粉煤灰。

(3)细集料(机制砂)

由于当地无河砂资源，采用自建砂石料场生产的机制砂。经检验该批承台施工用机制砂是细度模数为2.8～3.3的中粗砂，其石粉含量为10%～12%。

(4)粗集料(碎石)

采用自建砂石料场生产的双级配碎石，级配分别为5～10mm和10～20mm，按3∶7比例掺配成5～26.5mm连续级配碎石。

(5)外加剂

采用贵州星恒建材有限公司生产的XH聚羧酸类高效缓凝减水剂。其与胶凝材料相容性好，当掺量为1.1%时，减水率达到30%并且缓凝时间满足现场施工要求。

(6)拌和用水

选用武佐河水拌制混凝土。

在大体积混凝土配合比设计原则的指导下，工地试验室经过多组混凝土配合比试验的比对和优选，确定了承台混凝土的配合比设计，如表4.6。

承台混凝土配合比 表4.6

水胶比	砂率(%)	每立方混凝土用量(kg/m^3)						抗压强度(MPa)		
		水泥	粉煤灰	细集料	粗集料	水	外加剂	7d	28d	60d
0.36	46	288	162	845	993	162	4.95	39.0	48.5	55.6

新拌混凝土性能为坍落度200±20mm，坍落度经时损失1h小于20mm，初凝时间大于20h，其和易性和工作性良好。

4.6.3 武佐河特大桥机制砂大体积混凝土温控计算及方案确定

采用Midas civil进行大体积混凝土水化热计算。计算时，总时程为1 000h，混凝土浇筑分层按3种工况考虑。

工况1：一次性浇筑，层高6m，不设冷却水管。

工况2：一次性浇筑，层高6m，设置冷却水管。

工况3：分两次浇筑，浇筑层厚度均为3m，设置冷却水管。

计算时,采用的材料和热特性参数见表 4.7。

材料和热特性参数　　表 4.7

特　性		基　础　(C40)	垫　层
比热[kJ/(kg·K)]		1.05	1.05
热传导率[W/(m·K)]		10.47	10.47
对流系数[W/(m²·K)]	外表面	50.23	50.23
	钢模板	50.23	—
	冷却水管	1 337.64	—
热源函数		最大绝热温升 K=53.2℃	—

Midas civil 有限元分析整体模型如图 4.25 所示。

(1)工况 1

一次浇筑 6m,不设冷却水管。

如图 4.26 为武佐河特大桥承台在工况 1 情况下的混凝土内部温度分布,混凝土内部最高温度为 58.3℃。

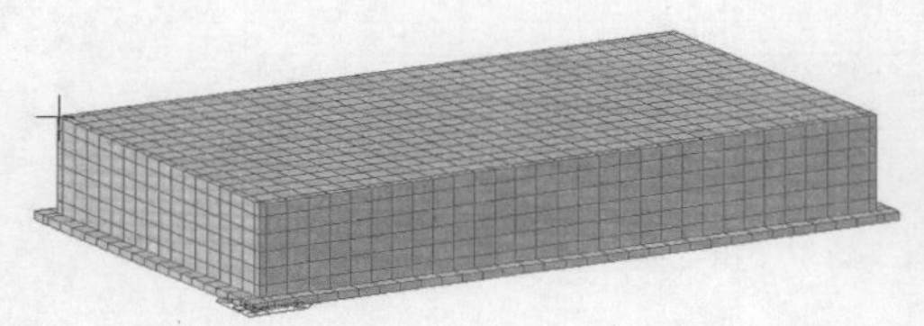

图 4.25　武佐河特大桥承台整体模型

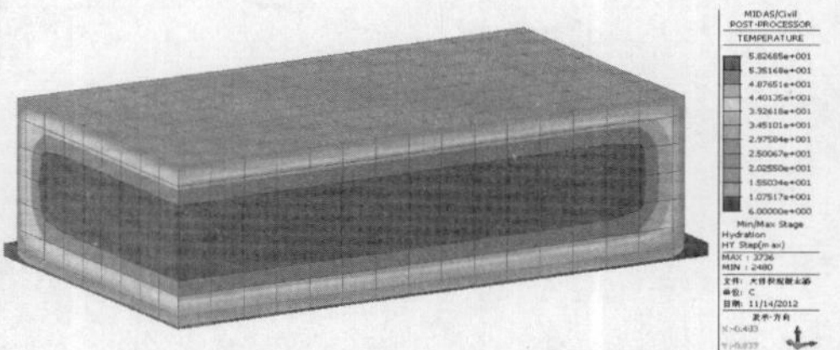

图 4.26　武佐河特大桥承台在工况 1 情况下的混凝土内部温度分布

图 4.27 为武佐河特大桥承台在工况 1 情况下的混凝土内部温度曲线图(其中节点 3 656 为混凝土的中心点,节点 1 449 距表面 70cm)。

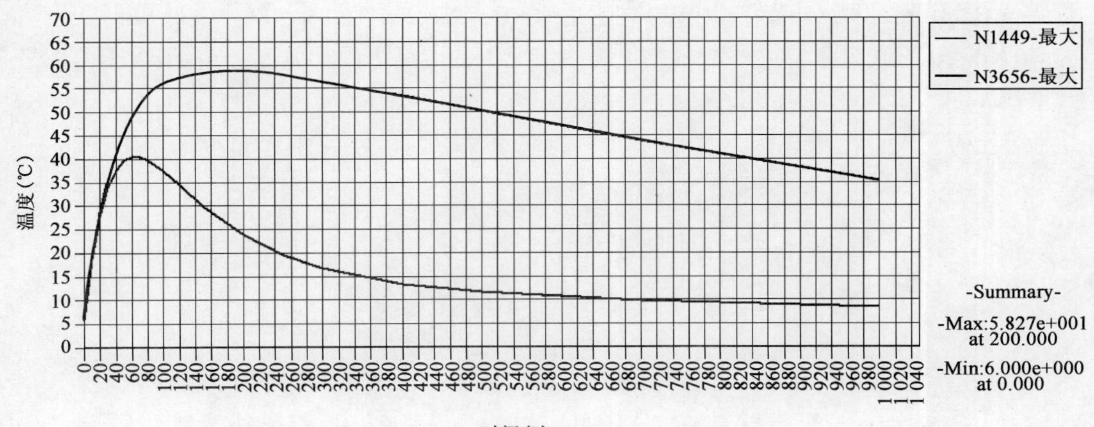

图 4.27　武佐河特大桥承台在工况 1 情况下的混凝土内部温度曲线图

从图中可以看出，混凝土最高温升出现在 7～9d 左右，55℃以上高温主要出现在 50～350h 之间，初期混凝土表面降温速度较快，后期趋于稳定；高温期过后，节点 3 656 与节点 1 449间温差在 28～40℃之间；节点 1 449 与大气最大温差约为 34℃；混凝土内部在入模温度基础上的温升值为 52.3℃；其中内表温差、表外温差均不满足温控指标的要求。

图 4.28 为武佐河特大桥承台在工况 1 情况下的混凝土应力曲线图（其中节点 3 656 为混凝土的中心点，节点 1 449 距表面 70cm）。

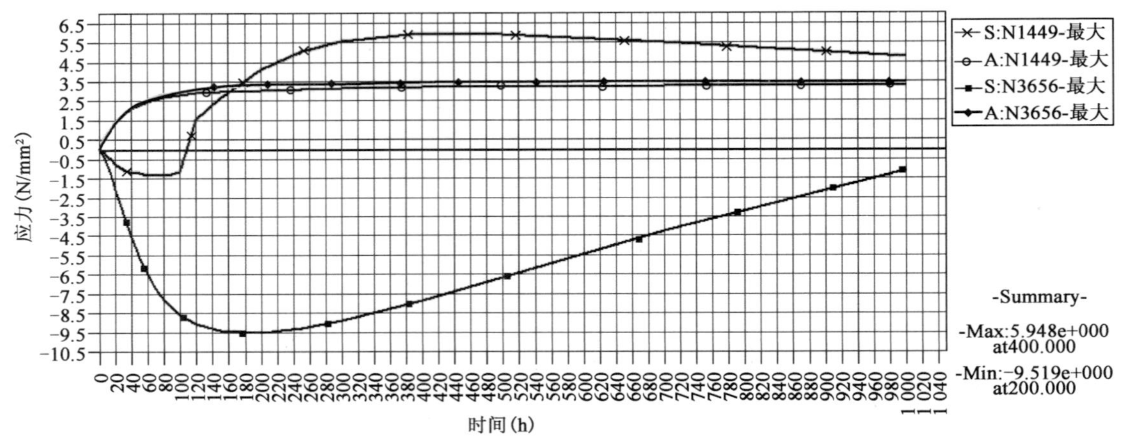

图 4.28　武佐河特大桥承台在工况 1 情况下的混凝土应力曲线图

由图中可以看出，混凝土内部产生压应力，表面产生拉应力，且 7d 后混凝土外部拉应力超过允许拉应力，混凝土已经产生裂缝。主要是因为混凝土中心温度很高，混凝土表面温度却相对较低，这样形成很大的温度梯度，拉应力超过混凝土的极限抗拉强度时混凝土就会产生裂缝。

（2）工况 2

一次浇筑 6m，设冷却水管，并按冷却水通水 7d 考虑。

如图 4.29 为武佐河特大桥承台在工况 2 情况下的混凝土内部温度分布，混凝土内部最高温度为 40.6℃，出现在节点 3 185 处。

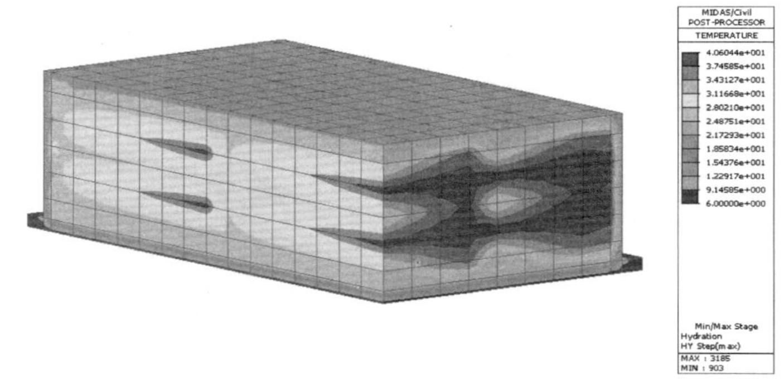

图 4.29　武佐河特大桥承台在工况 2 情况下的混凝土内部温度分布

图 4.30 为武佐河特大桥承台在工况 2 情况下的混凝土内部温度曲线图(其中节点 3 656 为混凝土的中心点,节点 1 449 距表面 70cm,节点 3 185 为温度最高点)。

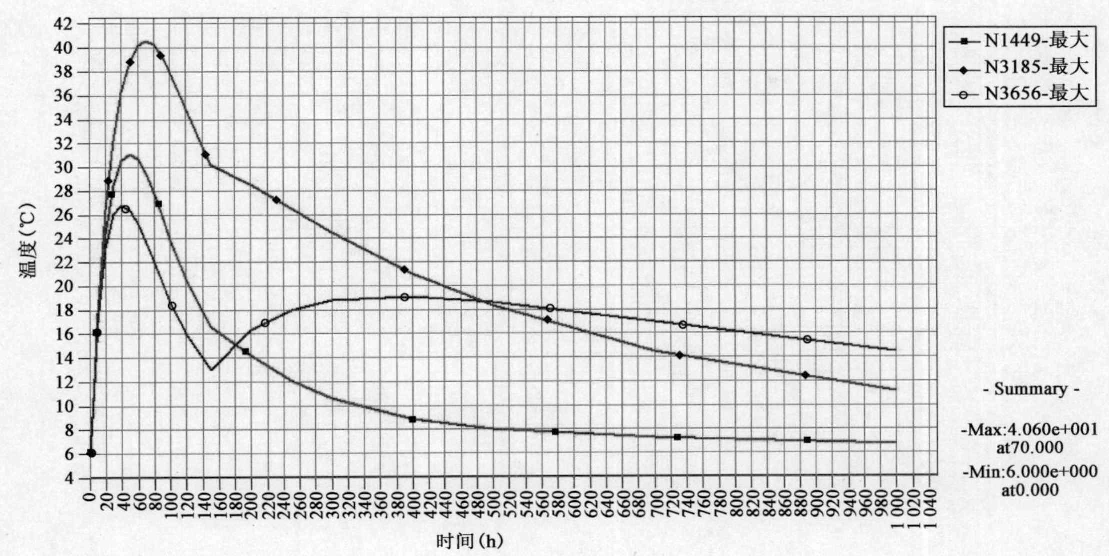

图 4.30　武佐河特大桥承台在工况 2 情况下的混凝土内部温度曲线图

从图中可以看出,混凝土最高温升出现在 72h(3d)左右,40℃以上高温主要出现在 60～80h 之间,初期混凝土降温速度较快,后期趋于稳定;高温期过后,节点 3 185 与节点 1 449 间温差在 6～15℃之间;节点 1 449 与大气最大温差约为 28℃;混凝土内部在入模温度基础上的温升值为 35.9℃;其中表外温差不满足温控指标的要求。

图 4.31 为武佐河特大桥承台在工况 2 情况下的混凝土内部代表点温度应力与允许抗拉强度曲线(其中节点 3 656 为混凝土的中心点,节点 1 449 距表面 70cm,节点 3 185 为温度最高点)。从图中可以看出,节点 3 185 于 660h 时,温度应力超过混凝土相应龄期的允许抗拉强度,1 000h 时达到 4.57MPa。

(3)工况 3

分两次浇筑,设冷却水管,按冷却水通水 7d 考虑,第一次浇筑 3m,布置 3 层冷却水管,第二次浇筑 3m,布置 2 层冷却水管。两次混凝土浇筑间隔时间为 4d。

如图 4.32 为武佐河特大桥承台在工况 3 情况下的混凝土内部温度分布,混凝土内部最高温度为 36.6℃,出现在节点 8 258 处(上层混凝土)。

图 4.33 为武佐河特大桥承台在工况 3 情况下的混凝土内部温度曲线图(其中节点 6 618 为下层混凝土的中心点,节点 8 258 为温度最高点,节点 9 065 为上层混凝土中距表面 70cm 节点,节点 6 633 为下层混凝土中距离表面 70cm 节点)。

从图中可以看出,混凝土最高温升出现在上层混凝土中开始浇筑起 55h(2～3d)左右,初期混凝土降温速度较快,后期趋于稳定;高温期过后,下层混凝土中心节点 6 618 与外部节点 6 633间温差在 0～13℃之间,外部节点 6 633 与大气温差在 0～20℃之间;上层混凝土节点 8 258与外部节点 9 065 间温差在 0～13℃之间,外部节点 9 065 与大气温差在 0～20℃之间。

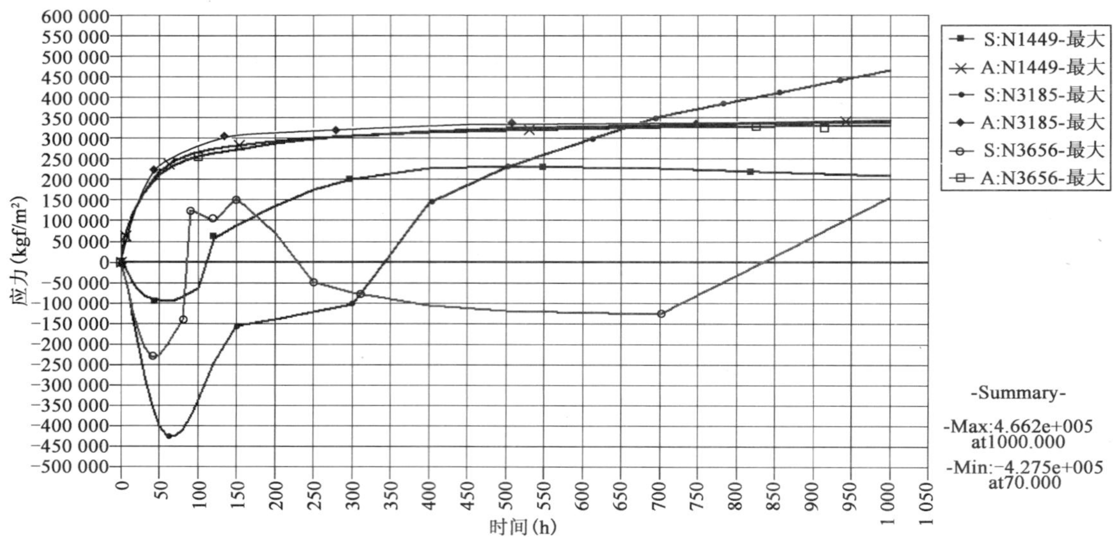

图 4.31　武佐河特大桥承台在工况 2 情况下的混凝土应力曲线图

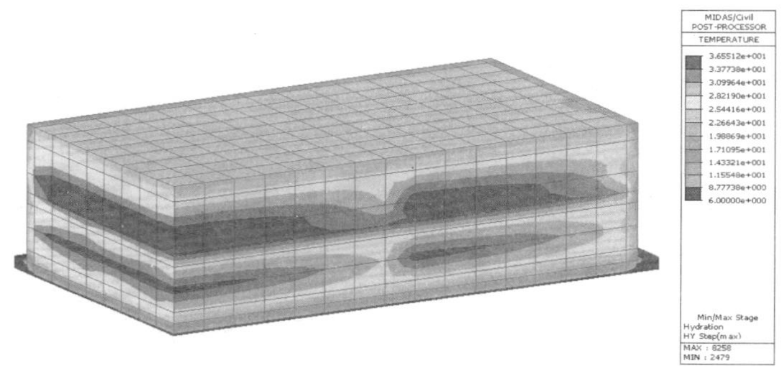

图 4.32　武佐河特大桥承台在工况 3 情况下的混凝土内部温度分布

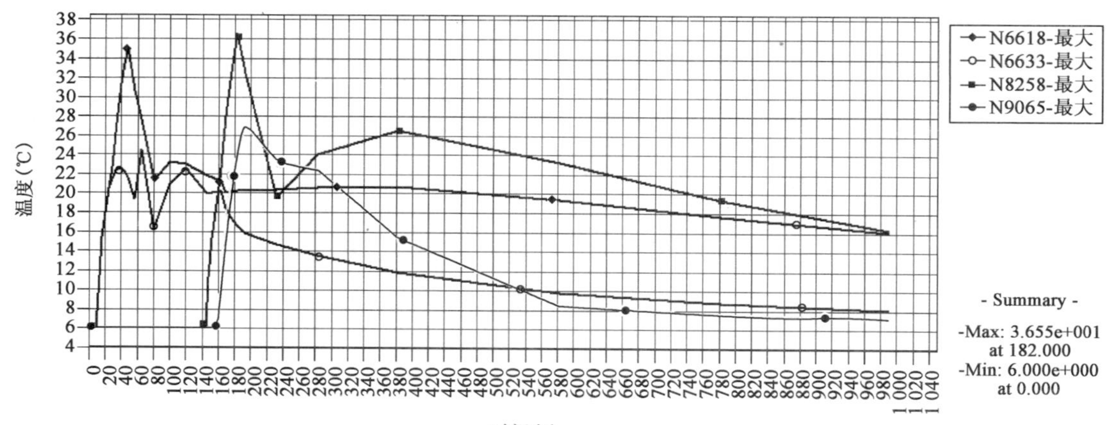

图 4.33　武佐河特大桥承台在工况 3 情况下的混凝土内部温度曲线图

图 4.34 为武佐河特大桥承台在工况 3 情况下的混凝土内部代表点温度应力与允许抗拉强度曲线（其中节点 6 618 为下层混凝土的中心点，节点 8 258 为温度最高点，节点 9 065 为上层混凝土中距表面 70cm 节点，节点 6 633 为下层混凝土中距离表面 70cm 节点）。

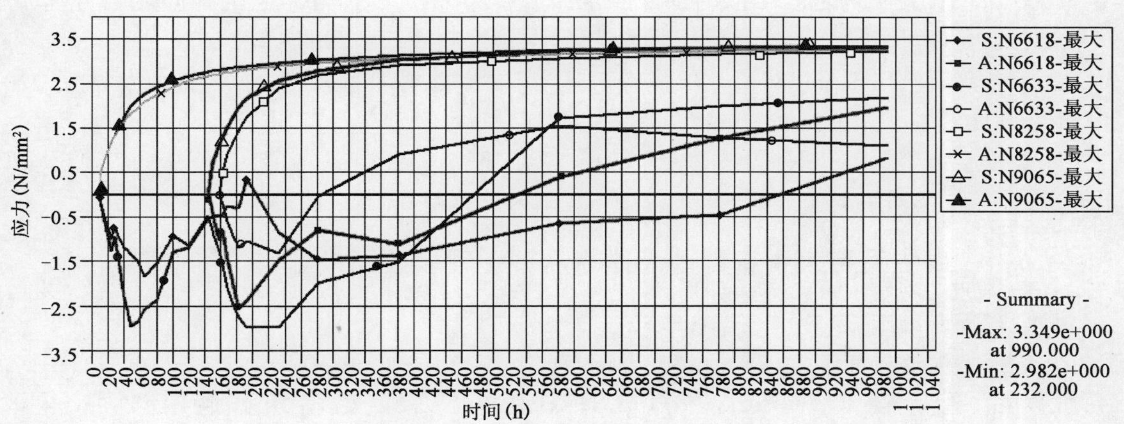

图 4.34　武佐河特大桥承台在工况 3 情况下的混凝土应力曲线图

从图中可以看出，混凝土内部代表点温度应力均低于相应龄期的混凝土允许抗拉强度。

(4)各种工况对比汇总（表 4.8）

各种工况特征点温度及应力对比　　表 4.8

编号	温度			应力		
	内部最高温度（℃）	特征点位置	龄期（d）	最大温度拉应力（MPa）	特征点位置	龄期（d）
工况 1（整体 6m，不设水管）	58.3	承台中心	8	5.90	承台混凝土内部中心点	17
				6.98	承台顶面	8.3
工况 2（整体 6m，设水管）	40.6	承台中心靠近出水口	3	1.5	承台混凝土内部中心点	6.25
				4.36	承台顶面	41.7
工况 3（分层 3m＋3m，设水管）	36.6	第 2 层中心靠近出水口	7.5	0.67	下层承台混凝土内部中心点	41.7
				1.67	上层承台混凝土内部中心点	41.7
				2.18	承台顶面	41.7
				0.74	上下层承台交界面中心点	6.0

根据计算结果可得出以下结论：

①承台混凝土竖向分两层(3m+3m)浇筑的方案是合理可行的，由温度产生的拉应力均在允许的范围以内，不会对混凝土产生破坏。

②冷却水管最长为206.2m，内部冷却水的流量为2m^3/h，冷却水管的降温效果明显，冷却水管布置合理可行。施工中需根据监测结果，严格控制冷却水管的流量。

③承台混凝土出现温度最高点的位置一般位于冷却水管布置较疏的角点部位及靠近冷却水管出水口位置。

④浇筑层施工间隙期取为4d是安全可行的，浇筑完成后3d内各层混凝土表面拉应力值上升较快，需加强对混凝土表面的保温措施，减低内外温差。

4.6.4 武佐河特大桥机制砂大体积混凝土现场控制措施与现场监测

1)现场控制措施

武佐河特大桥机制砂大体积混凝土现场采取的控制措施如下：

(1)承台施工时正值冬季低温季节，必须控制混凝土入模温度。在正式施工前2～3d安排专人测量料场各原材料温度，做好热水拌和、原材料保温等提高混凝土原材料温度的措施，以确保混凝土入模温度不低于5℃。实际施工时虽然是冬季，但浇筑时的环境温度为6～10℃，因此混凝土入模温度均大于10℃，因此未采取已准备的加温和保温措施。

(2)混凝土的浇筑厚度是按所用振捣器的作用深度及混凝土的和易性确定，在300～500mm范围内。现场采用横向整体分层和竖向推移结合方式连续浇筑，前层混凝土初凝之前将次层混凝土浇筑完毕。层间最长的间歇时间未超过混凝土的初凝时间，层面未出现施工缝。混凝土采用两次振捣工艺。混凝土浇筑面采用两次抹压处理。混凝土浇筑后，为防止大风天气，及时进行了保湿保温养护。在混凝土表面覆盖了抗渗土工布。

(3)安排专人负责保温养护工作，并应按《大体积混凝土施工规范》(GB 50496—2009)的有关规定操作，同时做好测试记录。

(4)保湿养护的持续时间不得少于14d，应经常检查抗渗土工布、塑料薄膜的完整情况，并保持混凝土表面湿润。

(5)保温覆盖层的拆除应分层逐步进行，当混凝土的表面温度与环境最大温差小于20℃时，可全部拆除。

(6)在混凝土浇筑完毕初凝后，应立即进行抹面，终凝前进行了二次抹面。养护工作同时进行。

(7)在保温养护过程中，应对混凝土浇筑体的里表温差和降温速率进行现场监测，当实测结果不满足温控指标的要求时，应及时调整保温养护措施。

(8)大体积混凝土拆模后，地下结构应及时回填土，地上结构应尽早进行装饰，不宜长期暴露在自然环境中。

(9)保温养护是大体积混凝土施工的关键环节。采用抗渗土工布、塑料薄膜等保温材料是通过减少混凝土表面的热扩散，从而降低大体积混凝土浇筑体的里外温差值，降低混凝土浇筑体的自约束应力；其次是降低大体积混凝土浇筑体的降温速率，延长散热时间，充分发挥混凝土强度的潜力和材料的松弛特性，利用混凝土的抗拉强度，以提高混凝土承受外约束应力时的抗裂能力,达到防止或控制温度裂缝的目的。

2)承台混凝土养护和保温方案

为了防止浇筑时气温较低,同时确保模板外与混凝土表面温差在规定范围内,决定采用抗渗土工布与承台模板形成密闭空间,在土工布与模板之间底部采用加热桶产生蒸气的方式进行加热加湿。

3)温控施工的现场监测

大体积混凝土浇筑体里表温差、降温速率及环境温度及温度应变的测试,在混凝土浇筑后,每昼夜不应少于 4 次;入模温度的测量,每台班不应少于 2 次。大体积混凝土浇筑体内监测点的布置,应真实地反映出混凝土浇筑体内最高温升、里表温差、降温速率及环境温度。布置方式如下所列。

(1)监测点的布置范围应以所选混凝土浇筑体平面图对称轴线的半条轴线为测试区,在测试区内监测点按平面分层布置。

(2)在测试区内,监测点的位置与数量可根据混凝土浇筑体内温度场分布情况及温控的要求确定。

(3)在每条测试轴线上,监测点位宜不少于 4 处,应根据结构的几何尺寸布置。

(4)沿混凝土浇筑体厚度方向,必须布置外面、底面和中间温度测点,其余测点宜按测点间距不大于 600mm 布置。

(5)保温养护效果及环境温度监测点的数量应根据具体需要确定。

(6)混凝土浇筑体的外表温度,宜为混凝土外表以内 50mm 处的温度。

(7)混凝土浇筑体的底面温度,宜为混凝土浇筑体底面向上 50mm 处的温度。

为检验温控计算的真实性,积累大体积混凝土温控施工的经验,我们在承台混凝土内部 1/4 范围内布设了温度监测点,另外还有 4 个温度测控点,分别用来测定环境温度、冷却管进出口水温及混凝土浇筑温度。当第一层混凝土浇筑完成后立即开始各测温点的监控。温度测试频率为峰值出现以前每 2h 监测一次,峰值出现后每 4h 监测一次,持续 5d,然后转入每天测 2 次,直到温度变化基本稳定。前层混凝土进入降温阶段后,当温度降到某一值时,后层浇筑混凝土对前层起到了保温作用,有效减小了前层混凝土的内外温差,防止前层混凝土出现大的温度应力,从而达到温控目标,也证明了大体积混凝土施工工艺要求分层浇筑的合理性。

根据计算承台混凝土内部温度峰值将在浇筑后 6～7d 出现,温峰持续 1d 左右温度开始下降,初期降温速度较快,以后降温速率逐渐减慢,至 15～20d 后降温平缓,温度趋于稳定状态。混凝土内部最高温度约 37℃。混凝土温度中部最高,四周温度较低。而实测数据第一次浇筑混凝土内部最高温升 47℃,第二次内部最高温升高达 56.5℃,且混凝土内部温度峰值是在浇筑 5d 后出现。分析原因如下:

(1)第一次混凝土浇筑时外部环境温度为 5～15℃,第二次为 12～24℃。整体外部环境温度的提升,促使两次浇筑的混凝土内部温峰值提升。

(2)第二次混凝土浇筑是在第一次混凝土浇筑后 7d 进行的,期间第一次混凝土浇筑的温度还处在降温阶段,当第二次混凝土覆盖第一次混凝土后,上层混凝土被激化,加快了上层混凝土温度的上升速率。

(3)第一次浇筑的混凝土用冷却水流量基本满足要求,相应降温速率也能达到要求。但第二次浇筑后冷却水需要流量增大,现场缺乏水源只能将冷却水循环使用,而循环冷却水水温偏高,因此无法及时降低混凝土内部温度,降温速率缓慢。

4.6.5 武佐河特大桥机制砂大体积混凝土应用效果

武佐河特大桥机制砂大体积混凝土主墩承台采用两次分层浇筑的方案,以及“内降外蓄”等温控措施的运用,取得了成功(图 4.35、图 4.36)。承台的两次浇筑过程耗时 110h,混凝土经过 20d 的内部降温、外部蓄热养护,整个承台表面光滑平整,表面无裂纹。因此,内部降温采用冷却管,外部蓄热采用抗渗土工布的措施切实可行。由于混凝土配合比采用了“双掺”技术,尤其大掺量粉煤灰的运用,大大改善了混凝土拌和物的工艺特性,提高了混凝土的和易性、工作性和耐久性,保证了工程质量,同时降低了工程成本。

图 4.35 武佐河特大桥承台钢筋捆扎图

图 4.36 武佐河特大桥效果图

工程实践证明,在大体积混凝土的配合比选择上,应在满足设计要求的前提下,尽可能地减少水泥用量,掺入适量的掺和料;选用适宜的缓凝减水剂,以延缓水泥水化热温升峰值出现的时间和降低温升最大值;在施工中,必要时可采用冷却水管降低混凝土内部温度;在混凝土浇筑完毕后,应密切观察混凝土内外的温度变化,通过保温以提高混凝土表面及四周散热面的温度。

大体积混凝土工程防止裂纹的产生是一个综合性的问题,涵盖整个混凝土施工过程。从混凝土原材料选材、配合比的选择—浇注方式、顺序、振捣—浇注后养护。

本章参考文献

[1] 孔德水,李学金. 超长大体积钢筋混凝土结构无缝施工技术[J]. 国防交通工程与技术,2006(2).

[2] 才素平. 大体积混凝土施工技术及其应用[D]. 西安:西安建筑科技大学,2009.

[3] 朱伯芳. 大体积混凝土的温度应力与温度控制[M]. 北京:中国电力出版社,1999.

[4] 蒋沧如. 高层建筑基础大体积混凝土的温度与温度裂缝研究[D]. 武汉:武汉理工大学,2004.

[5] 龚剑,张越,袁勇. 上海环球金融中心主楼深基础混凝土大底板施工研究[J]. 建筑施工,2006,4:251-256.

[6] 冯汉峰，李田，吴章怀，等. 超大掺量粉煤灰在大体积底板混凝土中的研究应用——深圳平安金融中心 4.5m 厚大体积底板[J]. 商品混凝土，2012，10：44-47.

[7] 高芳胜，尤立峰. 平安金融中心桩基大体积混凝土的配制与应用[C]. 特种混凝土与沥青混凝土新技术及工程应用. 北京：中国建材工业出版社，2012.

[8] 王晗. 筏板基础大体积混凝土施工裂缝控制研究[D]. 大连：大连理工大学，2013.

[9] 苗春，汤俊，缪小星，等. C40 大体积混凝土配合比设计及工程应用[J]. 西安：建筑科技大学学报(自然科学版)，2007，39(2)：249-253.

[10] 中华人民共和国行业标准. JGJ 52—2006　普通混凝土用砂、石质量及检验方法标准[S]. 北京：中国建筑工业出版社，2006.

[11] 中华人民共和国行业标准. JGJ 55—2011　普通混凝土配合比设计规程[S]. 北京：中国建筑工业出版社，2011.

[12] 中华人民共和国国家标准. GB 50496—2009　大体积混凝土施工规范[S]. 北京：中国计划出版社，2009.

第5章 机制砂自密实混凝土工程应用

5.1 概述

5.1.1 定义

自密实混凝土这一概念最先由日本学者 OKAMURA 于 1986 年提出[1]，它是指在自身重力作用下，能够流动、密实，即使存在致密钢筋也能完全填充模板，同时获得很好的均质性，无需振捣而达到密实的混凝土[2]。与普通混凝土相比，自密实混凝土具有以下特性：在新拌混凝土阶段，具有良好的流动性、均匀性、稳定性，在自重作用下能够自流平、自密实；硬化后稳定性好，无收缩裂缝；具有较高的早期强度；表面平整，耐磨性好，耐久性能优异[3]。传统的自密实混凝土均采用天然砂作为细集料，近年来我国建设规模不断扩大，混凝土工程量巨大，天然砂作为不可再生资源日益短缺，尤其是在我国西部地区天然砂资源奇缺，机制砂替代天然砂配制自密实混凝土成了必然趋势[4,5]。

机制砂自密实混凝土是指以机制砂为细集料配制的，拌和物具有非常良好的流动性、黏聚性、匀质性，依靠自重无需振捣即可达到密实的高性能自密实混凝土。

5.1.2 国内外研究应用现状

随着我国经济建设的不断发展，机制砂自密实混凝土在我国的发展应用步伐也随之加快[6-12]。近年来，国内外的学者在机制砂自密实混凝土配制技术、工作性能及长期耐久性能等各个方面做了大量的研究工作。

1)配制技术

杨建辉等[13]学者通过掺加高效复合膨胀剂、掺加粉煤灰、降低机制砂中石粉含量等技术手段对机制砂和机制砂混凝土特性的分析，并对原材料加以优选，使配出的机制砂自密实混凝土满足无振捣、泵送顶升的施工工艺，强度达到了设计要求，并成功应用于水柏线北盘江特大桥钢管拱内。

季锡贤等[14]学者研究了 C50 机制砂自密实混凝土的配合比设计要点及其生产、施工关键措施，通过优化胶凝材料体系、机制砂和细砂复配、用水量及外加剂掺量，配制出了高流动性、填充及间隙通过性良好的机制砂自密实混凝土，并成功应用于福州海峡奥林匹克体育中心工程。

蒋正武等[15]学者研究了混凝土配合比基本参数(水胶比、砂率、石子级配)、外加剂(减水剂、增黏剂)复掺、大掺量矿物掺和料(粉煤灰、硅灰)等对机制砂自密实混凝土性能的影响,提出了配制大掺量矿物掺和料机制砂自密实混凝土的关键技术参数,配制出初始坍落度大于24cm、坍落扩展度大于60cm、倒坍落度筒流出时间在5～15s、抗压强度等级达到C50以上的大掺量矿物掺和料机制砂自密实混凝土。

张日恒等[16]学者采用正交试验的方法研究了砂率、减水剂掺量及水泥用量对自密实混凝土的坍落度、坍落扩展度、流动时间、28d抗压强度的影响。试验配制出了坍落度为25～27cm、坍落扩展度为55～75cm、倒坍落度筒流动时间在5～15s、抗压强度等级达到C50以上的机制砂自密实混凝土。

宋普涛等[17]学者在综合国内外自密实混凝土和机制砂混凝土研究的基础上,利用本地原材料,通过掺加掺和料、膨胀剂、减水剂配制出自密实微膨胀混凝土。试验结果表明:混凝土拌和物的坍落度、坍落扩展度均能满足自密实混凝土性能要求,抗压强度达到自密实混凝土的设计要求。混凝土的28d抗压强度达到C60,7d达到设计强度的75%;混凝土保水性、黏聚性良好,坍落度>22cm,扩展度≥600cm;硬化混凝土具有微膨胀性能。

李北星等[18]学者以小河特大桥为依托工程,进行了用机制砂配制C60自密实钢管混凝土的配合比基本参数优化。通过聚羧酸盐减水剂与适量矿粉、膨胀剂三掺技术,采用高石粉含量(7%)的机制砂,利用机制砂中石粉的增黏、润滑、填充等效应,在较低的胶凝材料用量(535kg/m^3)情况下。配制出了初始坍落度大于230mm、坍落扩展度大于650mm,T_{50}小于15s、28d抗压强度超过75MPa的机制砂自密实微膨胀混凝土。

蒋正武等[19]学者根据机制砂自密实块片石混凝土施工工艺及工程现场施工条件需求,提出了超流态机制砂自密实混凝土的性能评价方法及性能指标,研究了水胶比、砂率、粉煤灰掺量、胶材总量、聚羧酸减水剂种类和掺量等配合比参数对超流态自密实混凝土性能的影响。配制出初始坍落度为(270±20)mm、坍落扩展度大于650mm、倒流扩展度不小于500mm、倒坍落度筒流出时间不大于6s、28d强度大于25MPa的C20超流态机制砂自密实混凝土。

高育欣等[20]学者结合成都来福士广场对自密实清水混凝土的工程需求,针对成都地区机制砂特点,通过复掺粉煤灰和硅灰,优选骨料,使用高性能聚羧酸减水剂等途径,并开展模拟施工试验,配制了兼具自密实性能与清水饰面效果、强度等级达到C60、性能良好的机制砂自密实清水混凝土,并应用于成都来福士广场项目,取得良好效果。

2)长期性能研究

冯贵芝[21]采用贵州地区的机制砂、粉煤灰、硅灰、水泥等主要原料配制出大掺量矿物掺和料机制砂自密实混凝土,系统研究了其工作性、力学性能与耐久性,如碳化、收缩、抗化学侵蚀性等,并与河砂自密实混凝土的性能进行了比较。研究结果表明,机制砂自密实混凝土的抗压强度、弹性模量、干燥收缩、抗渗性、抗碳化与抗硫酸盐侵蚀性均比河砂自密实混凝土略低。掺矿粉比粉煤灰更有利于提高自密实混凝土的后期强度和抗渗性、抗碳化、抗硫酸盐侵蚀性能。

宋普涛[22]结合工程实际,论证了采用机制砂配制C60机制砂自密实钢管拱混凝土的可行性,提出了高石粉含量机制砂自密实混凝土在钢管拱中的应用技术。并对优化后的配合比进行了工作性、力学性能、体积稳定性、耐久性等试验。结果显示石粉含量为7%的机制砂C60钢管混凝土在工作性上略差,但在力学性能、限制膨胀率、耐久性指标上可以与河砂自密实混凝土相媲美,甚至优于河砂自密实混凝土。

武国王等[23]学者的研究结果表明,机制砂配制自密实混凝土,不仅和易性满足要求,且各龄期强度、抗渗性及抗氯离子渗透性均优于同水胶比的河砂自密实混凝土。

何民伟[24]使用高石粉含量的人工砂配制 C30 自密实混凝土。其研究结果表明,人工砂与河砂以适量比例混合可以改善人工砂的级配,同时采取大掺量矿物掺和料取代水泥以保证混凝土胶凝材料总量的方式可以配制出性能优异的 C30 机制砂自密实混凝土;适量的石粉含量能够提高自密实混凝土的工作性、抗压强度和抗渗性;石粉的掺入也会增加混凝土的干燥收缩;混合砂的石粉含量宜控制在 4%~6%之间。

3)应用领域

由于自身的诸多优势,机制砂自密实混凝土在中国的发展较为迅速,应用领域扩大至房屋建设、桥梁建设、高速公路建设等各个领域,应用体量、应用范围呈不断扩大的趋势,都取得了较好的技术效益和经济效益。

(1)房屋建设

高育欣等[20]学者成功研制出了兼具自密实性能和清水饰面效果的 C60 机制砂自密实混凝土,并成功应用于成都来福士广场项目的部分立柱、斜柱等部位。季锡贤等[14]学者配制出了高流动性、填充及间隙通过性的 C50 机制砂自密实混凝土,并成功应用于福州海峡奥林匹克体育中心工程的 V 形柱结构中。高育新等[20]学者成功配制出初始坍落度达到 240mm、扩展度达到 680mm 的 C45 机制砂自密实混凝土,并成功应用于某工程的钢柱中。葛婷[25]配制出 C30 机制砂自密实混凝土,并成功应用于昆明市盘龙职业高中项目的第五层楼板的施工中。

(2)桥梁建设

①钢管拱。宋普涛[22]成功配制了工作性能、力学性能及耐久性能优异的 C60 机制砂自密实混凝土,并成功应用于湖北沪蓉西高速公路小河特大桥的钢管拱拱肋中。蒋正武等[26]学者配制出的 C50 机制砂自密实混凝土成功应用于贵阳花溪Ⅰ号桥的钢管拱拱肋中,现场测试结果为:拌和物坍落度 265mm、坍落扩展度 705mm、T_{50} 为 10.2s,混凝土 3d 抗压强度达到 41.3MPa,28d 抗压强度达到 79MPa。

②桥面修补。周大庆等[27]学者配制出初始坍落度大于 220mm、扩展度大于 530mm、3d 抗压强度大于 40MPa、初终凝时间差小、早期强度发展快的 C50 机制砂抗扰动自密实混凝土,并成功应用于贵州韩家店大桥桥梁路面修补工程中,抗扰动自密实混凝土可以抵抗由行车荷载引起对新拌混凝土及硬化混凝土的损伤,保证了在不中断交通的情况下进行桥面大范围重新铺装的浇筑质量,取得了很好的应用效果。

(3)高速公路建设

吴云等[28]学者配制出初始坍落度为 270±20mm、坍落扩展度大于 650mm、倒坍落度筒流出时间不大于 6s 的 C20 超流态机制砂自密实混凝土,并成功应用于毕威高速公路第八合同段的公路挡墙施工中,取得了良好的效果。

目前对机制砂自密实混凝土的研究主要从配合比优化着手,结合配合比设计、生产质量控制、现场施工工艺、工程应用等方面展开。在配合比优化方面,主要针对机制砂自密实混凝土对材料和配比的敏感性,分析外加剂、矿物掺和料、骨料质量和数量等因素对自密实混凝土工作性能的影响，建立定量关系，利用优化理论，研究基于地域材料特点的自密实混凝土最佳配比方法；在材料性能试验方面，主要考虑混凝土的流变性能和工作性能，早期体积稳定性如收缩、徐变、温度变形等，力学性能如抗压强度、弹性模量、黏结强度等，以及抗渗性。在理论研究方面如机制砂自密实混凝土的物理力学性能和耐久性方面的理论分析比较少。尤其是早期的收缩机理，影响因素的数量及程度，测量方法，预测模型等问题研究较少[29]。且国内尚没有统一的工程标准，使机制砂自密实混凝土在工程应用中缺乏指导性文件，不利于机制砂自密实混凝土技术的推广应用。

5.1.3 关键技术

与普通混凝土相比，机制砂自密实混凝土的关键是在新拌阶段能够依靠自重作用充模、密实，而不需额外的人工振捣，也就是所谓的自密实性(self-compactability)，它包括流动性、间隙通过性以及抗离析性等三个方面的内容[30]。

合理的配合比设计、严格的原材料质量控制是保证机制砂自密实混凝土具有良好施工性能及力学耐久性能的关键因素。为保证良好的工作性能、力学性能和耐久性能，机制砂自密实混凝土制备的关键技术应包含以下几个方面：

(1)严格控制机制砂品质。

①降低机制砂含泥量。泥的存在会引起混凝土需水量的增加、严重影响减水剂效果、劣化混凝土性能、阻碍水泥与骨料的黏结性能、妨碍水泥的正常水化，这些都可能导致混凝土强度下降、收缩加剧以及混凝土耐久性降低。因此，要严格控制机制砂中含泥量，要求亚甲蓝方法测得的机制砂 MB 值＜1.4；当 MB 值≥1.4 时，要求用于配制高强混凝土的机制砂中石粉含量限值更加严格。

②适当控制石粉含量。适量的石粉可以改善混凝土集料级配，同时起到润滑作用，从而改善混凝土的和易性和密实性，进而提高混凝土综合性能。王稷良[31]的研究表明：对于低强度等级混凝土，石粉含量应控制在10%以内；对于高强度等级混凝土，石粉含量应控制在5%～7%之间；而对于超高强混凝土，石粉含量应低于5%。

③优化级配，合理控制细度。机制砂目前基本为中粗砂，细度模数一般在3.0～3.7范围之间；机制砂级配呈“两头多，中间少”的趋势，大于2.36mm 和小于0.15mm 的颗粒偏多，而中间颗粒偏少。细度模数太大，则粗颗粒太多，小于300μm 颗粒太少，级配不合理，混凝土和易性变差。细度模数太小，则混凝土用水量可能增大，强度降低，收缩增大，且机制砂生产成本升高。因此，必须优化机制砂级配，合理控制机制砂细度。

(2)选用性能良好的聚羧酸高性能减水剂及其他外加剂，同时保证与水泥的适应性。采用特种外加剂时，除了保证混凝土具有较好的流动性，还应保持较好的黏聚性，不离析、不泌水。

(3)机制砂自密实混凝土配合比设计时，应合理控制总胶凝材料用量，选用优质硅酸盐水泥或普通硅酸盐水泥并尽量降低水泥熟料用量，单掺或复掺适量的矿物掺和料，如粉煤灰或矿渣粉，掺量宜大于20%。

(4)不断优化配合参数，在保证良好工作性能的前提下适当降低水胶比，以提高混凝土强度。

5.2 机制砂自密实混凝土的配制与性能

5.2.1 机制砂自密实混凝土原材料

对于机制砂自密实混凝土，水泥宜采用硅酸盐水泥和普通硅酸盐水泥，强度等级不宜小于42.5。根据贵州地区原材料的特点及机制砂自密实混凝土工作性的要求，宜选用聚羧酸高性能减水剂，粉煤灰宜选用一级灰，若无一级粉煤灰，也可选用二级粉煤灰，其他具体要求参见第2章。

5.2.2 机制砂自密实混凝土配合比设计

1)机制砂自密实混凝土的配合比设计原则

机制砂自密实混凝土配合比应根据结构物的结构条件、施工条件以及环境条件的自密实性能进行设计，在综合强度、耐久性和其他必要性能要求的基础上，提出试验配合比。

在进行机制砂自密实混凝土的配合比设计调整时，应考虑水胶比对自密实混凝土设计强度的影响和水粉比对自密实性能的影响。

对于超细物料的选用[32]，由于超细物料往往具有较高与较强的吸水性，宜择其需水量最低者。国外学者曾采用了四种超细物料——石英粉、粉煤灰、石灰石粉与凝灰岩粉。通过自由流动浆体的稠度试验和自由流动砂浆的流动性试验，结果表明，以石英粉与粉煤灰最相宜。

机制砂自密实混凝土配合比设计应采取绝对体积法[29]。配制原则如图5.1所示，要求拌和物在保持大流动性的同时增加黏聚性，一般均采取增加胶结材与惰性粉体量的方法。对于某些低强度等级的机制砂自密实混凝土，仅靠增加粉体量不能满足浆体黏性时，可通过试验确认后适当添加增黏剂。

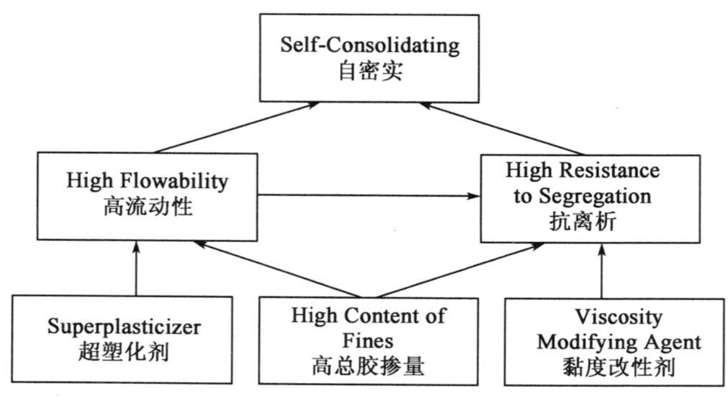

图5.1 机制砂自密实混凝土的配制原则

在增加胶结材浆体黏性的同时，还要保持大流动性，就需要选择优质高效减水剂。宜选用减水率大于30%的聚羧酸系高效减水剂。

2)机制砂自密实混凝土的配合比设计方法

日本东京大学最早进行了自密实混凝土的设计研究[33]，提出了自密实混凝土原型模型方法(prototype method),后来日本、泰国、荷兰、法国、加拿大、中国等国的学者进一步进行了自密实混凝土的设计方法研究,但由于已有的设计方法在全面反映自密实混凝土拌和物性能的真正内涵及其在体现混凝土工作性、强度等级与耐久性之间的相互协调关系或是实用性等方面存在差距,目前还缺乏被广泛认同接受的自密实混凝土设计方法。

总结国内外的相关资料,自密实混凝土的工作性能指标应达到:坍落度为240～270mm,扩展度大于600mm。为达到自密实混凝土这些特殊的性能指标,大批国内外专家、学者进行了大量的研究试验,并提出了许多切实可行的配合比设计方法,如东京大学的学者Okamura提出的一种配合比设计方法[34]是先做水泥浆和砂浆试验,主要目的是检查高效减水剂、水泥、细集料和火山灰材料的性能和密实能力,然后再做自密实混凝土试验。

我国也有多家建筑公司和构件厂结合自己的经验,提出了各具特色的配合比计算方法[35]。如北京建工集团等单位提出的按混凝土、砂浆、水泥净浆、胶凝材料四层次体系的设计方法。

我国台湾学者提出的方法是填密拌和物设计算法,是从最大密度原理和超砂浆理论推导出来的[36]。

配制机制砂自密实混凝土,原则是用水泥浆(胶凝材料)填充集料骨架的间隙。下面是比较通用的机制砂自密实混凝土的配合比设计步骤。

(1)混凝土配合比计算

①机制砂自密实混凝土配合比设计的主要参数包括拌和物中的粗集料松散体积、砂浆中砂的体积、浆体的水胶比、胶凝材料中矿物掺和料用量。

②设定$1m^3$混凝土中粗集料用量的松散体积V_{g0}(0.5～0.6m^3),根据粗集料的堆积密度ρ_{g0}计算出$1m^3$混凝土中粗集料的用量m_g。

③根据粗集料的表观密度ρ_g计算$1m^3$混凝土粗骨料的密实体积V_g,由$1m^3$拌和物总体积减去粗集料的密实体积V_g计算出砂浆密实体积V_m。

④设定砂浆中砂的体积含量(0.42～0.44),根据砂浆密实体积V_m和砂的体积含量,计算出砂的密实体积V_s。

⑤根据砂的密实体积V_s和砂的表观密度ρ_s计算出$1m^3$混凝土中砂子的用量m_s。

⑥从砂浆体积V_m中减去砂的密实体积V_s,得到浆体密实体积V_p。

⑦根据混凝土的设计强度等级,确定水胶比,根据混凝土的耐久性、温升控制等要求设定胶凝材料中矿物掺和料的体积,根据矿物掺和料和水泥的体积比及各自的表观密度计算出胶凝材料的表观密度ρ_b。

⑧由胶凝材料的表观密度、水胶比计算出水和胶凝材料的体积比,再根据浆体体积V_p、体积比及各自表观密度求出胶凝材料和水的体积,并计算出胶凝材料总用量m_b和单位用水量m_w。胶凝材料总用量范围宜为450～550kg/m^3,单位用水量宜小于200kg/m^3。

⑨根据胶凝材料体积、矿物掺和料体积及各自的表观密度,分别计算出每$1m^3$混凝土中水泥用量和矿物掺和料的用量。

⑩根据试验选择外加剂的品种和掺量。

(2)试拌、调整与确定

①计算出初步配合比。

②对初始配合比进行试配和调整。

③机制砂自密实混凝土配合比试配和试拌时，每盘混凝土的最小搅拌量不宜小于30L，且应检测拌和物的工作性达到相应评价指标要求，并校核混凝土强度是否达到配制强度要求，如有必要，还应检测相应的耐久性指标。

④选择拌和物工作性满足要求的三个基准配合比，制作混凝土强度试件，每种配合比至少应制作一组试件，标准养护到28d时试压。

⑤对于应用条件特殊的工程，如有必要，可在混凝土搅拌站或施工现场对确定的配合比进行足尺试验，以检验所设计的配合比是否满足工程应用条件。

⑥根据试配、调整、混凝土强度检验结果和足尺试验结果，确定符合设计要求的合适配合比。

5.2.3 机制砂自密实混凝土性能

1)机制砂自密实混凝土的工作性及其评价

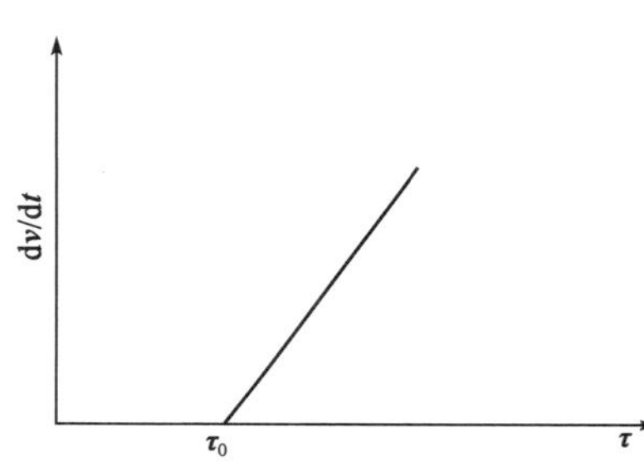

图5.2 Bingham体流变曲线

水泥浆和粗细集料所组成的新拌混凝土是由固相、液相、气相组成的一种非均质、非密实、各向异性的，且随时间、温度、湿度和受力状态在不断演变的弹-黏-塑性混合物。根据流变学原理可以认为，新拌混凝土是一种黏塑性体，它可以由Bingham模型描述[37]，流变曲线如图5.2所示。其流变方程为：$\tau=\tau_0+\eta_0 \mathrm{d}v/\mathrm{d}t$，式中，$\tau_0$为屈服应力值；$\eta_0$为塑性黏度；$\mathrm{d}v/\mathrm{d}t$为剪切速率[29]。

屈服应力值τ_0是阻碍浆体进行塑性流动的最大剪切应力，在新拌混凝土的分散体系中，剪切应力主要由以下几个方面组成的：粗集料与砂浆相对流动产生的剪应力；粗集料由于本身的重力作用而产生的剪应力以及粗集料间相对移动所产生的剪应力等。混凝土屈服应力既是混凝土开始流动的前提，又是混凝土不离析的重要条件。塑性黏度是指分散体系进行塑性流动时应力与剪切速率的比值，它是反映流体与平流层之间产生的与流动方向相反的黏滞阻力大小，其大小支配了拌和物的流动能力。新拌自密实混凝土必须具自行流动通过钢筋间隙并填充模具的性能，因而要求混凝土流动性高、可塑性大、抗分散性好和密实性高。从流变特征来考虑，则要求自密实新拌混凝土有：最小的屈服值τ_0；流变过程中最小的塑性黏度η_0；在一定的剪切应力下有较大的应变e以及较大的内聚性c和较小的内摩擦η。从满足自密实混凝土拌和物多方面的性能，在配合比设计中应对影响流动性的重要因素进行系统考虑。

自密实混凝土仅仅具备“高流动性”还远远不够，因为流动性越高，混凝土产生离析的趋势就越大[38]。还需具备高稳定性、高填充能力、钢筋间隙通过能力等。配制自密实混凝土的关键是控制好“高流动性”与“高稳定性”之间的平衡。不同因素对混凝土拌和物流变学参数的影响规律不同，如图5.3所示。

冰岛建筑研究院(IBRI)在这方面进行了较深入的研究。采用混凝土黏度计，通过大量的试验分析比较，确定自密实混凝土的流变学参数(屈服值和塑性黏度)应该在图5.4、图5.5所示的范围。早期配制自密实混凝土，为了保证稳定性即不出现泌水和集料离析，一般通过提高混凝土的塑性黏度来实现，提高混凝土拌和物黏度的方法是使用高掺量石粉或掺加化学增黏剂。掺加石粉的自密实混凝土，粉状材料（水泥和石粉）含量高达 600 ～700kg/m³，限制了混凝土硬化性能的提高；采用化学增黏剂，如纤维素、聚丙烯酰胺，混凝土的塑性性能变得非常敏感，会受原材料质量、配料准确性等波动的影响而大幅度变化。此外，由于混凝土黏度高，泵送会变得困难。最近几年，随着自密实混凝土理论研究的深入和实践经验的丰富，自密实混凝土发展转向低黏度、低粉状材料含量、低敏感性。目前，从流变学参数定义，自密实混凝土的流变参效应满足屈服值 30Pa$<\tau_0<$80 Pa、塑性黏度 10 Pa·s$<\eta_0<$40 Pa·s。粉状材料含量宜控制在普通混凝土的水平，即 400～500kg/m³ 范围；在高效减水剂掺量、加水量、骨料质量波动时，新拌混凝土拌和物的流变性能不产生显著变化。这样，自密实混凝土不仅塑性性能和硬化性能优良，同时又容易生产和进行质量控制。

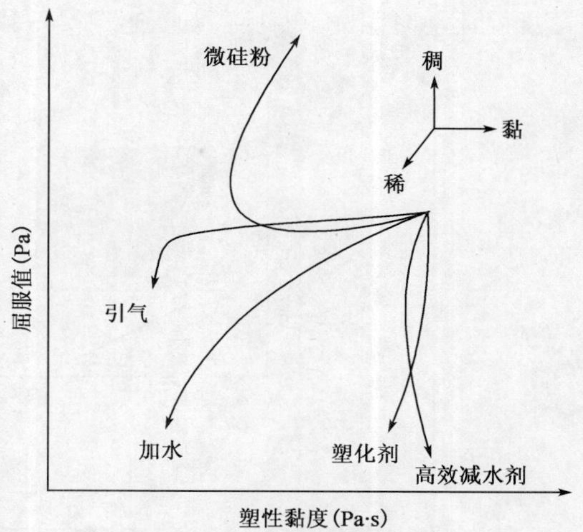

图 5.3 影响混凝土流变性能的因素

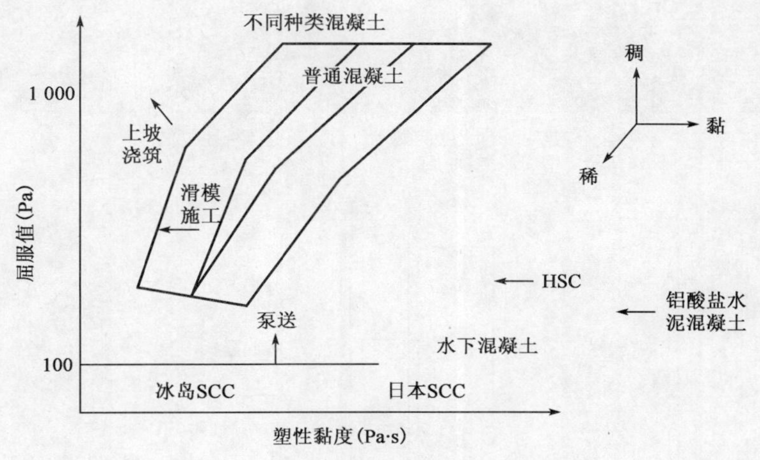

图 5.4 不同种类混凝土的流变参数范围

自密实性包括流动性、抗离析性和自填充性。

流动性可用检测普通高性能混凝土拌和物坍落扩展度的方法。抗离析性的测量方法有两种：V 形漏斗法即用装满 10L 混凝土拌和物，打开底盖计量流出时间(s)；T_{50} 法即计量坍落扩展度扩展到平均 50cm 的时间(s)，如图 5.6 所示。

自填充性可用 U 形箱测量，其通过隔板分为 A、B 两室，下端流出 19cm 高的联通口，联通口处垂直放一定间距的钢筋。将 A 室装满拌和物，拔开隔板，拌和物通过钢筋流入 B 室。停止流动后量取 B 室混凝土的上升高度[39]，如图 5.7 所示。

张日恒等[16]学者通过试验配制出了坍落度为 25～27cm、坍落扩展度为 55～75cm、倒坍落度筒流动时间为 5～15s、强度达到 C50 以上的机制砂自密实混凝土。

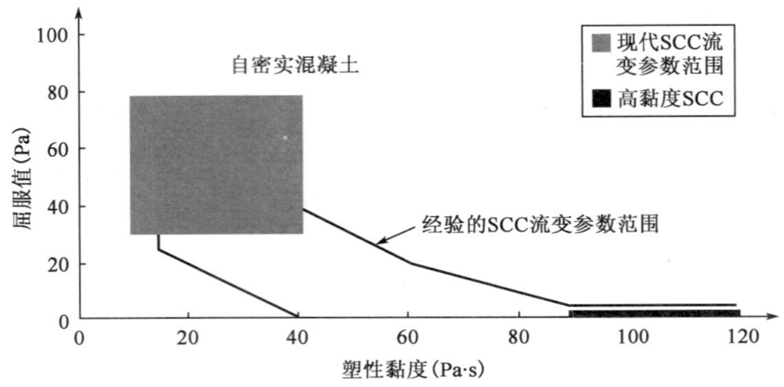

图 5.5　自密实混凝土的流变参数范围

图 5.6　机制砂自密实混凝土流动性和抗离析性的测量

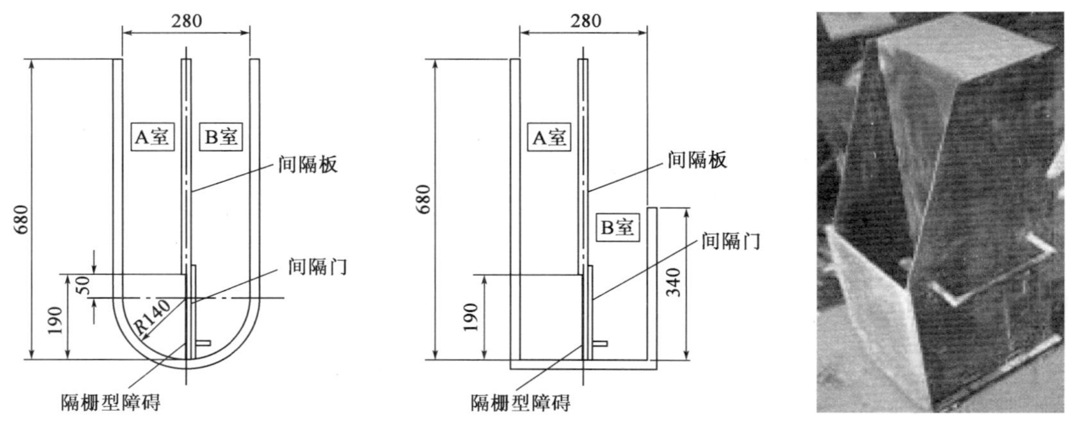

图 5.7　机制砂自密实混凝土自填充性的测量和 U 形箱(尺寸单位：cm)

2)机制砂自密实混凝土的力学性能

在相同的水泥含量和水灰比情况下，由于机制砂自密实混凝土致密的结构组成，它的强度比振动密实的混凝土强度高；在相同的抗压强度情况下，机制砂自密实混凝土抗拉强度预计比振动密实的混凝土抗拉强度略高；机制砂自密实混凝土弹性模量比常规混凝土弹性模量约小

15%,这是因为机制砂自密实混凝土提高了粉体颗粒含量,并且与粉体颗粒黏结的粗集料含量减低所导致的。

蒋正武等[26]学者配制出的C50机制砂自密实混凝土3d抗压强度达到41.3MPa,28d抗压强度达到79MPa。李北星等[18]学者用机制砂配制的C60自密实钢管混凝土,初始坍落度大于230mm、坍落扩展度大于650mm,T_{50}小于15s、28d抗压强度超过75MPa。

3)机制砂自密实混凝土的耐久性能

机制砂自密实混凝土的水胶比小,自填充性好,结构很致密,因此其抗渗性和抗冻性等级高。在机制砂自密实混凝土中,由于掺入了大量的外掺料,将降低混凝土结构的碱度,从这方面讲,其抗碳化性将降低,但由于其水胶比低,结构致密,就大大增强了其抗碳化性能。因此对其混凝土结构总体来讲,其抗碳化性良好[40]。收缩性主要受水泥浆含量的影响,机制砂自密实混凝土中水泥浆含量与普通混凝土相比只有少许区别,因此机制砂自密实混凝土和普通混凝土的收缩相当[41]。

目前机制砂耐久性的研究较少,宋普涛[22]等学者做了较为系统的机制砂自密实混凝土耐久性研究,显示机制砂自密实混凝土具有良好的力学性能和耐久性能,具有一定的指导意义。

宋普涛[22]学者研究了C60机制砂自密实钢管拱混凝土的耐久性,结果显示:石粉含量7%的机制砂C60钢管混凝土在工作性上略差,但在力学性能、限制膨胀率、耐久性指标可以与河砂自密实混凝土相媲美,甚至优于河砂自密实混凝土。

何民伟[24]用机制砂和河砂复配出C30自密实混凝土,其试验结果表明:适量的石粉含量能够提高自密实混凝土的工作性、抗压强度和抗渗性;石粉的掺入会增加混凝土的干燥收缩;混合砂的石粉含量宜控制在4%~6%。

武国王等[23]学者的研究表明,机制砂配制自密实混凝土,不仅具有优异的工作性能,而且各龄期强度、抗渗性及抗氯离子渗透性均优于同水胶比的河砂自密实混凝土。

冯贵芝[21]的研究结果表明,机制砂自密实混凝土的抗压强度、弹性模量、干燥收缩、抗渗性、抗碳化与抗硫酸盐侵蚀性均比河砂自密实混凝土略低。掺矿粉比粉煤灰有利于提高自密实混凝土的后期强度和抗渗性、抗碳化、抗硫酸盐侵蚀性能。

5.3 机制砂自密实混凝土施工质量保障

5.3.1 机制砂自密实混凝土的配制、搅拌和运输

配制机制砂自密实混凝土的原材料和配合比应符合下列规定:

(1)机制砂自密实混凝土需添加增黏剂、引气剂、缓凝剂或消泡剂等外加剂。粗集料的最大粒径应不大于25mm,优选20mm。大体积混凝土的配制强度等级一般较低。

(2)对C40、C50高强度等级的自密实混凝土,胶凝材料用量不大于550kg/m³,其中水泥用量不超过350kg/m³。其余采用矿物掺和料替代。对更高强度等级混凝土,胶凝材料总量不受此限制。但超高强混凝土的配合比设计也应在满足强度前提下,尽可能降低混凝土中水泥用量。

(3)对具有碱活性的集料,应掺入大量的矿物掺和料,一般粉煤灰、矿渣粉的掺量在40%左右,不应低于30%。对粉煤灰矿物掺和料,应采取超量取代法进行配合比设计,超量取代系数在1.3~1.5之间,具体根据混凝土性能需求调整。可采用复掺硅灰与粉煤灰或矿渣粉,应根据试验结果选择不同种类的矿物掺和料的合理掺量。

(4)对机制砂自密实混凝土,混凝土坍落度控制在220~250mm。可以通过减水剂掺量来控制,在减水剂掺量一定时,可通过调整用水量来进行。混凝土单位用水量不应超过170kg/m^3。

聚羧酸减水剂应通过试验,并根据与水泥(胶凝材料)的适应性,混凝土强度设计与坍落度需求,选择合理的类型与掺量。应在保证混凝土强度与坍落度的前提下,适当增大减水剂掺量、提高减水率,以降低混凝土单位用水量。掺量按固体计为胶凝材料用量的0.3%~1.0%。

(5)对具有碱活性的骨料,应根据《暂行规定》中规定的碱含量计算方法,对混凝土配合比中总碱含量进行计算,其总碱含量不应超过3kg/m^3。审核其是否符合规程规定要求。如超过技术规程所规定的含量,应重新进行配合比设计。对于非碱活性集料,不做总碱含量的限制要求。

(6)机制砂自密实混凝土的砂率一般取50%左右。砂率可根据混凝土的实际拌和物性能进行适当调整。

(7)自密实混凝土具体配合比设计步骤应按照机制砂板岩混凝土的配合比设计报告执行。

(8)混凝土集料应选用非板岩集料,也执行《暂行规定》。

除水和外加剂溶液可按体积计量外,其他原材料应按质量计量。原材料的计量允许偏差为:水泥±1%,矿物掺和料±1%,粗、细集料±2%,水±1%,外加剂±1%。

搅拌时间应比普通混凝土适当延长,具体时间应根据现场试拌试验确定。

当自密实混凝土在现场拌制时,必须对搅拌机加水装置进行校核。

正式生产前必须对自密实混凝土进行开盘鉴定。检测其工作性及表观密度。

长距离运输自密实混凝土拌和物应使用混凝土搅拌车,短距离运输可利用现场的一般运送设备。装料前装料口应保持清洁,筒体内保证其干净潮湿不得有积水、积浆。

应根据待浇混凝土结构物的实际情况对自密实混凝土的生产速度、运输时间及浇筑速度进行协调,制订合理的运输计划,确保自密实混凝土的分送与浇筑在其工作性保持期内完成。

5.3.2 机制砂自密实混凝土的浇筑

应根据工程的特点制定自密实混凝土的施工方案,做好单位工程施工组织设计,并要求有关人员掌握操作要领。

在浇筑自密实混凝土前,应确认模板的安装符合设计要求。当混凝土模板的深度超过2.5m时,应考虑混凝土对侧模的流体静压力作用,并依此设计模板的承载力。

自密实混凝土在浇注过程中应控制混凝土的浇注距离。在非密集配筋情况下,自密实混凝土浇注点间的水平距离不宜大于10m,垂直自由下落距离不宜大于5m,当大于5m时宜采用导管法浇注。对配筋密集的混凝土构件,自密实混凝土浇注点间的水平距离不宜大于5m,垂直自由下落最大距离不宜大于2.5m。对于加固工程中截面特别狭窄或者摩擦阻力大而混凝土浇注量小的情况,需要根据现场模拟试验的结果来确定混凝土的水平和垂直方向的流动距离。

对于钢筋混凝土加固工程,可以用泵送或人工浇筑的方法施工。当场地狭窄或浇注口很小时，可用小桶向浇注口倾倒自密实混凝土，但应保证施工组织连贯、紧凑，浇注口间距不宜大于 2m。

对于钢管自密实混凝土，可以采用自由下落法和顶升法进行施工。

自密实混凝土在浇筑过程中必要时可在模板外部作适当敲击。

5.3.3　机制砂自密实混凝土的养护与拆模

浇筑完毕后，应及时覆盖养护或喷洒、涂刷养护剂，以保持混凝土表面湿润。

养护时间不应少于 14d，应能保证混凝土始终处于湿润状态。对大体积混凝土应设专项施工方案，进行温差控制和养护措施。为减少自密实混凝土的非荷载裂缝，必须从混凝土入模开始就进行湿养护，在混凝土塑性阶段可采取喷洒养护剂、薄膜覆盖等措施。一旦混凝土硬化，最好采用覆盖湿麻布，并及时浇水，以使混凝土能够及时散热，降低水化放热的峰值温度。

5.3.4　机制砂自密实混凝土的质量检验

自密实混凝土拌和物性能检验方法如下：

(1)坍落扩展度、T_{50}流动时间。检验自密实混凝土的水平自由流动性和填充性。

(2)L 形仪。检验混凝土拌和物的间隙通过性和抗离析性。

(3)U 形仪。检验混凝土拌和物的间隙通过性和抗离析性。

对于硬化混凝土质量检验，按普通强度等级高性能混凝土的规定执行。

在质量验收阶段，混凝土拌和物性能验收指标按相关的规定执行。硬化混凝土质量验收指标亦按相关的规定执行。质量验收的要求如下：

(1)现场验收应由经过训练的技术人员承担。

(2)维修和校准好所需用的仪器和试模，并将仪器和试模放置在平整、稳固的地面上。

混凝土拌和物质量的现场验收程序如下：

(1)拌和物现场质量验收，应按下列试验组合之一对拌和物工作性进行验收。

①坍落扩展度、T_{50}流动时间试验和 U 形仪试验；

②坍落扩展度、T_{50}流动时间试验和 L 形仪试验。

(2)每车拌和物到达现场后浇注前均须按规定进行现场质量验收。验收不合格，可适当添加原用外加剂予以调整，调整后仍然不合格，必须予以退回。

(3)验收过程和结果应详细记录。

5.4　C35、C50 机制砂自密实混凝土在清水河特大桥桩基及索塔中的应用

5.4.1　工程概况

贵州省贵阳至瓮安高速公路是对“6 横 7 纵 8 联”及 4 个城市环线网的进一步完善优化，高速公路路线全长 70.722km。其中清水河特大桥位于贵州省东部，是沟通贵阳至瓮安的主

要交通要道。清水河特大桥桥位起终点桩号为K69+261～K71+432.4。设计采用9×40m（开阳岸引桥）+1 130m（单跨钢桁架梁悬索桥）+16×42m（瓮安岸引桥）构造。主桥为主跨1 130m的单跨简支钢桁架加劲梁悬索桥，主缆计算跨径为258m+1 130m+345m。

索塔为钢筋混凝土框架结构，索塔高度为230m，瓮安岸索塔高度为220m。两岸索塔基础均采用18根直径3.5m的桩基础，行列式布置，嵌岩桩设计。设计采用C50机制砂自密实混凝土。

索塔基桩共18根，桩径均为3.5m，分两侧布置，每侧各9根。清水河特大桥开阳岸索塔基础一般构造图如图5.8所示。索塔右幅位于溶槽内，左幅位于溶槽边缘，溶槽内岩体节理裂隙发育。为保证桩基施工效果，设计采用C35机制砂自密实混凝土。

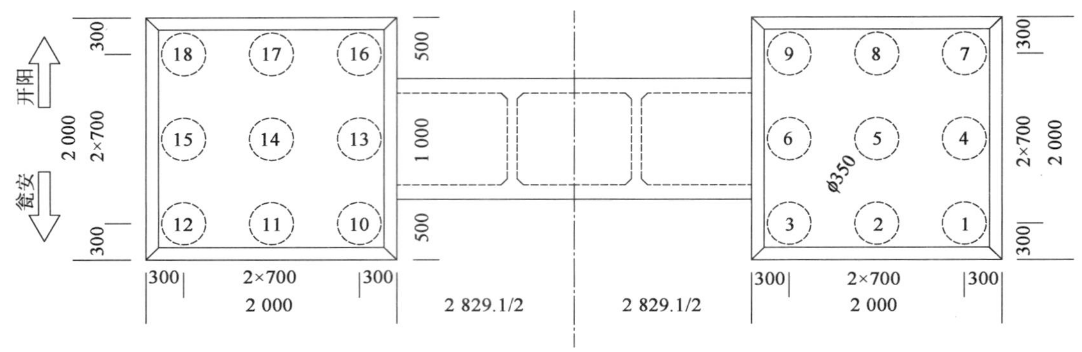

图5.8 索塔承台基础一般构造图（尺寸单位：cm）

5.4.2 C35桩基、C50索塔机制砂自密实混凝土的配制与性能

1）C35桩基、C50索塔机制砂自密实混凝土原材料

根据索塔、桩基的内在质量、外观质量及温度控制要求，混凝土原材料须选择级配良好的砂、石料、收缩相对较小、水化放热曲线相对较缓的聚羧酸缓凝型高效减水剂，选用掺加Ⅱ级粉煤灰。具体要求如下：

（1）水泥采用紫江P.O 42.5水泥。

（2）粉煤灰由国电都匀和黔西发电有限公司电厂生产，为Ⅱ级灰，具体指标如表5.1所示。

（3）砂石料均采用毛云砂石料场生产的砂石料（灰岩），机制砂细度模数在2.7%～3.0之间，石粉含量在7%～12%之间。

（4）碎石采用5～25mm连续级配碎石。

（5）减水剂采用KDSP-1型聚羧酸盐缓高性能减水剂，固含量为20.6%，减水率为28%。

都匀粉煤灰检测报告　　表5.1

序号	检测项目	计量单位	技术要求（Ⅱ级灰）	检测值
1	三氧化硫	%	≤3	0.8
2	总碱量	%	—	0.94
3	游离氧化钙	%	≤1.0	0.32

续上表

序号	检测项目	计量单位	技术要求(Ⅱ级灰)	检测值
4	需水量比	%	≥95	97
5	烧失量	%	≤8.0	7.4
6	细度	%	≤25.0	23.4

2)C35 桩基、C50 索塔机制砂自密实混凝土的配制要求

根据清水河特大桥的混凝土设计要求，机制砂自密实混凝土应满足以下要求：

(1)索塔 C50 机制砂自密实混凝土

工作性能：坍落度 250±20mm；扩展度 650±50mm

力学性能：7d 强度≥50MPa。

耐久性能：具备良好的耐久性能、抗裂性能。

(2)桩基用 C35 机制砂自密实混凝土

工作性能：坍落度 250±20mm；扩展度 650±50mm。

力学性能：7d 抗压强度≥30MPa；28d 抗压强度≥38MPa。

3)C50 索塔机制砂自密实混凝土的配制与性能

在前期大量试验的基础上，以 3-16 组作为 C50 机制砂自密实混凝土的基准配合比(表 5.2)。在基准配合比的基础上，主要研究不同粉煤灰掺量、胶凝材料用量、砂率、水胶比等配合比参数对混凝土性能的影响，以进一步优化 C50 机制砂自密实混凝土配制技术。

C50 机制砂混凝土基准配合比(kg/m^3) 表 5.2

编号	胶凝材料	水泥	粉煤灰	砂	石子	水灰比	砂率	水	减水剂
3-16	510	357	153	1 007	824	0.31	55%	158	1.0%

主要测试指标包括：初始坍落度和扩展度及至坍落度时间，3d、7d、28d 的立方体抗压强度。

(1)砂率的变化(50%、55%、60%)

试验研究不同砂率的变化(50%、55%、60%)对 C50 机制砂自密实混凝土工作性能和抗压强度的影响。具体试验结果见表 5.3 和表 5.4。

不同砂率对混凝土工作性能的影响 表 5.3

编号	胶凝材料(kg/m^3)	粉煤灰(%)	砂率(%)	水胶比	减水剂(%)	T/K(mm)	T_d(s)	黏聚性	离析	泌水
3-23	510	30	50	0.31	1.1	250/640	14	一般	轻微	轻微
3-22	510	30	55	0.31	1.1	275/700	15	好	无	无
3-24	510	30	60	0.31	1.2	260/590	10	好	无	无

由上表可以看出，随着砂率的增大，在保证拌和物良好状态的前提下，混凝土拌和物黏稠问题得到很好的改善，表明砂率对自密实混凝土的工作性影响很大。当保持水胶比、胶材总量、粉煤灰掺量等参数不变时，随着砂率的增大，混凝土的流动性和包裹性变好。

不同砂率对混凝土抗压强度的影响　　表 5.4

编号	胶凝材料(kg/m³)	粉煤灰(%)	砂率(%)	水胶比	减水剂(%)	T/K(mm)	抗压强度(MPa)		
							3d	7d	28d
3-23	510	30	50	0.31	1.1	250/640	39.4	48.1	47.4
3-22	510	30	55	0.31	1.1	275/700	42.2	47.9	52.4
3-24	510	30	60	0.31	1.2	260/590	42.5	46.2	50.1

由上表可以看出，随着砂率的增加，混凝土 3d、7d 强度逐渐增大，说明对于 C50 机制砂自密实混凝土，砂率的增大对早期强度有利；随着砂率的增加，混凝土 7d、28d 强度先增后减，说明适当提高砂率可以提高混凝土后期强度，但砂率过大会导致混凝土强度呈下降趋势。

(2)水胶比的变化(0.29、0.31、0.33)

试验研究不同水胶比的变化(0.29、0.31、0.33)对 C50 机制砂自密实混凝土工作性能和抗压强度的影响。具体试验结果见表 5.5 和表 5.6。

不同水胶比对混凝土工作性能的影响　　表 5.5

编号	胶凝材料(kg/m³)	粉煤灰(%)	砂率(%)	水胶比	外加剂(%)	T/K(mm)	T_d(s)	黏聚性	离析	泌水
3-25	510	30	55	0.29	1.45	270/650	15	偏黏	无	无
3-22	510	30	55	0.31	1.1	275/700	15	好	无	无
3-26	510	30	55	0.33	1.0	275/730	7	好	无	无

不同水胶比对混凝土抗压强度的影响　　表 5.6

编号	胶凝材料(kg/m³)	粉煤灰(%)	砂率(%)	水胶比	减水剂(%)	T/K(mm)	抗压强度(MPa)		
							3d	7d	28d
3-26	510	30	55	0.33	1.0	275/730	43.0	47.2	52.0
3-22	510	30	55	0.31	1.1	275/700	42.2	47.9	52.4
3-25	510	30	55	0.29	1.45	270/650	57.1	47.5	53.2

由上表可知，对于 C50 机制砂自密实混凝土，水灰比的变化对混凝土拌和物的状态影响很大。3-25 组的倒坍落时间虽与基准组相同，但是所需减水剂掺量为 1.45%，远远高于基准组，表明水灰比过小，为保证良好的工作性，所需外加剂掺量过大。同时可以看出，过低的水灰比会导致混凝土过于黏稠，但是混凝土内聚力也明显提高，因此当水灰比为 0.29 时，其倒坍落度时间为 15s。此外，当水灰比增大时，所需减水剂掺量变小，但是流动性和黏稠问题都得到改善，说明在保证 C50 机制砂自密实混凝土强度的前提下，水灰比不能太低。

上表可以看出，随着水胶比的降低，混凝土的 7d、28d 抗压强度呈不断增大的趋势，但增加的幅度不明显。

(3)胶凝材料总量的变化(455kg/m³、480kg/m³、505kg/m³)

试验研究不同胶凝材料总量的变化(455kg/m³、480kg/m³、505kg/m³)对 C50 机制砂自密实混凝土工作性能和抗压强度的影响。试验结果见表 5.7 和表 5.8。

不同胶凝材料用量对混凝土工作性能的影响　　表5.7

编号	胶凝材料 (kg/m³)	粉煤灰 (%)	砂率 (%)	水胶比	外加剂 (%)	T/K (mm)	T_d (s)	黏聚性	离析	泌水
3-28	485	30	55	0.31	1.35	265/630	11	一般	无	无
3-22	510	30	55	0.31	1.1	275/700	15	好	无	无
3-27	535	30	55	0.31	1.1	265/650	7	好	无	无

通过对比以上三组可以发现，3-27组将胶凝材料用量增加至535kg/m³，与基准组相比，基准组混凝土拌和物浆体相对黏稠，倒坍时间增大，而与3-28组相比，其外加剂掺量达到1.35%，并且工作性不如3-27组混凝土拌和物，说明胶凝材料总量的降低不利于混凝土的工作性和流动速度，且提高了外加剂的用量。

不同胶凝材料用量对混凝土抗压强度的影响　　表5.8

编号	胶凝材料 (kg/m³)	粉煤灰 (%)	砂率 (%)	水胶比	减水剂 (%)	T/K (mm)	抗压强度(MPa)		
							3d	7d	28d
3-28	485	30	55	0.31	1.35	265/630	43.0	48.4	54.3
3-22	510	30	55	0.31	1.1	275/700	42.2	47.9	52.4
3-27	535	30	55	0.31	1.1	265/650	42.5	47.8	51.5

由上表可以看出，随着胶凝材料的增加，混凝土3d、7d、28d强度逐渐减小，说明胶凝材料的用量并非越多越好；掺量过大导致拌和物中石子太少，从而导致混凝土强度降低。要综合考虑工作性，合理控制胶凝材料用量。

(4)粉煤灰掺量的变化(20%、30%、40%)

试验研究不同粉煤灰掺量(20%、30%、40%)对C50机制砂自密实混凝土工作性能和抗压强度的影响。试验结果见表5.9和表5.10。

不同粉煤灰掺量对混凝土工作性能的影响　　表5.9

编号	胶凝材料 (kg/m³)	粉煤灰 (%)	砂率 (%)	水胶比	外加剂 (%)	T/K (mm)	T_d (s)	黏聚性	离析	泌水
3-29	510	20	55	0.31	1.15	260/660	11	好	无	无
3-22	510	30	55	0.31	1.1	275/700	15	好	无	无
3-30	510	40	55	0.31	1.01	260/685	14	好	无	轻微

由以上结果可以看出，随着粉煤灰掺量的增大，浆体黏性减弱，减水剂掺量减少，拌和物状态均良好。

不同粉煤灰掺量对混凝土抗压强度的影响　　表5.10

编号	胶凝材料 (kg/m³)	粉煤灰 (%)	砂率 (%)	水胶比	减水剂 (%)	T/K (mm)	抗压强度(MPa)		
							3d	7d	28d
3-29	510	20	55	0.31	1.15	260/660	50.2	55.4	56.8
3-22	510	30	55	0.31	1.1	275/700	42.2	47.9	52.4
3-30	510	40	55	0.31	1.01	260/685	39.3	45.6	48.7

由上表可以看出，粉煤灰对混凝土的早期强度影响较大，随着粉煤灰掺量的增大，混凝土3d、

7d、28d强度呈现减小的趋势。粉煤灰掺量超过30%时,混凝土的28d强度不满足力学性能要求。

通过配合比优化技术可以配制出C50索塔机制砂自密实送混凝土。其配合比为:胶凝材料总量510kg/m³,粉煤灰掺量30%~40%,水胶比0.30~0.32,砂率根据机制砂中石粉含量进行调整,石粉含量<10%,适宜砂率为50%~55%,减水剂优选适量的聚羧酸高效减水剂,具体掺量根据外加剂的种类和固含量进行调整。

5.4.3 C35桩基、C50索塔机制砂自密实混凝土的施工过程

经过前期的大量试验,确定工程用混凝土配合比见表5.11。

机制砂自密实混凝土施工配合比(kg/m³) 表5.11

混凝土用途	水泥	粉煤灰	机制砂	碎石	水	外加剂
C50索塔	425	75	857	928	165	5
C35桩基	308	102	880	954	156	4.1

1)C50索塔机制砂自密实混凝土的施工过程

(1)混凝土拌制

塔柱混凝土施工配备2台120m³/h全自动拌和站用于塔柱混凝土的生产,整个搅拌系统由微机全自动控制,混凝土质量稳定。根据砂石料的含水率,试验室人员在浇筑混凝土过程中检测每盘混凝土坍落度,在保证水灰比不变的前提下,随时调整用水量,并做好记录,混凝土拌制时应严格控制水灰比和搅拌时间,搅拌时间不得少于90s。

(2)混凝土输送、布料

塔柱混凝土浇筑采取拖泵直接泵送入仓。泵送至浇筑仓面的混凝土通过布料机或溜槽布料。施工中采用HBT80C型电动混凝土输送泵进行泵送,如图5.9所示。

塔顶采用布料机进行混凝土浇筑,如图5.10、图5.11所示。

图5.9 混凝土泵送现场

图5.10 混凝土布料现场

(3)混凝土振捣

①混凝土应分层振捣,分层高度控制在30~40cm。

②混凝土振捣时应分区定块、定员作业,振捣应密实、不漏振、欠振和过振。

③振捣采取快插慢拔方式,严格控制棒头插入混凝土的间距、深度与作用时间,并密切观察振捣情况,在混凝土泛浆、不再冒出气泡时视为混凝土振捣密实,防止混凝土表面出现蜂窝、麻面,甚至空洞等缺陷。

④混凝土振捣间距应小于40cm，振捣上层混凝土时要插入下层混凝土5cm以上。每个振动点振捣时间应控制在35～45s。

⑤振捣过程中，严禁振捣棒接触模板，并在混凝土浇筑期间内，派专人检查模板对拉螺杆的松紧情况，防止出现爆模、漏浆等现象；专人检查预埋钢筋和其他预埋件的稳固情况，对松动、变形、移位等情况，应及时进行处理。

(4)混凝土养护

为保证混凝土质量，防止或减少混凝土表面开裂，浇筑完成的混凝土必须及时进行养护，具体方法参见第5.3节。

2)C35桩基机制砂自密实混凝土的施工过程

桩身采用C35混凝土，由于基桩桩长较长，故采用导管接入桩孔底部进行混凝土灌注的施工方法，导管离孔底距离不宜超过1.5～2.0m，在浇筑过程中应及时拆除导管。

(1)导管下放

钢筋笼下放定位完成后，下放混凝土浇筑导管。导管首次使用前，应逐根进行检查，量测其长度并进行编号标注。导管下放前逐根检查导管是否干净、畅通、有无小孔眼以及止水“O”形密封圈的完好性。导管接长时通过两根I字钢加工而成的活动卡固定，导管接长中要检查“O”形密封圈的完好性和涂抹黄油，保证导管密封性和拆除方便。最下节导管下口为断口，以免提升导管时勾挂钢筋笼。导管吊放时，应使位置居孔中、轴线顺直，稳步沉放，防止卡住钢筋骨架和碰撞孔壁。导管下口至孔底距离应控制在0.3～0.4m之间。如图5.12～图5.14所示。

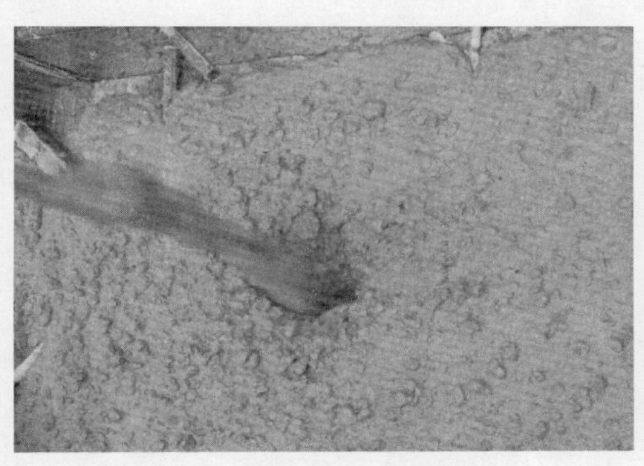

图5.11　混凝土浇筑

图5.12　钢筋笼下放

图5.13　导管下放

图5.14　料斗安装

安装料斗前，料斗内残留水泥浆、混凝土结块要清理干净，每次灌注混凝土前，料斗要进行湿润，并检查料斗的运作情况（包括阀门能否开启和关闭，关闭后是否牢固可靠）。

（2）混凝土灌注

①混凝土制备和运输。

a. 基桩混凝土采用两套拌和站设备集中拌制，其实际生产能力约为 130m³/h。混凝土强度等级为 C35 混凝土。混凝土拌制时的坍落度控制在 20～22cm，灌注时的坍落度控制在 18～20cm；粗集料的粒径范围为 5～31.5mm；混凝土初凝时间应不小于 10h；掺加适量的粉煤灰及外加剂，改善混凝土的和易性和流动性。

b. 混凝土运输采用 8m³ 运输罐车直接运输至混凝土灌注地点，混凝土运输车预备 4～5 辆。

c. 施工时，混凝土拌制必须严格按混凝土配合比进行，不得随意更改各种材料的用量比例。

②混凝土灌注施工。

a. 灌注桩身混凝土时，用泵管插入至孔底浇筑第一层混凝土，完成后将泵管插入混凝土内部继续浇筑，将第一层混凝土由桩底位置逐渐向上翻，使第一层混凝土摩擦桩孔内壁，并带走附着于桩孔内壁的渣土，达到清理孔壁的效果。灌注过程中一边灌注一边把泵管向上提，直至灌注完成（图 5.15）。

b. 桩身混凝土的浇筑高度应高出设计桩顶高程 20cm 左右，以保证桩内不存在含有较多渣土的第一层混凝土。

c. 灌注桩身混凝土时，应留置试块，每根桩不得少于 1 组（3 件），并及时提出试验报告。

图 5.15　混凝土灌注

d. 距设计混凝土浇筑顶高程 5～10m 时，为保证顶部混凝土的密实，须采用振捣棒进行振捣密实。

e. 混凝土灌注完成之后，应及时清理现场，清除桩头浮浆。待强度达到 0.5MPa 时，人工凿除桩头多余混凝土，凿除混凝土时注意不要振坏桩身混凝土（图 5.16、图 5.17）。

（3）成桩检测

桩基检测的方法、数量等要求均按《公路工程基桩动测技术规程》（JTG/T F81-01—2004）和设计文件有关规定执行。待桩头混凝土强度达到设计要求后，开挖基础并凿除桩头多余混凝土。达到桩顶设计高程后，采用手工凿除桩头混凝土，不得采用破坏或其他影响桩身质量的方法进行桩头的凿除。

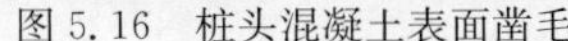
图 5.16　桩头混凝土表面凿毛

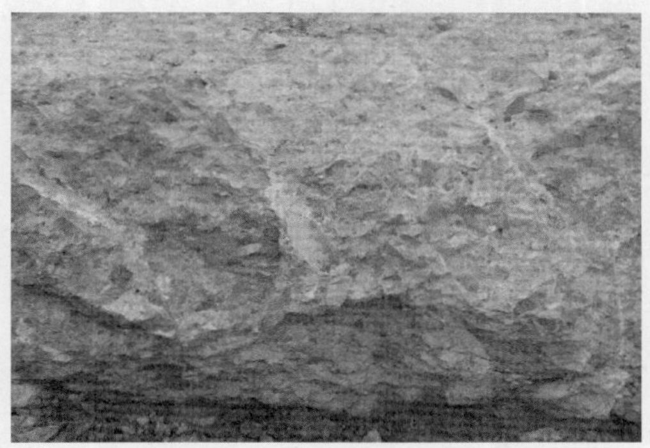
图 5.17　人工凿毛后的混凝土表面

5.4.4　C35 桩基、C50 索塔机制砂自密实混凝土的应用效果

1)C50 索塔机制砂自密实混凝土的应用效果

2014 年 1 月～10 月完成了索塔的修建工作，浇筑墩身平整度高，几乎没有裂缝，如图 5.18、图 5.19 所示。

图 5.18　索塔混凝土近照

图 5.19　索塔远景图

现场测试 C50 索塔机制砂自密实混凝土的工作性，其中坍落度为 255mm，混凝土试块成型后在自然条件下养护，28d 抗压强度为 62.3MPa，均满足工程要求，经相关机构检测，工程质量优异。

2)C35 桩基机制砂自密实混凝土的应用效果

2013 年 9 月～11 月期间，完成了贵翁高速清水河特大桥开阳侧 9 号主塔塔区 18 根桩基的混凝土浇筑工作，C35 桩基混凝土应用效果良好，密实度高，强度满足要求，如图 5.20 所示。

现场测试了 C35 桩基混凝土的工作性，其坍落度分别为 230mm 和 245mm，C35 桩基机制砂自密实混凝土 28d 强度达到了 42.3MPa。混凝土的工作性能和力学性能均满足工程要求，混凝土密实性良好，经相关机构检测，工程质量优异。

图 5.20 桩基混凝土浇筑效果图

5.5 C50 机制砂自密实混凝土在北盘江特大桥索塔中的应用

5.5.1 工程概况

北盘江特大桥属杭瑞高速毕节至都格段，位于贵州（六盘水市都格乡）与云南（宣威市腊龙村）两省交界处，地表起伏大，位处深沟高壁，跨越北盘江大峡谷。桥梁全长 1 341.40m，桥跨布置为 80m＋2×88m＋720m＋2×88m＋80m＋3×34m，桥型设计为 720m 主跨钢桁梁斜拉桥，为世界同类型结构之最。墩高为 269m（3 号索塔）～246.5m（4 号索塔），桩深为 55m，直径为 2.8m，钢桁架上下弦杆内截面为 90cm×73cm。大桥具体工程介绍参见第 3 章。

北盘江特大桥索塔总高 246.5m，其中塔座高 19.5m，上塔柱为 H 形塔。索塔用混凝土为机制砂自密实混凝土，设计强度等级为 C50。

5.5.2 C50 索塔机制砂自密实混凝土的配制与性能

1）C50 索塔机制砂自密实混凝土原材料

（1）水泥

采用曲靖宣峰 42.5 低热水泥。

（2）细集料

选用自产料场生产的石灰岩机制砂，细度模数为 3.0～3.1，在中、粗砂范围内。人工砂石粉含量为 4.8％，技术性能指标符合《公路桥涵施工技术规范》（JTG/T F50—2011）的要求。

（3）粗集料

选用自产料场的石灰岩碎石，采用 5～10mm 和 10～20mm 两种粒径的碎石复配而成，技术性能指标符合《公路桥涵施工技术规范》（JTG/T F50—2011）的要求。

（4）粉煤灰

选用法耳辉煌粉煤灰厂级粉煤灰，技术指标符合《用于水泥和混凝土中的粉煤灰》（GB/T 1596—2005）的要求。

(5)外加剂

采用超长缓凝型外加剂，经试验检测符合《混凝土外加剂应用技术规范》(GB 50119—2013)、《聚羧酸系高性能减水剂》(JG/T 223—2007)等标准的要求。

(6)拌和用水

拌和用水为北盘江水，经试验检测符合《混凝土用水标准》(JGJ 63—2006)和《公路桥涵施工技术规范》(TG/T F50—2011)的要求。

2)C50 索塔机制砂自密实混凝土的配制与性能

(1)C50 索塔机制砂自密实混凝土配制要求

工作性能：坍落度在 230～260mm，坍落扩展度控制在 500～750mm 以上；倒坍落度筒流出时间控制在 10～15s 之间；无泌水离析，浆体状态比较黏稠，不松散，能流动，新拌混凝土表面能够自动流平，能够通过 U 形槽流平。混凝土容重在 2 400～2 550kg/m^3。

力学性能：混凝土 7d 抗压强度达到 35MPa 以上，28d 抗压强度达到 60MPa 以上。

(2)C50 索塔机制砂自密实混凝土配制技术

在前期大量试验的基础上，以 4-1 组作为 C50 机制砂自密实混凝土的基准配合比(表 5.12)。在基准配合比的基础上，主要研究不同粉煤灰掺量、胶凝材料用量、砂率、水胶比等配合比参数对混凝土性能的影响，以进一步优化 C50 机制砂自密实混凝土配制技术。

C50 机制砂自密实混凝土基准配合比(kg/m^3) 表 5.12

编号	胶凝材料	水泥	粉煤灰	砂	石子	水灰比	砂率	水	减水剂
4-1	510	306	208	915	915	0.314	50%	160	1.1%

主要测试指标包括：初始坍落度和扩展度，倒坍落度筒流出时间，3d、7d、28d 和 60d 的立方体抗压强度。

①砂率的变化(44%、46%、50%和 55%)。

试验研究不同砂率的变化(44%、46%、50%和 55%)对 C50 索塔机制砂自密实混凝土工作性能和抗压强度的影响。具体试验结果见表 5.13 和表 5.14。

不同砂率对混凝土工作性能的影响 表 5.13

编号	砂率	外加剂	T/K(mm)	倒坍时间	黏聚性	离析	泌水
4-1	44%	0.885%	240/590	8.0s	较差	无	无
4-6	46%	1.0%	240/685	9.7s	较差	无	无
4-2	50%	1.088%	265/685	10.5s	好	无	无
4-3	55%	1.2%	260/790	10.2s	较黏	无	无

从上表可知，砂率对自密实混凝土的工作性影响很大。当保持水胶比、胶材总量、粉煤灰掺量等参数不变，随着砂率的增大，混凝土的流动性和包裹性变好。当砂率为 50%时，混凝土状态良好。当砂率过高时，拌和物浆体黏，且比较稠，浆体抓底。4-6 组拌和物状态如图 5.21 所示。

因此，砂率的变化对混凝土的流动性及包裹性影响明显，砂率是影响 C50 索塔机制砂自密实混凝土的重要参数。

不同砂率对混凝土抗压强度的影响　表 5.14

编号	砂率	外加剂	抗压强度(MPa)	
			3d	7d
4-1	44%	0.885%	31.6	40.5
4-6	46%	1.0%	31.7	40.6
4-2	50%	1.088%	32.1	44.6
4-3	55%	1.2%	32.2	41.5

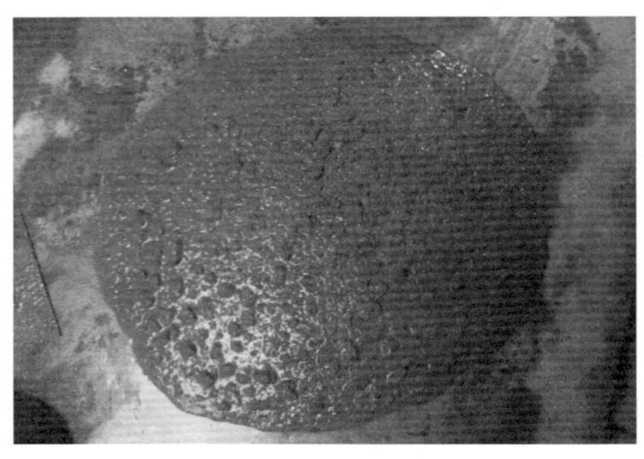

图 5.21　4-6 组混凝土拌和物状态

由表 5.14 可以看出，随着砂率的增大，C50 索塔机制砂自密实混凝土的 3d 抗压强度呈增大的趋势，7d 的抗压强度呈先增大后减小的趋势。

②不同粉煤灰掺量的变化(20%、30%和 40%)。

试验研究不同粉煤灰掺量的变化(20%、30%和 40%)对 C50 索塔机制砂自密实混凝土工作性能和抗压强度的影响。具体试验结果见表 5.15 和表 5.16。

不同粉煤灰掺量对混凝土工作性能的影响　表 5.15

编号	粉煤灰	外加剂	T/K(mm)	倒坍时间	黏聚性	离析	泌水
4-5	40%	1.1%	260/720	9.1s	好	无	无
4-8	30%	1.0%	265/710	13.7s	较黏	无	轻微
4-9	20%	1.04%	265/705	7.5s	很黏	无	无

由上表可得，4-8 组在 4-5 的基础上，将粉煤灰掺量降低至 30%，混凝土拌和物较黏，有轻微的泌浆。4-9 组在 4-5 的基础上，将粉煤灰掺量降低至 20%，混凝土拌和物很黏。由 4-8 和 4-9 两组可知，粉煤灰掺量降低，拌和物浆体变黏。由以上三组可以看出，随着粉煤灰掺量的减少，混凝土的流动性降低。

不同粉煤灰掺量对混凝土抗压强度的影响　表 5.16

编号	粉煤灰	外加剂	抗压强度(MPa)			
			3d	7d	28d	60d
4-5	40%	1.1%	31.1	43.5	54.5	57.8
4-8	30%	1.0%	36.7	46.2	60.1	73.7
4-9	20%	1.04%	43.1	53.8	72.4	76.1

由表 5.16 可得，随着粉煤灰掺量的增大，对于 C50 索塔机制砂自密实混凝土的 3d、7d、28d 和 60d 的抗压强度，呈逐渐减小的趋势。

从不同粉煤灰掺量的变化对混凝土性能的影响可得，随着粉煤灰掺量的降低，混凝土拌和物变黏，流动性降低，同时其混凝土的抗压强度减小。

③不同水胶比的变化(0.284、0.314 和 0.344)。

试验研究不同水胶比的变化(0.284、0.314 和 0.344)对 C50 索塔机制砂自密实混凝土工作性能和抗压强度的影响。具体试验结果见表 5.17 和表 5.18。

不同水胶比对混凝土工作性能的影响　　表 5.17

编号	水胶比	外加剂	T/K(mm)	倒坍时间	黏聚性	离析	泌水
4-5	0.314	1.1%	260/720	9.1s	好	无	无
4-10	0.344	0.7%	255/600	6.1s	较黏	无	无
4-11	0.284	1.23%	260/650	18.6s	很黏	无	无

由上表可得，4-10 组是在 4-5 组的基础上将水胶比提高至 0.344，混凝土拌和物流动性不好，浆体较稠。4-11 组是在 4-5 的基础上将水胶比降低至 0.284，混凝土拌和物浆体很黏，其倒坍时间到达 18.6s，工作性不好。因此水胶比是控制 C50 索塔机制砂自密实混凝土工作性的一个重要指标，过大或者过小都会引起混凝土工作性不好。

不同水胶比对混凝土抗压强度的影响　　表 5.18

编号	水灰比	外加剂	抗压强度(MPa)			
			3d	7d	28d	60d
4-5	0.314	1.1%	31.1	43.5	54.5	57.8
4-10	0.344	0.7%	24.4	37.5	46.7	56.4
4-11	0.284	1.23%	40.5	46.0	73.7	75.3

由表 5.18 可以得到，随着水胶比的增大，对于 C50 索塔机制砂自密实混凝土的 3d、7d、28d 和 60d 的抗压强度呈逐渐减小的趋势。

④不同瓜米石掺量的变化(30%、35%和 45%)。

试验研究不同瓜米石掺量的变化(30%、35%和 45%)对 C50 索塔机制砂自密实混凝土工作性能和抗压强度的影响。具体试验结果见表 5.19 和表 5.20。

不同瓜米石掺量的变化对混凝土工作性能的影响　　表 5.19

编号	石子		外加剂	T/K (mm)	倒坍时间	黏聚性	离析	泌水
	瓜米石比例(5～10mm)	碎石比例(10～20mm)						
4-5	45%	55%	1.1%	260/720	9.1s	好	无	无
4-12	35%	65%	0.936%	260/725	6.7s	好	无	无
4-13	30%	70%	0.953%	260/650	5.8s	好	无	无

由上表可得，随着瓜米石掺量的增大，混凝土拌和物的流动性增大，倒坍时间增加。

不同瓜米石掺量的变化对混凝土抗压强度的影响　　表 5.20

编号	石子		外加剂	抗压强度(MPa)			
	瓜米石比例(5～10mm)	碎石比例(10～20mm)		3d	7d	28d	60d
4-5	45%	55%	1.1%	31.1	43.5	54.5	57.8
4-12	35%	65%	0.936%	30.5	37.3	56.8	62.3
4-13	30%	70%	0.953%	28.1	36.9	59.2	60.8

由上表可得，随着瓜米石掺量增大，碎石掺量减小，C50 索塔机制砂自密实混凝土的 3d 和 7d 抗压强度都呈增大的趋势，28d 抗压强度呈逐渐减小的趋势，60d 的抗压强度呈先增大后减小的趋势。

⑤胶凝材料总量的变化(490kg/m^3、510kg/m^3 和 530kg/m^3)。

试验研究不同胶凝材料总量的变化(490kg/m^3、510kg/m^3 和 530kg/m^3)对 C50 索塔机制砂自密实混凝土工作性能和抗压强度的影响。具体试验结果见表 5.21 和表 5.22。

不同胶凝材料总量的变化对混凝土工作性能的影响　　表 5.21

编号	胶材总量(kg/m^3)	外加剂	T/K (mm)	倒坍时间	黏聚性	离析	泌水
4-5	510	1.1%	260/720	9.1s	好	无	无
4-14	530	0.854%	265/760	8.6s	好	无	无
4-15	490	0.861%	260/680	14.6s	较黏	无	无

不同胶凝材料总量的变化对混凝土抗压强度的影响　　表 5.22

编号	胶材总量(kg/m^3)	外加剂	抗压强度(MPa)			
			3d	7d	28d	60d
4-5	510	1.1%	31.1	43.5	54.5	57.8
4-14	530	0.854%	30.8	37.6	51.4	66.3
4-15	490	0.861%	26.8	37.7	54.6	64.5

4-15 组将胶凝材料用量降低至 490kg/m^3，混凝土拌和物浆体较稠，倒坍时间较大，为 14.6s。随着胶凝材料总量的增加，混凝土拌和物的流动性增大，倒坍时间减小，且减水剂掺量减少。4-14 组拌和物状态如图 5.22 所示。

从胶凝材料总量的变化对混凝土的工作性影响可以看出，胶凝材料总量的增大有利于混凝土的流动性和流动速度，且可以降低外加剂的用量。

由上表可得，随着胶材总量的增加，C50 索塔机制砂自密实混凝土的 3d 和 7d 抗压强度均呈先增大后减小的趋势，28d 抗压强度呈逐渐增大的趋势，60d 抗压强度均呈先减小后增大的趋势。

通过系统配合比参数试验研究，可得到如下结论：

(1)机制砂建议采用碎石破碎工艺制备，以控制含泥量、确保合理的石粉含量，尤其对超流态自密实混凝土和砂浆，应严格控制其含泥量。

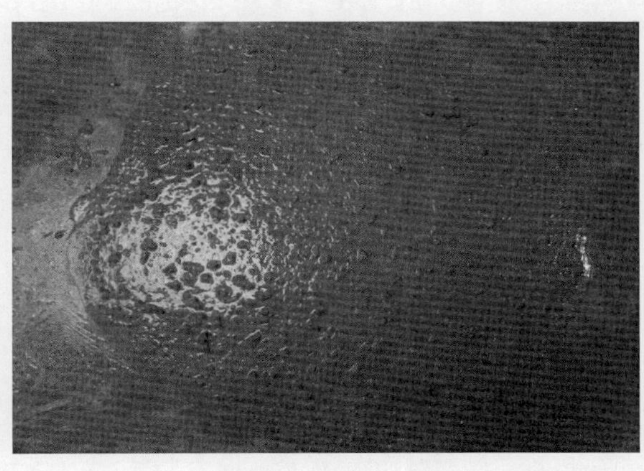

图 5.22　4-14 组混凝土拌和物状态

(2)从工作性和力学性能方面综合考虑,建议采用优质原材料:水泥采用 42.5 普通硅酸盐水泥及以上,且确保和外加剂的相容性好;选用优质粉煤灰(Ⅰ级或准Ⅰ级粉煤灰);粗集料采用连续级配,含泥量控制在 0.5%以内,针片状颗粒含量小于 5%;机制砂的含泥量小于 1%,亚甲蓝 MB 值小于 1.4。

(3)通过配合比优化技术可以配制出 C50 索塔机制砂自密实泵送混凝土。其配合比为:胶凝材料总量 510kg/m³,矿物掺和料采用 30%～40%粉煤灰等量代替水泥,水胶比为 0.314～0.334,砂率根据机制砂中石粉含量进行调整,石粉含量<13%,适宜砂率为 52%～54%,石粉含量≥13%,砂率宜取 50%～52%;4.75～9.5mm 和 9.5～31.5mm 两种石子的比例为 3.5∶6.5～4.5∶5.5;减水剂优选适量的聚羧酸高效减水剂,具体掺量可根据外加剂的种类和固含量进行调整。

5.5.3　C50 索塔机制砂自密实混凝土的施工过程

在前期试验室研究的基础上,结合工程经验与实际情况,确定以下配合比作为施工配合比,具体见表 5.23。

机制砂自密实混凝土施工配合比(kg/m³)　　表 5.23

混凝土用途	水泥	粉煤灰	机制砂	碎石	水	外加剂
C50 索塔 SCC	395	99	843	950	163	4.446

超高索塔的混凝土施工难度较大,施工前应进行相关混凝土试验研究,确保混凝土的流动性、和易性、泵送性能及缓凝、早强等性能满足要求。上塔柱为钢筋混凝土结合段,混凝土具有特殊性,特别是对钢锚箱与混凝土之间的连接性、耐久性以及混凝土防裂性能要进行试验与研究,混凝土材料选用后应尽量保持一致,浇筑时应振捣密实,施工缝均应进行凿毛、除油、清洗处理,以保证新老混凝土的结合。

(1)混凝土浇筑

①混凝土现场浇筑的顺序为:浇筑前检查→混凝土入模→混凝土摊平→混凝土振捣→混凝土养生。

②混凝土投料方式：输送泵泵送入模，多点下串筒下料浇筑。

③混凝土浇筑前检查：混凝土浇筑前，须对支架、模板、钢筋和预埋件进行检查记录，合格后方可浇筑。模内须无杂物、积水，钢筋须干净。模板接缝须严密，模内涂刷脱模剂。混凝土入模前须检查混凝土的均匀性和坍落度。

④混凝土浇筑方向、顺序、层厚控制：混凝土须按一定厚度、顺序和方向分层浇筑，在下层混凝土初凝或能重塑前浇筑完上层混凝土，混凝土分层厚度见表5.24。

混凝土分层厚度表 表5.24

捣实方法		浇筑层厚度(mm)
插入式振捣器		300
附着式振捣器		300
平板振捣器	无钢筋或钢筋稀疏	250
	钢筋较密	150

⑤混凝土浇筑时严禁采取人工捣实混凝土。

(2)混凝土养护

养护对于混凝土质量有很大影响，因此必须按照相关规定要求进行养护，具体方法参见第5.3.4节。

本章参考文献

[1] OKAMURA Hajime, OUCHI Masahiro. Self-compacting concrete development, present use and future[J]. Proceedings of the First International RILEM Symposium, Skarendal A, Peterson O. RILEM Publications, 1997:3-14.

[2] 王宏，王敬东. 自密实混凝土技术应用[J]. 施工技术，2012，03:97-99.

[3] 冯乃谦. 新实用混凝土大全[M]. 北京：科技出版社，2005.

[4] Jiang Zhengwu, Sun Zhenping, Wang Peiming. Autogenous relative humidity change and autogenous shrinkage of high performance cement pastes[J]. Cement and Concrete Research, 2005, 35(11):74-75.

[5] 张厚婵. 机制砂自密实混凝土配制方法及应用技术研究[D]. 杭州：浙江大学，2012.

[6] 蒋正武，石连富，孙振平. 用机制砂配制自密实混凝土的研究[J]. 建筑材料学报，2007，10(2)：154-160.

[7] 吴云，周薇薇. 机制砂自密实片石混凝土的工程应用[J]. 商品与质量·学术观察，2013，(6):104.

[8] 赵顺波，丁新新，李长明，等. 变形钢筋与机制砂混凝土黏结性能试验研究[J]. 建筑材料学报，2013，16(2):191-196.

[9] 陈正发，刘桂凤，秦彦龙，等. 恶劣环境区机制砂混凝土的强度和耐久性能[J]. 建筑材料学报，2012，15(3):391-394.

[10] 王雨利，王稷良，周明凯，等. 机制砂及石粉含量对混凝土抗冻性能的影响[J]. 建筑材料学报，2008，11(6):726-731.

[11] 田建平，周明凯，蔡基伟，等. 高强机制砂混凝土中石粉与粉煤灰的复合效应[J]. 武汉理工大学学报，2006，28(3)：55-57，60.

[12] 蒋符发. 高性能机制砂水泥混凝土性能的试验研究[D]. 重庆：重庆交通大学，2012.

[13] 杨建辉，童智洋. 利用机制砂配制自密实混凝土[J]. 世界桥梁，2003，1：30-32.

[14] 季锡贤，张恒春，殷新博，等. C50 机制砂自密实混凝土配制及施工技术[J]. 施工技术，2014，06：158-160.

[15] 蒋正武，黄青云，肖鑫，等. 机制砂特性及其在高性能混凝土中的应用[J]. 混凝土世界，2013 (1)：35-42.

[16] 张日恒，李昂，高展，等. 机制砂自密实混凝土试验与研究[J]. 混凝土，2008，4：028.

[17] 宋普涛，李北星，房艳伟. 机制砂配制自密实微膨胀混凝土的研究[J]. 建材世界，2009，30(3)：5-7.

[18] 李北星，杨静，宋普涛，等. C60 机制砂自密实钢管混凝土的配制[J]. 混凝土，2010，1：032.

[19] 王伯航，周大庆，尤诏，等. C20 超流态机制砂自密实混凝土的制备及性能研究[J]. 商品混凝土，2012，04：38-41.

[20] 高育欣，叶勇，修晓明，等. 一种机制砂自密实混凝土的制备和工程应用[J]. 四川建筑科学研究，2010，(004)：222-223.

[21] 冯贵芝. 贵州地区机制砂自密实混凝土的性能研究[J]. 贵州工业大学学报（自然科学版），2006，5：020.

[22] 宋普涛. 机制砂自密实钢管混凝土的配制与应用研究[D]. 武汉：武汉理工大学，2011.

[23] 武国王，蒋林华，缪昌文，等. 人工砂粉煤灰自密实混凝土的性能试验[J]. 水利水电科技进展，2009，05：29-31.

[24] 何民伟. C30 人工砂自密实混凝土的配制及性能研究[J]. 福建建材，2014，06：9-11.

[25] 葛婷. 利用特细山砂和机制砂配制 C20～C40 自密实混凝土的研究[D]. 武汉：武汉理工大学，2003.

[26] 蒋正武，李享涛，孙振平，等. 钢管拱自密实混凝土的配制与应用[J]. 建筑材料学报，2010，02：203-209.

[27] 周大庆，任达成，尤诏，等. 交通修补用机制砂抗扰动自密实混凝土的配制与工程用[J]. 混凝土世界，2013(5).

[28] 吴云，周薇薇. 机制砂自密实片石混凝土的工程应用[J]. 商品与质量·学术观察，2013，06：104.

[29] 蒋正武，梅世龙. 机制砂高性能混凝土[M]. 北京：化学工业出版社，2015.

[30] 中华人民共和国国家标准. GB/T 50081—2002 普通混凝土力学性能试验方法标准[S]. 北京：中国建筑工业出版社，2002.

[31] 王稷良. 机制砂特性对混凝土性能的影响及机理研究[D]. 武汉：武汉理工大学，2008.

[32] 冯贵芝. 贵州地区机制砂自密实混凝土的性能研究[J]. 贵州工业大学学报（自然科学版），2006，05：020.

[33] 刘运华，谢友均，龙广成. 自密实混凝土研究进展[J]. 硅酸盐学报，2007，35(5)：

671-678.

[34] 余中海. 浅谈自密实混凝土在建筑工程中的应用[J]. 贵州工业大学学报（自然科学版），2008，3：037.

[35] 胡凤华. 自密实混凝土的性能和检验[J]. 科技创新与应用，2013（3）.

[36] 杨康，龚平，柯昌君. 基于新规范的自密实混凝土配合比设计[J]. 山西建筑，2012，38(26)：127-128.

[37] 王利洁，周峰. 自密实粉煤灰混凝土配制技术的研究[J]. 建筑施工，2005，27(7).

[38] 赵筠. 自密实混凝土的研究和应用[J]. 混凝土，2003，6(9)：17.

[39] 傅沛兴，张全贵，黄艳平. 自密实混凝土检测方法探讨[J]. 混凝土，2006，9：77-79.

[40] 毋进伟，胡涛，郑文，等. 机制砂自密实块片石混凝土的试验研究及工程应用[J]. 中国包装科技博览：混凝土技术，2012（4）：31-34.

[41] 黄晓峰. 自密实混凝土抗裂及断裂性能的试验研究[D]. 杭州：浙江大学，2007.

第6章 机制砂超大粒径骨料自密实混凝土工程应用

6.1 概述

6.1.1 定义

随着现代建筑的发展，越来越多的工程采用了自密实混凝土。由于其高流动性和优异的施工性，自密实混凝土已被划入高性能混凝土的范畴[1]，也被称为“近几十年中混凝土建筑技术最具革命性的发展”[2]。

机制砂超大粒径骨料自密实混凝土是在自密实混凝土的基础上发展起来的一种新型大体积混凝土，又称堆石混凝土。其是指首先将满足要求的超大粒径骨料（大块石或块片石）直接放入施工仓，形成有一定自然空隙的块片石体，然后在块片石体表面浇注超流态机制砂自密实混凝土（SFSCC），依靠其自重，完全填充块片石体空隙，超流态机制砂自密实混凝土硬化后与块片石形成完整、密实、低水化热的混凝土结构，如图6.1所示。其混凝土强度等级可满足不同设计要求。

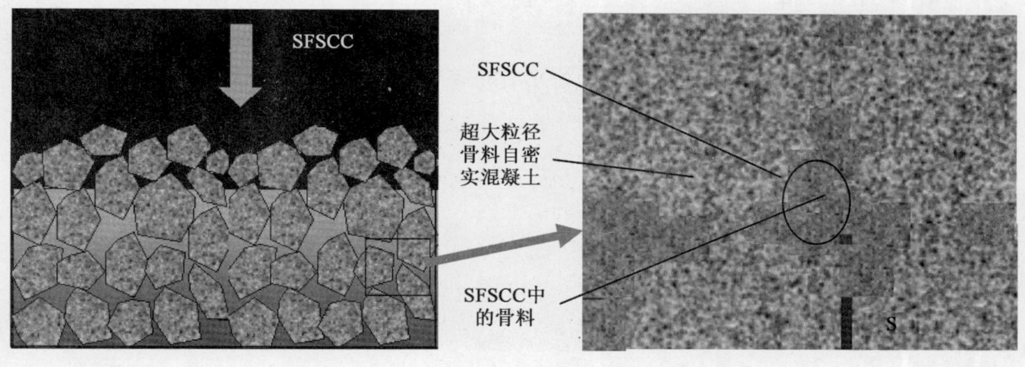

图6.1 超大粒径骨料机制砂自密实混凝土示意图

超流态机制砂自密实混凝土（SFSCC）是用机制砂配制的，指拌和物具有非常良好的工作性，黏度极低、流动性很好且黏聚性好，倒坍落度筒流出时间小于6s，仅仅依靠混凝土自重，无须振捣作用便能够均匀密实的填充超大粒径骨料自然堆积后的空隙的高性能自密实混凝土[3]。

6.1.2 国内外研究应用现状

超大粒径骨料机制砂自密实混凝土技术具有如下特点:水化热低,水化温升慢,容易控制温度,不易产生温度裂缝,耐久性好,而且施工速度快,施工质量好,同时取材方便,造价较低等,因而在水利、水电、交通、能源、市政、铁路等大体积混凝土工程领域得到了日益广泛的应用[4,5]。堆石混凝土目前工程应用情况汇总如表6.1所示[6]。此外,蒋正武等学者在贵州毕威高速公路的建设上,使用机制砂作为原材料,成功地将此技术应用在高速公路的挡土墙上,并对贵州惠兴高速公路挡土墙的建设起到了很好的指导作用。

堆石混凝土工程应用情况汇总　　表6.1

省份	工程名称	应用部位和方量	进展情况	备注
北京市	北京某蓄水池	重力坝坝体,约0.2万 m^3	2005年竣工	最大坝高14m
河南省	国网宝泉抽水蓄能电站	重力坝坝体,约0.5万 m^3 冲沟回填,约5万 m^3	2007年竣工	最大坝高39.5m
四川省	向家坝水电站	沉井回填,约7万 m^3	2008年竣工	抛石型堆石混凝土,沉井深度40~60m
山西省	清峪水库	重力坝坝体,约2.7万 m^3	2009年建设中断	最大坝高42.8m
山西省	恒山水库加固工程	拱坝加固,约3.7万 m^3	2010年竣工	最大坝高69m
山西省	围滩水电站	重力坝坝体,约4.1万 m^3	2010年竣工	最大坝高57.5m
福建省	洋庄防洪堤工程	防洪堤,约0.4万 m^3	2010年竣工	—
广东省	长坑二级水库	重力坝坝体,约1.7万 m^3	2011年竣工	最大坝高24.7m
山西省	桑湾供水工程	重力坝体,约0.4万 m^3	建设中	最大坝高16.9m

目前国内一些学者对超大粒径骨料自密实混凝土的性能做了一些研究。在试验研究方面,金峰、安雪晖等[7]学者进行了自密实混凝土充填堆石体的试验研究。试验中,在500mm×500mm×2 000mm的有机玻璃模具中随机摆放块石,分别采用3种方法浇筑3个试件,研究自密实混凝土在堆石体的流动性能和填充能力。其中1号试件前500mm空间没有摆放堆石,用自密实混凝土充填,以研究自密实混凝土本身的状态和性能。3号试件后500mm空间没有摆放堆石,以研究通过堆石体后自密实混凝土的状态和性能。试验中观察自密实混凝土在通过堆石体前后的状态,以及自密实混凝土在堆石体中流动的情况。并在试件浇筑成型后,分别对通过堆石体前自密实混凝土区域、堆石混凝土区域和通过堆石体后自密实混凝土区域进行取样,并进行回弹仪强度测试。最后得出结论为自密实混凝土在堆石体中有良好的流动性能,能够非常好的填充堆石体的空隙,形成密实的混凝土,具有较好的力学性能。

石建军、张志恒等学者以试验为基础讨论堆石混凝土的力学性能,试验试样直接从自密实堆石混凝土大型试块中切割取样,其尺寸为1 500mm×500mm×500mm。强度试验确定堆石混凝土的立方体抗压强度、棱柱体抗弯强度、棱柱体轴心抗压强度及其力学特征;控制自密实混凝土的自流动距离在1 500mm范围内,可形成不低于自密实混凝土配制强度的堆石混凝土:堆石混凝土棱柱体轴心受压应力—应变关系曲线基本接近直线,其比例极限和强度极限接近,只有微小的塑性变形,破坏呈突发式纵向劈裂;试样断口形态表明:堆石混凝土中的块石与自密实混凝土界面具有较好的黏结性。

黄锦松等学者研究了堆石混凝土技术在配筋结构中的应用。方法采用堆石混凝土的设计思想，分别以石块、废弃混凝土块和轻质材料作为大骨料进行配筋混凝土梁的浇筑。分别比较上述三种混凝土梁与自密实混凝土梁在不同破坏形式下的力学性能，对4根受弯梁和4根受剪梁进行试验研究。结果得到各种梁的裂缝发展规律，荷载-挠度曲线及极限承载力等力学性能指标，并进行简单的经济评价。试验结果表明，自密实混凝土充填石块或者废弃混凝土块梁的抗弯、抗剪承载力均高于自密实混凝土梁，并且造价低廉。自密实混凝土充填轻质材料梁的抗弯承载力与自密实混凝土梁相近，抗剪承载力有一定程度降低并且降低幅度由轻质材料的堆积率决定。最后得出结论为自密实混凝土充填石块或者废弃混凝土块梁可替换自密实混凝土梁应用于实际结构中；自密实混凝土充填轻质材料梁可以作为轻质混凝土应用于实际结构中。

吴永锦等学者研究了C20自密实混凝土在堆石混凝土中的应用，通过试验研究，初步验证了自密实混凝土的抗压强度、堆石混凝土芯样抗压强度、抗渗性和抗冻性。试验结果表明，C20自密实堆石混凝土满足强度和耐久性的设计要求[5]。

在理论研究方面，黄锦松等[8]学者通过用离散元法对堆石混凝土浇筑中自密实混凝土的流动过程进行数值模拟，进而分析自密实混凝土的流动状况，并对堆石混凝土的充填密实度进行了预测。

唐欣薇等[9-11]学者基于混凝土细观力学模型，将自密实堆石混凝土离散为自密实混凝土、块石及两者交界面3个组分构成的多相介质，建立了数值仿真模型。通过三相介质力学参数的基础性试验，分别取得3个组分的强度与本构关系。为检验模型可靠性进行了多组四点弯梁抗折试验。将细观仿真分析结果与试验进行了验证比较。结果表明，该模型能较好地模拟自密实堆石混凝土的抗折试验全过程，得到的力-位移曲线及破坏形态与试验结果表现出良好的一致性。

徐俊等[5]学者对堆石混凝土在大体积混凝土中的温度场进行分析，研究在相同条件下，以普通混凝土和堆石混凝土技术对大体积混凝土进行浇筑模拟，对其所产生的温度场分布的云图进行了对比，论证了堆石混凝土内部产生的水化热更加少，温度比普通混凝土更加低，对大体积的裂缝控制更加有效。

龚江鹏等学者对混凝土材料黏结性能的研究进展、黏结强度试验方法以及数值模拟模型进行了论述，并讨论了自密实混凝土与岩石间黏结强度的主要问题。

此外，沈乔楠等[12,13]学者针对目前堆石仓面质量和自密实混凝土的状态只能通过人工巡视目测的方法进行检测，存在主观性强、精度低等缺点，尝试对施工现场获得的视觉信息进行分析处理，引入非接触式、客观、便捷的方法用于施工质量管理。研究以堆石混凝土施工管理为对象，对施工管理中的需求进行分析，将现场目标分为运动目标和静止目标，研究和开发了相对应的视觉信息处理算法，并开发了基于视觉信息的堆石混凝土施工管理系统。实验结果表明，该系统不仅可用于堆石混凝土施工现场的管理，而且也可推广应用到其他工程的施工管理中。

6.1.3 关键技术

机制砂超大粒径骨料自密实混凝土技术的可行性和独特优势已得到广泛检验和证实。为了提高机制砂超大粒径骨料自密实混凝土性能，提出了超大粒径骨料的堆积程度及空隙率控制技术，设计出了超流态机制砂自密实混凝土的配制技术，机制砂超大粒径骨料自密实混凝土的配制技术，实现了机制砂超大粒径骨料自密实混凝土浇筑技术和施工技术以及养护技术，提出了超大粒径骨料自密实混凝土的现场检测技术等。结合这些关键技术，可以很好地指导工程应用。

6.2 机制砂超大粒径骨料自密实混凝土配制与性能

6.2.1 机制砂超大粒径骨料自密实混凝土原材料

原材料的品质是影响机制砂超大粒径骨料自密实混凝土性能的重要因素。机制砂超大粒径骨料自密实混凝土的原材料质量控制除满足第 2 章基本要求外，同时也应符合如下指标。

(1)水泥

对于机制砂超大粒径骨料自密实混凝土而言，宜采用硅酸盐水泥和普通硅酸盐水泥，强度等级不宜小于 42.5。同时依据《公路工程水泥及水泥混凝土试验规程》(JTG E30—2005)，经检测各项技术指标符合《通用硅酸盐水泥》(GB 175—2007)标准。

(2)超大粒径骨料

机制砂超大粒径骨料自密实混凝土所用的超大粒径骨料应是无风化、完整、质地坚硬、不得有剥落层和裂纹。其含泥量不大于 0.5%、泥块含量不大于 0.5%。同时超大粒径骨料饱和水抗压强度不小于 30MPa。依据《公路工程岩石试验规程》(JTG/T E41—2005)，经检测符合《公路桥涵施工技术规范》(JTG/T F50—2011)要求。

6.2.2 超流态机制砂自密实混凝土性能与配制

1)超流态机制砂自密实混凝土的技术性能指标

超流态机制砂自密实混凝土配合比设计的基本要求是新拌混凝土必须满足超流态机制砂自密实混凝土工作性评价指标要求，硬化混凝土的强度和耐久性必须满足工程设计要求，确保超流态机制砂自密实混凝土的工程质量且达到经济合理。

超流态机制砂自密实混凝土配合比设计应根据原材料性能和超大粒径骨料混凝土技术要求，并考虑结构的构造尺寸和形状、超大粒径骨料的尺寸和填充程度，进行初始配合比的计算，经过试验室试配、调整后确定。

超流态机制砂自密实混凝土拌和物性能的检测方法与指标要求见表 6.2。

拌和物性能的检测方法与指标要求 表 6.2

序号	方　法	单　位	指标要求	检测性能
1	坍落度(SL)	mm	$250 \leq SL \leq 290$	流动性
2	坍落扩展度(SF)	mm	$650 \leq SF \leq 800$	填充性
3	倒坍落度筒流动时间(T_d)	s	$T_d \leq 6$	流动性 间隙通过性 填充性

续上表

序号	方　法	单　位	指标要求	检测性能
4	1h 后坍落度（SL）	mm	$SL \geqslant 250$	流动性保持能力
5	1h 后坍落扩展度（SF）	mm	$SF \geqslant 550$	填充性保持能力
6	1h 后倒坍落度筒流动时间（T_d）	s	$T_d \leqslant 7$	流动性 间隙通过性 填充性

对于结构尺寸较小、超大粒径骨料填充程度较高结构，及超流态混凝土生产地点与施工地点距离较远时，拌和物的性能应该从严要求。对于结构尺寸较大、超大粒径骨料填充程度较低的结构，拌和物的初始工作性能可以从宽要求。

超流态机制砂自密实混凝土硬化混凝土的力学性能按《普通混凝土力学性能试验方法标准》(GB/T 50081—2002)检测，并按《混凝土强度评定标准》(GB/T 50107—2010)进行合格评定。

2)C30 超流态机制砂自密实混凝土配制

根据配制超流态机制砂自密实混凝土的原则、思路及要求，本节介绍 C30 超流态机制砂自密实混凝土的制备过程。

(1)初始配合比的调整

在前期大量试验的基础上，初始配合比见表 6.3。

初始自密实混凝土配合比（kg/m³）　　表 6.3

编号	胶凝材料	水泥	粉煤灰	砂	石子	水灰比	砂率	水	减水剂	T/K(mm)
1-1	500	250	50%	800	800	0.34	50%	170	0.837%	270/685

注：表中 T 代表坍落度，K 代表扩展流动度。

同时考虑到原材料的性能参数（如砂石含水率、机制砂的石粉含量、外加剂固含量等）的变化，因此需要根据工地原材料的情况对基准配合比进行调整。

按照 1-1 组配合比拌和混凝土，状态如图 6.2 所示。

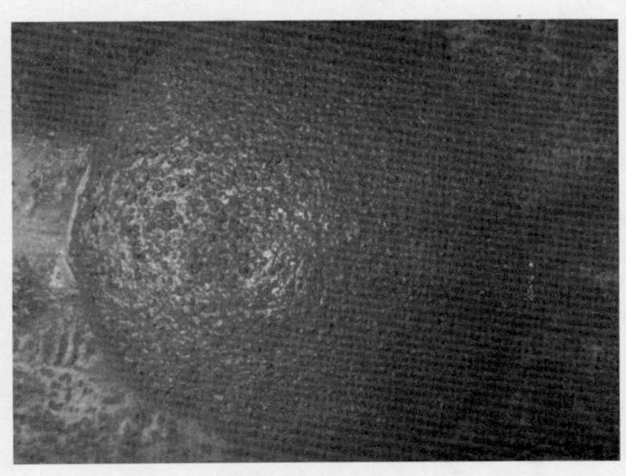

图 6.2　1-1 组混凝土拌和物状态

1-1 组混凝土拌和物略微跑浆，从坍落度测试的结果来看，石子较多，表面石子外露明显，拌和物有一定量的气泡。拌和物虽然轻微泌浆，但是扩展流动度不是很好。

根据1-1组的试验结果，考虑到混凝土拌和物状态不太理想，从下面几个方面进行调整：①调整砂率；②调整用水量；③使用其他种类的外加剂；④调整混凝土容重为2 300kg/m³，并保持不变。各种混凝土的工作性和强度见表6.4和表6.5，状态如图6.3所示。

初始配合比调整（kg/m³） 表6.4

编号	胶材总量	粉煤灰	砂率	水胶比	外加剂	T/K (mm)	倒T时间	状态描述
1-1	500	50%	50%	0.34	0.837% S1	270/685	—	拌和物略跑浆，包裹性不好，扩展流动度不好
1-2	500	50%	55%	0.34	1.1% S1	—	—	拌和物包裹性不好，且浆体跑浆较严重
1-3	500	65%	58%	0.32	1.17%S1	270/825	—	拌和物包裹性较差，且轻微泌浆
1-4	500	65%	60%	0.346	1.1%S2	270/800	3.6s	拌和物比较黏稠，且跑浆较严重
1-5	500	65%	61%	0.346	1.5%S2	280/850	—	拌和物很黏稠，且轻微泌浆，经时损失严重
1-6	500	65%	61%	0.346	1.2%S1	280/825	3.8s	浆体上浮且跑浆较严重
1-7	500	65%	61%	0.346	1.0%S1	275/760	4.4s	混凝土工作性良好，但流动速度较慢
1-8	500	50%	61%	0.33	1.28%S1	275/625	8.2s	拌和物较黏稠，流动速度较慢
1-9	500	50%	61%	0.33	1.5%S1 引气剂 0.02%	265/705	11.3s	拌和物很黏稠，大气泡较多，流动速度很慢
1-10	500	50%	60%	0.33	1.56%S1	260/720	8.4s	拌和物工作性良好，但浆体较黏稠
1-11	500	55%	60%	0.33	1.37%S1	285/800	8.9s	拌和物工作性良好，但浆体较黏稠
1-12	500	55%	60%	0.34	1.2%S1	280/840	10.6s	拌和物略跑浆，经时损失严重
1-13	475	55%	60%	0.33	1.4%S1	285/845	10.4s	包裹性较差，浆体较黏稠
1-14-A	500	55%	60%	0.33	0.857%S1	275/790	4.4s	工作性良好

注：S1与S2分别为两种不同的减水剂。

各组混凝土的工作性和强度 表 6.5

编号	胶材总量	粉煤灰	砂率	水胶比	外加剂	T/K (mm)	倒 T 时间	7d 抗压强度 (MPa)
1-3	500	65%	58%	0.32	1.17% S1	270/825	—	21.9
1-4	500	65%	60%	0.346	1.1% S2	270/800	3.6s	19.2
1-6	500	65%	61%	0.346	1.2% S1	280/825	3.8s	20.4
1-7	500	65%	61%	0.346	1.0% S1	275/760	4.4s	19.7
1-9	500	50%	61%	0.33	1.5% S1 引气剂 0.02%	265/705	11.3s	30.8
1-10	500	50%	60%	0.33	1.56% S1	260/720	8.4s	33.0
1-11	500	55%	60%	0.33	1.37% S1	285/800	8.9s	31.0
1-12	500	55%	60%	0.34	1.2% S1	280/840	10.6s	27.0
1-13	475	55%	60%	0.33	1.4% S1	285/845	10.4s	31.4
1-14-A 拌 15L	500	55%	60%	0.33	0.857% S1	275/790	4.4s	28.4

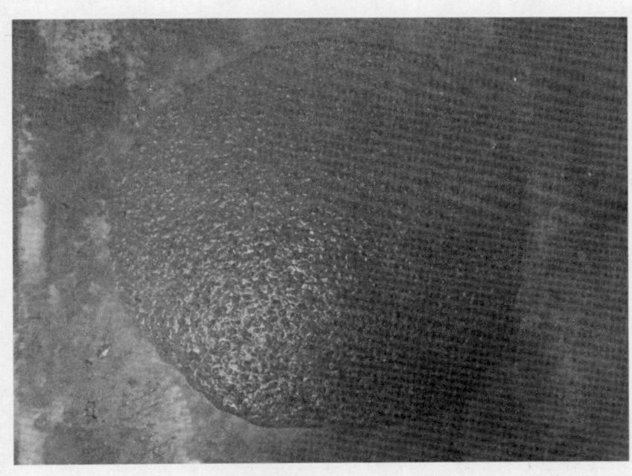

图 6.3 1-14 组混凝土拌和物状态

从 1-1 组到 1-13 组，试验采用现场未水洗砂和粒径为 5～10mm 的瓜米石，通过前 13 组试验结果可以看出，当粉煤灰掺量由 65%降低至 55%左右时，混凝土拌和物黏性增加，倒坍时间增长，但同时其 7d 的抗压强度有大幅度的增大。1-14 组试验采用现场水洗砂和粒径为 5～10mm 的瓜米石，从上表中可以看出，1-14 组混凝土的坍落度和扩展度较大，且其倒坍时间仅为 4.4s，不离析不泌水，满足设定的目标，同时其 7d 抗压强度为 28.4MPa，满足设计要求。因此，综合考虑将 1-14 组的混凝土配合比设定为初始的基准配合比，见表 6.6。

调整后的初始基准配合比(kg/m^3) 表 6.6

编号	胶凝材料	水泥	粉煤灰	砂	石子	水灰比	砂率	水	减水剂
1-14	500	225	55%	981	654	0.33	60%	165	0.857%

(2)配合比参数的变化对混凝土性能的影响

在初始基准配合比的基础上，主要研究不同种类减水剂、粉煤灰掺量(55%、60%、65%)、胶凝材料用量(475kg/m^3、500kg/m^3、525kg/m^3)、砂率(50%、55%、60%)、水胶比(0.30、0.33、0.36)和不同试验原材料等配合比参数对混凝土性能的影响。

主要测试指标包括：初始坍落度和扩展度，倒坍落度筒流出时间，3d、7d、28d和60d的立方体抗压强度。对1-14组，测2h坍落度及坍落扩展度、倒K、容重、90d抗压强度和28d弹性模量。

①不同种类减水剂的变化。

试验采用的减水剂有S1、S2、S3和S4，不同种类减水剂对混凝土工作性的影响见表6.7，混凝土拌和物状态如图6.4所示。

不同种类减水剂对混凝土工作性的影响　　表6.7

编号	胶材总量	粉煤灰	砂率	水胶比	外加剂	T/K (mm)	倒T时间	状态描述
1-14-A	500	55%	60%	0.33	0.857%S1	275/790	4.4s	拌和物工作性良好
1-4	500	65%	60%	0.346	1.1%S2	270/800	3.6s	拌和物较黏稠，且跑浆较严重
1-5	500	65%	61%	0.346	1.5%S2	280/850	—	拌和物很黏稠，有一定的泌浆，经时损失严重
1-15	500	55%	60%	0.33	0.857%S3	280/730	7.9s	拌和物工作性良好，但浆体很黏稠，流动速度慢
1-16	500	55%	60%	0.33	0.7%S4	275/770	4.7s	拌和物工作性良好
1-17	500	55%	60%	0.33	0.951%S3	280/765	9.2s	拌和物工作性良好，但浆体较黏稠

图6.4　1-5组混凝土拌和物状态

通过对四种外加剂的比较可以看出，用 S2 拌得的混凝土流动性不好，且浆体很黏，S2 与水泥的适应性不是很好；通过将 1-14 组与 1-16 组相比较可以发现，S1 与 S4 对混凝土的工作性都较有利，拌得混凝土整体状态良好，且拌和物不黏，但是 S4 减水率较高，其掺量也较少；同时，通过将 1-14 组与 1-15 组相比较可以发现，相对于 S3，S1 对混凝土拌和物的流动性及流动速度有利。1-17 组在 1-15 组基础上，将水洗砂换成普通砂，拌和物整体状态良好，浆体有点黏。测得的倒坍时间为 9.2s，流动速度比较慢。

不同种类减水剂对混凝土抗压强度的影响见表 6.8，由表可以看出，通过将 1-4 组和 1-14 组进行比较可得，可能粉煤灰掺量较大，其相对于掺 S1，掺 S2 的混凝土 7d 抗压强度较低；通过将 1-14 组与 1-15 组相比较可以发现，相对于 S1，掺 S3 的混凝土，其 7d 抗压强度较大。

不同种类减水剂对混凝土抗压强度的影响　　表 6.8

编号	胶材总量	粉煤灰	砂率	水胶比	外加剂	T/K (mm)	倒 T 时间	7d 抗压强度 (MPa)
1-14-A	500	55%	60%	0.33	0.857% S1	275/790	4.4s	28.4
1-4	500	65%	60%	0.346	1.1% S2	270/800	3.6s	19.2
1-15	500	55%	60%	0.33	0.857% S3	280/730	7.9s	28.6
1-16	500	55%	60%	0.33	0.7% S4	275/770	4.7s	26.7
1-17	500	55%	60%	0.33	0.951% S3	280/765	9.2s	31.7

②粉煤灰掺量的变化（55%、60%和 65%）。

试验研究不同粉煤灰掺量（55%、60%和 65%）对超流态机制砂自密实混凝土工作性能和抗压强度的影响见表 6.9。

不同粉煤灰掺量对混凝土工作性能的影响　　表 6.9

编号	胶材总量	粉煤灰	砂率	水胶比	外加剂	T/K (mm)	倒 T 时间	状 态 描 述
1-14-B	500	55%	60%	0.33	0.9% S1	270/705	2.9s	工作性良好
1-18	500	60%	60%	0.33	0.7% S1	275/765	3.1s	工作性良好
1-19	500	65%	60%	0.33	0.7% S1	280/730	3.4s	轻微泌浆

由以上三组可以看出，随着粉煤灰掺量的增大，混凝土的流动性增大。将 1-18 组合 1-19 组对比可以发现，保持减水剂掺量不变，增加 5%的粉煤灰掺量，拌和物浆体有轻微的泌浆现象。

不同粉煤灰掺量对混凝土抗压强度的影响见表 6.10，由表可以看出，粉煤灰对混凝土的早期强度影响较大，随着粉煤灰掺量的增大，对于 3d、7d 和 28d 的抗压强度，在给定的龄期下，其抗压强度呈减小的趋势。试验结果表明，掺入粉煤灰对超流态机制砂自密实混凝土的早期强度不利。

不同粉煤灰掺量对混凝土抗压强度的影响　　表 6.10

编号	粉煤灰	外加剂	T/K (mm)	倒 T 时间	抗压强度(MPa)			
					3d	7d	28d	60d
1-14-B	55%	0.9% S1	270/705	2.9s	22.0	28.4	49.7	48.6
1-18	60%	0.7% S1	275/765	3.1s	15.3	23.4	39.5	39.7
1-19	65%	0.7% S1	280/730	3.4s	13.2	21.3	37.5	43.1

③胶凝材料总量的变化(475kg/m^3、500kg/m^{3}和525kg/m^3)。

试验研究不同胶凝材料用量(475kg/m^3、500kg/m^{3}和525kg/m^3)对C30超流态机制砂自密实混凝土工作性能和抗压强度的影响见表6.11,混凝土拌和物状态如图6.5所示。

不同胶凝材料用量对混凝土工作性能的影响 表6.11

编号	胶材总量	粉煤灰	砂率	水胶比	外加剂	T/K(mm)	倒T时间	状态描述
1-14-B	500	55%	60%	0.33	0.9% S1	270/705	2.9s	工作性良好
1-20	525	55%	60%	0.33	0.688%S1	275/710	1.7s	拌和物工作性良好,黏聚性较差
1-21	475	55%	60%	0.33	0.765%S1	270/725	2.4s	拌和物包裹性不好,浆体较黏稠

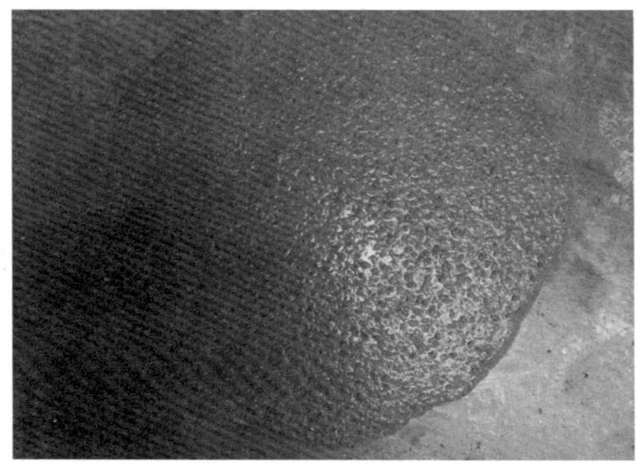

图6.5 1-21组混凝土拌和物状态

通过将以上三组对比可以发现,1-21组将胶凝材料用量降低至475kg/m^3,混凝土拌和物包裹性不好,表面有一部分石子外露,与1-20组相比,浆体有点黏。

从胶凝材料总量的变化对混凝土的工作性影响可以看出,胶凝材料总量的增大有利于混凝土的流动性和流动速度,且可以降低外加剂的用量。

不同胶凝材料用量对混凝土抗压强度的影响见表6.12,从1-20组和1-21组的强度结果来看,胶凝材料总量变化对3d和7d的抗压强度影响不是很明显。当胶凝材料从475kg/m^{3}增加至525kg/m^{3}时,混凝土的28d抗压强度呈先增大后减小的趋势。同时,通过表6.12还可以看出,当胶凝材料为475kg/m^{3}时,其28d和60d的抗压强度高于胶凝材料为525kg/m^{3}的混凝土28d和60d的抗压强度。

不同胶凝材料用量对混凝土抗压强度的影响 表6.12

编号	胶材总量	外加剂	T/K(mm)	倒T时间	抗压强度(MPa)			
					3d	7d	28d	60d
1-14-B	500	0.9% S1	270/705	2.9s	22.0	28.4	49.7	48.6
1-20	525	0.68% S1	275/710	1.7s	16.6	25.7	39.5	42.5
1-21	475	0.76% S1	270/725	2.4s	16.7	26.7	44.2	44.2

④砂率的变化(50%、55%和60%)。

试验研究不同砂率(50%、55%和60%)对C30超流态机制砂自密实混凝土工作性能和抗压强度的影响见表6.13,混凝土拌和物状态如图6.6所示。

不同砂率对混凝土工作性能的影响　　表6.13

编号	胶材总量	粉煤灰	砂率	水胶比	外加剂	T/K (mm)	倒T时间	状态描述
1-14-B	500	55%	60%	0.33	0.9% S1	270/705	2.9s	工作性良好
1-22	500	55%	55%	0.33	0.75% S1	285/790	2.1s	包裹性不好
1-23	500	55%	50%	0.33	0.75% S1	280/715	3.0s	拌和物较黏稠,包裹性较差

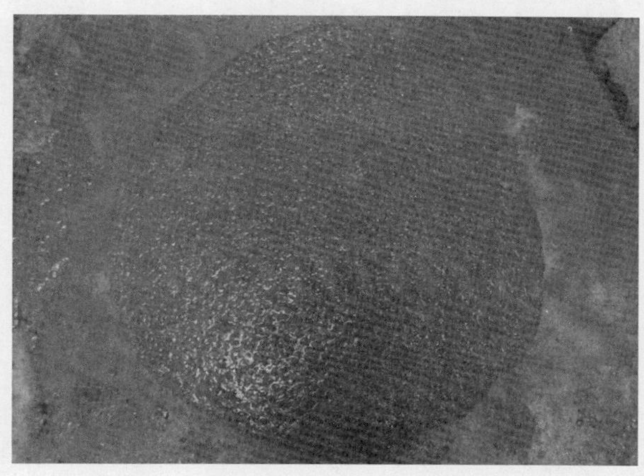

图6.6　1-23组混凝土拌和物状态

从三组砂率的变化可以看出,砂率对超流态混凝土的工作性影响很大。当保持减水剂的掺量及其他配合比参数不变,砂率为50%时,拌和物浆体有点黏,部分石子包裹性不好,石子间浆体并不富裕。当砂率提高到60%时,混凝土明显变轻,混凝土状态不错。

因此,砂率的变化对混凝土的流动性及包裹性影响明显,砂率是影响C30超流态混凝土的重要参数。

不同砂率对混凝土抗压强度的影响见表6.14,可以看出,随着砂率的减小,C30超流态机制砂自密实混凝土的3d抗压强度呈先增大后减小的趋势,7d的抗压强度变化规律与3d的相同,28d的抗压强度呈先减小后增大的趋势,60d抗压强度呈逐渐增大的趋势。

不同砂率对混凝土抗压强度的影响　　表6.14

编号	砂率	外加剂	T/K (mm)	倒T时间	抗压强度(MPa)			
					3d	7d	28d	60d
1-14-B	60%	0.9% S1	270/705	2.9s	22.0	28.4	49.7	48.6
1-22	55%	0.75% S1	285/790	2.1s	23.3	28.9	46.3	49.3
1-23	50%	0.75% S1	280/715	3.0s	22.6	25.2	47.5	51.7

⑤水胶比的变化(0.30、0.33和0.36)。

试验研究不同砂率(0.30、0.33和0.36)对C30超流态机制砂自密实混凝土工作性能和抗压强度的影响见表 6.15，混凝土拌和物状态如图 6.7 所示。

不同水胶比对混凝土工作性能的影响 表 6.15

编号	胶材总量	粉煤灰	砂率	水胶比	外加剂	T/K (mm)	倒 T 时间	状态描述
1-14-B	500	55%	60%	0.33	0.9% S1	270/705	2.9s	工作性良好
1-24	500	55%	60%	0.36	0.6% S1	270/745	1.8s	混凝土很轻，包裹性不好
1-25	500	55%	60%	0.30	0.9% S1	280/785	3.2s	气泡较多，浆体很黏稠，经时损失严重

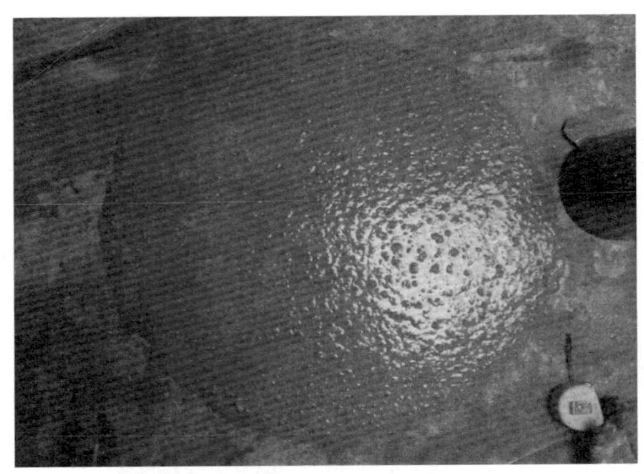

图 6.7 1-25 组混凝土拌和物状态

从表 6.15 可以看出，当水灰比降低至 0.3 时，混凝土拌和物浆体很黏，有很多气泡，静置一段时间后，浆体有点板结，且表层有浮浆，拌和物状态不好。当水灰比增加至 0.36 时，混凝土变的很轻，倒坍时间只有 1.8s，但是拌和物有部分石子包裹性不好。通过以上试验可得，不同水胶比对 C30 超流态自密实混凝土影响很大，如果用水量过大，混凝土强度不够；如果用水量过低，混凝土工作性不好，所以配制 C30 超流态自密实混凝土时应合理控制混凝土的用水量。

不同水胶比对混凝土抗压强度的影响见表 6.16，从强度结果来看，水胶比的变化对混凝土强度影响较为显著，当水胶比降低至 0.3 时，混凝土的 7d 强度可以达到 30.1MPa，满足设计要求，且有一定的富余。当水胶比提高至 0.36 时，相对于 1-14 组，混凝土的 3d 和 7d 抗压强度都相应地降低 3MPa 左右。同时由表 6.16 还可以看出，随着水胶比的增大，其 28d 的抗压强度降低，当水胶比为 0.36 时，混凝土的 28d 抗压强度降低至 41.6MPa，60d 抗压强度降低至 42.7MPa，相对于设计强度，还是有很多的富余。

不同水胶比对混凝土抗压强度的影响 表 6.16

编号	水胶比	外加剂	T/K (mm)	倒 T 时间	抗压强度(MPa)			
					3d	7d	28d	60d
1-14-B	0.33	0.9% S1	270/705	2.9s	22.0	28.4	49.7	48.6
1-24	0.36	0.6% S1	270/745	1.8s	19.0	25.5	41.6	42.7
1-25	0.30	0.9% S1	280/785	3.2s	24.9	30.1	53.4	55.7

⑥原材料的变化。

a.水洗砂+5～16mm粗集料

试验采用水洗砂和5～16mm粗集料，研究其对超流态机制砂自密实混凝土工作性能和抗压强度的影响。具体结果见表6.17和表6.18。

不同粒径粗集料对混凝土工作性能的影响 表6.17

编号	粉煤灰	粗集料粒径(mm)	外加剂	T/K(mm)	倒T时间	状态描述
1-14-B	55%	5～10	0.9% S1	270/705	2.9s	工作性良好
1-26	55%	5～16	0.84% S1	280/775	3.2s	包裹性较差
1-27	60%	5～16	0.7% S1	275/740	2.7s	拌和物较黏稠，包裹性不好
1-28	65%	5～16	0.929% S1	280/715	3.7s	包裹性不好

从上面4组试验结果可以看出，当粗集料粒径由5～10mm增加至5～16mm时，混凝土拌和物状态不是很好，部分大石子包裹性不好。

不同粒径粗集料对混凝土抗压强度的影响见表6.18，从表可以看出，当粗集料粒径由5～10mm增加至5～16mm时，混凝土的3d、7d和28d的抗压强度都降低。同时通过上表可以看出，随着粉煤灰掺量的增大，对于混凝土的3d、7d和28d的抗压强度，在给定的龄期下，其抗压强度呈减小的趋势。另外，通过对1-26、1-27和1-28三组进行对比可以看出，随着粉煤灰掺量的增大，混凝土的7d的抗压强度呈减小的趋势，28d的抗压强度变化规律和7d的相同。当养护龄期为60d时，混凝土的抗压强度随粉煤灰掺量的增大呈先减小后增大的趋势。

从上面的试验结果可以看出，当粗集料粒径由5～10mm增加至5～16mm时，混凝土的工作性降低，且3d、7d和28d的抗压强度减小。

不同粒径粗集料对混凝土抗压强度的影响 表6.18

编号	粗集料粒径(mm)	外加剂	T/K(mm)	倒T时间	抗压强度(MPa)			
					3d	7d	28d	60d
1-14-B	5～10	0.902% S1	270/705	2.9s	22.0	28.4	49.7	48.6
1-26	5～16	0.84% S1	280/775	3.2s	18.4	27.4	45.6	50.2
1-27	5～16	0.7% S1	275/740	2.7s	20.6	27.3	44.3	49.2
1-28	5～16	0.929% S1	280/715	3.7s	15.7	22.6	40.6	50.1

b.未水洗砂+5～16mm粗集料

试验采用未水洗砂和5～16mm粗集料，研究其对超流态机制砂自密实混凝土工作性能和抗压强度的影响。具体结果见表6.19，混凝土拌和物状态如图6.8所示。

不同试验原材料对混凝土工作性能的影响 表6.19

编号	胶材总量	粉煤灰	砂率	水胶比	外加剂	T/K(mm)	倒T时间	状态描述
1-14-B	500	55%	60%	0.33	0.9% S1	270/705	2.9s	工作性良好
1-29	500	60%	58%	0.33	1.3% S1	—	—	拌和物很黏稠，浆体略跑浆

续上表

编号	胶材总量	粉煤灰	砂率	水胶比	外加剂	T/K (mm)	倒 T 时间	状态描述
1-30	475	60%	56%	0.3368	1.053%S1	270/730	5.6s	包裹性不好，浆体较黏稠
1-31	470	60%	54%	0.347	1.0%S1	—	—	包裹性不好，浆体较黏稠
1-32	470	60%	56%	0.351	1.1% S1	275/730	5.6s	包裹性不好，浆体较黏稠
1-33	500	60%	56%	0.33	1.1% S1	270/765	3.6s	拌和物工作性良好

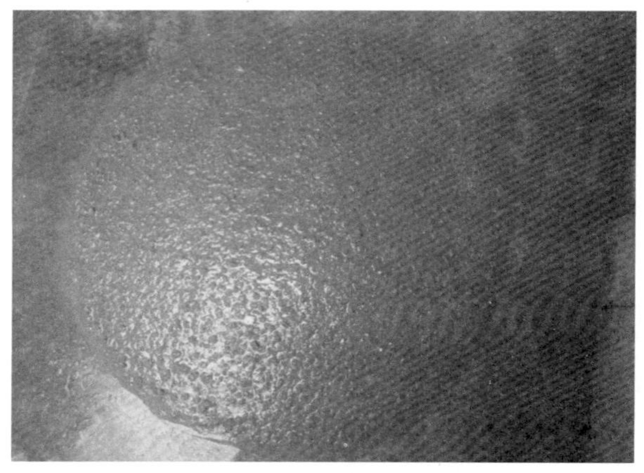

图 6.8　1-32 组混凝土拌和物状态

从上面的试验结果可以看出，相对于 1-14 组，试验采用未水洗砂的混凝土拌和物整体上都比较黏，流动速度慢，其倒坍时间都比较大。同时，增加胶凝材料用量有利于混凝土的工作性。

不同试验原材料对混凝土抗压强度的影响见表 6.20，从表可以看出，相对于 1-14 组，试验采用未水洗砂的混凝土，其不同龄期的抗压强度都降低。同时通过对 1-32 组和 1-33 组进行对比可以看出，当胶凝材料增加 30kg/m^3，对于混凝土的 3d 和 7d 抗压强度，在给定的龄期下，其抗压强度呈降低的趋势，混凝土的 28d 和 60d 抗压强度都呈增大的趋势。

不同试验原材料对混凝土抗压强度的影响　表 6.20

编号	胶材总量	粉煤灰	砂率	水胶比	外加剂	T/K (mm)	倒 T 时间	抗压强度(MPa)			
								3d	7d	28d	60d
1-14-B	500	55%	60%	0.33	0.9% S1	270/705	2.9s	22.0	28.4	49.7	48.6
1-26	500	55%	61%	0.33	0.84% S1	280/775	3.2s	18.4	27.4	45.6	50.2
1-30	475	60%	56%	0.337	1.053% S1	270/730	5.6s	—	26.2	—	—
1-32	470	60%	56%	0.351	1.1% S1	275/730	5.6s	20.6	24.0	39.7	44.8
1-33	500	60%	56%	0.33	1.1% S1	270/765	3.6s	19.3	22.0	45	55.9

(3)超流态机制砂自密实混凝土的配合比优化

为了研制出最佳的混凝土配合比,在保证混凝土工作性良好的基础上,应使混凝土的抗压强度富余较少。从上面的试验结果可以得到,大部分混凝土的28d抗压强度在40MPa以上,富余较大,因此可以考虑通过以下几个方面进行调整:①增加粉煤灰掺量;②增大水胶比;③降低胶凝材料用量。具体调整情况见表6.21。

基准配合比和优化后配合比的工作性对比　　表6.21

编　号	胶材总量	粉煤灰	砂率	水胶比	外加剂	T/K(mm)	倒T时间	状态描述
1-14-B	500	55%	60%	0.33	0.9% S1	270/705	2.9s	工作性良好
1-19	500	65%	60%	0.33	0.7% S1	280/730	3.4s	有轻微的泌浆
1-24	500	55%	60%	0.36	0.6% S1	270/745	1.8s	混凝土很轻,包裹性不好

1-19组是在1-14基准组的基础上,将粉煤灰掺量增加至65%,混凝土拌和物浆体有轻微的泌浆,可以考虑减少一定量的减水剂。1-24组是在1-14基准组的基础上,将水胶比提高至0.36,混凝土很轻,混凝土拌和物有小部分大石子包裹性不是很好,可以考虑增加2%的砂率。

基准配合比和优化后配合比的抗压强度对比见表6.22,可以看出,相对于1-14基准组,1-19组将粉煤灰掺量提高至65%时,其混凝土28d抗压强度为37.5MPa,60d抗压强度为43.1MPa,满足设计强度的要求,且富余较少。同时,相对于1-14基准组,1-24组将水胶比提高至0.36时,其28d抗压强度为41.6MPa,60d抗压强度为42.7MPa,满足设计强度的要求,且有少量的富余。

基准配合比和优化后配合比的抗压强度对比　　表6.22

编　号	粉煤灰	水胶比	外加剂	T/K (mm)	倒T时间	抗压强度(MPa)			
						3d	7d	28d	60d
1-14-B	55%	0.33	0.9% S1	270/705	2.9s	22.0	28.4	49.7	48.6
1-19	65%	0.33	0.7% S1	280/730	3.4s	13.2	21.3	37.5	43.1
1-24	55%	0.36	0.6% S1	270/745	1.8s	19.0	25.5	41.6	42.7

6.2.3　机制砂超大粒径骨料自密实混凝土构件(1m×1m×4m)的配制与性能测试

1)机制砂超大粒径骨料(30～60cm)自密实混凝土构件的配制

(1)机制砂超大粒径骨料自密实混凝土

机制砂超大粒径骨料自密实混凝土[15]的配制方法是,首先在模板内配置钢筋,然后将超大粒径骨料入仓,形成有一定空隙的超大粒径骨料,然后在超大粒径骨料表面浇注C30超流态机制砂自密实混凝土,依靠自重,完全填充片石空隙。超流态机制砂自密实混凝土硬化后与超大粒径骨料形成完整、密实、低水化热的混凝土结构。

(2)机制砂超大粒径骨料自密实混凝土构件制备流程

机制砂超大粒径骨料自密实混凝土构件制备流程如图6.9所示。

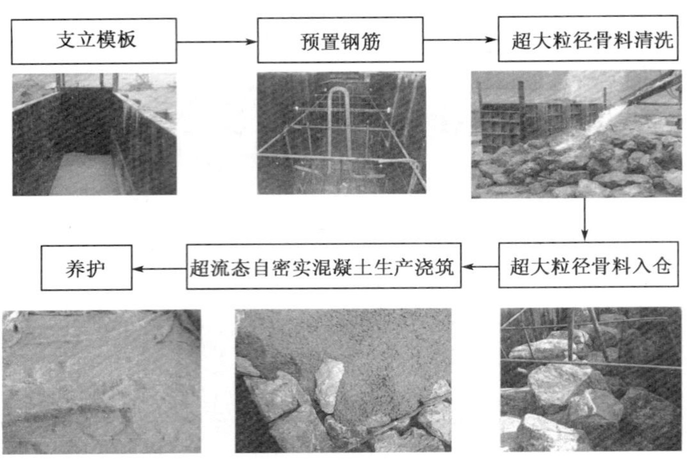

图 6.9　机制砂超大粒径骨料自密实混凝土构件制备流程

(3)构件尺寸与配筋要求

现场试验构件尺寸为 1m×1m×4m,配筋 5ϕ12,主筋至下边缘 5cm,箍筋 ϕ12,间距 50cm。配筋图如图 6.10 所示。

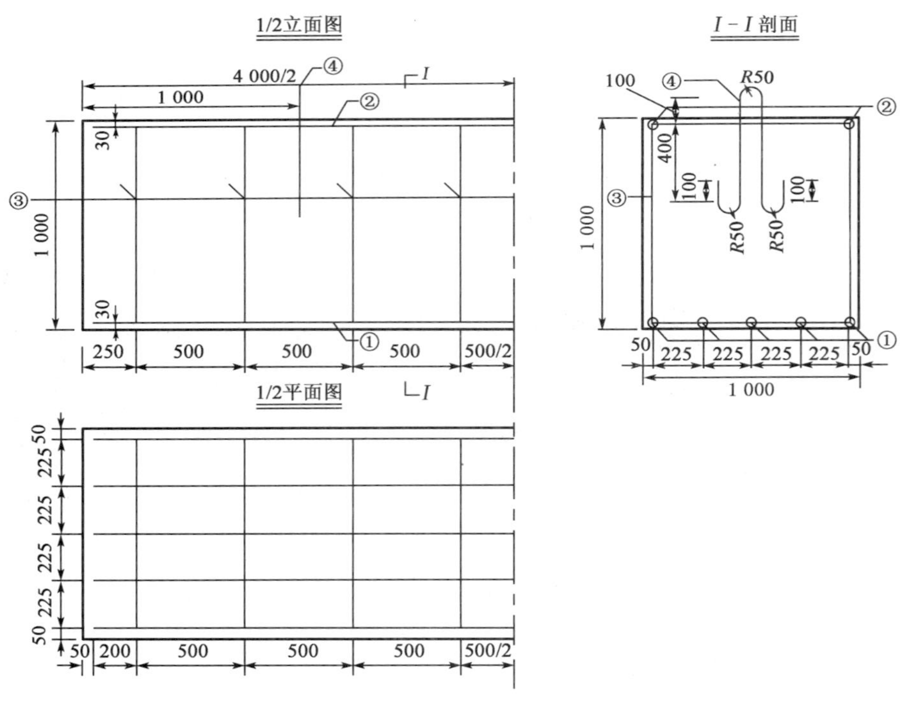

图 6.10　构件配筋图(尺寸单位:mm)

(4)模板安装及要求

①模板及其支护部件应根据工程结构形式、荷载大小、地基土类别、施工程序、施工机具和材料供应等条件进行选择。

②模板及其支护应具有足够的承载能力、刚度和稳定性，尽可能承受浇筑超流态机制砂自密实混凝土的侧压力及施工过程中产生的荷载。

③成型的模板应构造紧密、不漏浆，模板间缝隙应小于 2mm，不影响机制砂自密实片石混凝土的均匀性及强度发展，并能保证结构(成型几何尺寸)的形状正确、规整。

④模板的支撑立柱应置于坚实的地(基)面上，并应具有足够的刚度、强度和稳定性，间距适度，防止支撑沉陷，引起模板变形。上下层模板的支撑立柱应对准。

⑤为便于后期吊运，模板安装过程中应预制吊环。

(5)超大粒径骨料及入仓要求

①超大粒径骨料应无风化，质地坚硬，不得有剥落层，饱和水抗压强度≥30MPa；所有骨料表面无裹覆泥层，含泥量和泥块含量不得大于 0.5%，若超标则必须对大粒径骨料进行清洗。超大粒径骨料的清洗如图 6.11 所示。

②试验前先将选好的试块事先冲洗，使之充分吸水，然后自然状态下晾到表面干燥，保证饱和面干状态。

③为避免影响钢筋受力情况，超大粒径骨料的入仓应采用吊车、缆车吊运或人工放置，保证大粒径骨料不会压到钢筋。

(6)机制砂超大粒径骨料自密实混凝土的浇筑和养护

机制砂超大粒径骨料自密实混凝土的浇筑后效果如图 6.12 所示。

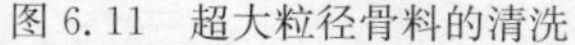

图 6.11　超大粒径骨料的清洗

图 6.12　机制砂超大粒径骨料自密实混凝土

①自密实混凝土的拌制按照配合比严格计量，并保证搅拌时间比普通混凝土搅拌时间适当延长 10～20s。严格记录混凝土出机状态、出机温度、浇筑状态、浇筑温度等性能参数。

②浇筑之前必须检查模板及支架、预埋件等设施的位置、尺寸，确认正确无误后，方可进行浇筑。

③为防止浇筑不均匀及表面气泡，可在模板外侧辅助敲击。但要防止模板、定位装置等设施的移动和变形。

④为研究超大粒径骨料自密实混凝土的绝热温升及规律，在浇筑过程中应预埋温度感应

计，以便于浇筑完成后的温度测试。

⑤浇筑完毕待抗压强度达到 2.5MPa 后，可以松动模板，离缝约 3～5mm，并在顶部架设淋水管进行喷淋养护。

⑥拆除模板后，应在表面覆挂麻袋或草帘等覆盖物，避免阳光直照机制砂自密实混凝土表面，并洒水养护 14d，之后自然养护至规定龄期。

2）机制砂超大粒径自密实混凝土构件测试方案

机制砂超大粒径骨料自密实混凝土构件的性能测试主要包括抗压强度、回弹抗压强度、超声波波速法测构件内部缺陷及分析、构件应力应变性能测试分析、受力破坏特征、构件破损后界面黏结情况检测分析等。

（1）机制砂超大粒径骨料自密实混凝土构件抗压强度测试方案

采用 4 种不同测试方法测试机制砂超大粒径骨料自密实混凝土构件的抗压强度。

①现场成型时采样的混凝土试块抗压强度。成型试块采用 150cm×150cm×150cm 标准试件，标准养护至 28d 龄期测试抗压强度。

②构件分区域测试混凝土回弹抗压强度。构件养护到规定龄期后将表面清洗干净，在侧面和端面共取 17 个测区，其中混凝土上部和下部各 5 个，中部 7 个，每个测区为 0.2m×0.2m，如图 6.13～图 6.15 所示。测量前将混凝土测区范围内表面清洗干净并打磨平整，去除残留粉末和碎屑。检测方法按照《回弹法检测混凝土抗压强度技术规程》（JGJ/T 23—2001）进行。

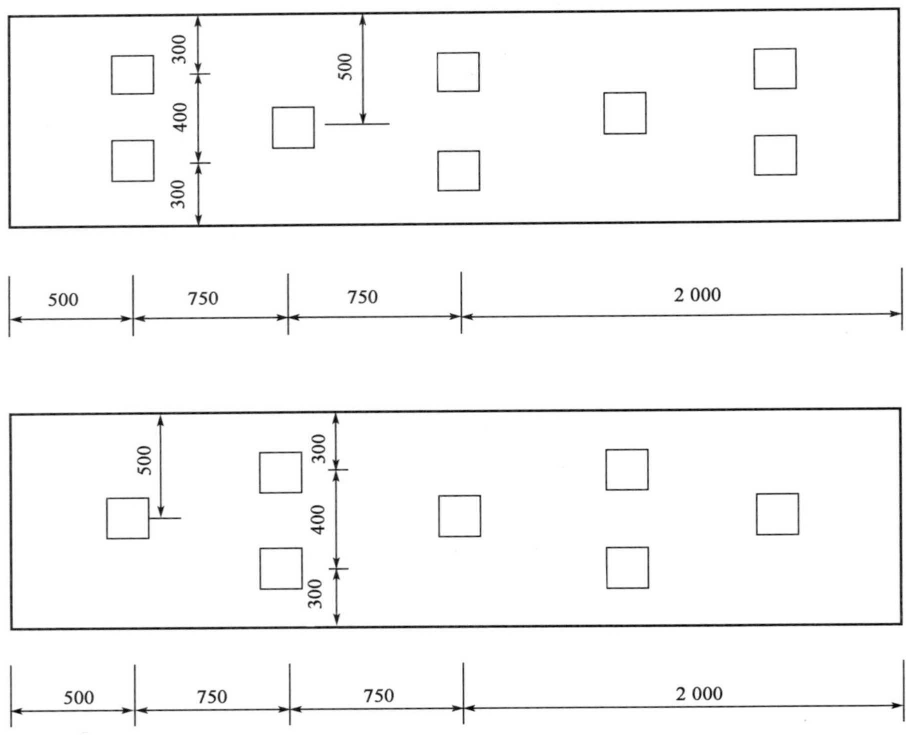

图 6.13　侧面回弹测试测区示意图（尺寸单位：mm）

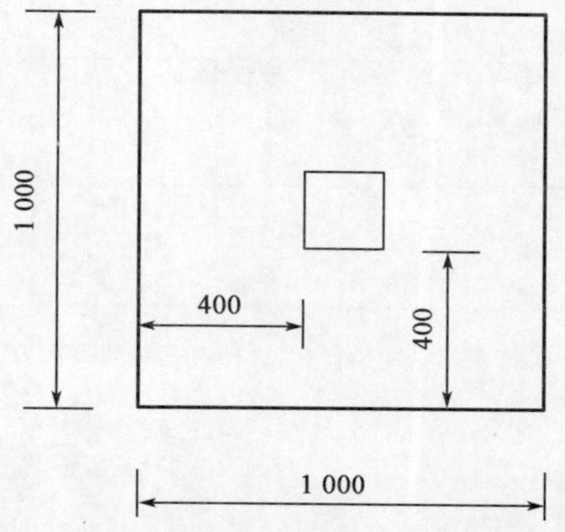

图 6.14　端面回弹测试测区示意图(尺寸单位:mm)

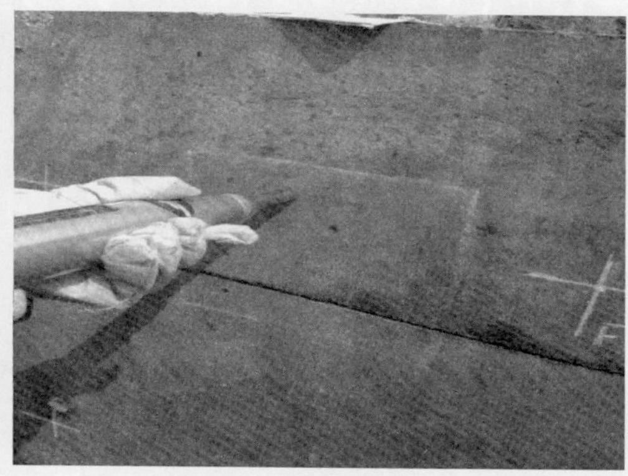

图 6.15　机制砂超大粒径骨料自密实混凝土回弹测试

③构件分区域钻芯取样测试抗压强度。构件应力应变测试结束后,对构件进行钻芯取样,进行混凝土抗压强度测试。

④构件破损后分块切割,测试混凝土抗压强度。构件进行应力应变测试完成后,采用破碎机对其进行破损,随机选择若干混凝土碎块,并进行切割取样测试抗压强度。

(2)机制砂超大粒径骨料自密实混凝土构件内部密实度测试方案

测试机制砂超大粒径骨料自密实混凝土构件的超声波波速,用以检测不同混凝土构件的内部密实情况与缺陷情况,如图 6.16、图 6.17 所示,测试方案如下:

①构件养护到规定龄期后清洗表面,在试件表面用粉笔画线,将 1m×1m×4m 的混凝土构件划分区域,为避开箍筋,减少钢筋对超声波及回弹的影响,采用如图 6.16 方式划分,并在每个区域内画对角线取中心位置,保证两侧超声探头对中。

②采用 ZBL-U510 非金属超声测试仪检测混凝土构件不同位置的超声波速并做对比分析。

(3)机制砂超大粒径骨料自密实混凝土构件应力应变测试方案

机制砂超大粒径骨料自密实混凝土应力应变测试如图 6.18、图 6.19 所示,测试方案如下:

250　500　250mm

500	01	03	05	07	09	11	13	
	02	04	06	08	10	12	14	

图 6.16　机制砂超大粒径骨料自密实混凝土构件的超声波波速

图 6.17　机制砂超大粒径骨料自密实混凝土超声波波速检测

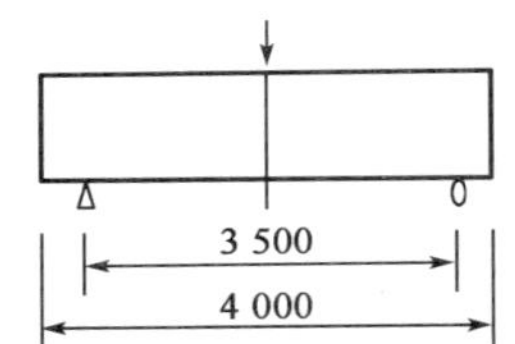

图 6.18　构件受力承载示意图（尺寸单位：mm）

①现场采用反力架以单点加载方式对构件进行加载，两个支座高度设计为 500mm，跨中间距为 3 500mm。

②应变片布置。应变片布置在中间弯矩最大处，即跨中处。两侧面各四个，间距 200mm；顶面和底面各三个，间距 250mm。共计 14 个测点，如图 6.19 所示。测试中，应变值为负值，表明该测点受压，应变值为正值，表明该测点受拉，并且应变绝对值越大，说明该测点受到的应力越大。

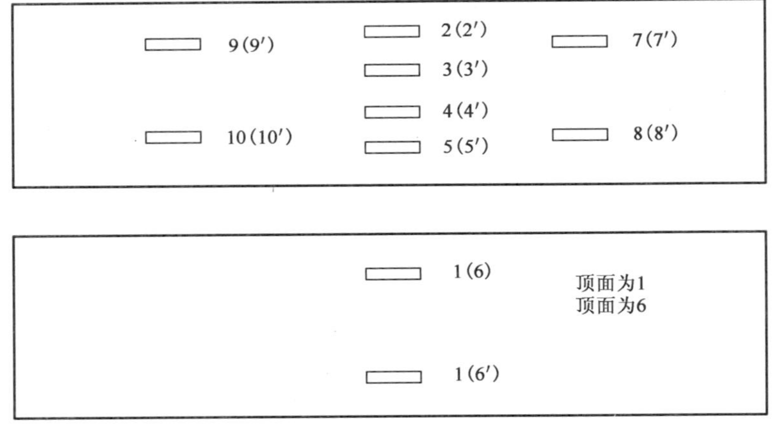

图 6.19　构件应变片布置示意图

③加载方案。按照破坏载荷进行分级加载。试验开始时，第一级加载 10kN，然后每级加载 50kN，在载荷加至 300kN 时，再将加载等级降为 3kN，每级加载控制在 2.5min 内，然后保持作用力不变 7～8min 以采集数据，直至混凝土梁构件破坏。

④试验数据处理。

(4)机制砂超大粒径骨料自密实混凝土构件界面黏结情况检测方案

为研究超流态自密实混凝土与超大粒径骨料的界面黏结情况，在构件应力应变测试结束后，对构件进行破损，并观察骨料和浆体之间的黏结情况，分析超流态自密实混凝土与超大粒径骨料的整体性。同时对破损构件进行切割取样，以测试抗压强度。机制砂超大粒径骨料自密实混凝土构件破坏试验如图 6.20 所示。

图 6.20 机制砂超大粒径骨料自密实混凝土构件破坏试验

3)机制砂超大粒径自密实混凝土构件测试结果与讨论

按照上述测试方案，对机制砂超大粒径自密实混凝土构件性能测试结果进行了讨论。

(1)机制砂超大粒径骨料(30～60cm)自密实混凝土构件抗压强度分析

①构件成型时采样的 C30 超流态自密实混凝土试块 28d 抗压强度为 34.8MPa。

②机制砂超大粒径骨料自密实混凝土回弹抗压强度见表 6.23。

机制砂超大粒径骨料自密实混凝土回弹抗压强度 表 6.23

测区	上部	中部	下部	平均
抗压强度(MPa)	27.9	30.1	30.2	29.4

从表 6.23 可以得到机制砂超大粒径骨料自密实混凝土构件整体回弹抗压强度平均值为 29.4MPa。此外构件从上到下，回弹抗压强度略有增长，说明超流态自密实混凝土在块片石之间，尤其在底部填充密实。同时各测区平均代表值、各部位平均值、构件平均值三者相差较小，说明超流态自密实混凝土填充性能良好，构件均匀性良好。

③机制砂超大粒径骨料自密实混凝土构件钻芯取样测试抗压强度为 43.7MPa。

④构件破损后切割取样测试抗压强度为 38.2MPa。

测试结果表明，C30 机制砂超大粒径骨料自密实混凝土 28d 抗压强度达到设计要求，考虑到超流态自密实混凝土中 55%的粉煤灰掺量，其后期强度仍会有较大增长。此外，回弹测试结果还表明超流态自密实混凝土在超大粒径骨料之间填充性能良好，构件均匀性良好。

(2)机制砂超大粒径骨料(30～60cm)自密实混凝土构件内部密实度分析

试验用 ZBL－U510 非金属超声测试仪检测混凝土的内部缺陷，超声波速测试结果如图 6.21所示。

测点序号	测距(mm)	声时(us)	波速(km/s)	波幅(dB)	频率(kHz)
001-01	1000	216.40	4.621	89.12	0.00
001-02	1000	213.60	4.682	84.12	0.00
001-03	1000	214.80	4.655	82.92	0.00
001-04	1000	212.80	4.699	81.97	0.00
001-05	1000	215.60	4.638	86.91	0.00
001-06	1000	211.20	4.735	82.42	0.00
001-07	1000	216.00	4.630	87.24	0.00
001-08	1000	213.20	4.690	85.87	0.00
001-09	1000	214.40	4.664	85.65	0.00
001-10	1000	211.20	4.735	84.24	0.00
001-11	1000	216.00	4.630	82.55	0.00
001-12	1000	213.20	4.690	81.57	0.00
001-13	1000	215.60	4.638	86.08	0.00
001-14	1000	214.00	4.673	82.86	0.00

图 6.21　机制砂超大粒径骨料(30～60cm)自密实混凝土构件超声波速表

通过超声法测缺数据处理软件分析构件内部缺陷，分析结果如图 6.22 所示。

构件名称	总测点数	单参量异常点数	双参量异常点数	三参量异常点数	手动设置异常点数
30-60	14	0	0	0	0

图 6.22　机制砂超大粒径骨料(30～60cm)自密实混凝土构件超声波速分析结果

通过上面的试验结果可知，超大粒径骨料(30～60cm)自密实混凝土构件内部不存在不实区及空洞缺陷。试验结果表明超流态自密实混凝土在 30～60cm 粒径范围的块片石之间填充性能良好，混凝土整体密实，构件整体性良好。

(3)机制砂超大粒径骨料(30～60cm)自密实混凝土构件应力应变及破坏特征

机制砂超大粒径骨料(30～60cm)自密实混凝土构件的反力架净跨径为 350cm，加载方式为 0→5t→10t→15t→20t→25t→30t→35t→40t。

①受力破坏特征及破坏载荷。

机制砂超大粒径骨料(30～60cm)自密实混凝土梁构件破坏载荷为 40t，裂纹缓慢出现并逐渐扩展延伸至构件上部。裂纹出现在构件中部集中载荷区域外侧，约 15cm 左右，如图 6.23 所示。

②应力应变分析。

机制砂超大粒径骨料(30～60cm)自密实混凝土构件不同部位在不同载荷下的应力应变

如图 6.24 所示。从图中可以看出，机制砂超大粒径骨料(30～60cm)自密实混凝土构件整体受压区混凝土和受拉区混凝土受力状态较为明显，并且随着载荷的逐渐增大，构件不同测点的应变逐渐增大。然而，由于超大粒径骨料的存在影响了构件局部受力的传递方向和方式，局部测点出现了受力不均与和不规律现象，比如测点 6 随着载荷的增大，逐渐由受拉状态进入了受压状态；测点 4 比测点 5 和 6 受到了更为明显的拉应变。

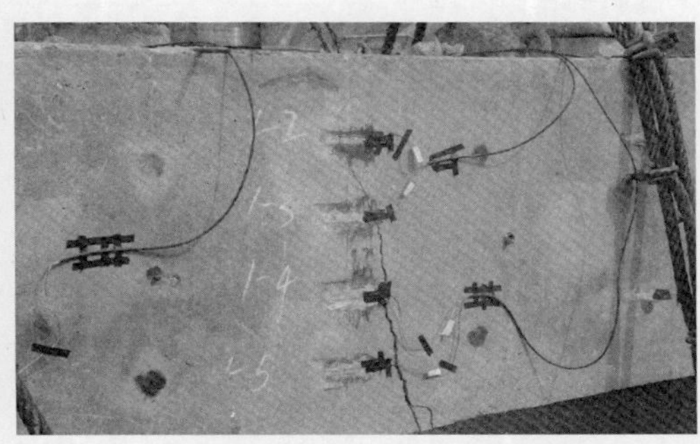

图 6.23　机制砂超大粒径骨料(30～60cm)自密实混凝土构件破坏裂缝

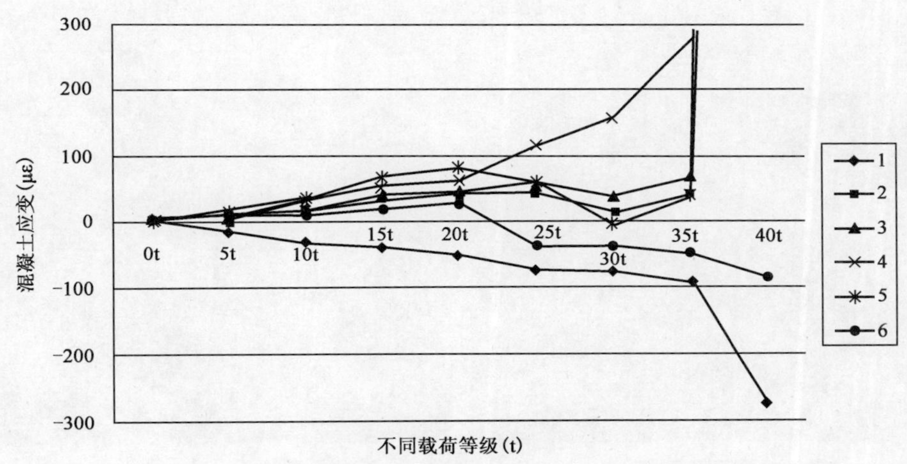

图 6.24　机制砂超大粒径骨料(30～60cm)自密实混凝土构件不同载荷下应力应变

③受力破坏过程分析。

机制砂超大粒径骨料(30～60cm)自密实混凝土构件不同载荷下各部位的应力应变如图 6.25 所示。

从上图可以看出，30～60cm 粒径骨料自密实混凝土构件在载荷作用下，从加载到试验结束，其破坏过程可分为两个阶段。

阶段Ⅰ(0～35t)：即构件开裂前呈大致弹性工作阶段。在不同载荷下，混凝土构件所产生的应变大致与应力成正比，在整个截面内，混凝土应力应变沿截面高度呈直线规律变化。

阶段Ⅱ(40t 左右)：即构件进入开裂状态，受拉区混凝土开裂，钢筋开始受力屈服，构件进入塑性变形阶段。载荷 40t 以后继续加载，构件裂缝将继续增大，受拉区混凝土退出工作，钢筋继续屈服变形直至破坏。

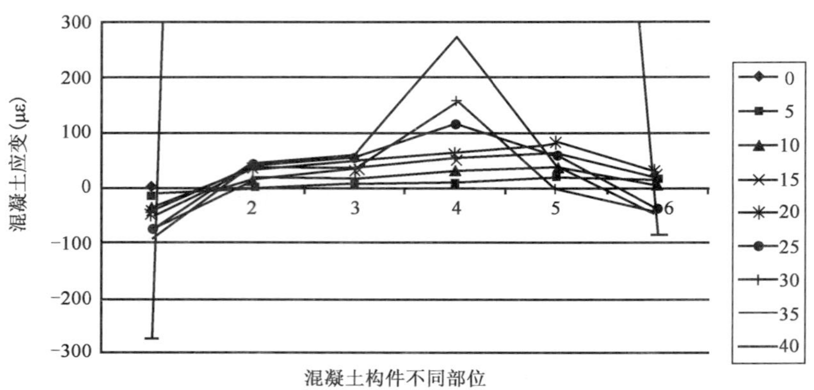

图 6.25　机制砂超大粒径骨料(30～60cm)自密实混凝土构件不同部位应力应变

(4)机制砂超大粒径骨料(30～60cm)自密实混凝土构件界面黏结情况

按照上述界面黏结情况检测方案对超大粒径骨料自密实混凝土构件进行测试分析,并对破损后的混凝土进行观察,如图 6.26 所示。

图 6.26　机制砂超大粒径骨料(30～60cm)自密实混凝土构件破损局部图

从图 6.26 可以看出，超流态自密实混凝土与超大粒径骨料之间的界面黏结情况良好，局部大粒径骨料发生破坏，但与超流态混凝土的界面未发生明显破坏，说明两者界面的黏结力强，构件整体性良好。

(5)机制砂超大粒径骨料(30～60cm)自密实混凝土构件内部温升测试

不同粒径骨料机制砂自密实混凝土构件内部温峰与出现时间的试验结果见表 6.24。

不同粒径骨料机制砂自密实混凝土构件内部温峰与出现时间 表 6.24

骨料粒径大小(cm)	30～60	10～30	0.5～2
内部温峰(℃)	28.2	33.5	51.2
温峰出现时间(h)	27	23	18

试验结果表明，超大粒径骨料不仅显著降低了构件内部温峰，同时还延长了温峰的出现时间，并且骨料粒径越大，温峰降低效应和延时效应越明显。主要是因为骨料粒径为 30～60cm 和骨料粒径为 10～30cm 的超大粒径骨料机制砂自密实混凝土构件的堆积程度已达到 50%以上，大大减少了实际自密实混凝土用量，由于大掺量粉煤灰的应用，混凝土中实际水泥用量更少，水化热低。因此超大粒径骨料机制砂自密实混凝土能够有效降低大体积混凝土结构早期开裂风险。

6.3 机制砂超大粒径骨料自密实混凝土施工质量保障

6.3.1 超大粒径骨料的堆放

超大粒径骨料的粒径应根据施工结构的尺寸进行合理选择。超大粒径骨料的最大粒径 d 不应超过施工仓最小截面尺寸的 2/3，且不应超过 1.5m，宜在 1～1.2m。超大粒径骨料的最小粒径不应小于 300mm。

超大粒径骨料在挡墙施工仓中体积堆积率 Vr 宜在 45%～60%之间。实际施工中，应根据施工仓的尺寸确定超大粒径骨料的最大粒径与最小粒径，并选择合理的堆码工艺，确定超大粒径骨料的堆积率。每层堆石层厚度不大于 1.5m。

施工仓最小截面尺寸不大于 2m 时，超大粒径骨料最大粒径不宜超过 1.2m，超大粒径骨料堆积率宜在 50%～55%之间。施工仓最小截面尺寸大于 2m 时，超大粒径骨料最大粒径不宜超过 1.5m，超大粒径骨料堆积率宜在 55%～60%之间。

超大粒径骨料入仓应逐层堆码，严禁超大粒径骨料大面相互粘贴。

6.3.2 超流态机制砂自密实混凝土的配制、搅拌和运输

配制超流态机制砂自密实混凝土的原材料和配合比应符合下列规定：

(1)超流态机制砂自密实混凝土需添加增黏剂、引气剂、缓凝剂或消泡剂等外加剂。粗集料的最大粒径应不大于 10mm。大体积混凝土的配制强度等级一般较低。

(2)对 C40、C50 高强度等级的自密实混凝土，胶凝材料用量不大于 550kg/m^3，其中水泥

用量不超过 350kg/m^3。其余采用矿物掺和物替代。对更高强度等级混凝土，胶凝材料总量不受此限制。但超高强混凝土的配合比设计也应在满足强度前提下，尽可能降低混凝土中水泥用量。

(3)对具有碱活性的集料，应掺入大量的矿物掺和物，一般粉煤灰、矿渣粉的掺量在 40%左右，不应低于 30%。对粉煤灰矿物掺和物，应采取超量取代法进行配合比设计，超量取代系数在 1.3%～1.5%之间，具体可根据混凝土性能需求进行调整。可采用复掺硅灰、粉煤灰或矿渣粉，并根据试验结果选择不同种类矿物掺和物的合理掺量。

(4)对超流态机制砂自密实混凝土，混凝土坍落度应控制在 260mm 以上，可以通过减水剂掺量来控制，在减水剂掺量一定时，可通过调整用水量来进行控制，但混凝土单位用水量不应超过 170kg/m^3。

聚羧酸减水剂应通过试验，并根据与水泥(胶凝材料)的适应性，混凝土强度设计与坍落度需求，选择合理的类型与掺量。应在保证混凝土强度与坍落度的前提下，适当增大减水剂掺量、提高减水率，以降低混凝土单位用水量。掺量按固体计算为胶凝材料用量的 0.3%～1.0%。

(5)对具有碱活性的集料，应根据《暂行规定》中规定的碱含量计算方法，对混凝土配合比中总碱含量进行计算，其总碱含量不应超过 3kg/m^3，并审核是否符合其规程规定要求。如超过技术规程所规定的含量，应重新进行配合比设计。对非碱活性集料，不做总碱含量限制要求。

(6)超流态机制砂自密实混凝土的砂率一般取 50%左右。砂率可根据混凝土的实际拌和物的性能进行适当调整。

(7)超流态机制砂自密实混凝土具体配合比设计步骤按照机制砂板岩混凝土的配合比设计报告执行。

(8)混凝土集料应选用非板岩集料，并执行《暂行规定》。

除水和外加剂溶液可按体积计量外，其他原材料应按质量计量。原材料的计量允许偏差为：水泥±1%，矿物掺和物±1%，粗、细集料±2%，水±1%，外加剂±1%。

砂、石中的含水量应及时测定，并按测定值调整配合比中的用水量和砂、石用量。

搅拌时间应比普通混凝土适当延长，一般宜在 60～120s，具体时间应根据现场试拌试验确定。

当超流态机制砂自密实混凝土在现场拌制时，必须对搅拌机加水装置进行校核。正式生产前必须对超流态机制砂自密实混凝土进行开盘鉴定。检测其工作性及表观密度。超流态机制砂自密实混凝土生产过程中必须进行严格管理，控制混凝土的质量。

长距离运输超流态机制砂自密实混凝土拌和物应使用混凝土搅拌车，短距离运输可采用混凝土运送泵或利用现场的一般运送设备。装料前装料口应保持清洁，筒体内保证其干净潮湿不得有积水、积浆。

应根据待浇挡墙施工结构物及施工准备情况，对自密实混凝土的生产速度、运输时间及浇筑速度进行协调，制订合理的运输计划，确保超流态机制砂自密实混凝土的分送与浇筑在其工作性保持期内完成。

6.3.3 超流态机制砂自密实混凝土的浇筑

为了保证超流态机制砂自密实混凝土的质量，浇筑时应考虑结构的浇筑区域、范围、施工条件及超流态机制砂自密实混凝土拌和物的品质，并选用适当机具与浇筑方法。做好单位工程施工组织设计，并要求有关人员掌握操作要领。

超流态机制砂自密实混凝土浇筑之前必须检查模板及支架、预埋件等设施的位置、尺寸，确认正确无误后，方可进行浇筑。为防止浇筑不均匀及表面气泡，可在模板外侧辅助敲击。

生产的超流态机制砂自密实混凝土应满足关于超流态机制砂自密实混凝土的工作性、力学性能及耐久性的要求后，方可进行浇筑。

当采用泵送入仓时，应根据试验结果及施工条件，合理确定混凝土泵的种类、输送管径、配管距离等，并应根据试验结果及施工条件确定超流态机制砂自密实混凝土的浇筑速度。

超流态机制砂自密实混凝土的泵送和浇筑应保持其连续性，当因停泵时间过长，混凝土不能达到要求的工作性时，应及时清除泵及泵管中的混凝土，重新浇筑。

中雨以上的雨天不得新开机制砂超大粒径骨料自密实混凝土的浇筑仓面，有抗冲耐磨和有抹面要求的机制砂超大粒径骨料自密实混凝土不得在雨天开工。如在浇筑过程中遇到下雨等情况，必须采取覆盖方式，严禁雨水渗入浇筑仓。当气温低于 5℃ 时，不宜浇筑混凝土，必要时必须采用相应保温措施，制定特殊方案才能浇筑。

浇筑过程中应控制混凝土浇筑点的间距距离。超流态机制砂自密实混凝土浇筑点间的水平距离不宜大于 5m，垂直自由下落距离不宜大于 2m。当自由下落距离大于 2m 时宜采用导管法浇注。对于其他特殊情况，需要根据现场模拟试验的结果来确定混凝土的水平和垂直方向的流动距离。

在浇筑过程中，当浇筑点混凝土溢满后方可移动，浇筑点应单向从低高程向高高程移动，移动距离不宜超过 3m，应避免在浇筑点的反复浇筑。

浇筑时要防止模板、定位装置等设施的移动和变形。

当分层浇筑连续混凝土时，为使上、下层混凝土一体化，应在下一层混凝土初凝前将上一层混凝土浇筑完毕。

除上述规定外，其他可按普通自密实混凝土相关标准规定执行。

机制砂超大粒径骨料自密实混凝土收仓时，除达到结构物设计顶面以外，超流态机制砂自密实混凝土浇筑应按《公路桥涵施工技术规范》(JTG/T F50—2011)执行，以大量块石或预埋的石笋高出浇筑面 200～300mm 为限，以加强层面结合。

在机制砂超大粒径骨料自密实混凝土抗压强度达到 2.5MPa 以前，不得进行下一仓面的准备工作。

对有防渗要求的机制砂超大粒径骨料自密实混凝土，施工水平缝宜采用 25～50MPa 高压水冲毛机，也可采用低压水、风砂枪、刷毛机或人工凿毛等方法对浇筑完毕的超流态机制砂自密实混凝土表面进行处理。

6.3.4 机制砂超大粒径骨料自密实混凝土的养护与拆模

养护是防止机制砂超大粒径骨料自密实混凝土产生裂缝的重要措施，应充分重视，并制定养护方案，派专人负责养护工作。

混凝土浇筑完毕，应及时进行养护，一般要求潮湿养护龄期不少于14d，对有特殊要求的部位宜适当延长养护时间。

浇筑后的机制砂超大粒径骨料自密实混凝土可采用覆盖、洒水、喷雾或用薄膜保湿、喷养护剂（液）等养护措施。

冬期施工时不能向裸露部位的机制砂超大粒径骨料自密实混凝土直接浇水养护，应用保温材料和塑料薄膜进行保温、保湿养护。保温材料的厚度应经热工计算确定。当气温低于5℃时，应搭设保温棚，在棚内烧热水进行养护。

处于冲沟地段的基础，应在混凝土浇筑前做好临时排水系统，确保混凝土浇筑后7d内不得受水的冲刷。

混凝土强度未达到2.5MPa前，禁止其承受行人、运输工具、模板、支架及脚手架等荷载，确保其混凝土不被损坏。

6.3.5 机制砂超大粒径骨料自密实混凝土的质量检验

超流态机制砂自密实混凝土拌和物的性能检验内容如下所列。

(1)坍落度、坍落扩展度

检验超流态机制砂自密实混凝土的水平自由流动性和填充性。

(2)倒坍落度流出时间

检验混凝土拌和物的间隙通过性和填充性。

(3)1h后坍落度和坍落扩展度

检验混凝土拌和物的水平自由流动性和填充性在1h后的保持能力。

(4)1h后倒坍落度流出时间

检验混凝土拌和物在1h后的间隙通过性和填充性。

硬化超流态机制砂自密实混凝土质量检验方法：硬化超流态机制砂自密实混凝土质量检验方法按《贵州地区石灰岩质块片石自密实混凝土应用技术指南》中的规定执行。

机制砂超大粒径骨料自密实混凝土表面状态检验方法：采用目测方法检验拆模后浇筑物表面状态，观察有无气孔、蜂窝麻面等。机制砂超大粒径骨料自密实混凝土表面状态应无明显大气孔，并无蜂窝麻面。

机制砂超大粒径骨料自密实混凝土密实度检验方法：机制砂超大粒径骨料自密实混凝土的密实度可采用两种检验方法进行检测，预埋橡胶抽拔棒注水法与预埋ϕ10mm PVC管成孔超声波测桩法。实际工程中，只需选择其中一种检验方法对机制砂超大粒径骨料自密实混凝土的密实度进行检测。

(1)预埋橡胶抽拔棒注水法

在超大粒径骨料入仓之前，应在浇筑体中预埋橡胶抽拔棒，并在浇筑的超流态机制砂自密实混凝土终凝前后拔出。橡胶抽拔棒直径宜选用100mm。预埋深度不应小于每次浇筑高度的一半。预埋橡胶棒的数量不得少于3个。钻孔间距每3m一个，对浇筑尺寸小的结构，钻孔间距宜适当减小，但取样数量不应少于3个。

在拔出孔中灌满水，观察并记录拔出中的水渗漏情况，记录1h、2h、4h、8h、24h的水位下降高度。测试过程中，应注意保持钻孔口覆盖密封，以防止水分受外界环境影响蒸发。当24h水位下降高度小于50mm时，可判定机制砂超大粒径骨料自密实混凝土密实度良好。

(2)超声波测桩法

采用超声波测桩法检验混凝土密实度时，应在挡墙模板支撑时，预埋ϕ10mm PVC管成孔作为声测管。在超大粒径骨料堆码与混凝土浇筑过程中，应防止声测管的弯曲变形。声测管应每5m预埋一根。对浇筑尺寸小的结构，钻孔间距宜适当减小。

超声波测桩法的具体测试方法应参照《公路工程基桩动测技术规程》(JTG/T F81-01—2004)执行。

机制砂超大粒径骨料自密实混凝土取芯抗压强度检验方法：当对机制砂超大粒径骨料自密实混凝土的施工质量存在争议，需进一步检验时，可对机制砂超大粒径骨料自密实混凝土钻芯取样并进行抗压强度检验。钻芯的数量不得少于6个。测试28d、60d或规定龄期的芯样抗压强度值，并计算出机制砂超大粒径骨料自密实混凝土的平均抗压强度。芯样平均抗压强度应满足设计要求。

6.4 机制砂超大粒径自密实混凝土在惠兴高速第七合同段公路工程中应用

6.4.1 工程简介

贵州惠水至兴仁高速公路是国家重点工程，是《贵州省高速公路网规划》中“8纵8横”规划之一，全长200.808km，工程概算总投资152亿元。项目建成后将打通我省南部及西部地区北上贵阳、成渝经济圈，南下珠三角、环北部湾经济区及大湄公河区域的物流通道，进一步完善贵州省高速公路网布局，更好地承受沪昆、汕昆、兰海、厦蓉高速公路的辐射作用。本项目设计速度80km/h，整体式路基宽度21.5m，分离式路基宽度11.25m，桥涵设计汽车荷载等级采用公路—Ⅰ级。项目路线大致沿东向西分布，总的地势为西高东低。

惠兴高速公路第七合同段(K64+768.180～K79+960.000)，全长15.12km，地形起伏较大，路基挡土墙、涵洞基础设计均为超大粒径骨料混凝土，工程量大，若采用常规的超大粒径骨料混凝土施工方法，投入的人力资源较大，施工辅助设施较多，现场施工组织复杂，工程进度难以满足路基土石方的填筑要求。为了保证挡土墙进度能够满足路基土石方施工进度的需要，采用了《贵州地区石灰岩质超大粒径骨料自密实混凝土施工技术》的研究成果，结合现场使用的材料，配置机制砂自密实混凝土，采用机制砂自密实超大粒径骨料混凝土进行施工。

6.4.2 C20超流态机制砂自密实混凝土配制

与常规混凝土相比，石灰岩质机制砂超大粒径骨料混凝土对于工作性能的要求更高。在进行石灰岩质机制砂超大粒径骨料混凝土配合比设计时一般应首先设计体积配合比，使之满足自密实性能。自密实性能与胶凝材料的细度、化学成分，砂石料的粒形、级配，外加剂的性能及其与水泥、粉煤灰等材料的适应性均有密切关系。因此需要通过专项试验逐步确定外加剂的种类和石灰岩质机制砂超大粒径骨料混凝土配合比设计参数。在确定了石灰岩质机制砂超大粒径骨料混凝土的体积配合比后，一般通过改变粉煤灰的掺量来调整强度等级。由于石灰岩质机制砂超大粒径骨料混凝土胶凝材料用量相对较高，并且具有优异的密实性，所以在进行配合比设计时并不需要做特殊考虑。经过胶凝材料净浆、砂浆、混凝土试验以及外加剂复配优化试验，最终得到C20混凝土配合比见表6.25。

石灰岩质超流态机制砂自密实混凝土配合比　　表6.25

配合比编号	胶凝材料	粉煤灰	水胶比	砂率	减水剂
1	475kg/m^3	55%	0.34	60%	0.5%

6.4.3　C20超流态机制砂自密实混凝土施工

混凝土施工流程图与上节一致，此处不再赘述。施工各流程效果图如图6.27～图6.31所示。

图6.27　机制砂超大粒径骨料自密实混凝土模板安装

图6.28　超大粒径骨料入仓

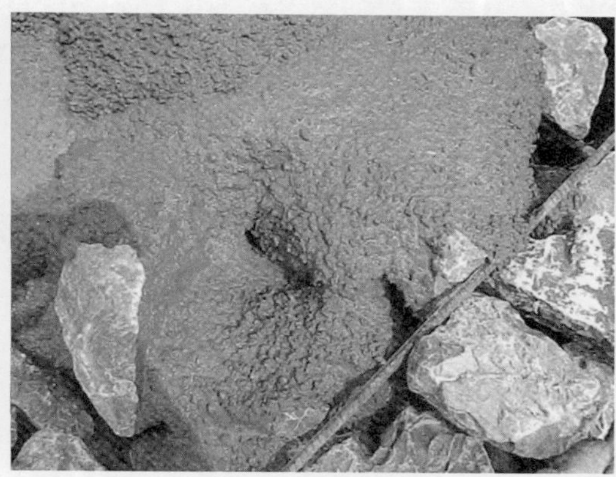

图 6.29 机制砂超大粒径骨料自密实混凝土浇筑过程

图 6.30 机制砂超大粒径骨料自密实混凝土养护

图 6.31 结构体养护后拆模

6.4.4 现场混凝土性能评价

1)超流态机制砂自密实混凝土出机性能检测

应按规程《超流态石灰岩质机制砂超大粒径骨料混凝土试件成型方法》，所列项目检测并记录每仓专用石灰岩质机制砂超大粒径骨料混凝土的出机工作性能，在混凝土生产前准备好记录表格和检测工具，拌和物性能的检测方法与指标要求见表 6.26。

拌和物性能的检测方法与指标要求　　表 6.26

序　号	方　法	单　位	指 标 要 求	检 测 性 能
1	坍落度（SL）	mm	$250 \leqslant SL \leqslant 290$	流动性
2	坍落扩展度（SF）	mm	$650 \leqslant SF \leqslant 800$	填充性
3	倒坍落度筒流动时间（T_d）	s	$T_d \leqslant 6$	流动性 间隙通过性 填充性
4	1h 后坍落度（SL）	mm	$SL \geqslant 250$	流动性保持能力
5	1h 后坍落扩展度（SF）	mm	$SF \geqslant 650$	填充性保持能力

2）超流态机制砂自密实混凝土抗压强度检测

在专用自密实混凝土生产浇筑过程中，每仓应留取 15cm 标准立方体试块，根据《混凝土强度检验评定标准》（GB/T 50107—2010）评定专用自密实混凝土 28d～90d 龄期强度等级。

3）机制砂超大粒径骨料自密实混凝土表面及密实度检测

根据石灰岩质机制砂超大粒径骨料混凝土表面状态的检测结果，可以将表面状态分为三类：第一类，表面状态良好，拆模后，浇筑物表面气孔很少，尤其是大气孔很少，蜂窝麻面现象几乎没有；第二类，表面状态合格，拆模后，浇筑物表面气孔较少，尤其是大气孔较少，蜂窝麻面现象较少，不影响浇筑物的外观；第三类，表面状态不合格，拆模后，浇筑物表面气孔较多，尤其是大气孔较多，蜂窝麻面现象较多，严重影响浇筑物的外观形象。

石灰岩质机制砂超大粒径骨料混凝土密实度的检测应该根据施工单位的实际情况，选择合适和可执行的方法，如果条件具备，可以参照 6.2.3 节方法进行密实度检测，也可以参照 6.3.6节的检测方法。

6.4.5　应用效果

在惠兴高速公路第七合同段项目中，使用《贵州地区石灰岩质超大粒径骨料自密实混凝土施工技术》解决了项目施工中的难题，节约了成本，保证了项目的整体进度，具有显著的经济效益及一定的社会效益，具有很好的实用价值和推广价值。

本章参考文献

[1] AMURA H O K，OUCHI M. Self-compacting concrete：development，present use，and future[C]//PRO 7：1st International RILEM Symposium on Self-Compacting Concrete，RILEM Publications，1999，07：3.

[2] EFNARC. Specification and guidelines for self-compacting concrete. 2002.

[3] 王伯航，周大庆，尤诏，等. C20 超流态机制砂自密实混凝土的制备及性能研究[J]. 商品混凝土，2012，04：38-41.

[4] 母进伟，胡涛，郑文，等. 机制砂自密实块片石混凝土的试验研究及工程应用[J]. 中国包

装科技博览:混凝土技术，2012，04:31-34.
[5] 蒋正武,梅世龙. 机制砂高性能混凝土[M]. 北京:化学工业出版社,2015.
[6] 薛秀清. 堆石混凝土施工技术与工程应用[J]. 山西水利科技，2012,4:58.
[7] 金峰,安雪晖,石建军,等. 堆石混凝土及堆石混凝土大坝[J]. 水利学报，2005，36(11):1347-1352.
[8] 黄绵松. 堆石混凝土中自密实混凝土充填性能的离散元模拟研究[D]. 北京:清华大学,2010.
[9] 唐欣薇,石建军,张志恒,等. 自密实堆石混凝土力学性能的细观仿真与试验研究[J]. 水利学报，2009，40(7):844-857.
[10] 唐欣薇,张楚汉. 随机骨料投放的分层摆放法及有限元坐标的生成[J]. 清华大学学报:自然科学版，2008，48(12):2048-2052.
[11] 唐欣薇,张楚汉. 基于改进随机骨料模型的混凝土细观断裂模拟[J]. 清华大学学报:自然科学版，2008，48(3):348-351.
[12] 沈乔楠. 堆石混凝土施工管理中视觉信息的处理方法及应用研究[D]. 北京:清华大学，2010.
[13] 沈乔楠,安雪晖，于玉贞. 基于视觉信息的堆石质量评价[J]. 清华大学学报:自然科学版，2013，01:48-52.
[14] 周大庆,蒋正武,袁政成,等. 超大粒径骨料堆放过程的二维计算机模拟研究[J]. 建筑材料学报，2013，16(4):567-580.
[15] 蒋正武,袁政成,杨凯飞,等. 超大粒径骨料机制砂自密实混凝土构件研究[C]. 中国建筑学会，2014:243-250.

第7章 机制砂高强混凝土工程应用

7.1 概述

7.1.1 定义

对于高强混凝土，世界各国因发展水平的不同，并没有统一的定义。美国将混凝土抗压强度等级为C100及以上的混凝土定义为高强混凝土，在日本标准为C80及以上的混凝土，在挪威标准为C70及以上的混凝土，德国和法国标准为C60～C65及以上的混凝土。我国一般把强度等级为C50及其以上的混凝土定义为高强混凝土，C100及其以上的混凝土定义为超高强混凝土。

在本书中，将强度等级在C50～C100的混凝土定义为高强混凝土，而对于强度超过C100的混凝土定义为超高强混凝土。与普通混凝土相比，(超)高强混凝土具有明显的技术优势：不仅可以减小混凝土结构尺寸，减轻结构自重和地基荷载，节约用地，减少材料用量，节省资源，降低施工能耗，而且能够提高混凝土结构的耐久性能，延长建筑物的使用寿命，减少结构维护和修补费用。高强混凝土还能够消耗大量工业废渣，节省水泥，符合节能、减排、环保和可持续发展的战略要求。

7.1.2 国内外研究应用现状

针对机制砂高强混凝土的相关性能研究，国内外学者一致认为，机制砂中合理的石粉含量对高强混凝土的各种性能是有益的[1]。石粉在混凝土中的作用主要表现为填充效应、晶核效应和活性效应，对高强混凝土的工作性能、力学性能以及后期的耐久性能都有重要的影响。适量的石粉掺量有利于机制砂混凝土坍落度的提高、扩展度的增大以及泌水性能的改善[2-4]。同时，适量的石粉填充混凝土中的孔隙，改善界面过渡区结构，加速水化反应，提高水化反应程度，对混凝土的强度有增幅作用[5]，亦能改善混凝土的抗渗性[4,6]、抗冻性[7,8]。但是，石粉的存在对早期干缩、耐火性等性能有劣化作用[9,10]。然而，由于不同石粉自身的差异性太大，不同的研究人员在不同的试验中得到的最佳石粉含量也不相同[11-13]，这对机制砂混凝土的应用存在不利影响。

对于超高强高性能混凝土，近年来也得到迅速发展，其制备技术主要包括：①硅酸盐水泥＋活性矿物掺和料＋高效减水剂；②磨细矿渣＋碱组分；③硅酸盐水泥＋高效减水剂＋磨细砂

＋蒸压养护；④优质石灰＋高效减水剂＋磨细砂＋蒸压养护；⑤其他途径。此外，聚羧酸减水剂的不断推广，使超高强高性能混凝土的流态化越来越容易实现，并使得工作性能的损失得到较好的解决。同时，超高强高性能混凝土存在的自收缩大、弹性模量发展快、早期水化热大等问题均得到一定程度的遏制，并成功地在国内取得较多应用[14]。

高强、超高强混凝土材料为预应力技术提供了有利条件，并可采用高强度钢材和人为控制应力，大大地提高受弯构件的抗弯刚度和抗裂度。因此，在世界范围内越来越多地采用施加预应力的高强混凝土结构应用于大跨度房屋和桥梁中。此外，利用（超）高强混凝土密度大的特点，可用作建造承受冲击和爆炸荷载的建（构）筑物，如原子能反应堆基础等；利用其抗渗性能强和抗腐蚀性能强的特点，可用作建造具有高抗渗和高抗腐要求的工业用水池等[15-18]。总而言之，混凝土的高强化是现代混凝土技术水平的代表和未来的发展方向之一。

目前，机制砂高强混凝土在我国工程领域也有了不少的应用成果。中铁大桥局集团公司在东海大桥工程中用30%～40%的机制砂代替天然砂生产C50高性能混凝土，取得了很好的效果。涪江三桥也采用机制砂与天然砂混合来配制C50混凝土；重庆嘉陵江黄花园大桥主桥箱梁结构也使用了机制砂和特细砂混掺的C50混凝土，均取得较好的应用效果。株六复线南山河特大桥首次应用C55人工砂流态高性能混凝土制造64m铁路简支梁也取得了良好效果；成都群光大陆广场、成都茂业中心成功应用C80机制砂高强泵送混凝土，应用总方量达到22 524m^3。云南时代广场工程中一次性大规模生产和应用8 000m^3由机制砂和特细山砂配制的C80机制砂高强泵送混凝土[19-21]。

尽管国内外研究学者一致认为机制砂能够很好的应用在高强混凝土中，并且适宜的石粉含量能改善高性能混凝土的工作性和强度等诸多性能，机制砂高性能混凝土在实际工程中的应用也不少，但是工程上对能否采用机制砂配制高强混凝土仍然心存疑虑[22]。

本章节主要从原材料控制、配合比设计和高强混凝土性能等方面，结合实际工程应用，对机制砂高强混凝土进行详细的介绍。

7.2　机制砂高强混凝土的配制与性能

7.2.1　机制砂高强混凝土的原材料要求

对于机制砂高强混凝土的原材料，不仅需要符合本书第2章的相关要求，还应满足下列相关性能。

（1）水泥

通常需选用高于42.5级的硅酸盐水泥、普通水泥、铝酸盐水泥及快硬高强水泥等。同时，需综合考虑水泥的水化热、需水量、水泥和高效减水剂相容性等问题。宜采用P.O 42.5水泥，28d胶砂强度不宜低于50MPa，优先选用P.O 52.5水泥。

（2）集料

机制砂细度模数应不大于3.2，砂率应根据混凝土状态，控制在43%～48%之间。对C50以上的混凝土，粗集料应选取质地坚硬、洁净的碎石。

(3)外加剂

在配制高强混凝土时,要选用非引气型减水剂,优选聚羧酸减水剂,并根据实际需要选择引气剂等其他外加剂。

(4)矿物掺和料

高强混凝土根据不同强度掺和料的选取有一定的要求,因为只有选择适当粒径的掺和料,才能弥补骨料以及水泥的缺陷,取长补短,以提高混凝土的强度。优选复掺粉煤灰和硅灰复合矿物掺和料,也可单掺粉煤灰或矿渣粉,矿物掺和料的掺量不应小于10%;复掺硅灰时,一般用量控制在水泥重量的5%~10%之间。

7.2.2 机制砂高强混凝土的配合比设计

1)机制砂高强混凝土配合比设计的基本原则

根据混凝土受力过程及混凝土强度理论,混凝土强度主要由混凝土中水泥石的密实度决定的,即无论是水灰比强度公式、Powers的胶空比理论,还是葛里非斯的脆性材料断裂理论都是以混凝土中水泥石为研究对象,都是从不同的角度研究混凝土的密实度对混凝土强度的影响。配制高强混凝土的技术途径很多,如采用化学外加剂、超细矿粉、机械压实、纤维增强、聚合物增强及蒸压养护等措施。实现高强混凝土的手段,一般认为是由胶凝材料本身的高强化,增强胶凝材料与集料的界面黏结力及选择最佳集料三要素组成。

研究表明,对高速铁路用高强高性能混凝土的配制基本原则是通过降低水胶比、强化水泥石与集料的界面、改善水泥水化产物、降低孔隙率、提高密实度来实现高耐久、高强度和高性能。其混凝土配合比设计的基本措施是:

(1)掺入高效减水剂

在保证混凝土拌和物所需流动性的同时,尽可能降低用水量,减小水灰比,使混凝土的总孔率,特别是毛细管孔隙率大幅度降低。许多研究表明,当水灰比降低到0.38以下时,消除毛细管孔隙的目标便可以实现。

研究与应用的实践表明:大掺量高效减水剂时混凝土在水胶比很低的条件下,仍能具有较大的流动性,可以成型密实,生产强度与耐久性良好的高强与高性能混凝土。配制高强混凝土时,高效减水剂的掺量通常要接近或等于其饱和掺量。超塑化剂应通过试验,根据与水泥(胶凝材料)的适应性,在萘系和多羧酸系的超塑化剂中选择,必要时复配其他成分,以保证混凝土拌和物大流动度、低坍落度损失等性能。掺量按固体计为胶凝材料用量的0.5%~2.0%。

(2)掺入高效活性矿物掺和料

掺入活性矿物掺和料的目的在于改善混凝土中水泥石的胶凝物质组成,活性矿物掺和料(硅灰、矿渣、粉煤灰等)中含有大量活性氧化硅及活性氧化铝,它们能和波特兰水泥水化过程中所产生的游离石灰及高碱性水化硅酸钙产生二次反应,生成强度更高、稳定性更优的低碱性水化硅酸钙,从而达到改善水化凝胶物质的组成并消除游离石灰的目的。

(3)高性能耐久混凝土配合比参数的优化

高性能混凝土配合比参数主要有水胶比、水胶比确定下的浆集比(一定水胶比下的胶凝材料总用量或用水量)、水胶比和浆集比确定下的砂石比(反映一定浆集比下的砂率或粗集料体积)和超塑化剂用量。这些参数不是孤立地影响混凝土的个别性能,而是相互制约的。如为了保证高流动性就要用较大的浆集比和砂率。高性能混凝土配合比设计的任务是正确地选择原材料和配合比参数，使其中的矛盾得到统一，获得保证高耐久性的混凝土。

①水胶比。

高强混凝土的强度与水胶比倒数之间的关系仍然近似线性，但是其斜率变小。水胶比越低，混凝土强度越高。在用水量一定的情况下，水胶比反映的是胶凝材料用量以及其组合。对高强混凝土来说，矿物掺和料对强度的贡献是不可替代的。水胶比是混凝土配合比设计的关键，对高性能混凝土，水胶比应根据混凝土的工作性与强度的要求来确定。

②浆集比。

根据简化的模型来看，混凝土是一种两相材料，即由水泥浆和集料复合的材料。水泥浆体是集料的胶结材，而集料是非连续相。可以说，混凝土的渗透性、强度、工作性、尺寸稳定性和混凝土的其他性能取决于胶结材与集料之比和两相材料各自的质量。在水胶比确定下，胶凝材料用量就反映了水泥浆体和集料的比例，即浆集比。浆集比主要影响混凝土的工作性，因而也影响混凝土耐久性，在一定程度上还影响强度、弹性模量和干缩率。高性能混凝土特点是流动性大、强度高、水胶比小，为保证混凝土具有足够的流动性，就要求有较大的胶凝材料用量。随着浆集比的增大，混凝土的弹性模量会有所下降，混凝土的收缩也会有所增加。从耐久性角度来看，必须有足够的浆体浓度和数量来得到良好的工作性，进而才能保证混凝土的耐久性。

③砂率。

在水泥浆量一定的情况下，砂率对混凝土的主要影响是工作性。HFS-HPC 由于用水量很小，砂浆量要由增加砂率来补充，砂率宜较大。据日本资料介绍，平均坍落度每提高 20mm，砂率应增加 1%，而强度并无明显变化。砂率的大小与砂的粗细、级配和石子的粒径、级配有关。当砂子的细度模数大而石子最大粒径小时，应减小石子用量。砂率的选择可用砂浆富裕系数来计算。计算的原则是用砂浆填充石子空隙并保证一定的富余量。与普通混凝土相比，HPC 的配合比特点是：低水胶比，胶凝材料用量大，浆集比大，砂率大，粗集料量小。

因此，机制砂高强混凝土配合比设计的基本原则如下：

(1)应尽可能减少混凝土胶凝材料中的硅酸盐水泥用量；

(2)控制总胶凝材料用量，适量单掺或复掺优质粉煤灰、磨细矿渣粉等矿物掺和料；

(3)选用低水化热和低碱含量的水泥，尽可能避免使用早强水泥和高 C_3A 含量的水泥；

(4)优选高效减水、适量引气、能改善细化混凝土孔结构、能明显改善或提高混凝土耐久性能的复合聚羧酸减水剂；

(5)机制砂、碎石应严格控制其泥及泥块含量，针片状颗粒含量，优化级配。

2)机制砂高强混凝土配合比设计思路

(1)根据最紧密堆积理论，选择合理的大小石子比例，使其堆积密度最大，空隙率最小；

(2)合理的配合比参数，使新拌混凝土具有较好的工作性能，合理的胶凝材料用量，实现混凝土工作性、强度、耐久性及经济性的统一；

(3)在满足新拌混凝土工作性能的条件下，适当地降低水胶比，以保证早期强度；

(4)掺入适量的矿物掺和料，改善混凝土的工作性和耐久性，同时降低混凝土的成本；

(5)选择合适的外加剂品种，推荐使用聚羧酸减水剂，保证混凝土具有良好的工作性，同时适当引气，提高混凝土的抗冻性，使其适用于高寒地区；

(6)综合优化设计高强高性能混凝土。

7.2.3 机制砂高强混凝土的性能

本章节主要以编者前期的机制砂高强混凝土的试验结果为依据,介绍机制砂高强混凝土的工作性能、力学性能、耐久性能以及对微观机理进行分析,并探究各配比因素对机制砂高强混凝土性能的影响。

1)C60 机制砂高强高性能混凝土配合比试验

(1)粗集料的级配

试验中采用 16.0~31.5mm 和 4.75~16.0mm 两种粒径的粗集料,以最紧密堆积理论为指导,需要选择大小石子最紧密堆积的比例,从而使得粗集料的空隙率最低,大大减少浆体的体积,实现最紧密堆积。

根据工程前期试验结果,分别按照 7∶3、6.5∶3.5、6∶4 及 5∶5 的比例将大小石子混合,测定堆积密度,并进行筛分(表 7.1、表 7.2)。

不同比例的大小石子的堆积密度 表 7.1

大小石子的比例	8∶2	7∶3	6∶4	5∶5
松散堆积密度(kg/m^3)	1 450	1 484	1 515	1 488

不同比例的大小石子累积筛余 表 7.2

筛孔尺寸(mm)	比例	37.5	31.5	26.5	19.0	16.0	9.5	4.75	2.36
累计筛余率(%)	8∶2	0.8	8.1	39.9	61.0	72.1	85.9	99.3	99.9
	7∶3	0.7	7.1	34.9	53.3	63.2	80.3	99.0	99.9
	6∶4	0.6	6.1	29.9	45.7	54.3	74.6	98.8	99.9
	5∶5	0.5	5.1	24.9	38.1	45.3	69.0	98.5	99.9
规定范围		0	0~5	—	15~45	—	70~90	90~100	95~100

从表中可以看出,大小石子比例为 6∶4 时堆积密度最大,空隙率最低,有利于实现最紧密堆积,减水浆体用量。从级配情况来看,由于大石子中粗颗粒含量较大,尤其是 31.5mm 以上的石子量较多,即便大小石子以 5∶5 比例混合,大于 31.5mm 的颗粒含量依旧稍多。综合考虑堆积密度和级配情况,大小石子的比例选择为 6∶4。

(2)基准配合比的确定

在工程前期研究的基础上,对原材料进行优选,结合混凝土的工作性、强度,确定了 C60 基准混凝土的配合比(表 7.3)。

C60 混凝土基准配合比 表 7.3

水胶比	胶材总量	矿物掺和料	砂的种类及砂率	外加剂种类及掺量
0.30	550	15%FM+5%SF	机制砂 3.42%	聚羧酸,1.2%;缓凝剂,3%

2)机制砂高强混凝土的工作性与力学性能

(1)粗骨料级配对其工作性和强度的影响

在基准配合比基础上,改变大小石子的级配(7∶3、6∶4、5∶5),研究其对混凝土工作性和强度的影响(表 7.4)。

粗集料级配对混凝土工作性和强度的影响　　表 7.4

编号	大小石子的比例	减水剂掺量	初始 T/K(cm)	1h 后 T/K(cm)	状态特征	抗压强度(MPa)		
						3d	7d	28d
3-1	7∶3	1.2%	23.5/73	23/65	跑浆,轻微离析	47.3	63.6	79.2
2-2	6∶4	1.2%	25/56	25/56	工作性良好	52.3	67.5	82.1
3-2	5∶5	1.2%	24/62	22/55	稍黏	54.1	65.3	81.4

粗集料的级配对混凝土工作性影响较大,大小石子比例为 7∶3 时,在减水剂掺量为1.2%时,混凝土中大石子外露明显,混凝土出现轻微离析;而如果其中小石子含量达到 50%时,混凝土拌和物稍黏。大小石子比例为 6∶4 时混凝土工作性良好。

从强度结果来看,除了大小石子比例为 7∶3 时,混凝土离析及不均匀造成强度较低外,另外两组的强度差别不大。

(2)砂率变化对其工作性和强度的影响

在基准配合比的基础上,改变砂率(39%,42%,45%),研究其对混凝土工作性和强度的影响(表 7.5)。

砂率变化对混凝土工作性和强度的影响　　表 7.5

编号	砂率	减水剂掺量	初始 T/K(cm)	1h 后 T/K(cm)	状态特征	抗压强度(MPa)		
						3d	7d	28d
4-1	39%	1.2%	22.5/59.5	22/55.5	包裹性差	50.1	63.8	83.4
2-2	42%	1.2%	25/56	25/56	工作性良好	52.3	67.5	82.1
4-2	45%	1.2%	24/53	24.5/53	包裹性好,稍黏	52.8	66.5	80.4

砂率对混凝土工作性有一定程度的影响,砂率较低时混凝土包裹性差,石子有些外露;砂率在 42%～45%之间时混凝土工作性良好,随着砂率增大,混凝土拌和物变得稍黏。砂率较低时影响混凝土的强度,砂率在 42%～45%之间变化时,混凝土强度波动不大。

(3)粗集料最大粒径变化对其工作性和强度的影响

在基准配合比的基础上,研究粗集料最大粒径(31.5mm,26.5mm,19.5mm)对混凝土工作性和强度的影响(表 7.6)。

保持初始大小石子的比例,然后人工筛除超过最大粒径的部分石子,分别进行各组试验。

粗集料最大粒径对混凝土工作性和强度的影响　　表 7.6

编号	粗集料最大粒径	减水剂掺量	初始 T/K(cm)	1h 后 T/K(cm)	状态特征	抗压强度(MPa)		
						3d	7d	28d
2-2	31.5mm	1.2%	25/56	25/56	工作性良好	52.3	67.5	82.1
5-1	26.5mm	1.2%	24/49	22/45	均匀性好	58.4	73.8	88.4
5-2	19.5mm	1.2%	20.5/38	18/—	较为黏稠	56.8	73.9	85.0

随着粗集料最大粒径的减小,混凝土均匀性增加,工作性变好,但是最大粒径降低为19.5mm时,混凝土在保持外加剂掺量不变时较为黏稠,坍落度损失较大。

混凝土粗集料最大粒径减小时，强度有明显提高。一方面随着粗集料最大粒径的减小，减小了集料与水泥石界面的应力集中对界面强度的不利影响，另一方面可以增加水泥石与集料界面的黏结，增加了水泥石与集料间的界面面积，使混凝土承受荷载时受力更为均匀，提高了混凝土的抗压强度；但集料最大粒径过小，会造成浆体过多，对混凝土的收缩变形等不利，而且还会影响混凝土的和易性。

(4)胶凝材料总量变化对其工作性和强度的影响

在基准配合比的基础上，改变胶凝材料总量，研究其对混凝土工作性和强度的影响。其他参数保持基准配合比，各组具体材料用量见表7.7。

胶凝材料总量变化对混凝土工作性和强度的影响 表7.7

编号	胶凝材料总量(kg/m³)	减水剂掺量	初始 T/K(cm)	1h后 T/K(cm)	状态特征	抗压强度(MPa)		
						3d	7d	28d
6-1	520	1.2%	23/54	24/56	稍黏	56.8	69.5	79.0
2-2	550	1.2%	25/56	25/56	工作性良好	52.3	67.5	82.1
6-2	580	1.1%	23.5/65	24/63	浆体稍多	52.8	65.9	86.0

随着胶凝材料总量的增加，混凝土流动性变好，尤其是扩展度增加，胶凝材料总量增加时可以适当降低减水剂的用量。胶凝总量低的6-1组混凝土较为黏稠，而6-2组由于胶凝材料总量的增大增强了混凝土的流动性，降低了减水剂的用量。

从3d和7d强度结果来看，胶凝材料较低时，混凝土的早期强度反而稍高，这可能是由于混凝土状态造成的，总体上看，早期强度随着胶凝材料总量的变化波动较小。但是从28d强度的发展情况来看，胶凝材料总量的提高对抗压强度是有利的。

(5)水胶比变化对其工作性和强度的影响

在基准配合比的基础上，研究水胶比对混凝土工作性和强度的影响(表7.8)。

水胶比变化对混凝土工作性和强度的影响 表7.8

编号	水胶比	减水剂掺量	初始 T/K(cm)	1h后 T/K(cm)	状态特征	抗压强度(MPa)		
						3d	7d	28d
7-1	0.28	1.4%	22.5/59	21/56	工作性较好	55.7	72.6	86.0
2-2	0.30	1.2%	25/56	25/56	工作性良好	52.3	67.5	82.1
7-2	0.32	1.1%	25/63	25/64	有点跑浆	50.1	65.1	78.7

随着水胶比的降低，可以逐渐增大减水剂的掺量来调整混凝土的工作性以达到要求，但是混凝土黏度会增加。水胶比的变化对强度影响也较明显。

从图7.1中可以看出，水胶比对混凝土各龄期强度影响明显，除个别龄期的强度数据有所波动外，不同水胶比的强度随龄期发展规律类似。把握水胶比对混凝土强度的影响规律，可以选择合理的水胶比，满足设计要求且强度富余小，节约原材料，降低成本。

(6)矿物掺和料的种类及掺量对其工作性和强度的影响

在基准配合比的基础上，研究矿物掺和料的种类及掺量对混凝土工作性和强度的影响。后续各组根据参数变化确定水泥和矿物掺和料的量。

从矿物掺和料掺量和种类对混凝土性能影响的系列试验中可以看出，矿物掺和料单掺时，工作性都不是很理想。硅灰掺量为5%时,尽管工作性可以达到要求,但是新拌混凝土流动度较慢;其他各组单掺时混凝土黏度较大,难以满足高墩泵送施工的要求。

矿物掺和料复掺,尤其是复掺5%硅灰时,混凝土的黏度较为适中,以硅灰复掺粉煤灰的效果最好,三种矿物掺和料复掺效果次之,硅灰和矿渣粉复掺及矿渣粉和粉煤灰复掺效果最差。从强度方面来看,复掺后混凝土的强度普通偏低。

(7)C60机制砂高强混凝土弹性模量的研究

①不同浆体含量混凝土的弹性模量。

在上述研究的结果上,保持原材料一致,选定特定的配合比,研究不同浆体含量的混凝土弹性模量,进而研究浆体和集料各自的弹性模量及之间的关系(表7.9)。

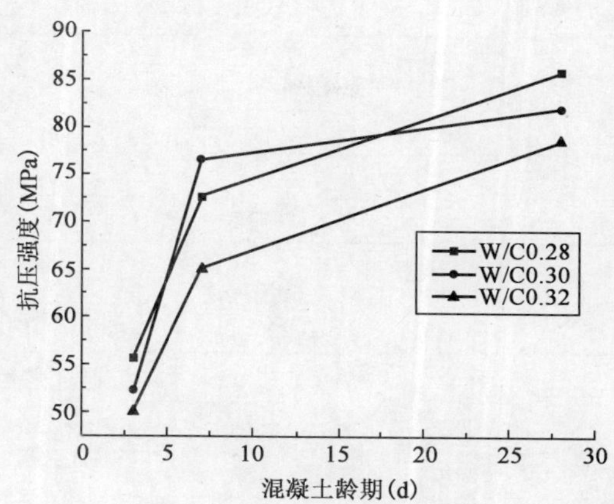

图7.1 不同水胶比的混凝土强度发展规律

矿物掺和料的种类和掺量对混凝土工作性和强度的影响 表7.9

编号	矿物掺和料的种类及掺量	初始 T/K(cm)	1h后 T/K(cm)	混凝土状态	抗压强度(MPa)		
					3d	7d	28d
2-1	无	23/50	22.5/53	很黏	56.1	72.2	84.5
7-1	SF 5%	22/49.5	22/46.5	状态较好	62.3	75.1	90.0
7-2	SF 10%	22/47	21/42.5	1h后较黏	56.3	72.6	88.6
7-3	SF 15%	19.5/24.5	14/—	无流动性,黏	59.5	73.3	97.3
7-4	FM 10%	23/57.5	24.5/60	流动性大,黏	56.7	72.3	80.2
7-5	FM 20%	23.5/58.5	23.5/57	和上组差别不大	53.5	70.7	75.3
7-6	S95 10%	23/60	24/58	特别黏,轻微板结	58.4	74.0	83.2
7-7	S95 20%	23.5/58	26/62.5	特别黏,轻微板结	52.3	69.1	82.7
7-8	S95 30%	21.5/58	22/60	气泡较多,跑浆	51.0	68.8	80.3
7-9	5%SF+10%FM	22.5/50.5	22.5/42.5	相对较稀,包裹好	55.3	71.0	80.2
7-10	5%SF+15%FM	24/58.5	25/56	工作性良好	53.0	67.6	82.1
7-11	5%SF+10%S95	24/50	22.5/44	工作性良好	56.5	74.5	88.6
7-12	5%SF+15%S95	22/44	22/35	1h后无流动性	57.1	73.5	86.0
7-13	10%FM+10%S95	24/54	24/59	特别黏	55.4	66.6	82.0
7-14	5%SF+10%S95+10%FM	23.5/52	24.5/53.5	工作性较好	53.8	66.8	75.1

从表7.10中的数据可以看出,浆体含量对混凝土28d弹性模量有一定的影响,随着浆体体积增大,弹性模量降低;但是不同浆体体积的混凝土弹性模量绝对值差别不大,这也说明了浆体的弹性模量较高,接近集料的弹性模量。

②混凝土强度与弹模之间的关系(表7.11)。

不同浆体含量的混凝土的工作性、28d 强度及弹性模量　　表 7.10

编号	水胶比	胶凝材料总量	砂率	减水剂	初始 T/K(cm)	状态	28d 强度(MPa)	28d 弹性模量(MPa)
9-1	0.35	500	43%	1.4%	25/50	较干	75.4	53 600
9-2	0.35	550	42%	1.2%	25/57	状态良好	71.6	52 000
9-3	0.35	600	41%	1.0%	23/60	浆体过多	73.9	51 500

注:大小石子的比例为 6∶4。

不同配合比的混凝土长期强度和弹性模量发展规律　　表 7.11

编号	外加剂	立方体强度(MPa)					弹性模量(10^3MPa)				
		1d	3d	7d	28d	60d	1d	3d	7d	28d	60d
10-1	聚羧酸,引气剂	31.8	57.0	57.0	70.3	71.4	33.0	37.0	38.2	42.6	44.4
10-2	高效缓凝减水剂	29.1	52.3	60.9	69.7	74.6	35.4	45.5	46.4	52.7	50.9

从测定强度和弹性模量发展规律来看,不同外加剂配制的混凝土强度差别不大,但是弹性模量差别很大,尤其是 3d 和 7d 的弹性模量。10-2 组混凝土的弹性模量非常高,而 10-1 相对较低,这可能是由于 10-1 组掺加了引气剂,在混凝土内部引入了大量微小气泡,从而导致了混凝土在外力作用下变形较大,即弹性模量较低。但两个配合比的弹性模量均能满足实际工程要求。

3)机制砂高强混凝土耐久性能

为研究不同外加剂及是否掺加引气剂等因素对混凝土耐久性的影响,分别进行抗冻性、抗氯离子渗透、抗碳化性能试验。此外,还通过微观试验重点研究矿物掺和料、外加剂(主要是引气剂)的加入后,对混凝土内部微观结构和水泥水化产物的影响,同时观测其孔结构,并揭示矿物掺和改善混凝土性能的微观机理。

在机制砂高强混凝土耐久性能的研究过程中,选择了如下配比作为研究对象(表 7.12)。

研究混凝土长期性能及耐久性采用的配合比　　表 7.12

编号	水胶比	胶材总量	砂率	矿物掺和料	外加剂种类及掺量
10-1	0.30	550	42%	5%+15%FM	聚羧酸 1.2%,缓凝剂 3%,引气剂 0.15%
10-2	0.30	550	42%	5%+15%FM	高效缓凝减水剂,2.5%

(1)机制砂高强混凝土的抗冻融性能

图 7.2 反映了混凝土质量损失率随冻融循环次数的变化关系;图 7.3 反映了混凝土动弹性模量随冻融循环次数的变化关系。

由图 7.2 可知,对于 10-1 和 10-2 这两种配比的混凝土,随着冻融循环次数的增加,混凝土的质量非但没有损失,反而比冻融试验开始前的质量要大,这是因为在冻融过程中,虽然表层混凝土会有一定程度的剥落,但同时混凝土吸收水分,且吸收的量大于冻掉浮渣的质量,所以混凝土的质量损失呈负增长。

由图 7.3 可知,两种配比的混凝土,随着冻融循环次数的增加,混凝土的相对动弹性模量呈下降趋势,且随着冻融次数的增加,下降的速度也越来越快。这是因为混凝土的冻融破坏首先是从毛细孔破坏开始的,随着冻融循环次数的增加,体积逐渐膨胀,裂缝扩展,所以,动弹性模量逐渐下降。10-1 配比的混凝土在 150 次冻融循环后,相对动弹性模量下降到 60%以下,而10-2配比的混凝土在175次冻融循环后，相对动弹性模量下降到60%以下，此时，按照《普通混凝土长期性能和耐久性能试验方法标准》(GB/T 50082—2009)要求，试验终止。

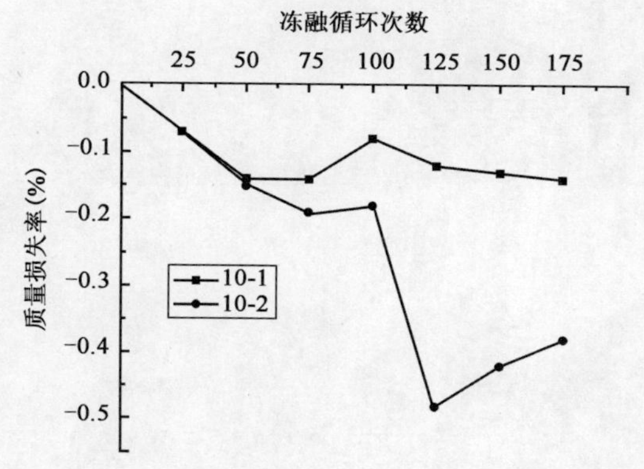

图7.2　质量损失率与冻融循环次数的关系

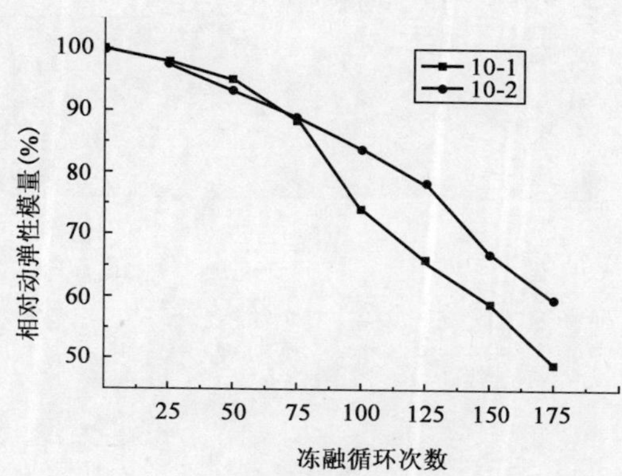

图7.3　相对动弹性模量与冻融循环次数的关系

同时，在动弹性模量降到其初始值的60%以下时，质量损失率都没有达到5%这个指标，所以质量损失率这个指标相对不太敏感，一般都是相对动弹性模量先达到破坏标准。

计算抗冻耐久性系数如下：

10-1：K_n＝58.85×150/300＝29.4%

10-2：K_n＝59.66×175/300＝34.8%

10-1和10-2两个配合比都具有较好的抗冻性，这主要是由于其采用了合理的配合比参数，掺入了矿物掺和料，使得混凝土较为致密，抗冻性能大大提高。对比而言，掺入引气剂的10-1组测试的抗冻性比10-2组稍差，这可能是引气剂引入的气孔孔径不够合理造成的。后续需要根据孔结构的微观测试结果进一步来进行详细的原因分析。

(2)机制砂高强混凝土的抗碳化性能

10-1和10-2以及11-1(工程现场施工留样)三个配合比的混凝土碳化情况见表7.13。

不同龄期各组混凝土碳化深度(mm)　　表7.13

编号	7d	28d
10-1	0	0
10-2	0	0
11-1	0	0

各龄期混凝土的碳化情况也可以从下文的测试照片中看出(图7.4～图7.9)。

采用碳化箱加速碳化的试验方法，测试了三组混凝土经过28d后的加速碳化后的碳化深度，并测试了不同龄期的碳化深度，试验结果见表7.13。可见，各组不同配合比的混凝土，经1个月的加速碳化后，碳化深度均为0mm。表明各组混凝土配合比均具有较好的抗碳化性能。在CO_2浓度、相对湿度和环境温度等条件相同情况下，影响碳化速度的主要因素为混凝土中水泥石的碱度和孔结构。可以预见，混凝土中由于掺加了粉煤灰、硅灰等活性掺和料，浆体的碱度比普通混凝土中低，但是碳化速度却极慢，这主要是因为所配制的混凝土密实度很高，CO_2和水汽难以扩散进入浆体内部，致使碳化过程无法进行。

图 7.4　10-1 组混凝土 7d 碳化深度照片

图 7.5　10-2 组混凝土 7d 碳化深度照片

图 7.6　11-1 组混凝土 7d 碳化深度照片

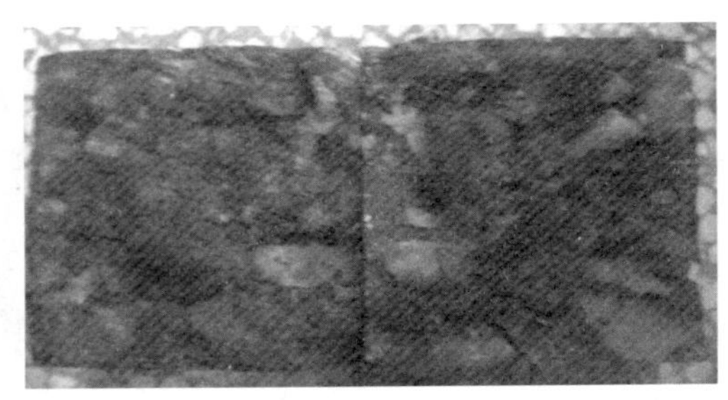

图 7.7　10-1 组混凝土 28d 碳化深度照片

图 7.8　10-2 组混凝土 28d 碳化深度照片

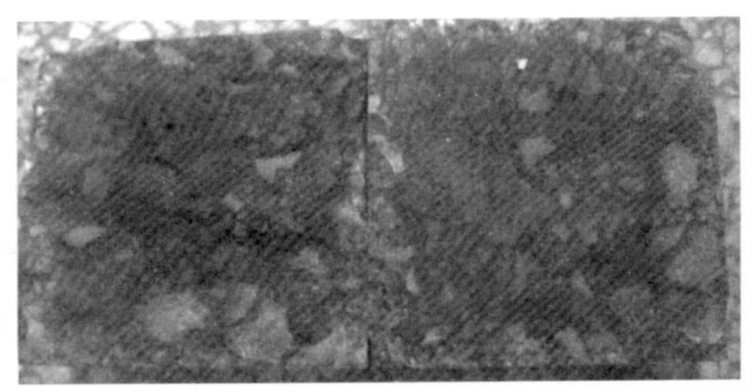

图 7.9　11-1 组混凝土 28d 碳化深度照片

(3)机制砂高强混凝土的抗氯离子渗透性能

10-1 和 10-2 以及 11-1(工程现场施工留样)三个配合比的混凝土抗氯离子渗透情况见表 7.14。

不同配合比混凝土的氯离子渗透深度(mm)　　表 7.14

编号	28d	180d
10-1	0	0.7
10-2	0	1.8
11-1	0	—

从上表的数据和下文各图中可以看出，三个配合比的混凝土 28d 氯离子渗透深度都为 0mm，而 180d 氯离子渗透深度也才 0.7mm 和 1.8mm，这说明混凝土较为致密，氯离子难以扩散和渗透。可以预见，由于采用了合理的混凝土配合比，选择了质量合格的原材料，以及采用了矿物掺和料，使得混凝土较为致密，可以抵抗氯离子的渗透和侵入，进而保证主梁内部钢筋

的安全。

4)机制砂高强混凝土微观性能测试

(1)微观孔结构的压汞分析

硬化水泥浆体或混凝土是不均质的多孔材料。从细观尺度上看,水泥浆体又是各种水化物和未水化颗粒、水、气等的多相复合体。孔是混凝土微结构中重要的组成之一,孔结构比孔隙率对混凝土宏观行为的影响更重要。孔结构包括不同大小孔的级配(孔径分布)、孔的形貌及孔在空间排列的状况。总孔隙率由两类孔组成:凝胶孔和毛细孔。凝胶孔与CSH的结构有关,其尺寸在几个纳米之间。而存在于不同水化产物之间的毛细孔尺寸在几百个纳米至几个毫米之间。美国学者Mehta认为只有其中大于100nm的毛细孔才影响混凝土强度和渗透性。日本寺村悟和坂井悦郎则认为,影响混凝土强度和渗透性的是孔径为10～50nm的中毛细孔和孔径为10nm～10μm大毛细孔。吴中伟院士根据孔对混凝土性能的影响大小把混凝土内孔分为:2.5～20nm,无害孔级;20～50nm,少害孔级;50～200nm,有害孔级;200nm～11μm,多害孔级。然而无论如何分类,混凝土中的孔隙率与孔径分布对混凝土的力学性能与耐久性有重要的影响。

采用压汞法测试的各组混凝土的水泥浆体中孔隙率与孔径分布见表7.15。

各组混凝土的压汞试验结果　　表7.15

样品	总孔隙率 (ml·g^{-1})	总孔比表面积 (m^2·g^{-1})	平均孔径 (nm)	中值孔径 (nm)	孔径分级(按照总孔隙率 ml·g^{-1}来分)			
					无害孔 (<20nm)	少害孔 (20～50nm)	有害孔 (50～200nm)	多害孔 (>200nm)
10-1	0.086 8	12.977	26.8	5.7	33.58%	7.53%	17.62%	41.26%
10-2	0.037 6	9.371	16.1	4.5	40.16%	17.29%	4.79%	37.76%
11-1	0.033 9	2.872	47.2	34.6	5.01%	55.45%	18.00%	21.53%

从表7.15中的压汞试验结果数据可以看出:

①10-1和10-2两个配合比相比,10-1组混凝土由于掺入了引气剂,其总孔隙率和总孔比表面积都远大于10-2组试样。但是10-1组试验的总孔隙率是后者的2.31倍,而总孔比表面积仅是后者的1.38倍,这表明引气剂引入的气泡较大,这点也可以通过平均孔径和中值孔径两个指标的对比看出。

②从孔径分级来看,相对于10-2组试样,10-1组试样的有害孔和多害孔的比例较高,这可能也是造成10-1组试块抗扰动反而比10-2组稍差的原因。

③实际工程中应用的混凝土是11-1组,该组试样的总孔隙率和总孔比表面积都远远低于前面两组试样,但是其平均孔径和中值孔径反而高于前面两组试验,这主要是因为该组试样的无害孔较少,仅为5%,而少害孔则高达55.45%。此外这也说明就混凝土中孔的数量(个数)来讲,无害孔(<20nm)和少害孔(20～50nm)占据了绝大多数,而表7.15中的孔径分级是按照总孔隙率(孔的体积)来分类的,不同的分级方法会造成孔径分布的结果差别非常大。

(2)X射线衍射图谱分析

从10-1和10-2组混凝土中取样,进行XRD分析,图谱如图7.10、图7.11所示。

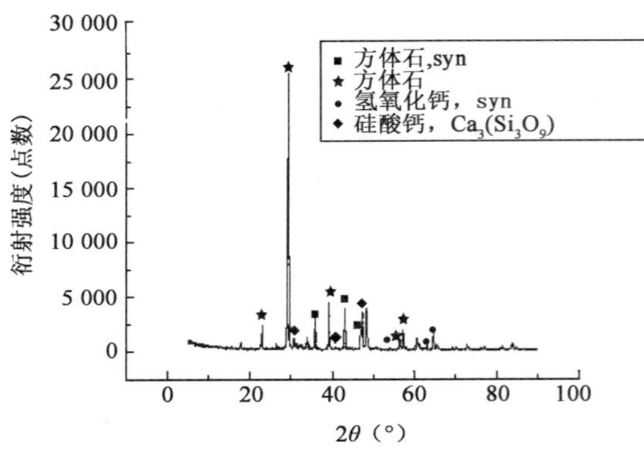

图 7.10　10-1 组混凝土浆体 XRD 图谱

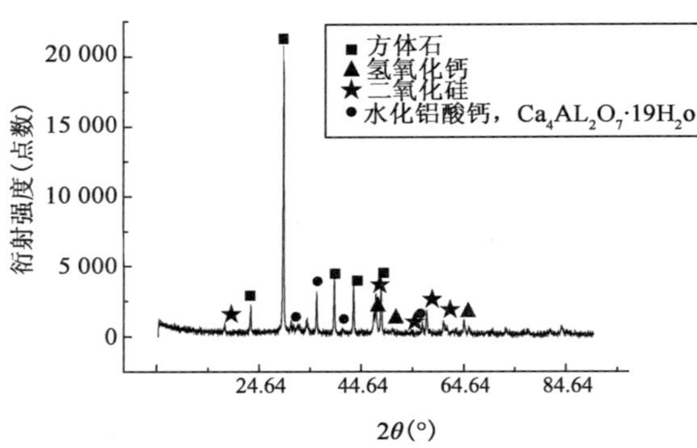

图 7.11　10-2 组混凝土浆体 XRD 图谱

从上述两个配合比的混凝土浆体衍射图谱中可以看出，两者的方体石矿物晶相较为明显，其余有少量 C—S—H 凝胶水化产物的晶相。这主要是因为配制混凝土采用的机制砂中石粉含量较高，由于破碎机制砂的碎石为石灰质岩，这部分石粉和胶凝材料黏结在一起，难以彻底分离，填充胶凝材料水化产物的孔隙等，另一方面也说明石粉基本上是惰性的，不参与水泥水化反应，起到了填充和密实的作用。因此，适当的石粉含量对混凝土没有太大的坏处，前提是要严格控制石粉中含泥量。

(3)扫描电镜(SEM)图像分析

从 10-1、10-3 组混凝土中取样进行 SEM 图像分析，其结果如图 7.12 所示。

从图 7.12 中看到，对掺粉煤灰的混凝土而言，7d 龄期时，因粉煤灰水化比较慢，SEM 出现比较多未水化的球形粉煤灰颗粒；28d 龄期时，粉煤灰逐渐水化，大部分粉煤灰周围被水泥水化产物包围，CSH 凝胶增多，但粉煤灰颗粒仍没有完全水化；90d 龄期时，浆体中出现一定量的针状凝胶，同时呈现比较层状水化层结构，照片中几乎没有未水化的粉煤灰颗粒，表明粉煤灰逐渐完全水化，这与其强度发展规律基本一致。

从图 7.13 扫描电镜照片中看到，7d 龄期时，水泥浆体中出现发育良好的 CH 六角板状晶体、CSH 凝胶以及未水化的矿物颗粒，凝胶体结构微细孔隙较多；28d 龄期时，浆体中 CSH 凝胶明显增多，同时出现不规则的 CH 晶体颗粒；90d 龄期时，出现大量 CSH 凝胶并呈卷铂状，CH 晶体生长良好，且晶体相互重叠，形成比较致密的浆体结构。

(4)水化过程特征与高耐久的微观机理分析

综合 XRD、SEM、压汞分析等试验结果，对各组机制砂高强混凝土的水化过程与微观结构特征综合分析如下：

①掺有高效减水剂的纯水泥配制的 10-3 水泥浆体的水化过程和水化产物特征主要表现为水化进程较快，各类水化物随龄期逐渐增多，尤其在水化早期即形成针柱状 AFt 晶体和针状纤维状 C—S—H 水化物交叉形成网络，结构紧密，但同样 CH 数量也略有增加，在水化 7d 时，SEM 显示在 C—S—H 凝胶体中有典型六角状 CH 晶体。

②对于掺加矿物掺和料的 10-1 水泥浆体，水化物增多的规律与上述相同，但无论水化早期还是后期，仍无典型的 CH 晶体。朵状、树枝状等各类细纤维状形成的 C—S—H 网络结构更趋紧密是其主要特征。虽然其主要水化产物与纯水泥的水化物基本相同，但其数量及形貌

却发生了极大的改变。主要表现在CH数量的极大下降，其形貌也由六角板状大晶体改变为无定形和不规则状较小的颗粒；大量形成C－S－H凝胶体及各种形貌的低碱水化物。

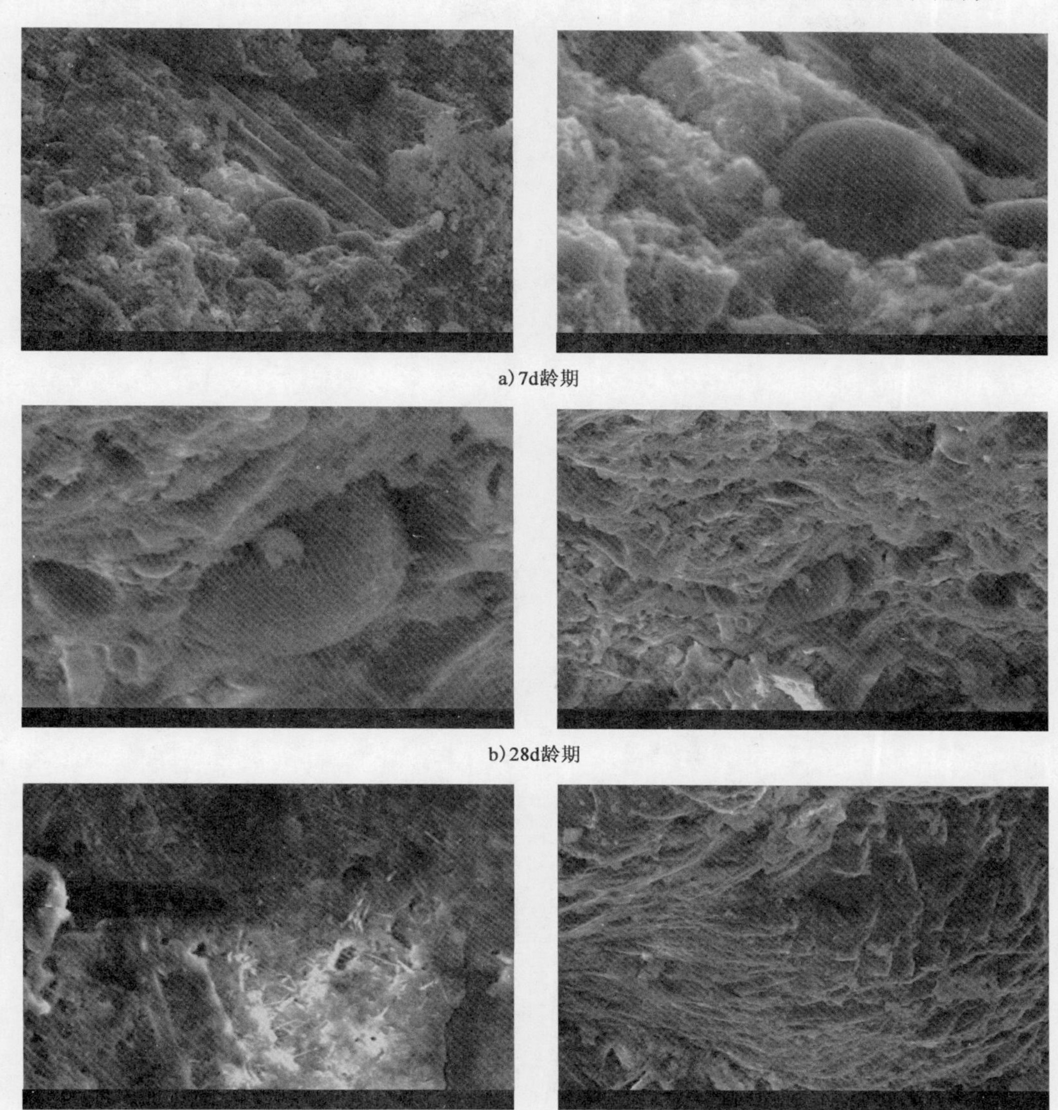

a）7d龄期

b）28d龄期

c）90d龄期

图7.12　10-1组水泥浆体扫描电镜图片

不同配合比的机制砂高强与高性能混凝土具有较好的高耐久性能。从胶凝体系水化进程和水化产物组成、形貌等方面的分析结果以及其微观结构特征，认为机制砂高强与高性能混凝土，尤其是掺矿物掺和料的机制砂高强与高性能混凝土具有高耐久性，主要原因在于：

①水泥石中凝胶相的增多。

用纯水泥所配制混凝土的水泥石中，水泥颗粒水化程度有限，而采用矿物掺和料的复合胶凝材料体系所配制混凝土的水泥石中，由于掺和料中大量活性组分参与二次火山灰反应，生成大量 CSH 凝胶，填充到水泥石毛细孔隙内，增加了水泥石的密实度，同时，凝胶体本身具有良好的吸收应力的作用，并且降低了裂缝尖端的应力集中程度，因而有助于提高水泥石的断裂能，改善混凝土的脆性。

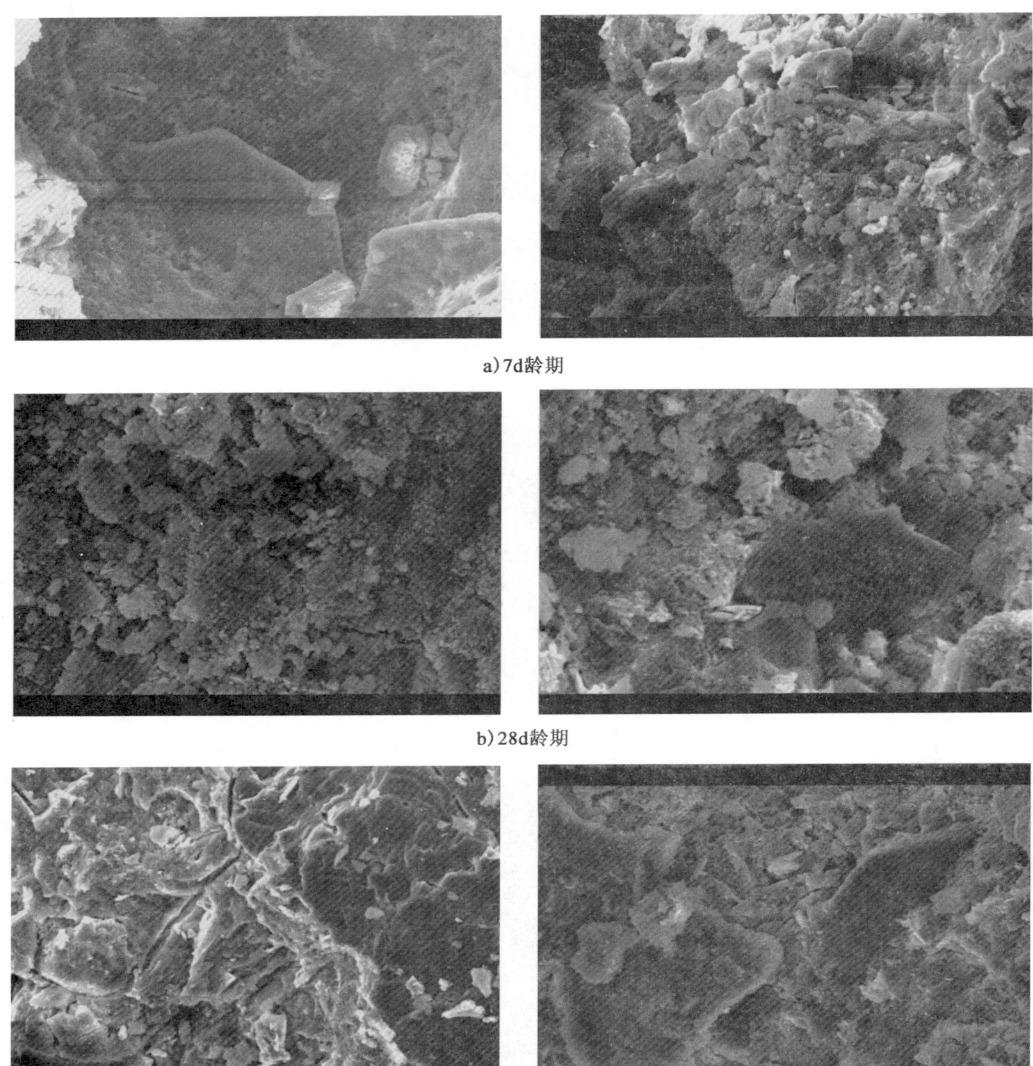

a）7d龄期

b）28d龄期

c）90d龄期

图 7.13　10-3 组水泥浆体扫描电镜照片

②CSH 凝胶体的形貌发生了较大转变。

研究表明，水泥石中 CSH 凝胶体一般有四种形态：纤维状粒子（I 型 CSH 凝胶）、网络状粒子（II 型 CSH 凝胶）等大粒子或扁平离子（III 型 CSH 凝胶）和“内部水化产物”（IV 型 CSH 凝胶）。借助于扫描电镜对纯水泥硬化浆体和复合胶凝体系硬化浆体的观察分析认为，前者

CSH 凝胶以 I 型为主，伴和少量针状凝胶（II 型），而后者不仅凝胶体数量多，并且在初期就形成了大量针状、树枝状等多种形态的 CSH 凝胶，其直接原因是高活性矿物掺和料的火山灰效应，促使所形成的 CSH 凝胶以 I 型（针状）为主。在复合胶凝体系的硬化浆体中，针状胶体穿插在网络状凝胶体中，对整个浆体体系起到了“微纤维配筋”作用，这对改善硬化体的韧性具有非常有益的影响。

③水泥石中 CH 结晶体数量的大幅度减少

对水泥石细、微观结构的理化分析结果认为，掺矿物掺和料的复合胶凝材料体系与单纯的水泥浆体系统相比，CH 结晶体数量大幅度降低，而且即使有少量 CH 存在，其形貌也主要为无定形状态，并未发现有片、块、板等形态出现。CH 片状晶体的强度非常低，在承受较低拉应力时就会破损产生微裂纹，而这些微裂纹将成为混凝土受力后进一步开裂的原始裂纹。大幅度降低水泥石中 CH 片状晶体的数量对提高混凝土抗折、抗拉强度有利，有助于改善混凝土的韧性。

④混凝土中浆体—集料界面的改善

混凝土内部浆体—集料界面的结构及其力学性能对其脆性也有较大影响，尤其是高强混凝土。普通混凝土的浆体—集料界面结构薄弱，再加上此处存在大量原始微裂纹，严重降低了其韧性。掺矿物掺和料的水泥浆体的界面结构较前者有较大程度的改善，其原因主要是 CH 晶体在界面过渡区内的富集程度和定向结晶生长趋势有大幅度减弱。采用复合胶凝材料体系配制的混凝土由于界面过渡区结构密实，力学性能提高，以及收缩率降低，所以对提高混凝土中水泥石与集料协同抵抗外应力的能力非常有益。

7.3 机制砂高强混凝土施工质量保障

为确保机制砂高强混凝土工程施工质量，对机制砂高强混凝土施工技术提出相应要求，以此指导施工单位按照相关技术要求正确开展施工，对提高施工质量与施工管理水平具有重大意义。

机制砂高强混凝土生产和施工的质量控制，除了应符合本节要求外，还应符合《公路桥涵施工技术规范》（JTG/T F50—2011）和《混凝土质量控制标准》（GB 50164—2011）的有关规定；公路水泥混凝土路面施工应符合《公路水泥混凝土路面施工技术细则》（JTG/T F30—2014）的规定。经混凝土搅拌站和施工单位双方认可、现场浇筑制作、并由第三方监督养护和抗压试验的混凝土试件，可作为混凝土交接质量的依据。此外，在施工前、施工过程中和施工后，都应对混凝土性能进行检验，具体要求见本书 7.2.3 节。另外，在泵送施工前，应先进行试泵。

7.3.1 机制砂高强混凝土的拌制

搅拌混凝土前，应严格测定粗细集料的含水率，准确测定因天气变化引起的粗细集料含水量的变化，以便及时调整施工配合比。一般情况下，每工作班抽测 2 次含水量，雨天应随时抽测，并按测定结果及时调整混凝土施工配合比。宜在集料堆场搭设遮雨棚，避免因雨水原因导致集料堆内外含水差异过大。

机制砂高强混凝土的拌制不得使用自落式搅拌机，宜采用双卧轴强制式搅拌机，搅拌时间可控制在60～90s之间，强度等级较高的混凝土和塑性混凝土可取上限范围。

在原材料称量时宜采用电子计量系统计量，严格按照施工配合比要求进行准确称量，称量最大允许偏差应符合下列规定（按重量计）：胶凝材料（水泥、掺和料等）±1%；化学外加剂（高效减水剂或其他化学添加剂）±1%；粗、细集料±2%；拌和用水±1%。化学外加剂可采用粉剂和液体外加剂，当采用液体外加剂时，应从混凝土用水量中扣除溶液中的水量；当采用粉剂时，应适当延长搅拌时间，延长时间不宜少于30s。

此外，在冬季施工时，应保证混凝土拌和物入模温度不低于5°C；在炎热夏季施工时，可采取在集料堆场搭设遮阳棚、采用低温水搅拌混凝土或在晚间搅拌混凝土等措施，保证混凝土入模温度不高于30°C，具体内容见本书第11章。

7.3.2 机制砂高强混凝土的运输

为了确保浇筑工作连续进行，应选用运输能力与混凝土搅拌机的搅拌能力相匹配的运输设备运送混凝土。不得采用机动翻斗车、手推车等工具长距离运送混凝土。同时，应保持运输道路平坦畅通，并加强调度以减少运输时间（混凝土出机至浇筑入模之间的间隔时间不宜大于75min），并对运输设备采取保温隔热措施，防止局部混凝土温度升高（夏季）或受冻（冬季）。

如采用搅拌罐车运输混凝土，当罐车到达浇筑现场时，应使搅拌罐高速旋转20～30s，再将混凝土拌和物卸出。如混凝土拌和物因稠度原因出罐困难，可适当加入减水剂（应对加减水剂的情况做好记录），并使搅拌罐高速旋转90s后，将混凝土拌和物卸出。在混凝土拌和物的运输和浇筑过程中，严禁向混凝土拌和物中加水。

采用混凝土泵输送混凝土时，除应按《混凝土泵送施工技术规程》（JGJ/T 10—2011）规定进行施工外，还应符合以下规定：

（1）泵送混凝土的出泵坍落度不宜大于20cm。

（2）泵送混凝土时，输送管路起始水平管段长度不宜小于15m。除出口处可采用软管外，输送管路的其他部位均不得采用软管。高温或低温环境下，输送管路应采用湿帘和保温材料覆盖。

（3）大高程泵送时，在水平管与垂直管之间应选用曲率半径大的弯管过渡；向下泵送混凝土时，管路与垂线的夹角不宜小于12°，以防止混入空气引起管路阻塞。

（4）应保持混凝土连续泵送，必要时可降低泵送速度以维持泵送的连续性。因各种原因导致停泵时间超过15min，应每隔4～5min开泵一次，使泵机进行正转和反转两个冲程，同时开动料斗搅拌器，防止料斗中混凝土离析。如停泵时间超过45min，应将管中混凝土清除，并清洗泵机。

7.3.3 机制砂高强混凝土的浇筑

在浇筑混凝土前，应针对工程特点、施工环境条件与施工条件事先设计浇筑方案，包括浇筑起点、浇筑进展方向和浇筑厚度等；混凝土浇筑过程中，不得无故更改事先确定的浇筑方案。

混凝土浇筑时的自由倾落高度不得大于2m；当大于2m时，应采用滑槽、串筒、漏斗等器具辅助输送混凝土，保证混凝土不出现分层离析现象。混凝土的浇筑应采用分层连续推移的方式进行，混凝土的一次浇筑厚度不宜大于300mm；上下层同一位置浇筑的间隔时间不宜超过120min，不得出现冷缝和随意留置施工缝。

在浇筑大体积混凝土时，应采取必要控温措施，具体见本书第4章；对于特殊环境下（冬季、夏季等）的混凝土浇筑见本书第11章；对预应力混凝土预制梁应一次浇筑成型，每片梁的浇筑时间不宜超过6h，最长不超过混凝土的初凝时间。

7.3.4 机制砂高强混凝土的振捣

应按事先规定的工艺路线和方式将入模的混凝土振捣密实，每点的振捣时间不宜超过30s，以表面呈平坦泛浆为准。机制砂混凝土比河砂混凝土易于流化离析，尤要避免过振。在振捣混凝土过程中，应加强检查模板支撑的稳定性和接缝的密合情况，以防漏浆。

振捣时应避免碰撞模板、钢筋及预埋件。根据不同情况，可选用插入式振动棒、附壁式振捣器或表面平板振捣器振捣混凝土，预应力混凝土梁宜采用附壁式振捣器并辅以插入式振动棒振捣混凝土。采用插入式振动棒振捣混凝土时，宜采用垂直点振方式振捣，插入间距不应大于棒的振动作用半径的一倍。连续多层浇筑时，插入式振动棒应插入下层混凝土拌和物约5cm。

7.3.5 机制砂高强混凝土的养护

1)养护方式

(1)基础、承台、墩台、支承垫石、梁面防水层、桥梁封端混凝土的养护

混凝土振捣完毕后，应及时采取适当的保温保湿措施对混凝土进行养护。当混凝土采用带模养护方式养护时，应保证模板接缝处混凝土不失水干燥。新浇立面混凝土养护24～48h且强度发展至对结构安全性无不利影响时，可略微松开模板，并浇水养护7d以上。

当混凝土强度满足拆模要求，且芯部混凝土与表层混凝土之间的温差、表层混凝土与环境之间的温差均不大于20℃时，方可进行拆模。拆模后，应迅速采取切实措施对混凝土继续进行养护。

采用麻布、草帘等覆盖或包裹暴露面混凝土，再用塑料布或帆布等将麻布、草帘等保湿材料包覆(裹)完好。包覆(裹)期间，包覆(裹)物应完好无损，彼此搭接完整，内表面应具有凝结水珠。包覆(裹)养护时间不少于28d。

新浇筑的混凝土与流动的地表水相接触前，应采取临时保护措施，直至混凝土获得50%以上或75%以上(当环境水具有侵蚀作用时)的设计强度，且保温保湿养护时间不少于14d。养护结束后应及时回填。

(2)桥位现浇梁混凝土的养护

桥位现浇梁的养护一般采用自然养护方式养护。混凝土振捣完后，应先将梁顶面混凝土抹平，再用麻布、草帘等将梁顶面混凝土覆盖，并及时采取喷雾洒水等措施保湿养护7d以上。待喷雾洒水养护7d且水泥水化热峰值过后，若需撤除麻布或草帘，应再用塑料薄膜将梁顶面混凝土紧密覆盖14d以上(塑料薄膜与混凝土表面之间不得留有空隙)。混凝土养护期间，应

及时检查浇梁模型接缝，并采取有效措施防止模板接缝处混凝土失水干燥。

当混凝土强度满足拆模要求，且芯部混凝土与表层混凝土之间的温差、表层混凝土与环境之间的温差均不大于15°C时，方可进行拆模。在寒冷季节施工时，若环境温度低于0°C，应待表层混凝土冷却至5°C以下才可拆除模板；在炎热和大风季节施工时，应采取逐段拆模，边拆边盖、边拆边浇水的拆模工艺。

拆模后，应迅速采取切实有效措施对混凝土继续进行养护。应及时向混凝土暴露面喷涂混凝土养护剂，以减少混凝土的暴露时间，防止表面水分蒸发。条件许可时，应尽可能对混凝土进行覆盖，覆盖时间不少于14d。

在寒季和炎热季节，应采取适当的保温隔热措施，防止梁面混凝土温度受环境因素影响（如曝晒、气温骤降等）而发生剧烈变化，保证养护期间混凝土的芯部与表层、表层与环境之间的温差不超过15°C。

2）混凝土养护时间

混凝土终凝后的持续保湿养护时间应满足表7.16的要求。

不同类型混凝土湿养护的最低期限 表7.16

混凝土类型	水胶比	大气潮湿（50%<*RH*<75%），无风，无阳光直射		大气干燥（*RH*<50%），有风，或阳光直射	
		日平均气温	湿养护期限	日平均气温	湿养护期限
胶凝材料中掺有矿物掺和料	≤0.45	5℃	10d	5℃	14d
		10℃	7d	10℃	10
		≥20℃	5d	≥20℃	7d
胶凝材料中未掺矿物掺和料	≥0.45	5℃	10d	5℃	14d
		10℃	7d	10℃	10d
		≥20℃	5d	≥20℃	7d
	≥0.45	5℃	7d	5℃	10d
		10℃	5d	10℃	7d
		≥20℃	5d	≥20℃	5d

注：当有实测混凝土表面温度数据时，表中气温用实测表面温度代替。

3）养护期间的监控措施

混凝土养护期间，应对有代表性的结构进行温度监控，定时测定混凝土芯部温度、表层温度以及环境气温、相对湿度、风速等参数，并根据混凝土温度和环境参数的变化情况及时调整养护制度，严格控制混凝土的内外温差，并满足规定要求。

混凝土养护期间，施工和监理单位应各自对混凝土的养护过程作详细的记录，并建立严格的岗位责任制。

4）冬季（夏季）养护措施

冬季宜采用蒸汽养护，夏季宜采用通循环水养护，均应满足相关要求，具体内容见本书第11章。

7.3.6　机制砂高强混凝土的拆模

混凝土拆模时的强度应符合《公路桥涵施工技术规范》(JTG/T F50—2011)以及有关标准的规定。当设计未提出要求时,应符合下列规定:

(1)侧模应在混凝土强度达到 2.5MPa 以上,且其表面及棱角不因拆模而受损时,方可拆除。

(2)底模应在混凝土强度符合表 7.17 的规定后,方可拆除。

(3)芯模或预留孔洞的内模应在混凝土强度能保证构件和孔洞表面不发生塌陷和裂缝时,方可拆除。

拆除底模时所需混凝土强度　　表 7.17

结构类型	结构跨度(m)	达到混凝土设计强度的百分数(%)
板、拱	≤2	50
	2～8	75
	>8	100
梁	≤8	75
	>8	100
悬臂梁(板)	≤2	75
	>2	100

此外,在拆模时,结构混凝土内部与表层混凝土之间的最大温差、表层混凝土与周边气温的最大温差均不应大于 25℃。大风或气温急剧变化时不宜拆模。

拆模宜按立模顺序逆向进行,不得损伤混凝土,并减少模板破损。当模板与混凝土脱离后,方可拆卸、吊运模板。拆模后的混凝土结构应在混凝土达到 100%的设计强度后,方可承受全部设计荷载。同时,在炎热和干燥季节,应采取逐段拆模、边拆边盖、边拆边浇水或边拆边喷涂养护剂的拆模工艺。

7.3.7　机制砂高强混凝土的质量检验和验收

对于不同部位的机制砂高强混凝土应满足相应的要求,公路桥涵混凝土质量检验应符合本节以及《公路桥涵施工技术规范》(JTG/T F50—2011)的规定;公路水泥混凝土路面质量检验应符合《公路水泥混凝土路面施工技术细则》(JTG/T F30—2014)的规定。

(1)混凝土拌和物质量检验

拌和系统的各种计量仪器在投入使用前,必须经有资质的计量部门标定合格后才能使用,且混凝土生产单位每月应自检一次,以确保计量仪器的准确度。原材料称量偏差每班检查 2 次,混凝土搅拌时间每班检查 2 次,检验结果应符合 7.3.1 节的规定。

对混凝土拌和物进行抽样检验时,检验项目包括:坍落度、扩展度、坍落度经时损失、凝结时间、离析、泌水和黏稠性。其中,坍落度和扩展度应在搅拌地点和浇筑地点分别取样检验。

混凝土拌和物检验频率应为:坍落度、扩展度、离析、泌水和黏稠性项目每班至少检验 2 次。坍落度经时损失、凝结时间项目 24h 检验一次。当拌和物性能出现异常,应及时找出出现问题的原因，并根据实际情况，对配合比进行调整，确保满足施工要求。

(2)硬化混凝土质量检验

对硬化混凝土进行抽样检验时，检验项目有：力学性能，包括抗压强度、弹性模量、弯拉强度（水泥混凝土路面）；长期性能，包括收缩和徐变；耐久性能，包括碱集料反应、抗裂、碳化、抗硫酸盐、抗渗、抗冻和氯离子渗透等。

硬化混凝土力学性能检验规则按相关规范执行；长期性能检验在确定配合比时制作试件，预应力结构混凝土至少收缩两组，徐变一组，非预应力结构混凝土至少收缩一组；耐久性检验按设计提出要求的项目进行检验，在确定配合比时每个检验项目至少进行一组试验。在施工过程中，同配合比连续生产浇筑的混凝土每个耐久性检验项目至少进行一组试验，同配合比非连续生产浇筑的混凝土每 $300m^3$ 或不足 $300m^3$ 的每个重要结构及构件每个项目至少进行一组试验。

(3)混凝土工程验收

公路桥涵混凝土工程验收应符合《公路桥涵施工技术规范》(JTG/T F50—2011)的规定；公路水泥混凝土路面工程验收应符合《公路水泥混凝土路面施工技术细则》(JTG/T F30—2014)的规定；高速公路混凝土工程验收应符合《公路工程质量检验评定标准》(JTG F80/1—2014)中的有关规定。

此外，混凝土工程在竣工验收时，还应符合本规程对混凝土长期性能和耐久性能的规定，如有不合格的项目，应组织专家进行专项评审并提出处理意见，作为验收文件的一部分备案。

7.4 C50 机制砂高强大体积混凝土在赫章特大桥墩身中的应用

7.4.1 工程概况

赫章特大桥桥位区位于赫章县城东南方向 1km 处，有乡村公路连通，较为便利。场区位于云贵高原乌蒙山脉北段，海拔 1 492～1 835m。该桥跨越后河，桥轴线地表高程在 1 710～1 497m之间；属暖温带季风润湿气候区，温度在－10.1～37.1°C 之间，年平均 13.3°C；降水量在 793.1～984.5mm 之间，年平均 851.6 mm；平均日照 1 380.7h，年无霜 207d，年平均相对湿度 79%，历年最大风速 28m/s，平均 2.1m/s。灾害气候为干旱、倒春寒、冰雹和凝冻。

桥区上覆第四系冲洪积层卵积土、砂土、淤泥质黏土，残破积层粉质黏土、碎石土。下伏二叠系上统峨眉山玄武岩，二叠系下统茅口组灰岩。水质类型为[S]Ca I 型，对混凝土无腐蚀性。

该桥设计基准期：100 年；设计汽车载荷：公路—I 级；设计速度：80km/h；行车道宽度：2×净 9.5m；桥梁宽度：0.5m 防撞护栏＋9.5m 行车道＋1.5m 中央分隔带＋9.5m 行车道＋0.5m 防撞护栏，总共 21.5m。

工程对混凝土等级的要求为：

①上部箱梁：C55，弹性模量 35 500MPa。

②10 号、11 号、12 号墩身；9 号、13 号过渡墩墩帽；支座垫石：C50，弹性模量 34 500MPa。

③9 号、13 号过渡墩墩身：C40，弹性模量 32 500MPa。

④除 11 号主墩承台采用 C35 混凝土外，其余桥墩桩基、桥墩承台、挡板及其防撞护栏采用 C30 混凝土；承台垫层采用 C25 混凝土和 C25 片石混凝土；基坑回填采用 C20 片石混凝土。

7.4.2　机制砂高强大体积混凝土的配制

1)配合比设计目标

超高墩高强大体积混凝土对混凝土性能要求高，不仅要具有良好的可泵性和工作性，同时还要具有良好的力学性能及耐久性能。在进行配合比设计时主要应考虑混凝土的泵送性能、力学性能和耐久性能。在对超高墩高强大体积混凝土泵送性能及力学性能、耐久性能需求分析的基础上，结合桥区所在地赫章山区特有的地理气候条件，针对赫章特大桥超高墩高强大体积混凝土，提出如下几个方面的性能控制指标：

(1)初始坍落度和扩展度：坍落度 180～220mm，扩展度≥550mm；

(2)坍落度保持性：1h 坍落度 180～220mm，扩展度≥500mm；

(3)混凝土拌和物状态：常压泌水率小于 0.5%，无离析、低黏度；

(4)抗压强度：抗压强度 3d≥20MPa，7d≥45MPa，28d≥60MPa；

(5)28d 弹性模量：混凝土 28d 弹性模量应不小于 3.5×10^4MPa。

2)超高墩高强大体积混凝土配合比参数设计

超高墩高强大体积混凝土的配合比设计主要从以下几个方面考虑：混凝土水胶比、水泥用量、砂率、掺和料种类和用量、外加剂种类和掺量、粗集料的最大粒径、含气量控制等。各指标除满足章节 7.2.1、7.2.2 的相关要求外，还应满足如下条件：

(1)水胶比

水是泵送压力传递的关键介质，同时也是混凝土拌和物各组成材料间的联络相，是决定混凝土工作性和强度的主要因素。适量提高水胶比，可以适当提高混凝土的和易性和泵送性能，但是用水量过高，导致浆体黏聚性下降，浆体过分稀释反而不利于泵送；同时用水量提高，混凝土凝结硬化后的孔隙通道增多，对混凝土强度及耐久性产生不利影响。

根据赫章特大桥的工程要求及泵送要求，对于 C50、C55 混凝土最大水胶比应小于 0.36。

(2)胶凝材料用量

胶凝材料是泵送混凝土主要的组成材料，胶凝材料用量的多少影响了混凝土的工作性和可泵性。同时，宜采用中、低热硅酸盐水泥或低热矿渣硅酸盐水泥，3d 的水化热不宜大于 240kJ/kg，7d 的水化热不宜大于 270kJ/kg，既可满足强度要求，又可降低内部水化热，减小温差应力，避免裂缝产生。

根据混凝土的性能要求，C55、C50 混凝土采用硅酸盐水泥，水泥强度不小于 52.5 或42.5，C50 超高墩高强大体积混凝土中胶凝材料用量为 470～500kg/m^3，C55 超高墩高强大体积混凝土中胶凝材料用量为 480～510kg/m^3。

(3)砂率

机制砂中石粉含量的较多，为了使得混凝土达到基本相同的坍落度和扩展度，保持在用水量不变的前提下，减水剂用量增大，同时混凝土的黏度也随着石粉含量的提高而增大。适量的石粉(非泥粉)对混凝土拌和物的工作性及强度都有积极的影响。

在赫章特大桥超高墩高强大体积混凝土设计施工中，应当根据机制砂中石粉含量的不同适当调整砂率，以使混凝土拌和物的性能达到最佳。石粉含量<12%时，适宜砂率为45%～48%，石粉含量≥12%时，砂率宜取42%～45%。

(4)掺和料种类和用量

以混凝土强度设计和施工要求为基础，结合赫章地区附近原材料的分布，在该项目混凝土中主要的掺和料为粉煤灰，其中II级粉煤灰由六盘水益能工贸实业有限公司提供；I级粉煤灰由遵义县景程环保材料有限公司提供。C50混凝土中，矿物掺和料采用20%～30%粉煤灰等量代替水泥；C55混凝土中，矿物掺和料采用10%～20%。

(5)外加剂种类和掺量

在超高墩高强大体积混凝土建筑施工中，为了保障混凝土的可泵性并减少混凝土开裂，混凝土中常使用的外加剂主要有泵送剂、减水剂、引气剂以及缓凝剂等。

在使用混凝土外加剂时要注意以下几方面：

①注意泵送剂与水泥及掺和料的适应性，并通过试验验证泵送剂的适用性。

②验证试验必须采用工地现场原材料，当原材料发生变化时，必须再次进行验证试验。

③泵送剂的品种、掺量应根据环境温度、泵送距离、泵送高度等进行调整。

④后添加泵送剂必须经过试验和专人指导、监督。

赫章特大桥混凝土设计强度高且泵送距离长、高度大，因此减水剂优选具有适量引气功能的聚羧酸减水剂，具体掺量根据外加剂的种类和固含量进行调整。

(6)粗集料的最大粒径

粗集料的级配、粒径和形状对混凝土拌和物的可泵性影响很大。级配良好的粗集料，对节约砂浆和增加混凝土密实度起很大作用。

粗集料的最大粒径与混凝土输送管径之比，是保证可泵性的关键参数。许多国家的施工经验证明，限制石子的最大粒径为40mm。根据我国混凝土泵送施工技术规程，粗集料最大粒径与输送管径之比为泵送高度在50m以下时，宜为1∶2.5～1∶3；泵送高度在50～100m时，宜为1∶3～1∶4，泵送高度在100m以上时，宜为1∶4～1∶5。

(7)含气量控制

在满足设计强度和耐久性要求的前提下，在混凝土中引入适量气泡，以提高混凝土的泵送性能，在赫章特大桥超高墩高强大体积泵送混凝土配合比设计中，含气量控制在3%～5%。

3)超高墩高强大体积混凝土施工配合比的确定

在前期试验的基础上，根据原材料特性，确定采用表7.18所示的配合比，并对拌和混凝土进行工作性和强度检验，其结果见图7.14、图7.15和表7.19。

C50超高墩大体积混凝土配合比(kg/m^3)　　表7.18

编　号	水胶比	胶材总量	矿物掺和料	砂率	外加剂
10-1	0.326/155	475	FM30%	46%	减水剂1.4%，引气剂0.015‰
10-2	0.315/156	495	FM30%	46%	减水剂1.4%，引气剂0.015‰

图 7.14 10-1 组混凝土的状态

图 7.15 10-2 组混凝土的状态

C50 超高墩泵送大体积混凝土配合比检验 表 7.19

编号	水胶比	胶材总量	T/K (cm)	T_{50}	含气量	强度(MPa)			弹性模量(MPa)	
						3d	7d	28d	7d	28d
10-1	0.326/155	475	23/53	21s	3.5%	38.9	47.0	55.4	—	51.2×10^3
10-2	0.315/156	495	22/51	22s	3.8	40.3	49.1	56.8	—	50.0×10^3

7.4.3 应用效果

机制砂高强大体积混凝土的施工在参照 8.3 节要求执行时，还严格遵循 4.3 节中大体积混凝土施工的相应指标。

机制砂高强大体积混凝土在赫章特大桥中应用效果较好，满足各方面性能要求，施工过程较为顺利。其中，11 号主墩墩高 195m，同类桥型中在国内尚属首例，为亚洲第一高墩，施工中采用液压翻模新工艺，解决了多项施工难题，施工效果较优(图 7.16)。

图 7.16 11 号主墩图

赫章特大桥于 2013 年 3 月 29 日 18 时 20 分顺利合龙(图 7.17)，标志着贵州地区混凝土技术的新突破。随着大桥的合龙，使毕威高速距通车目标又迈进了一大步，为贵州地区的交通运输打下了坚实的基础，将极大地促进贵州省的资源开发、招商引资与对外开放，甚至对于推进西部大开发战略的实施都将起到十分重要的作用。

图 7.17　赫章特大桥合龙施工

本章参考文献

[1] 蒋正武，梅世龙. 机制砂高性能混凝土[M]. 北京：化学工业出版社，2015.

[2] 王稷良. 机制砂特性对混凝土性能的影响及机理研究[D]. 武汉：武汉理工大学，2008.

[3] 王稷良，周明凯，李北星，等. 机制砂中石粉对混凝土耐久性的影响研究[J]. 工业建筑，2007，(12)：109-112.

[4] 李婷婷，王稷良，郑国荣，等. 机制砂中石粉含量对混凝土抗渗性能的影响[J]. 混凝土，2009，(03)：35-37.

[5] 吴建林，任启欣，蒋正武，等. 机制砂高强高性能混凝土的配制研究[J]. 首届机制砂石生产与应用技术论坛，2010.

[6] 胡海琳，梁松，杨医博，等. 石屑混凝土的研究与应用[J]. 广东建材，2005，(05).

[7] 李北星，周明凯，蔡基伟，等. 机制砂中石粉对不同强度等级混凝土性能的影响研究[J]. 混凝土，2008，(07)：51-54、57.

[8] 蒋元海. 人工砂代替天然砂生产预应力高强混凝土管桩[J]. 中国硅酸盐学会钢筋混凝土制品专业委员会 2005—2006 学术年会，2006.

[9] 秦连平，杨统连，黄韫涛. 机制砂在高强高性能混凝土中的应用[J]. 商品混凝土. 2009，(06). 53-54，17.

[10] 吕剑峰，郭向勇，李章建，等. 机制砂 C60 高强混凝土耐火性能及其改善措施的研究[J]. 建材发展导向，2007，(05)：39-43.

[11] 李北星，胡晓曼，周明凯，等. 机制砂配制高强混凝土的石粉含量限值试验研究[J]. 第九届全国水泥和混凝土化学及应用技术会议，2005.

[12] 杨玉辉. C80 机制砂混凝土的配制与性能研究[D]. 武汉：武汉理工大学，2007.

[13] Hudson，B. P. Manufactured sand for concrete[J]. 5th ICAR Symposium. Austin，Texas，2007.

[14] 高育欣，吴业蛟，王明月. 超高强高性能混凝土在我国的研究与应用[J]. 商品混凝土，2009，(12)：30-31、47.

[15] 蒋正武，严希凡，梅世龙，等. 机制砂特性及其在高性能混凝土中应用技术[J]. 中国砂

石协会 2012 年年会“砂石行业创新与发展论坛”，2012.
[16] 周大庆，任达成，胡涛，等. C50 机制砂超高墩高强大体积混凝土的制备和性能研究[J]. 商品混凝土，2013，(07)：54-57.
[17] 蒋正武，任启欣，吴建林，等. 机制砂特性及其在混凝土中应用的相关问题研究[J]. 新型建筑材料，2010，(11)：1-4.
[18] 石新桥. 机制砂在高性能混凝土中的应用研究[D]. 天津：天津大学，2007.
[19] 李学珍，韦理仁. 东海大桥 Ⅲ 标高性能混凝土的特点及施工控制[J]. 中外公路，2007，27(2)：164-166.
[20] 高育欣，林喜华，徐芬莲，等. C80 机制砂高强混凝土的研制及工程应用[J]. 混凝土，2011，(09)：99-101.
[21] 廖建东. 机制砂在某高速铁路高性能混凝土中的应用[J]. 路基工程，2013，(04)：176-178.
[22] 陈家珑. 机制砂行业现状与展望[J]. 砂石，2010，(6)：9-12.

第8章

机制砂超高泵送混凝土工程应用

8.1 概述

8.1.1 定义

随着超高层建筑的发展,泵送混凝土技术近年来也取得了很大的进展。泵送混凝土由于采用机械化和多种高性能技术手段,不仅能稳定、提高混凝土性能,而且还可以有效降低劳动强度和环境污染,是现代混凝土施工技术的重大进步,其应用水平和规模已成为衡量一个地区经济、技术水平高低的重要标志之一。

对超高层建筑的定义,不同的国家有不同的标准。联合国于 1972 年举办的国际高层建筑会议将超高层建筑定义为 40 层以上或者高度超过 100m 的建筑;日本将 15 层以上建筑定义为超高层建筑[1]。而国内一般将 100m 以上的建筑称之为超高层建筑[2]。

随着建筑施工和泵送高度的不断提高,泵送作业时间不断增加,对泵送混凝土工作性的经时损失提出了更高要求。同时超高泵送施工的建筑结构一般常常使用高强混凝土,其黏度通常较大,泵送阻力也较大。因此混凝土工作性的经时损失、黏度与和易性之间的矛盾、混凝土力学性能与高流动性之间的矛盾问题,是超高泵送混凝土配合比设计及施工过程中所面临的关键问题,而泵送工艺及过程控制也是影响泵送效能的关键因素[3,4]。

机制砂超高泵送混凝土是一种以机制砂制备的具有高流动度、低黏度、高黏聚性,同时能够满足 100m 及以上高度建筑结构超高泵送施工要求的机制砂高性能混凝土。通过原材料质量控制、优化配合比设计与制备、合理泵送施工及养护等全过程质量控制手段,保证机制砂超高泵送混凝土的工作性能、力学性能及耐久性能,从而提高超高建筑结构的施工进度及工程质量[5]。

8.1.2 国内外研究现状

1927 年,联邦德国首创混凝土泵送技术,也是欧洲泵送混凝土技术发展最快的国家。1973 年,泵送混凝土在联邦德国达到 20.8%的普及率。20 世纪六七十年代,美国的泵送混凝土最大排量达到 110m^3/h,最大垂直运距达到 152m,最大水平运距达到 610m。美国十分重视混凝土泵送技术的研究,美国混凝土协会 304 委员会还组织研究了混凝土泵送技术,并在此基础上制定了一系列混凝土泵送施工的文件。日本的泵送混凝土起步较晚,但发展非常迅速,已成为世界上混凝土泵普及率最高的国家。1950 年，日本的泵送混凝土技术开始起步，当时水平运距仅仅 240m，最大排量只有 10m³/h。1973 年，日本全国泵送混凝土所占比例已高达 60%。

70 年代末，我国才真正开始应用泵送混凝土，当时的上海宝钢工程、隧道工程和北京地铁工程都运用了泵送混凝土技术。此后，我国的一些大城市，如北京、天津等相继建立起混凝土搅拌站，并配备相应的运输、泵送设备，使得泵送混凝土在中国逐步发展起来。1983 年，我国商品混凝土中 60%为泵送混凝土，1984 年增长为 80%，近年来，泵送混凝土占商品混凝土的比例已达 90%以上。

如今，随着建筑业的迅速发展，泵送混凝土已经成为我国结构混凝土施工不可缺少环节。近年来，随着混凝土工程的日益增多，及其规模的日益扩大，泵送混凝土技术及施工方法在水利工程方面的应用得到了巨大的发展。由于国家大兴水利工程，如南水北调工程、三峡工程等，使得泵送混凝土技术及施工方法在水利工程方面的应用得到充分体现。随着我国城市建设的不断推进，今年来一大批城市地标性建筑的落成，如上海中心、环球金融中心、香港国际金融中心大厦等，使得泵送混凝土尤其是超高泵送混凝土技术得到了快速发展。

我国泵送混凝土已有多年的历史，泵送水平和泵送技术日益提高和完善，泵送混凝土的应用正日趋扩大。一些发展泵送混凝土较早的城市，泵送混凝土在混凝土工程量中占的比例和泵送技术已接近世界先进水平，但我国不同地区由于经济技术发展水平不同，泵送混凝土技术发展也存在差异，所以全国整体水平与世界先进国家相比仍有较大差距。

8.1.3　关键技术

超高泵送的建筑结构一般常常伴随着高强混凝土的使用。众所周知，高强混凝土与普通混凝土坍落度和扩展度相同时，扩展时间大不相同，高强混凝土的黏度较大。因此，在研究超高泵送混凝土施工时，面临以下几个关键技术：

(1)黏度与流动度之间的平衡

混凝土塑性黏度是反映黏滞性的物理量，表明运动流体平行流动时不同流速流层间的摩擦阻力。水泥浆内部悬浮的固体粒子在相对运动中产生内摩擦力以反抗相对运动，因而具有黏滞性。

超高泵送混凝土由于胶凝材料用量的提高，引起黏着系数和速度系数随之增大，因而导致黏度系数提高，然而泵送施工则要求混凝土应具有较小的黏滞性。浆体单位体积内的微粒含量决定了浆体的黏滞性，从而从另一侧面决定了混凝土的可泵性。当微粒含量过少时，混合集料孔隙为过稀的微粒浆体所填充，会产生离析和泌水，因而使混凝土不可泵(堵泵)；当微粒过多时，则混凝土的黏滞性过大，管道摩阻力过大，因而泵送困难。

新拌混凝土的黏度与和易性的平衡性是制约超高泵送混凝土的首要问题，如何使混凝土具有合适的黏度与和易性是混凝土设计与配制的关键。

(2)坍落度、扩展度和黏度经时损失的问题

泵送混凝土拌和物坍落度的损失，是由于水泥粒子物理凝聚形成了三维网状结构，混凝土泵送剂吸附在水泥颗粒表面或早期水化产物上，水泥粒子分散，释放出游离水，因此，水泥净浆稠度变小。但随着水泥水化的继续进行，吸附在水泥颗粒或早期水化产物上的泵送剂，或被水

化产物包围，或是与水化产物反应，均不能发挥其分散作用，造成水泥颗粒凝聚，形成了三维网状结构，使得水泥净浆稠度变大。

对于超高泵送混凝土而言，由于掺入高效减水剂、引气剂等，同时因工程量大、泵送高度高、泵送距离长，混凝土从拌和好到浇筑之间时间间隔长，混凝土坍落度、扩展度、黏度等经时损失更明显，其对混凝土的泵送性能影响更大，严重制约工程质量及施工进度。

(3)高流动性混凝土的力学性能保证问题

随着泵送高度的提高，对混凝土的流动性及可泵性要求更高。但是超高泵送混凝土往往同时要求混凝土具有较高的强度，随着混凝土强度的增加，混凝土的黏度增大，泵送阻力增高，可泵性不断下降，泵送难度急剧上升。

对于超高泵送混凝土而言，高流动性与高强度缺一不可，如何解决混凝土在高流动性状态下具有高强度，是超高泵送混凝土工程的关键问题之一。

(4)混凝土泵送压力计算

在混凝土泵送作业中，混凝土依靠泵送压力的推动在泵管内流动。如何计算泵送中的压力损失，选择合适的输送压力和功率的混凝土输送泵是实现泵送施工的关键。

8.2 机制砂超高泵送混凝土的配制与性能

8.2.1 机制砂超高泵送混凝土原材料

机制砂超高泵送混凝土要求拌和物在大高差、长距离、长时间泵送过程中摩擦阻力小、黏聚性好，不离析、不堵管。而原材料的选择与质量控制是实现机制砂超高泵送混凝土良好工作性能的首要基础。

(1)水泥

机制砂超高泵送混凝土用水泥优先需选用低水化热、低含碱量、品质稳定的普通硅酸盐水泥或硅酸盐水泥，强度等级一般不小于 52.5 或 42.5。对于大体积施工的机制砂超高泵送混凝土，应采用中、低热硅酸盐水泥或低热矿渣硅酸盐水泥。

(2)矿物掺和料

机制砂超高泵送混凝土用矿物掺和料主要包括粉煤灰、矿渣微粉、硅灰等。优质粉煤灰具有物理减水作用，高细度矿渣微粉具有增强作用。硅灰的改性效果最好，能大幅度提高混凝土的早期强度和后期强度，但需水量较大，会提高混凝土黏度，增大泵送阻力。

为控制混凝土良好性能及成本，应合理使用不同品种的矿物掺和料。一般机制砂超高泵送混凝土优选性能良好的Ⅰ级粉煤灰、准Ⅰ级粉煤灰或矿渣微粉，对于高强混凝土，应考虑复掺硅灰。

(3)粗集料

粗集料级配组成、颗粒形状、表面结构以及最大粒径与输送管管径之比是影响泵送混凝土可泵性的关键因素。

机制砂超高泵送混凝土粗集料宜采用连续级配的卵石、碎石或碎卵石，最大粒径不宜超过

40mm，针片状颗粒含量宜小于10%。泵送高度在50m以下时，集料最大粒径与输送管管径之比宜为1∶2.5～1∶3；泵送高度在50～100m时，宜为1∶3～1∶4，泵送高度在100m以上时，宜为1∶4～1∶5。

(4)机制砂

机制砂超高泵送混凝土用机制砂宜选用质地坚硬、清洁、级配良好的中砂，细度模数宜在2.3～3.2范围内。含泥量宜小于0.5%，针片状含量应小于5%。机制砂的石粉含量不应小于5%，宜在10%～15%之间，但不应大于20%。机制砂应采用水洗碎石破碎机制砂工艺制备机制砂，以严格控制机制砂中含泥量。

考虑到机制砂的波动受到生产工艺等影响较大，每次试配及拌和生产前均应测试机制砂的级配情况，并加以注明。砂率应根据机制砂中石粉含量进行调整。

(5)外加剂

机制砂超高泵送混凝土用外加剂主要包括减水剂、引气剂、缓凝剂和泵送剂等，优选高效聚羧酸减水剂。外加剂的种类的品种、掺量应根据环境温度、泵送距离、泵送高度等因素进行调整，使用过程中需严格注意外加剂与水泥或掺和料的适应性，并通过相关试验验证。

8.2.2 机制砂超高泵送混凝土配合比设计

合理的配合比设计是保证机制砂超高泵送混凝土具有良好泵送施工性能及力学耐久性能的关键因素。机制砂不同于普通河砂，其级配不稳定、细粉颗粒含量多，对混凝土性能影响较大，为保证机制砂超高泵送混凝土的高流动性、低黏度、高黏聚性以及较低的性能经时损失，配合比设计过程中应重点考虑如下几个方面：

(1)根据最紧密堆积理论，选择合理的大小碎石比例，使其堆积密度最大，空隙率最小；集料最大粒径与输送管应相互匹配。

(2)合理控制总胶凝材料用量，选用优质硅酸盐水泥或普通硅酸盐水泥、尽量降低水泥熟料用量，单掺或复掺适量的矿物掺和料，如粉煤灰或矿渣粉，掺量宜大于20%。

(3)严格控制机制砂级配及石粉量、含泥量，砂率应根据机制砂石粉含量进行调整，石粉含量<12%时，适宜砂率为45%～48%；石粉含量≥12%时，砂率宜取42%～45%。

(4)优先选用性能良好的具有适量引气组分的聚羧酸高性能减水剂及其他外加剂，同时保证与水泥的适应性。

(5)不断优化配合参数，在保证良好工作性能的前提下适当降低水胶比，提高混凝土强度。

机制砂超高泵送混凝土配合比设计一般采用如下方法或路线：

(1)原材料的性能试验检测和分析，尤其控制机制砂质量和性能；

(2)根据混凝土性能指标和成本控制指标等确定基准配合比；

(3)调整控制配合比参数，研究参数变化对混凝土性能的影响；

(4)在前面试验研究的基础上，进行试验室配合比优化设计，进一步提高混凝土的和易性、降低黏度，提高坍落度经时保持性；

(5)根据现场材料情况和气候环境进行配合比设计及混凝土配制。

8.2.3 机制砂超高泵送混凝土性能及评价指标

(1)机制砂超高泵送混凝土力学性能

混凝土强度是制约结构使用性能的主要因素，是工程设计时主要的设计指标。若机制砂超高泵送混凝土强度不足会对结构构件性能产生很大的影响，不仅会降低构件的强度和刚度，影响结构的承载力，加大结构的挠度和其他变形，同时会降低结构构件的抗裂性能，加剧裂缝的产生和发展，并由于混凝土内部组织不致密，通常伴随着抗渗性、耐磨性、耐久性等性能的降低。因此对于不同部位的混凝土强度应满足相关规范和标准以及具体设计要求。

(2)机制砂超高泵送混凝土耐久性能

由于超高大型建筑结构混凝土工程量大，机制砂超高泵送混凝土实际中常为大体积混凝土，因此所面临的主要耐久性问题为混凝土温度裂缝，以及多风大风条件下的混凝土收缩开裂。

机制砂超高泵送混凝土应具有较低水化热，较强的早期强度及抗开裂性能，对于有特殊要求的混凝土，可采用特殊工艺以提高其早期抗开裂性能。在施工及养护过程中尤其要注意提高养护工艺及制度，采用覆膜湿养护等养护技术，以控制大体积混凝土的内外温差并防止多风气候影响，降低混凝土早期温度裂缝及收缩裂缝的产生。

此外，在特殊地域条件下，还需要考虑特殊结构部位混凝土的碳化、冻融、氯离子渗透及硫酸盐腐蚀等其他耐久性问题，同时应满足《混凝土结构耐久性设计规范》(GB/T 50467—2008)、《普通混凝土长期性能和耐久性能试验方法标准》(GB/T 50082—2009)等相关设计和规范要求。

(3)机制砂超高泵送混凝土泵送性能

由于泵送高度高、混凝土设计强度也比较高，因此机制砂超高泵送混凝土在配合比设计及泵送施工过程中需要解决的首要问题为黏度与和易性的统一问题，高强混凝土一般黏度较大但和易性较差，而机制砂超高泵送混凝土对和易性要求较高，如何使混凝土具有合适的黏度与和易性是其配合比设计与配制的关键问题；此外，由于泵送高度高、距离长，混凝土坍落度损失更明显，良好的保坍性能是保证施工质量的关键。

在此基础上，从黏度、和易性、保坍性等角度出发，机制砂超高泵送混凝土泵送性能宜符合表8.1要求。不同工程项目可根据实际设计及施工情况进行相应调整。

机制砂超高泵送混凝土泵送性能评价指标一览表 表8.1

机制砂超高泵送混凝土泵送性能评价指标	必须控制指标	坍落度		≥240mm
		扩展度		≥600mm
		坍落度损失	1h	≤10 mm
			2h	≤20 mm
		扩展度损失	1h	≤20 mm
			2h	≤50 mm
		压力泌水率		10s时≤20%
		含气量		3%~5%

续上表

机制砂超高泵送混凝土泵送性能评价指标	必须控制指标	倒坍落度筒流出时间	≤10s
		水泥与外加剂的适应性	良好
	辅助控制指标	T_{50}时间	≤15s
		V漏斗试验	≤25s
	参考控制指标	U形箱试验	≥320mm
		L形流平仪 h_2/h_1 比值	≥0.8

8.3　机制砂超高泵送混凝土施工质量保证

本节适用于在原材料、施工工艺和质量检验上与普通混凝土工程有所区别的机制砂超高泵送混凝土工程施工。

除了满足本节的有关规定外，机制砂超高泵送混凝土工程施工尚应符合有关章节的相应规定。

机制砂超高泵送混凝土工程施工应符合设计要求。必要时，应制定必要的施工方案。

8.3.1　机制砂超高泵送混凝土的配制、搅拌和运输

配制大体积混凝土的原材料和配合比应符合下列规定：

(1)机制砂超高泵送混凝土除与高强度等级机制砂普通强度高性能混凝土相同外，还需添加引气剂、缓凝剂等外加剂。粗集料的最大粒径也应随着泵送高度增大而减小。

(2)对C40、C50高强度等级的超高泵送混凝土，胶凝材料用量不大于500kg/m^3，其中水泥用量不超过400kg/m^3。其余采用矿物掺和料替代。对更高强度等级混凝土，胶凝材料总量不受此限制。但超高强混凝土的配合比设计应在满足强度前提下，尽可能降低混凝土中水泥用量。

(3)对具有碱活性的集料，应掺入大量的矿物掺和料，一般粉煤灰、矿渣粉的掺量在30%以上，不应低于25%。对粉煤灰矿物掺和料，应采取超量取代法进行配合比设计，超量取代系数在1.3%～1.5%之间，具体可根据混凝土性能需求进行调整。可采用复掺硅灰与粉煤灰或矿渣粉，应根据试验结果确定不同种类的矿物掺和料的合理掺量。

(4)对具有碱活性的集料，应根据《暂行规定》中规定的碱含量计算方法，对混凝土配合比中总碱含量进行计算，其总碱含量不应超过3kg/m^3。审核是否复合其规程规定要求。如超过技术规程所规定的含量，应重新进行配合比设计。对非碱活性集料，不做总碱含量限制要求。

(5)机制砂超高泵送混凝土具体配合比设计步骤按照机制砂板岩混凝土的配合比设计报告执行。

(6)混凝土集料应选非板岩集料，也需执行《暂行规定》。

8.3.2 机制砂超高泵送混凝土的浇筑

超高泵送现场布管应采用优化作业设计。配管尽量走直线，少用弯管和软管，应尽量避免采用锥形管，管路应优先选用粗管。在垂直向上往高处泵送混凝土时，由于混凝土因自重下坠和水垂作用，对泵机阻力较大，易在泵口处堵管，应在配管设计上适当保留一段水平缓冲管。在泵送轻集料混凝土时，由于轻集料在压力作用下吸水而改变混凝土的稠度，从而易造成堵塞，所以为避免这种堵塞，在施工前应对轻集料进行浸泡吸水。

检查管道布局，并尽量减少弯管，特别是90°的弯管。高层泵送时，水平管路的长度一般应不小于垂直管路长度的15%，且应在水平管路中接人管路截止阀。停机时间超过5min时，应关闭截止阀，防止混凝土倒流，导致堵管。由水平转垂直时的90°弯管，弯曲半径应大于500mm。

严格执行泵机操作的作业程序如下：

①压送前先往料斗内倒入3～5桶18L的清水，以洗润料斗及管道。

②先投入大约0.5m^{3}的水泥砂浆作为压送混凝土的前导，以润滑输送管道。水泥砂浆要根据管道长度不同而采用不同的水灰比。配管实际长度在100m以内时可采用1∶2的水泥砂浆，配管实际长度在150m以上时可采用1∶1的水泥砂浆。

③正常压送时要注意观察泵机的压力表和各部机件的工作状态。开始运转时油泵转速要慢，并处于随时可以采取逆运转等措施的预备状态。当确认泵送可以正常进行后，方可以常速运行。正常压送时若在Y形管附近发生堵塞，应立即把“泵主机”的开关转换到“反转”上，使在Y形管处堵塞分离的混凝土逆流到料斗，把它重新搅拌一下再压送。正常压送后最好不要中途停止。遇有特殊情况，如混凝土供应不足时，宁可减慢压送速度也要保持压送连续进行。一旦停泵而后又开始压送时，要注意泵机压力表的变化，如缓慢上升，方可正常压送。若因故停泵时间需较长，也要每隔4～5min进行约4个行程的正转-反转的反复运行，以免混凝土在管道内离析。

④压送完毕后，可从进料口放人特制的清洗球或锥形海绵塞，用泵压水或压缩空气把管道中的混凝土推挤出去。应注意海绵塞和清理球要完好无损，放置要严密，否则将因压力水的渗入使混凝土分离、石子卡住而造成堵塞。

夏季气温较高时，在管道上应加盖湿草袋或其他降温用品；冬季应采取保温措施，确保混凝土的温度。

此外，针对机制砂超高泵送混凝土的养护与拆模的规定，应与普通混凝土相同。

8.3.3 机制砂超高泵送混凝土的质量检验

超高泵送混凝土的质量检验应符合下列规定：

(1)每超高泵送500～1 000m^{3}混凝土应制作不小于1组的强度检查试件；不足500m^{3}时，也应制作1组试件。当材料或配合比变更时，应分别制作试件。

(2)超高泵送混凝土强度检查试件可采用边长为150mm的立方体无底试模制作试件。当对强度有怀疑时，可采用凿方切割方法或钻芯取样法制作试件。

8.4　C50 机制砂超高泵送混凝土在清水河特大桥索塔工程中应用

8.4.1　清水河特大桥工程概况

清水河特大桥是贵瓮高速跨越贵阳市开阳县与黔南州瓮安县的界河(乌江水系一级支流)清水河的重要节点工程。该桥桥跨布置为:9×40m(开阳岸引桥)+1 130m(单跨钢桁架梁悬索桥)+6×42m(瓮安岸引桥)=2 160m。该桥为主跨 1 130m、主塔 220m 的悬索桥,主跨长度为贵州省第一,也是目前亚洲山区第一钢桁梁悬索桥,是贵州省同类桥梁中跨度最大,施工难度最高的桥梁。计划于 2016 年底完工。大桥具体工程介绍参见第 3 章。

清水河特大桥主塔高 230m,所用混凝土为机制砂超高泵送混凝土,设计强度等级为 C50。

8.4.2　清水河特大桥超高泵送混凝土配制与性能

在前期研究和已有大量试验的基础上,选择配合比见表 8.2,具体性能见表 8.3。

C50 机制砂超高泵送混凝土配合比

表 8.2

编号	水胶比	胶材总量	矿物掺和料	砂率	外加剂
0-1	0.31	510	FM30%	55%,水洗砂	减 1.1%

注:胶材总量单位为 kg/m³,FM 表示粉煤灰,减表示减水剂。下同。

C50 机制砂超高泵送混凝土的基本性能指标

表 8.3

坍落度(mm)	1h 坍落度损失(mm)	扩展度(mm)	黏聚性	保水性	有无抓底、离析、泌水	28d 抗压强度(MPa)	60d 抗压强度(MPa)
240	0	560～580	良好	良好	无	54.7	63.5

主要测试指标包括:初始坍落度、1h 坍落度和扩展度,28d、60d 的立方体抗压强度。

采用水洗石子和调试后的聚羧酸减水剂,并使用制砂机获取的良好机制砂,所拌制的 C50 自密实混凝土状态良好,各方面性能均较好。

水灰比和粉煤灰对其影响十分显著,在保证工作性的前提下,可以通过改变水灰比和粉煤灰掺量来调整强度,以满足要求。但当粉煤灰掺量超过 30%时,拌和物强度难以达到设计要求,需考虑掺入硅灰或降低水胶比以保证混凝土强度。

另外,引气剂的掺入可以改善拌和物的工作性能,但对混凝土强度存在显著影响。因此,在保证混凝土强度的前提下,可以通过掺入引气剂改善拌和物的工作性。

8.4.3　清水河特大桥超高泵送混凝土施工

清水河特大桥主塔高 230m,对混凝土泵送性能要求较高,因此要对混凝土施工全过程进行质量控制。

1)施工过程控制

施工过程中根据原材料及天气情况,优化配合比设计及施工工艺,减少堵泵现象的发生。

主要技术措施包括：

(1)改善混凝土质量。

通过优化配合比设计、掺适量矿物掺和料、控制粗集料最大粒径、根据碎石级配和机制砂石粉含量调整砂率、掺适量高效外加剂等措施，降低混凝土的泵送压力和压力损失，提高泵送效率。

(2)优化设计输送管线。

布置设计输送管线过程中注意尽量走直线，少用弯管和软管，尽量避免采用锥形管，管路优先选用粗管。水平管路的长度一般不小于垂直管路长度的15%，且在水平管路中接入管路截止阀，在泵口处设置水平缓冲管等。

(3)严格施工操作。

泵送前注意输送管线的润湿，泵送结束后及时清洗输送管线。泵送过程中时刻注意混凝土泵的工作状态，同时保证混凝土连续供应。

2)施工管理控制

高效合理的施工管理技术是保证混凝土施工质量的有效措施，主要注意以下几方面：

(1)严格控制混凝土的生产和运输，保证机制砂超高泵送混凝土质量及施工连续供应。合理安排现场、调度混凝土运输车辆及混凝土浇筑的人员，防止混凝土运输车在现场等待时间过长，影响混凝土的质量。

(2)严格混凝土现场验收，严格执行混凝土进场交货检验制度，严禁在现场对混凝土拌和物加水。

(3)严格施工组织管理，施工现场配备足够人员，当施工现场出现故障时应及时处理。合理组织劳动力，做好班组安排；施工前做好技术交底，并对技术交底进行检查。加强人员培训，提高员工的技术水平及施工现场处理问题的能力。加强设备管理及维护保养，减少施工现场机械故障。

8.4.4 清水河特大桥超高泵送混凝土应用效果

清水河特大桥是连接贵阳到瓮安的关键工程，也是贵瓮高速最主要的控制性工程。目前正在建设当中的该桥在同类桥梁当中是我国第一，也是亚洲第一的悬索桥。这座悬索桥全长2 171.4m，主跨1 130m，横跨清水河大峡谷(图8.1、图8.2)。以目前的施工进度，计划在2016年底前提前建设完成，届时，清水河特大桥将成为亚洲第一的悬索桥，为瓮安平添天堑变通途的又一景象。

图8.1 清水河特大桥桥墩封顶完工

清水河特大桥的建成使得贵阳和瓮安之间的联系更加紧密。大桥建成后，大桥两头将分别连接着两座高山的山头，山下是盘山路。以前从瓮安去贵阳，要先走两个多小时的山路，再搭乘渡船过河。大桥开通后将两山连接后仅需要3min就可以从瓮安建中镇到达贵阳的开阳毛云乡，这极大地方便了两地的交通往来，更为贵州省骨架公路网络添加了“靓丽的一笔”。

图 8.2　清水河特大桥效果图

8.5　C50 机制砂超高泵送混凝土在北盘江特大桥索塔工程中应用

8.5.1　北盘江特大桥工程概况

北盘江特大桥是杭瑞高速贵州省毕节至都格(黔滇界)公路上重要的工程节点,其连通了贵州和云南的交通。主桥采用主跨 720m 钢桁架梁斜拉桥方案,全桥桥跨布置为(80m+88m+88m+720m+88m+88m+80m)(主桥)+3×34m(引桥),全桥长为 1 341.4m,是目前世界最大跨径的钢桁架梁斜拉桥。大桥于 2013 年开工建设,预计 2016 年完工。大桥具体工程介绍参见第 3 章。

北盘江特大桥主塔采用 H 形索塔,总高 246.5m,其中塔座高 19.5m,上塔柱为 H 形塔。索塔用混凝土为机制砂超高泵送混凝土,设计强度等级为 C50。

8.5.2　北盘江特大桥机制砂超高泵送混凝土配制与性能

北盘江特大桥主塔用机制砂超高泵送混凝土设计强度等级为 C50,超高索塔的混凝土施工难度较大,施工前要进行相关混凝土试验研究,确保混凝土的流动性、和易性、泵送性能及缓凝、早期等性能满足要求。根据主塔不同部位的特点,对机制砂超高泵送混凝土的配合比进行调整,以适应不同高度泵送混凝土的施工。

上塔柱为钢筋混凝土结合段,混凝土具有特殊性,特别是对钢锚箱与混凝土之间的连接性、耐久性以及混凝土防裂性能要进行试验与研究,混凝土材料选用后尽量保持一致,浇筑时应振捣密实,施工缝均应进行凿毛、除油、清洗处理,以保证新老混凝土的结合。

通过大量的试配和配合比优化,目前下塔柱施工用混凝土的配合比见表 8.4。

C50 机制砂超高泵送混凝土配合比(kg/m³)　　表 8.4

水泥	粉煤灰	砂	10～20mm 碎石	5～10mm 小碎石	水	外加剂
395	99	843	779	171	163	4.446

所用原材料技术指标如下：

(1)水泥：采用曲靖宣峰 42.5 低热水泥。

(2)细集料——中砂：选用自产料场的材料，筛分结果细度模数为 3.0～3.1，在中、粗砂范围内。人工砂石粉含量为 4.8%，技术性能指标符合《公路桥涵施工技术规范》(JTG/T F50—2011)的要求。

(3)粗集料——碎石：选用自产料场的材料，筛分结果为 5～10mm：10～20mm 单粒级配碎石，技术性能指标符合《公路桥涵施工技术规范》(JTG/T F50—2011)的要求。

(4)粉煤灰：选用发耳辉煌粉煤灰厂级粉煤灰，技术指标符合《用于水泥和混凝土中的粉煤灰》(GB/T 1596—2005)。

(5)外加剂：优先选用聚羧酸外加剂，采用超长缓凝型的外加剂，经试验检测马贝外加剂符合《混凝土外加剂应用技术规范》(GB 50119—2013)、《聚羧酸系高性能减水剂》(JG/T 223—2007)等标准。

(6)拌和用水：北盘江水，经试验检测符合《混凝土用水标准》(JGJ 63—2006)标准和《公路桥涵施工技术规范》(TG/T F50—2011)要求，可用于混凝土施工拌和用水。

经试验室测试，C50 机制砂超高泵送混凝土的基本性能指标如表 8.5 所示。

C50 机制砂超高泵送混凝土的基本性能指标　　表 8.5

坍落度(mm)	1h 坍落度损失(mm)	扩展度(mm)	黏聚性	保水性	有无抓底、离析、泌水	28d 抗压强度(MPa)	60d 抗压强度(MPa)
220	0	520～550	良好	良好	无	52.2	61.9

8.5.3 北盘江特大桥机制砂超高泵送混凝土施工

1)混凝土浇筑

(1)混凝土现场浇筑的顺序为：浇筑前检查→混凝土入模→混凝土摊平→混凝土振捣→混凝土养护。

(2)混凝土投料方式：输送泵泵送入模，多点下串筒下料浇筑。

(3)混凝土浇筑前检查：混凝土浇筑前，须对支架、模板、钢筋和预埋件进行检查记录，合格后方可浇筑。模内须无杂物、积水、钢筋须干净。模板接缝须严密、内涂刷脱模剂。混凝土入模前须检查混凝土的均匀性和坍落度。

(4)混凝土浇筑方向、顺序、层厚控制：混凝土须按一定厚度、顺序、方向、分层浇筑，下层混凝土初凝或能重塑前浇筑完上层混凝土。

(5)混凝土浇筑时严禁采取人工捣实混凝土。

2)混凝土变形控制

混凝土浇筑成型后水泥硬化时，需要一定的水分。一般在混凝土浇筑完成后立即全封闭的状况下，按配合比所加的水分数量足够满足水泥硬化需要，但实际上当混凝土浇筑完成后，会有一段时间完全暴露在空气中，天然空气中一般湿度较低，远远不能满足混凝土中水分蒸发的补充量，如不能及时补给水分，则混凝土就会因干燥而产生收缩裂纹，甚至使混凝土硬化停滞。为避免或减少干缩裂纹的出现，应在配制混凝土时，做到配合比合理，在满足强度的情况下，尽量使水泥用量减小到最低；在混凝土振捣时要密实；浇筑时要减少运距，避免高温浇筑；浇筑完成后，要及时养护和补充水分，使混凝土经常保持湿润状态；养护期间应防止振动、负荷等。

混凝土的收缩类型包括以下几种。

(1)塑性收缩

即混凝土拌和物在刚成型后，固体颗粒下沉，表面产生泌水而形成混凝土体积缩小。

(2)化学收缩

即混凝土终凝后，水泥水化引起的体积缩小，又称自身收缩。

(3)物理收缩

即混凝土在未饱和的空气中，由于失水所引起的体积缩小，又称干收缩。

(4)碳化收缩

由于空气中二氧化碳的作用所引起的体积缩小。

收缩变形比较复杂，但必须将它在混凝土的配制及施工中消除或减少到最小，在实施时应采取以下措施以防治收缩。

(1)正确设计密级配集料，并提高集浆比，使集料在混凝土中形成密实骨架。

(2)采用弹性模量较高的岩石所轧制的集料。

(3)在混凝土配比中除了采用较低的单位用水量和低的水灰比外，应重视水泥品种的选用。

(4)正确选用外加剂。

结构混凝土浇筑完成后，对混凝土裸露面须及时进行修整、抹平，定浆后再抹第二遍并压光或拉毛。当混凝土裸露面面积较大或气候不良时，应加盖保护，但在开始养生前，覆盖物不得接触混凝土表面。

8.5.4　北盘江特大桥机制砂超高泵送混凝土应用效果

北盘江特大桥主塔塔身计划工期490d，2014年6月1日开始施工，预计于2015年10月4日完成(图8.3)。

图8.3　北盘江特大桥主塔施工图(摄于2014年12月)

本章参考文献

[1] 张希黔．超高层建筑及其现代施工技术的应用[J]．施工技术，2007，3：5-11.

[2] 中华人民共和国国家标准．GB 50352—2005　民用建筑设计通则[S]．北京：中国建筑工业出版社，2005.

[3] 余成行. 超高泵送混凝土的配制与顶升施工[J]. "全国特种混凝土技术及工程应用"学术交流会暨2008年混凝土质量专业委员会年会论文集，2008，04.

[4] 蒋学茂，任学军，苏话城. 泵送混凝土在超高层建筑施工中的应用[J]. 全国建筑工程混凝土应用新技术交流会，2007，09.

[5] 蒋正武，梅世龙. 机制砂高性能混凝土[M]. 北京：化学工业出版社，2015.1.

[6] 周大庆，任达成，胡涛，等. C50机制砂超高墩高强大体积混凝土的制备和性能研究[J]. 商品混凝土，2013，07：54-57.

[7] 吴斌兴，陈保钢. 高强高性能混凝土泵送压力损失规律分析[J]. 混凝土，2011，1：142-144.

[8] 吴斌兴，陈保钢. 高强高性能混凝土泵送黏阻力的现场检测[J]. 建设机械技术与管理，2011，01：153-155.

[9] 李美利，钱觉时，王丽娟，等. 高性能混凝土的养护[J]. 河南科学，2006，01.

[10] 姚明甫，詹炳根. 养护对高性能混凝土塑性收缩的影响[J]. 合肥工业大学学报(自然科学版)，2005，02：180-184.

第9章 变质岩机制砂混凝土碱集料反应抑制技术的工程应用

9.1 概述

贵州地区盛产变质岩，尤其是黔东南地区存在着广泛分布的、以板岩为主的变质岩。在高速公路、桥梁、隧道等基础设施建设中，采用当地原材料生产混凝土，不仅可缩短工程工期，而且可减轻环境负荷、降低工程造价。但变质岩集料具有一定的潜在碱活性，如果直接加以利用将造成混凝土膨胀开裂，对基础设施的安全运营形成严重威胁。因此，如何有效预防和控制这些天然材料作为混凝土集料时的有害反应，是目前中西部地区基础设施建设中的重要难题之一，开展相应的研究对于降低建设成本、合理保护当地环境具有十分重要的现实和前瞻意义。

变质岩机制砂混凝土是采用破碎后变质岩砂、石作为混凝土细、粗集料配制的混凝土，由于变质岩集料具有潜在碱活性，因此在设计、配制此类混凝土时需采用相应的混凝土碱集料反应抑制技术。

9.1.1 国内外研究应用现状

变质岩集料具有较高的碱集料反应活性。对于变质岩集料碱集料反应特征，已有不少学者进行了深入研究。朱安磊等学者[1]的研究结果表明：板岩碱集料反应与传统碱-硅酸盐反应形式不同的是在集料内部其活性成分也可以与沿集料层理渗透的碱发生反应，因而该集料具有比较高的活性。徐培强[2]通过对绢云母板岩和硅质板岩集料碱活性试验研究发现，微量石英是板岩产生碱活性的关键成分。蒋正武等学者[3]认为变质岩属于慢膨胀型活性集料，但快速蒸养法与砂浆长度法对黔东南变质岩集料碱活性判定存在明显差异，应采用这两种试验方法对其碱活性进行综合评定与应用分类。国外学者 Fred Shrimer[4]也指出快速法对慢膨胀反应类型的岩石中的大部分变质岩集料有明显偏严现象。彭显晓等学者[5,6]研究了集料粒径对变质岩碱活性的影响，认为碱活性膨胀集料存在最不利粒径，板岩集料的最不利粒径为0.315～0.6mm。

变质岩，尤其是板岩，作为建筑材料已广泛应用于实际工程之中，但板岩通常作为砌石坝的填充材料，主要用作水泥砂浆浆砌板岩块石、细石混凝土砌或埋板岩块石。拌制混凝土时，板岩集料一般用于拌制低标号混凝土，并在双江水电站等水工工程、桥梁工程中得到部分应用[7-11]。徐培强等学者[2]对黔东南地区已建工程(有的工程已建 30 年)的调查，尚未发现一例碱集料破坏实例，这主要是因为已建工程中使用的水泥碱含量大都低于 1.8kg/m^3，且在施工过程中未使用混凝土外加剂。但对于高标号混凝土、特种混凝土以及采用高碱水泥情况下，是否发生碱集料反应还有待进一步研究。尽管我国尚未发现由板岩集料引起的碱集料反应破坏的工程实例，但早在 30 年前，日本就发现 6 起由板岩引起的碱集料反应破坏[12,13]。因此，板岩集料的碱活性仍需审慎处理。

混凝土碱集料反应抑制技术一直是混凝土耐久性研究领域的热点课题。目前抑制混凝土碱集料反应的主要方法有[14-20]：①控制水泥含碱量；②控制混凝土含碱量；③严格选择集料来源；④隔绝水和湿空气来源；⑤掺加混合材；⑥掺加碱-集料反应抑制剂等。其中，碱-集料反应抑制剂是一种能减少由于碱-集料反应引起的膨胀，或是抑制碱-集料反应发生的外加剂。用作抑制碱-集料反应的掺和料有粉煤灰（掺量要足够）、高炉水淬矿渣粉、超细沸石粉。超细沸石粉起着分子筛的作用，吸附混凝土中的碱金属离子，置换出钙离子。但沸石的含碱量差别甚大，有的含碱量很高，在用沸石粉抑制某种碱活性集料的膨胀时，必先通过试验再用于工程。用作碱-集料反应抑制剂的有锂盐和钡盐，加入水泥重量 1％的碳酸锂（Li_2CO_3）或氯化锂（LiCl），或者 2％～6％的碳酸钡（$BaCO_3$）、硫酸钡（$BaSO_4$）或氯化钡（$BaCl_2$）均能显著有效地抑制碱-集料反应[21]。掺用引气剂使混凝土保持 4％～5％的含气量，可容纳一定数量的反应产物，从而缓解碱-集料反应膨胀压力。

9.1.2 变质岩机制砂混凝土配制原则

变质岩集料在混凝土，尤其是高标号、特种混凝土中应用时，需严格参照以下配制原则，以达到良好的碱集料反应抑制效果。

（1）控制混凝土总碱量

混凝土中碱含量的大小是抑制碱集料反应的关键。混凝土配合比设计中应尽可能地选用碱含量最低的低碱水泥、粉煤灰和外加剂，降低水泥用量，控制总碱含量在合理范围内。

（2）大掺量优质粉煤灰或矿物掺和料技术

高掺优质粉煤灰是降低混凝土的单位用水量，减少混凝土发热量，改善混凝土性能，抑制 AAR 的重要技术措施。粉煤灰掺量在达到强度设计等级的情况下应尽可能地提高（可大于 40％做超量替代）。

（3）控制机制砂石粉含量

控制机制砂中的石粉含量，改善混凝土内部结构，以降低碱集料反应发生的条件、空间和概率。

（4）使用低碱聚羧酸减水剂

掺入碱含量低的聚羧酸盐高效减水剂，降低用水量、水泥用量，从而降低混凝土含碱量。进一步提高减水剂掺量，降低水灰比，提高混凝土强度和密实度，降低混凝土内部孔隙率。

（5）掺加碱集料反应抑制剂技术

对高标号混凝土，可考虑掺入碱集料反应的抑制剂 LiOH（国外有应用，成本较高，高强度等级或重要部位可考虑使用）。

(6)引气技术

通过高效减水剂复合优质粉煤灰,缩小水胶比,掺用引气剂等技术措施,使得混凝土的密实性得以提高,大量分布合理、均匀封闭气泡的引入,阻断了混凝土内部连通的毛细通道,大大提高了混凝土抗渗能力,在一定程度上起到了预防和减弱 ARR 危害的作用。

(7)提高混凝土结构抗渗性

提高混凝土抗渗性能,可考虑设计抗渗等级指标。混凝土具备一定湿度是 ARR 发生的必要条件。有资料表明,混凝土内部相对湿度低于 80%,ARR 会停止膨胀;相对湿度低于75%时,ARR 就无法进行。因此,提高混凝土抗渗能力,降低混凝土内部湿度,就可预防 ARR。

9.2　贵州地区变质岩机制砂特性

9.2.1　贵州地区变质岩的特性

变质岩是地壳中原有的岩石受构造运动、岩浆活动或地壳内热流变化等内应力影响,使其矿物成分、结构构造发生不同程度的变化而形成的岩石。

(1)化学成分

变质岩与原岩的化学成分有密切关系,同时与变质作用的特点有关。在变质岩的形成过程中,如无交代作用,除 H_2O 和 CO_2外,变质岩的化学成分基本取决于原岩的化学成分;如有交代作用,则既决定于原岩的化学成分,也决定于交代作用的类型和强度。变质岩的化学成分主要由 SiO_2、Al_2O_3、Fe_2O_3、FeO、MnO、CaO、MgO、K_2O、Na_2O、H_2O、CO_2以及 TiO_2、P_2O_5等氧化物组成。

(2)矿物成分

除含有角闪石、碳酸盐类等主要造岩矿物外,与岩浆岩和沉积岩相比,变质岩中常出现铝的不含铁的镁硅酸盐矿物(红柱石、蓝晶石);复杂的钙镁铁锰铝的硅酸盐矿物类;铁镁铝的铝硅酸盐矿物(堇青石、十字石等);纯钙的硅酸盐矿物等;以及主要造岩矿物中的某些特殊矿物(蓝闪石、绿辉石、硬玉、硬柱石等)。这是变质岩矿物成分的主要特点。

(3)结构构造

变质岩的结构是指变质岩中矿物的粒度、形态及晶体之间的相互关系,而构造则指变质岩中各种矿物的空间分布和排列方式。变质岩结构按成因可划分为下列各类:

①变余结构,是由于变质结晶和重结晶作用不彻底而保留下来的原岩结构的残余。根据变余结构、可查明原岩的成因类型。

②变晶结构,也是岩石在变质结晶和重结晶作用过程中形成的结构。变晶结构是变质岩的主要特征,也是成因和分类研究的基础。

③交代结构,是由交代作用形成的结构。交代结构对判别交代作用特征具有重要意义。

④碎裂结构,是岩石在定向应力作用下,发生碎裂、变形而形成的结构。原岩的性质、应力的强度、作用的方式和持续的时间等因素,决定着碎裂结构的特点。

9.2.2 贵州地区变质岩机制砂的特性

1)变质岩集料物理力学性能

黔东南变质岩中大部分都是板岩,其形貌如图 9.1 所示,板岩的密度一般在 2.7g/cm³左右,饱水抗压强度超过 50MPa,软化系数一般大于 0.8,吸水率小于 1.0%,弹性模量一般为(5~9)×10⁴ MPa,泊松比为 0.2~0.4,板岩一般层次不厚,且层理发育,各向异性,易于解理,强度较高,因而难于加工,机制砂的细度模数一般在 3.0 以上(表 9.1),机制粗、细集料的粒形较差,针片状和石粉含量较高,如图 9.2 所示。对于板岩,集料的破碎工艺对集料的针片状和石粉含量影响较大,圆锥式、立轴式破碎方式要好于反击式破碎方式。

图 9.1 板岩形貌

图 9.2 板岩破碎后的粗集料形貌

变质岩机制砂的筛分试验 表 9.1

筛孔径(mm)	高晒		凉路口	
	筛余百分数(%)	累计筛余(%)	筛余百分数(%)	累计筛余(%)
4.75	0.1	0.1	0.3	0.3
2.36	34.5	34.6	26.0	26.3
1.18	21.9	56.5	20.2	46.5
0.60	16.6	73.1	18.1	64.6
0.30	10.8	83.9	13.5	78.1
0.15	5.5	89.4	7.5	85.6
细度模数	3.01		3.37	

2)变质岩集料碱活性

(1)岩相分析

黔东南变质岩的岩性大致分为变余砂岩、凝灰质板岩、绢云母板岩或砂质绢云母板岩、泥质板岩等四类。对黔东南地区乌义、高晒、凉路口、谷坪等地的岩石试样进行岩相分析,岩石所含的主要活性矿物所占比例见表 9.2。

四处岩石样品的岩相分析结果　　表 9.2

岩石产地	岩性	主要碱活性矿物成分	所占比例(%)	结论
乌义	变余砂岩	微晶石英	12.0～14.4	潜在碱硅酸反应活性
高晒	凝灰质板岩	隐晶-微晶石英	17.9～19.5	潜在碱硅酸反应活性
凉路口	绢云母板岩	微晶石英	4.1～5.3	潜在碱硅酸反应活性
谷坪	泥质板岩	微晶石英	17.8～19.5	潜在碱硅酸反应活性

岩相分析表明试样中不含碱碳酸盐反应活性矿物，这些地方的岩石具有潜在碱硅酸活性。绢云母板岩中绢云母含量在30%左右，砂质板岩中绢云母含量仅为1%～2%，采用快速蒸养法测试的两者膨胀率均大于0.1%，这说明板岩集料的碱活性与绢云母含量的关系不大，而与所含的微晶石英有关，属于慢膨胀反应型集料。

(2)碱活性分析

快速蒸养法试验周期短，对碱硅酸反应活性的集料敏感性高。表9.3给出了快速蒸养法测试的该地区不同地点变质岩集料碱活性试验结果。从表9.3中可以看出，乌义、高晒、凉路口、谷坪等地岩石试样的膨胀率高，按其标准规定的判定依据来看，各地的变质岩集料普遍具有碱硅酸反应活性。结合岩相分析数据来看，集料碱活性大小与活性成分含量没有直接线性相关性。

快速蒸养法测定的变质岩集料碱活性试验结果　　表 9.3

岩石产地	试样编号	膨胀率(%)	结论	判定依据
乌义	1-1	0.24	碱硅酸反应活性	膨胀率<0.1%为非碱硅酸反应活性；膨胀率≥0.1%为碱硅酸反应活性
	1-2	0.25	碱硅酸反应活性	
	1-3	0.30	碱硅酸反应活性	
高晒	2-1	0.26	碱硅酸反应活性	膨胀率<0.1%为非碱硅酸反应活性；膨胀率≥0.1%为碱硅酸反应活性
	2-2	0.24	碱硅酸反应活性	
	2-3	0.23	碱硅酸反应活性	
凉路口	3-1	0.18	碱硅酸反应活性	
	3-2	0.21	碱硅酸反应活性	
	3-3	0.20	碱硅酸反应活性	
谷坪	4-1	0.25	碱硅酸反应活性	
	4-2	0.26	碱硅酸反应活性	
	4-3	0.25	碱硅酸反应活性	

试验同期采用《公路工程集料试验规程》(JTG E42—2005)的砂浆长度法对各地变质岩集料的碱活性进行了测试，从实际应用角度出发，测试了3个月的膨胀率，试验结果见表9.4。从表9.4中可以看出，各地集料的三个月膨胀率略有差异。根据砂浆长度法规定的碱活性判定标准，乌义、谷坪、凉路口三处的岩石集料为非碱硅酸反应活性；高晒地区的岩石集料中一个判定为具有碱硅酸反应活性，二个恰在碱硅酸反应活性判定值上。这与快速蒸养法判定的结果完全不同。

砂浆长度法测定的变质岩集料碱活性试验结果　　表 9.4

岩石产地	试样编号	3 个月膨胀率(%)	结论	判定依据
乌义	1-1	0.036	非碱硅酸反应活性	砂浆棒三个月膨胀率>0.05%(只有缺乏半年膨胀率才有效)为碱硅酸反应活性;反之为非碱硅酸反应活性
	1-2	0.047	非碱硅酸反应活性	
	1-3	0.042	非碱硅酸反应活性	
高晒	2-1	0.042	非碱硅酸反应活性	
	2-2	0.050	非碱硅酸反应活性	
	2-3	0.054	碱硅酸反应活性	
凉路口	3-1	0.050	非碱硅酸反应活性	
	3-2	0.032	非碱硅酸反应活性	
	3-3	0.045	非碱硅酸反应活性	
谷坪	4-1	0.040	非碱硅酸反应活性	
	4-2	0.042	非碱硅酸反应活性	
	4-3	0.040	非碱硅酸反应活性	

造成这两种试验方法判定结果存在明显差异的主要原因是二者的测试原理略有不同。砂浆长度法是一种在 38℃、一定碱含量以及潮湿养护条件下来测定膨胀率的测试方法。快速蒸养法是采用高温、高碱的条件来加快反应速度的测试方法,集料颗粒尺寸对膨胀行为有一定影响,从而使得对黔东南地区慢膨胀型的碱活性变质岩集料的测试结果相对砂浆长度法差异较大。

对该地区几年前甚至二十年前的混凝土工程进行调研,还未发现碱集料反应破坏的事例,有些水电站的坝体砌缝中出现白色泌出物,经取样检验为碳酸钙物质而非碱硅凝胶物质。可以看出,快速蒸养法检测结果与这一地区集料碱活性的实际相关性不是很理想,有夸大碱集料反应危害的可能性,这正如国外学者 Fred Shrimer[4] 指出快速蒸养法对慢膨胀反应类型的岩石中的大部分变质岩集料有明显偏严现象相一致,但快速蒸养法的测试结果仍具有参考价值。另外,国际上普遍认为砂浆长度法也存在一定的缺陷,许多地方按该方法判定为非碱活性集料,工程实际中却出现了问题。

可见,对于黔东南地区变质岩集料,快速蒸养法判定偏于安全、严格,而砂浆长度法又偏于宽松。因此,不应采用单一的试验方法对其碱活性进行判定,而应同时采用快速蒸养法与砂浆长度法两种试验方法对其碱活性进行综合评定,更有利于变质岩集料的选择与应用。在实际变质岩集料应用中,建议对黔东南地区变质岩集料的碱活性分成以下三类:

(1)快速蒸养法与砂浆长度法均判定为非碱活性的集料,可直接使用;

(2)快速蒸养法判定为碱硅酸反应活性,而砂浆长度法判定为非碱硅酸反应活性的集料,属于具有潜在碱硅酸反应活性集料,可在混凝土工程中应用,但应采取相应的碱集料反应预防措施;

(3)快速蒸养法与砂浆长度法均判定为碱硅酸反应活性的集料,属于高碱活性集料,应严禁使用。

9.3 变质岩机制砂混凝土碱集料反应抑制与控制技术

9.3.1 变质岩碱集料反应的抑制试验方案

根据 9.1.2 节变质岩机制砂混凝土配制原则，设计了以下试验方案，研究探讨有效的变质岩碱集料反应抑制技术。

(1)粉煤灰抑制技术方案

在 C20、C30 基准配合比的基础上，进行粉煤灰掺量的不同对抑制碱集料反应及对其他性能影响的对比优化试验，测试坍落度、含气量、密度，观察混凝土状态，测试混凝土 3d、7d、28d 强度，通过在高温养护下测试砂浆试件快速膨胀率和用混凝土棱柱体法测试粉煤灰掺量对碱集料反应的抑制效果。试验设计方案见表 9.5。

粉煤灰掺量对混凝土碱集料反应的抑制试验 表 9.5

编号	强度等级	水泥	机制砂	碎石	减水剂	粉煤灰
3-1	C30	凯里瑞安 P.O 42.5	凉路口中砂	凉路口 5～31.5mm	高新筑林	0
3-2	C30	凯里瑞安 P.O 42.5	凉路口中砂	凉路口 5～31.5mm	高新筑林	20%
3-3	C30	凯里瑞安 P.O 42.5	凉路口中砂	凉路口 5～31.5mm	高新筑林	30%
3-4	C30	凯里瑞安 P.O 42.5	凉路口中砂	凉路口 5～31.5mm	高新筑林	40%
4-1	C20	乌蒙山 P.O 42.5	高晒中砂	高晒 5～31.5mm	马贝	0
4-2	C20	乌蒙山 P.O 42.5	高晒中砂	高晒 5～31.5mm	马贝	20%
4-3	C20	乌蒙山 P.O 42.5	高晒中砂	高晒 5～31.5mm	马贝	30%
4-4	C20	乌蒙山 P.O 42.5	高晒中砂	高晒 5～31.5mm	马贝	40%

该组试验每个强度等级配合比均需拌和 5 组混凝土，按每组 15L 准备相应原材料(如做混凝土棱柱体法检测，按每个配合比做 3 个棱柱体试块，则拌制混凝土时按每组 20L 准备相应原材料)。砂浆膨胀率试验按每组 1L 准备原材料。

(2)引气抑制技术方案

在 C20、C30 基准配合比的基础上，通过添加引气剂进行混凝土含气量对抑制碱集料反应及对其他性能影响的对比优化试验，测试坍落度、含气量、密度，观察混凝土状态，测试混凝土 3d、7d、28d 强度，通过在高温养护下测试砂浆试件快速膨胀率和用混凝土棱柱体法测试粉煤灰掺量对碱集料反应的抑制效果。试验设计方案见表 9.6。

含气量对碱集料反应的抑制试验 表 9.6

编号	强度等级	水泥	机制砂	碎石	粉煤灰	减水剂	含气量
5-1	C30	凯里瑞安 P.O 42.5	凉路口中砂	凉路口 5～31.5mm	30%	高新筑林	基准
5-2	C30	凯里瑞安 P.O 42.5	凉路口中砂	凉路口 5～31.5mm	30%	高新筑林	3.5%～4.0%
5-3	C30	凯里瑞安 P.O 42.5	凉路口中砂	凉路口 5～31.5mm	30%	高新筑林	4.0%～4.5%

续上表

编号	强度等级	水泥	机制砂	碎石	粉煤灰	减水剂	含气量
5-4	C30	凯里瑞安 P.O 42.5	凉路口中砂	凉路口 5～31.5mm	30%	高新筑林	4.5%～5.0%
6-1	C20	乌蒙山 P.O 42.5	高晒中砂	高晒 5～31.5mm	30%	马贝	基准
6-2	C20	乌蒙山 P.O 42.5	高晒中砂	高晒 5～31.5mm	30%	马贝	3.5%～4.0%
6-3	C20	乌蒙山 P.O 42.5	高晒中砂	高晒 5～31.5mm	30%	马贝	4.0%～4.5%
6-4	C20	乌蒙山 P.O 42.5	高晒中砂	高晒 5～31.5mm	30%	马贝	4.5%～5.0%

该组试验每个强度等级配合比均需拌和 4～8 组混凝土(含气量的调整较难控制,可能会增加混凝土拌和数量),混凝土配合比试验按每组 15L 准备原材料(如做混凝土棱柱体法检测,按每个配合比做 3 个棱柱体试块,则拌制混凝土时按每组 20L 准备相应原材料)。砂浆膨胀率试验按每组 1L 准备原材料。

(3)石粉含量抑制技术方案

在 C20、C30 基准配合比的基础上,通过调整机制砂中的石粉含量进行抑制碱集料反应及对其他性能影响的对比优化试验,测试坍落度、含气量、密度,观察混凝土状态,测试混凝土 3d、7d、28d 强度,通过在高温养护下测试砂浆试件膨胀率和用混凝土棱柱体法测试控制石粉含量对碱集料反应的抑制效果。试验设计方案见表 9.7。

石粉含量对碱集料反应的影响试验 表 9.7

编号	强度等级	水泥	机制砂	碎石	粉煤灰	减水剂	石粉含量
7-1	C30	凯里瑞安 P.O 42.5	凉路口中砂	凉路口 5～31.5mm	40%	高新筑林	0
7-2	C30	凯里瑞安 P.O 42.5	凉路口中砂	凉路口 5～31.5mm	40%	高新筑林	5%
7-3	C30	凯里瑞安 P.O 42.5	凉路口中砂	凉路口 5～31.5mm	40%	高新筑林	10%
7-4	C30	凯里瑞安 P.O 42.5	凉路口中砂	凉路口 5～31.5mm	40%	高新筑林	20%
7-1	C20	都匀水泥 P.O 42.5	高晒中砂	高晒 5～31.5mm	40%	马贝	0
7-2	C20	都匀水泥 P.O 42.5	高晒中砂	高晒 5～31.5mm	40%	马贝	5%
7-3	C20	都匀水泥 P.O 42.5	高晒中砂	高晒 5～31.5mm	40%	马贝	10%
7-4	C20	都匀水泥 P.O 42.5	高晒中砂	高晒 5～31.5mm	40%	马贝	20%

该组试验每个强度等级配合比均需拌和 5 组混凝土,按每组 15L 准备相应原材料(如做混凝土棱柱体法检测,按每个配合比做 3 个棱柱体试块,则拌制混凝土时按每组 20L 准备相应原材料)。砂浆膨胀率试验按每组 1L 准备原材料。

(4)高碱环境下抑制效果技术方案

在 C20、C30 的基准配合比基础上,通过添加 NaOH 溶液将水泥的碱含量提高到 1%,考察在使用高碱含量水泥的条件下各种碱集料反应的抑制措施对碱集料反应的抑制效果。试验设计方案见表 9.8。

使用高碱水泥的情况下抑制措施对碱集料反应的影响试验 表 9.8

编号	强度等级	水 泥	机制砂	碎石	粉煤灰	减水剂	含气量	石粉含量
8-1	C30	凯里瑞安 P.O 42.5	凉路口中砂	凉路口 5～31.5mm	0	高新筑林	基准	8%
8-2	C30	凯里瑞安 P.O 42.5	凉路口中砂	凉路口 5～31.5mm	30%	高新筑林	基准	8%
8-3	C30	凯里瑞安 P.O 42.5	凉路口中砂	凉路口 5～31.5mm	40%	高新筑林	基准	8%
8-4	C30	凯里瑞安 P.O 42.5	凉路口中砂	凉路口 5～31.5mm	30%	高新筑林	基准	20%
8-5	C30	凯里瑞安 P.O 42.5	凉路口中砂	凉路口 5～31.5mm	30%	高新筑林	4.0%～4.5%	8%
9-1	C20	乌蒙山 P.O 42.5	高晒中砂	高晒 5～31.5mm	0%	马贝	基准	8%
9-2	C20	乌蒙山 P.O 42.5	高晒中砂	高晒 5～31.5mm	30%	马贝	基准	8%
9-3	C20	乌蒙山 P.O 42.5	高晒中砂	高晒 5～31.5mm	40%	马贝	基准	8%
9-4	C20	乌蒙山 P.O 42.5	高晒中砂	高晒 5～31.5mm	30%	马贝	基准	20%
9-5	C20	乌蒙山 P.O 42.5	高晒中砂	高晒 5～31.5mm	30%	马贝	4.0%～4.5%	8%

该组试验每个强度等级配合比均需拌和 5 组混凝土，按每组 15L 准备相应原材料（如做混凝土棱柱体法检测，按每个配合比做 3 个棱柱体试块，则拌制混凝土时按每组 20L 准备相应原材料）。砂浆膨胀率试验按每组 1L 准备原材料。

(5)综合抑制技术优化方案

综合前面拌制混凝土的力学性能指标和碱集料反应的抑制情况的试验结果，进行粉煤灰、引气剂复合试验，选取一到两个粉煤灰最佳掺量和一个含气量最佳范围进行配合比试验，测试坍落度、含气量、密度，观察混凝土状态，测试混凝土 3d、7d、28d 强度，通过在高温养护下测试砂浆试件膨胀率和用混凝土棱柱体法测试对碱集料反应的抑制效果。

9.3.2 变质岩碱集料反应抑制效果

(1)粉煤灰对碱集料反应抑制效果试验

粉煤灰抑制技术试验在 C30、C20 两种强度等级的混凝土配合比中分别掺入 0、20%、30%、40% Ⅱ级粉煤灰，按超量系数 1.4 超量替代水泥，具体配合比与性能见表 9.9～表 9.11。从新拌混凝土状态上看，掺入粉煤灰后，明显改善了混凝土的泌水、离析状况，使得混凝土和易性大大提高；但同时也降低了混凝土的强度发展速度，从 28d 强度来看，C30 混凝土抗压强度随着粉煤灰掺量的增加分别降低了 16.9%、17.8%和 27.9%；C20 混凝土抗压强度随着粉煤灰掺量的增加先有提高而后降低，之所以在 20%掺量条件下强度有所提高，主要是因为 C20 的水泥用量少，粉煤灰超量替代后增加了混凝土中的胶材总量，增加了混凝土密实度从而提高了强度；但粉煤灰掺量继续增加后，粉煤灰对强度发展的降低和延缓起到了主导作用，导致了强度的降低。

粉煤灰抑制技术试验配合比 表 9.9

编号	强度等级	水泥(kg)	机制砂(kg)	碎石(kg)	减水剂(g)	水(g)	粉煤灰(kg)
3-1	C30	3.02	8.7	10.7	18.1	1 690	0
3-2	C30	2.42	8.4	10.7	19.6	1 690	0.85
3-3	C30	2.11	8.3	10.7	20.3	1 690	1.27

续上表

编号	强度等级	水泥(kg)	机制砂(kg)	碎石(kg)	减水剂(g)	水(g)	粉煤灰(kg)
3-4	C30	1.81	8.1	10.7	21.0	1 690	1.69
4-1	C20	2.60	9.0	11.0	15.6	1 740	0
4-2	C20	2.08	8.7	11.0	16.9	1 740	0.73
4-3	C20	1.82	8.6	11.0	17.5	1 740	1.09
4-4	C20	1.56	8.4	11.0	18.1	1 740	1.46

粉煤灰抑制技术试验新拌混凝土性能及强度结果 表 9.10

编号	坍落度(cm)	密度(g/L)	状态	抗压强度(MPa)		
				3d	7d	28d
3-1	9.5	2 410	略有泌水、离析现象	25.5	34.8	36.6
3-2	6.2	2 410	和易性、包裹性较好	17.4	21.9	30.4
3-3	8.5	2 410	和易性、包裹性较好	15.7	21.0	30.1
3-4	7.5	2 420	和易性、包裹性较好	12.4	18.1	26.4
4-1	2.4	2 390	和易性差、泌水离析	11.9	14.6	23.5
4-2	8.5	2 410	有泌水、离析	14.5	16.7	25.9
4-3	9.0	2 430	略有泌水、离析	12.4	17.4	22.0
4-4	10.0	2 390	略有泌水、离析	11.9	12.8	20.4

粉煤灰抑制技术试验抑制效果(快速砂浆棒法长度变化率) 表 9.11

编号	1d	3d	7d	14d	21d	28d
3-1	0.014%	0.020%	0.028%	0.029%	0.041%	0.043%
3-2	0.018%	0.012%	0.015%	0.012%	0.006%	0.008%
3-3	0.011%	0.014%	0.011%	0.016%	0.008%	0.009%
3-4	0.004%	−0.001%	−0.003%	0.004%	0.004%	0.006%
4-1	0.018%	0.019%	0.058%	0.118%	0.196%	0.192%
4-2	0.015%	0.011%	0.012%	0.019%	0.017%	0.022%
4-3	0.011%	0.006%	0.007%	0.011%	0.011%	0.013%
4-4	0.006%	0.007%	0.015%	0.020%	0.027%	0.026%

图 9.3 快速砂浆棒法测试粉煤灰抑制技术效应的结果显示：无论是 C30 还是 C20 混凝土，掺入粉煤灰后砂浆棒的膨胀率均有显著降低。C30 混凝土不掺粉煤灰时 21d 膨胀率为 0.041%，掺入 20%～40%粉煤灰后 21d 膨胀率下降到 0.004%～0.008%之间，膨胀率下降了 80%～90%。其中粉煤灰掺量最高的砂浆棒膨胀率最低，仅为 0.004%。由于原材料的差异，C20 混凝土的膨胀率明显大于 C30，不掺粉煤灰的混凝土膨胀率达到了 0.196%，掺入 20%～40%粉煤灰后 21d 膨胀率下降到 0.011%～0.027%之间，膨胀率下降了 86%～94%。其中当粉煤灰掺量为 30%时膨胀率最低，仅为 0.011%。可以看出，掺入粉煤灰后对混凝土碱集料反应的抑制效应相当显著。

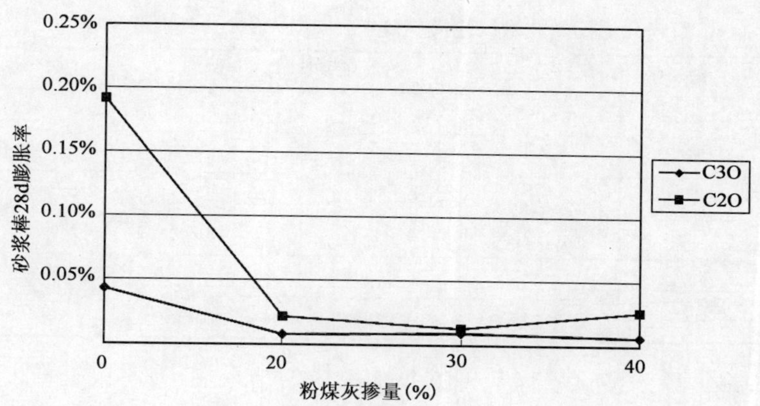

图 9.3 不同强度等级混凝土中粉煤灰对砂浆膨胀率的影响

(2)石粉含量抑制技术试验

石粉含量抑制技术试验中将 C30、C20 两种强度等级的混凝土配合比的机制砂石粉含量分别控制为 0、10%和 20%,具体配合比与性能见表 9.12~表 9.14。从新拌混凝土状态上看,两种强度等级的混凝土表现相似,当石粉含量为 0 时,混凝土略有泌水、离析现象;石粉含量为 10%时混凝土状态较好;而当石粉含量增加为 20%时,混凝土很干,坍落度明显降低,这主要是因为石粉颗粒小,需水量大。从混凝土强度上看,石粉含量较大不利于强度发展,石粉含量为 0 的强度最高。

石粉含量抑制技术试验配合比　　表 9.12

编号	强度等级	水泥(kg)	机制砂(kg)/石粉含量(%)	碎石(kg)	减水剂(g)	水(g)	粉煤灰(kg)
5-1	C30	2.11	8.3/0	10.7	20.3	1 690	1.27
5-2	C30	2.11	8.3/10	10.7	20.3	1 690	1.27
5-3	C30	2.11	8.3/20	10.7	20.3	1 690	1.27
6-1	C20	1.82	8.6/0	11.0	17.5	1 740	1.09
6-2	C20	1.82	8.6/10	11.0	17.5	1 740	1.09
6-3	C20	1.82	8.6/20	11.0	17.5	1 740	1.09

石粉含量抑制技术试验新拌混凝土性能及强度结果　　表 9.13

编号	坍落度(cm)	密度(g/L)	状态	抗压强度(MPa)		
				3d	7d	28d
5-1	7.4	2 400	略有泌水、离析	12.1	16.4	26.4
5-2	8.0	2 390	和易性较好	11.6	15.2	26.3
5-3	2.4	2 390	黏稠	11.7	15.8	26.2
6-1	7.0	2 430	略有泌水、离析	11.7	17.1	26.5
6-2	7.5	2 390	和易性较好	11.7	15.0	24.0
6-3	4.7	2 370	黏稠	11.4	14.6	23.6

石粉含量抑制技术试验抑制效果(快速砂浆棒法长度变化率)　　表 9.14

编号	1d	3d	7d	14d	21d	28d
5-1	0.010%	0.009%	0.005%	0.008%	0.011%	0.013%
5-2	0.016%	0.018%	0.016%	0.016%	0.019%	0.022%
5-3	0.009%	0.012%	0.017%	0.019%	0.022%	0.025%
6-1	0.007%	0.012%	0.008%	0.008%	0.013%	0.013%
6-2	0.005%	0.004%	0.008%	0.013%	0.019%	0.025%
6-3	0.011%	0.015%	0.018%	0.022%	0.023%	0.029%

图 9.4 快速砂浆棒法测试粉煤灰抑制技术效应的结果显示:不论是 C20 还是 C30 混凝土,石粉含量越高,砂浆棒的膨胀率越高。石粉含量为 20%的砂浆棒 21d 膨胀率是石粉含量为 0 的砂浆棒膨胀率的 1.8~2 倍左右。这是由于石粉含量越高,细集料中的碱活性成分与水泥浆接触的面积越大,提高了碱集料反应发生的概率和速度。

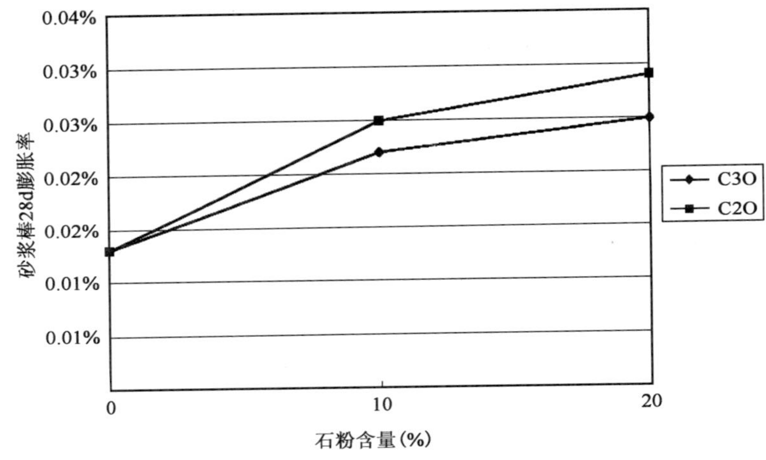

图 9.4　不同强度等级混凝土中石粉含量对砂浆膨胀率的影响

(3)高碱环境下抑制效果技术试验

高碱环境下抑制效果试验配合比见表 9.15,新拌混凝土性能及其强度见表 9.16,高碱环境下抑制技术试验抑制效果(快速砂浆棒法长度变化率)见表 9.17。

高碱环境下抑制效果技术试验配合比　　表 9.15

编号	强度等级	水泥(kg)	机制砂(kg)/石粉含量(%)	碎石(kg)	减水剂(g)	水(g)	粉煤灰(kg)
7-1	C30	3.02	8.7/10	10.7	18.1	1 690	0
7-2	C30	2.11	8.3/10	10.7	20.3	1 690	1.27
7-3	C30	1.81	8.1/10	10.7	21.0	1 690	1.69
7-4	C30	2.11	8.3/0	10.7	20.3	1 690	1.27
7-5	C30	2.11	8.3/20	10.7	20.3	1 690	1.27
7-1	C20	2.60	9.0/10	11.0	15.6	1 740	0

续上表

编号	强度等级	水泥(kg)	机制砂(kg)/石粉含量(%)	碎石(kg)	减水剂(g)	水(g)	粉煤灰(kg)
7-2	C20	1.82	8.6/10	11.0	17.5	1 740	1.09
7-3	C20	1.56	8.4/10	11.0	18.1	1 740	1.46
7-4	C20	1.82	8.6/0	11.0	17.5	1 740	1.09
7-5	C20	1.82	8.6/20	11.0	17.5	1 740	1.09

高碱环境下抑制效果技术试验新拌混凝土性能及强度结果　　表 9.16

编号	坍落度(cm)	密度(g/L)	状态	抗压强度(MPa)		
				3d	7d	28d
7-1	5.5	2 390	泌水、离析	19.5	22.9	29.6
7-2	6.8	2 400	和易性较好	13.5	19.2	27.3
7-3	5.9	2 420	和易性较好	10.8	14.1	23.1
7-4	6.5	2 380	略有泌水、离析	12.0	15.4	23.8
7-5	0	2 400	很干、无坍落度	12.6	16.2	23.8
7-1	6	2 410	泌水、离析	20.3	23.4	28.0
7-2	8.6	2 410	和易性较好	15.6	19.2	26.4
7-3	9.5	2 380	和易性较好	13.2	17.7	23.2
7-4	4.5	2 390	略有泌水、离析	13.1	16.6	23.4
7-5	0	2 380	黏稠、无坍落度	12.7	15.8	22.8

高碱环境下抑制技术试验抑制效果(快速砂浆棒法长度变化率)　　表 9.17

编号	1d	3d	7d	14d	21d	28d	56d
7-1	0.012%	0.010%	0.026%	0.038%	0.055%	0.062%	0.012%
7-2	0.003%	0.003%	0.005%	0.004%	0.004%	0.005%	0.003%
7-3	0.004%	0.004%	0.003%	0.003%	0.004%	0.004%	0.004%
7-4	0.004%	0.005%	0.004%	0.005%	0.006%	0.006%	0.004%
7-5	0.006%	0.008%	0.007%	0.011%	0.012%	0.016%	0.006%
7-1	0.022%	0.025%	0.044%	0.134%	0.166%	0.175%	0.022%
7-2	0.005%	0.008%	0.011%	0.011%	0.012%	0.013%	0.005%
7-3	0.004%	0.005%	0.005%	0.004%	0.005%	0.005%	0.004%
7-4	0.003%	0.006%	0.006%	0.009%	0.009%	0.008%	0.003%
7-5	0.018%	0.017%	0.014%	0.019%	0.021%	0.022%	0.018%

在高碱水泥环境下，原本膨胀率较小的C30混凝土膨胀率有所增加，从试验结果来看，通过砂浆棒膨胀率显示的碱集料抑制效应与低碱水泥条件下一致。表现为粉煤灰掺量越高，砂浆棒膨胀率越低；石粉含量越高，砂浆棒膨胀率越高。而掺入粉煤灰的碱集料抑制效应是相当明显的。通过掺入粉煤灰和控制石粉含量两种手段复合后，C20混凝土砂浆棒膨胀率最低仅为基准混凝土砂浆棒膨胀率的3%(图9.5、图9.6)。

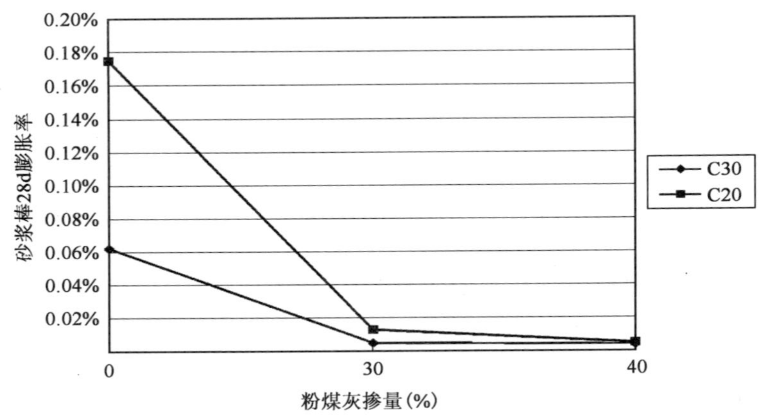

图 9.5 高碱环境下不同强度等级混凝土中粉煤灰对砂浆膨胀率的影响

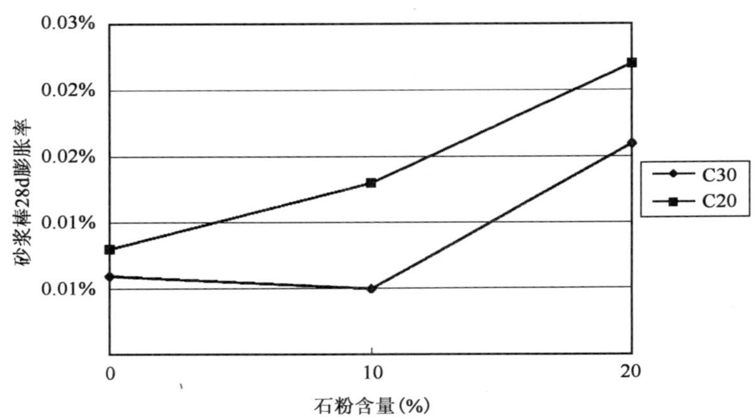

图 9.6 高碱环境下不同强度等级混凝土中石粉含量对砂浆膨胀率的影响

9.3.3 小结

通过采用工程项目沿线的原材料，开展的系列验证试验结果分析，可以得到如下结论：

(1)本试验方案中，从抑制混凝土碱集料反应角度出发，采取大掺量粉煤灰、同时优化配合比参数，设计的低强度等级板岩机制砂混凝土配合比可满足各等级的混凝土强度设计要求。

(2)大掺量掺入粉煤灰，降低单位水泥用量，控制混凝土中总碱量是控制板岩机制砂混凝土碱集料反应的有效措施之一，可抑制低强度等级混凝土中碱集料反应。

(3)粉煤灰的掺入对水都线高速公路现场板岩机制砂石所配制的混凝土的碱集料反应有抑制效应，且掺量越大，抑制效果越显著。最高可降低砂浆棒膨胀率至不掺粉煤灰砂浆棒膨胀率的 6%。建议对具有碱活性的集料，在水都线高速公路项目中普通混凝土配合比中粉煤灰掺量不低于 20%，其中优选 30%。

(4)机制砂中的石粉含量对混凝土碱集料反应有较大的影响，当石粉含量从 0 增加到 20%，表征混凝土碱集料反应的砂浆棒膨胀率增加了 1.8%～2.0%。综合混凝土施工性和对混凝土碱集料反应的影响，推荐在水都线高速公路施工配合比中机制砂的石粉含量不高于10%。

(5)从快速砂浆棒法的试验结果来看,综合各种碱集料反应的抑制技术后,板岩混凝土的碱集料反应的抑制效应相当明显。多种抑制技术优化后的混凝土,其早期砂浆棒膨胀率降低了95%以上,大大降低了碱集料反应发生的概率和速度。

(6)板岩机制砂混凝土的碱集料反应长期效果应进一步试验测定、观察与验证,并与混凝土棱柱体试验方法的测试结果进行比较验证。另外,不同类型的矿物掺和料与不同的来源也可能导致试验结果不一致,应进一步验证和优选。

9.4　变质岩机制砂混凝土的配制与性能

9.4.1　变质岩机制砂混凝土配合比设计原则

配合比设计的基本要求即使所配制的混凝土在比较经济的原则下具有所期望的性能,即拌和物的和易性、混凝土的强度和耐久性。经济性的表现有两个方面:一方面是节约水泥用量,降低混凝土的成本(包括材料、劳动力、能源的节约);另一方面是长远的经济效益和整体的经济效益好(如耐久性好,维护费用少,导热性小,使用中能耗低等)。

对本项目的混凝土配合比设计而言,不仅需保证混凝土的基本性能,更重要的是预防混凝土的碱集料反应。因此,从混凝土工程分类与混凝土类别出发,提出混凝土配合比设计应遵循的基本原则。

1)混凝土工程环境分类

根据高速公路工程环境与碱集料反应环境条件要求,将高速公路混凝土工程分成四类,见表9.18。

混凝土工程环境分类　　表9.18

工程环境等级	环境条件特征	实　例
AⅠ	干燥环境,不直接接触水,空气相对湿度长期低于80%的高速公路工程	公路辅助设施办公室、非潮湿条件下生产的仓库等建筑
AⅡ	潮湿环境,直接与水接触的混凝土工程,如干湿交替环境、潮湿土壤	灌注桩、水处理工程、桥墩、护坡、混凝土桥梁、公路路面、地基道路、隧道、地下构筑物或基础工程等
AⅢ	外部有供碱环境,并处于潮湿环境	处于高含盐碱地区的混凝土工程、接触化冰雪盐碱的混凝土道路、桥梁、下水道工程,以及处于盐碱化学工业污染范围内的道路工程
AⅣ	特种环境,如碳化、氯盐、化学侵蚀、冻融循环和磨蚀等环境	各类极端环境条件下的混凝土工程

为确保高速公路的工程质量,对沿线使用具有碱活性的集料,即使属于Ⅰ类工程,其混凝土配合比仍需按照Ⅱ类工程进行设计。

对AⅣ混凝土工程,除应按预防碱集料反应进行设计外,还应同时考虑特种环境下的混凝土防护要求而进行必要的混凝土防护设计。

2)混凝土类型分类

从混凝土强度等级来分,可将高速公路工程中应用的板岩机制砂混凝土分成两大类:

①低强度等级板岩机制砂混凝土(C30 强度等级及以下);

②高强度等级板岩机制砂混凝土(C30 强度等级以上)。

因水都高速公路不同部位采用了不同功能的混凝土,其混凝土可进一步细分成如下几类:

①机制砂大体积混凝土;

②机制砂超高泵送混凝土;

③机制砂自密实混凝土;

④机制砂水下灌注混凝土;

⑤机制砂喷射混凝土等。

这些类混凝土均从属于两大分类混凝土。板岩机制砂混凝土配合比设计按以上分类进行设计。

3)变质岩机制砂混凝土配合比设计原则

所有板岩机制砂混凝土配合比设计均应遵照以下原则:

(1)总碱含量控制

凡沿线公路建设料场中集料检测出具有碱活性的区域,无论其活性高低,各类设计的混凝土配合比中混凝土含碱量均不应超过 $3kg/m^3$。其中混凝土中碱含量包括水泥、外加剂中碱以及矿物掺和料中的有效碱含量。

(2)大掺量矿物掺和料原则

在满足混凝土强度、工作性设计指标的情况下,混凝土配合比设计中应尽量掺入一定量的矿物掺和料,如粉煤灰、硅灰、矿渣粉等以抑制碱集料反应,具体矿物掺和料掺量可通过试验单位试验确定抑制碱集料反应的最小掺量。

(3)石粉含量控制

在贵州地区,因粗集料与细集料均来自同一矿区,如发生碱集料反应,则比其他地区更为明显。而机制砂中石粉含量会直接影响碱集料反应活性的快慢,所以应将机制砂中石粉含量控制在一定范围内。

(4)性能控制指标

一般混凝土性能控制指标,不论普通与高强板岩机制砂混凝土,均应包括:

①混凝土坍落度,坍落度损失;

②不同龄期的抗压强度;

③耐久性指标,如碳化、收缩等性能。

对特殊功能混凝土,还应包括相关性能指标。

9.4.2 变质岩机制砂混凝土原材料选择与控制

(1)水泥

水泥的碱含量应严格控制在 0.6%以下。应优先选用低碱含量的普通硅酸盐水泥。其他要求参见第 2 章。

(2)粗集料

对不同建设区域开采应用的粗集料应首先检测其碱活性大小及等级。其他要求参见第2章。

(3)机制砂

对不同建设区域开采应用的粗集料应首先检测其碱活性大小及等级,根据集料碱活性大小确定相应的配合比设计原则。其他要求参见第2章。

(4)减水剂

从碱集料反应控制角度,应优选聚羧酸系减水剂。一般情况下,聚羧酸减水剂的碱含量应低于其固含量的5%。

(5)速凝剂

不得使用高碱速凝剂。

(6)其他外加剂

为改善板岩机制砂混凝土的抗碱集料反应能力、拌和物工作性以及其他性能,还应加入其他外加剂,如引气剂、增黏剂、早强剂等。各类外加剂应选用低碱或无碱外加剂,其碱含量应控制在其固含量的5%以下。

应用中应根据所选的外加剂品种,试验确定合适的类型与掺量。

(7)矿物掺和料

矿物掺和料应符合相关标准的要求,如有必要也可采用惰性矿物掺和料。

矿物掺和料的有效碱含量是指矿粉中能够溶于水的游离钾和钠离子。主要掺和料中碱溶出率分别为:低钙粉煤灰15%,磨细矿渣50%,硅灰50%,沸石粉100%。掺和料有效碱含量为实际碱含量乘以溶出率。

9.4.3 变质岩机制砂混凝土的配合比设计

1)普通板岩机制砂混凝土配合比设计

(1)配合比参数

①胶凝材料用量。

胶凝材料用量的大小直接决定了混凝土的强度。对C30低强度等级的混凝土,胶凝材料用量不大于360kg/m^3,其中水泥用量不超过252 kg/m^3,其余采用矿物掺和料替代。

②矿物掺和料。

对具有碱活性的集料,应掺入大量的矿物掺和料,一般粉煤灰的掺量在30%以上,不应低于30%。对粉煤灰矿物掺和料,应采取等量取代法进行配合比设计。

同掺不同种类的矿物掺和料应根据试验结果选择合理的掺量。

③用水量。

对于普通混凝土,用水量的选择取决于混凝土的坍落度和石子最大粒径。低强普通混凝土坍落度应控制在50～80mm;对泵送混凝土,混凝土坍落度应控制在130～160mm。可以通过改变减水剂掺量来控制坍落度,对减水剂掺量一定时,可通过调整用水量来控制坍落度。混凝土单位用水量不应超过162 kg/m^3。

④减水剂掺量。

聚羧酸减水剂应通过试验,根据其与水泥(胶凝材料)的适应性,混凝土强度设计与坍落度需求，选择合理的类型与掺量。在保证混凝土强度与坍落度前提下，应适当增大减水剂掺量、提高减水率，以降低混凝土单位用水量。掺量按固体计，为胶凝材料用量的 0.2%～1.0%。

⑤总碱含量。

对具有碱活性的集料，应根据《水都高速板岩机制砂混凝土碱集料反应预防暂行技术规定》中规定的碱含量计算方法，对混凝土配合比中总碱含量进行计算，其总碱含量不应超过 $3kg/m^3$，审核是否符合其规程规定要求。如超过技术规程所规定的含量，应重新进行配合比设计。对非碱活性集料，不做总碱含量限制要求。

⑥砂率。

砂率取决于砂的类型、粗集料的级配和粒形。低强度等级板岩机制砂混凝土，砂率一般取 37%～42%。砂率可根据混凝土的实际拌和物的性能进行适当调整。

(2)配合比设计步骤

厦蓉高速公路贵州境水口至都匀段板岩机制砂混凝土配合比设计因掺入粉煤灰矿物掺和料，实质是粉煤灰混凝土的配合比设计，以基准混凝土配合比为基础，按等稠度、等强度的原则，用超量取代法进行调整。粉煤灰混凝土配合比设计的主要目的是确定一个经济的混合材料最佳组合，主要设计手段是通过试验、试配来完成。

①确定试配强度。

根据混凝土强度等级，按下式计算试配强度：

$$f_{cu,0} = f_{cu,k} + 1.645\delta \tag{9.1}$$

式中：$f_{cu,0}$——混凝土的施工配制强度(MPa)；

$f_{cu,k}$——混凝土的设计强度(MPa)；

δ——施工单位的混凝土强度标准差，取 5.0。

②确定水灰比。

根据混凝土类型，按照保罗米公式，确定 $C/W = f_{cu,o}/a_a \cdot f_{ca} + b_b$。

③确定用水量 m_{w0}。

根据混凝土坍落度设计目标，低强普通混凝土坍落度控制在 50～80mm；对泵送混凝土，混凝土坍落度控制在 130～160mm。根据碎石最大粒径，查表选用单位用水量。

根据减水剂的减水率与掺量，计算并确定实际用水量。

④确定水泥用量 m_{c0}。

根据水胶比，首先计算出基准混凝土中单位水泥用量 C_0。

根据选择粉煤灰取代水泥百分率 δ_f，计算出实际的水泥用量 m_{c0}。

⑤确定砂率 β_s。

根据集料粒径及配合比参数，选择合理的砂率。

⑥确定砂 m_{s0}、碎石 m_{g0} 每方用量。

根据用绝对体积法，砂率，计算出基准混凝土的砂、石用量，从而确定基准混凝土的配合比。

⑦粉煤灰等量取代时粉煤灰用量。

通常，C30 以下混凝土用Ⅱ级粉煤灰等量取代时，每立方混凝土中粉煤灰的用量按下式计算：

$$F = \delta_f \cdot C_0 \tag{9.2}$$

式中：C_0——基准混凝土的水泥用量（kg/m³）；

δ_f——为粉煤灰掺量单位。

⑧低强板岩机制砂混凝土配合比的确定。

根据上述配合比设计步骤，设计出低强板岩机制砂混凝土的基准配合比。

⑨校核、试拌、调整与确定。

为校核混凝土的强度，拟定三个不同的配合比，其中一个为按上述得出的基准配合比，另外两个配合比的水灰比值，应较基准配合比分别增加及减少0.02，其用水量不变。

板岩机制砂混凝土配合比试配和试拌时，每盘混凝土的最小搅拌量不宜小于30L，且应检测拌和物的工作性是否达到相应评价指标要求，并校核混凝土强度是否达到配制强度要求，如有必要，还应检测相应的耐久性指标。

选择拌和物工作性满足要求的3个基准配合比，制作混凝土强度试件，每种配合比至少应制作一组试件，标准养护到28d时试压。

对于应用条件特殊的工程，如有必要，可在混凝土搅拌站或施工现场对确定的配合比进行足尺试验，以检验所设计的配合比是否满足工程应用条件。

根据试配、调整、混凝土强度检验结果和足尺试验结果，确定符合设计要求的合适配合比。

2）变质岩机制砂大体积混凝土配合比设计

变质岩机制砂大体积混凝土一般强度等级均在C30及其以下，属于低强度等级混凝土一类。但大体积混凝土因其混凝土内部温度控制要求，需要混凝土放热量小，放热峰延迟。因此，其混凝土配合比参数应需重新设计。

（1）原材料选择

变质岩机制砂大体积混凝土原材料要求除与低强度等级机制砂混凝土相同外，还需添加缓凝剂等外加剂。

（2）配合比参数

①粗细集料。

可以采用变质岩作为混凝土的粗细集料，具体要求应满足《暂行规定》的要求。

②胶凝材料用量。

对C30及其以下低强度等级的大体积混凝土，胶凝材料用量不大于360kg/m³，其中水泥用量不超过250 kg/m³，其余采用矿物掺和料替代。

③矿物掺和料。

对具有碱活性的集料，应掺入大量的粉煤灰矿物掺和料，一般粉煤灰掺量在35%左右，不应低于30%。对粉煤灰矿物掺和料，应采取等量取代法进行配合比设计。

④用水量。

对泵送机制砂大体积混凝土，混凝土坍落度应控制在160～180mm。可以通过改变减水剂掺量来控制坍落度，对减水剂掺量一定时，可通过调整用水量来控制坍落度。混凝土单位用水量不应超过162kg/m³。

⑤减水剂掺量。

聚羧酸减水剂应通过试验，根据其与水泥（胶凝材料）的适应性，混凝土强度设计与坍落度需求，选择合理的类型与掺量。在保证混凝土强度与坍落度前提下，应适当增大减水剂掺量、提高减水率，以降低混凝土单位用水量。掺量按固体计，为胶凝材料用量的0.2%～1.0%。

⑥总碱含量。

对具有碱活性的集料，应根据《暂行规定》中规定的碱含量计算方法，对混凝土配合比中总碱含量进行计算，其总碱含量不应超过3kg/m^3。审核是否符合其规程规定要求，如超过技术规程所规定的含量，应重新进行配合比设计。

对非碱活性集料，不做总碱含量限制要求。

⑦砂率。

砂率取决于砂的类型、粗集料的级配和粒形。低强度等级板岩机制砂混凝土，砂率一般取37%～42%。砂率可根据混凝土实际拌和物的性能进行适当调整。

(3)配合比设计步骤

变质岩机制砂大体积混凝土的配合比设计步骤与低强度等级普通混凝土基本相同。具体设计步骤略。

3)变质岩机制砂水下灌注混凝土配合比设计

变质岩机制砂水下灌注混凝土一般强度等级均在C30及其以下，属于低强度等级混凝土一类。但水下灌注混凝土因其要求水下可灌性与水下抗分散性，其胶凝材料的用量要比普通混凝土高。因此，其混凝土配合比参数应需重新设计。

(1)原材料选择

变质岩机制砂水下灌注混凝土原材料要求除与低强度等级机制砂混凝土相同外，还需添加水下抗分散剂、消泡剂等外加剂。粗集料的最大粒径应大不大于25mm。

(2)配合比参数

①粗细集料。

优选非变质岩集料，可以使用变质岩作为混凝土的粗细集料，但具体要求应满足《暂行规定》的要求。

②胶凝材料用量。

对C30及其以下低强度等级的水下灌注混凝土，胶凝材料用量不大于390kg/m^3，其中水泥用量不超过300 kg/m^3，其余采用矿物掺和料替代。

③矿物掺和料。

对具有碱活性的集料，应掺入大量的矿物掺和料，一般粉煤灰的掺量在30%左右，不应低于20%。对粉煤灰矿物掺和料，应采取等量取代法进行配合比设计。

同掺不同种类的矿物掺和料应根据试验结果选择合理的掺量。

④用水量。

对于普通混凝土，用水量的选择取决于混凝土的坍落度和石子最大粒径。对泵送混凝土，水下灌注混凝土坍落度控制在180～220mm。可以通过改变减水剂掺量来控制坍落度，对减水剂掺量一定时，可通过调整用水量来控制坍落度。混凝土单位用水量不应超过160kg/m^3。

⑤减水剂掺量。

聚羧酸减水剂应通过试验，根据其与水泥(胶凝材料)的适应性，混凝土强度设计与坍落度需求，选择合理的类型与掺量。应在保证混凝土强度与坍落度前提下，应适当增大减水剂掺量、提高减水率，以降低混凝土单位用水量。掺量按固体计，为胶凝材料用量的0.2%～1.0%。

⑥总碱含量。

对具有碱活性的集料，应根据《暂行规定》中规定的碱含量计算方法，对混凝土配合比中总碱含量进行计算，其总碱含量不应超过3kg/m³。审核是否符合其规程规定要求。如超过技术规程所规定的含量，应重新进行配合比设计。

对非碱活性集料，不做总碱含量限制要求。

⑦砂率。

变质岩机制砂水下灌注混凝土，砂率一般取45%～50%。砂率可根据混凝土实际拌和物的性能进行适当调整。

(3)配合比设计步骤

机制砂水下灌注混凝土的配合比设计步骤与低强度等级普通混凝土基本相同。具体设计步骤略。

4)变质岩机制砂超高泵送混凝土配合比设计

变质岩机制砂超高泵送混凝土一般强度等级均在C40及其以上，属于高强度等级机制砂混凝土一类。但超高泵送混凝土因其要求可泵性与抗离析性，其胶凝材料的用量要比普通混凝土高。因此，其混凝土原材料与配合比参数均与一般高强混凝土不同，应需重新设计。

(1)原材料选择

变质岩机制砂超高泵送混凝土原材料要求除与高强度等级机制砂混凝土相同外，还需添加引气剂、缓凝剂等外加剂。粗集料的最大粒径也应随着泵送高度增大而减小。

(2)配合比参数

①粗细集料。

不得采用变质岩作为混凝土的粗细集料，具体要求应满足《暂行规定》的要求。

②胶凝材料用量。

胶凝材料用量的大小直接决定了混凝土的强度。对C40、C50高强度等级的混凝土，胶凝材料用量不大于500kg/m³，其中水泥用量不超过400kg/m³。其余采用矿物掺和料替代。

对更高强度等级混凝土，胶凝材料总量不受此限制。但超高强混凝土的配合比设计也应在满足强度前提下，尽可能降低混凝土中水泥用量。

③矿物掺和料。

对具有碱活性的集料，应掺入大量的矿物掺和料，一般粉煤灰、矿渣粉的掺量在20%以上，不应低于20%。对粉煤灰矿物掺和料，应采取等量取代法进行配合比设计。

可采用复掺硅灰与粉煤灰或矿渣粉，应根据试验结果选择不同种类的矿物掺和料合理的掺量。

④用水量。

对机制砂超高泵送混凝土，混凝土坍落度控制在160～200mm。可以通过改变减水剂掺量来控制坍落度，对减水剂掺量一定时，可通过调整用水量来控制坍落度。混凝土单位用水量不应超过160kg/m³。

⑤减水剂掺量。

聚羧酸减水剂应通过试验，根据其与水泥(胶凝材料)的适应性，混凝土强度设计与坍落度需求，选择合理的类型与掺量。应在保证混凝土强度与坍落度前提下，应适当增大减水剂掺量、提高减水率，以降低混凝土单位用水量。掺量按固体计，为胶凝材料用量的0.3%～1.0%。

⑥总碱含量。

对非碱活性集料，不做总碱含量限制要求。

⑦砂率。

变质岩超高泵送机制砂混凝土的砂率一般取45%左右。砂率可根据混凝土的实际拌和物的性能进行适当调整。

(3)配合比设计步骤

机制砂超高泵送混凝土的配合比设计步骤与高强度等级板岩机制砂混凝土基本相同。具体设计步骤略。

5)变质岩机制砂自密实混凝土配合比设计

变质岩机制砂自密实混凝土一般强度等级均在C40及以上，属于高强度等级机制砂混凝土一类。但机制砂自密实混凝土因其要求自密实性与抗离析性，其胶凝材料的用量要比普通高强混凝土高。因此，其混凝土原材料与配合比参数均与一般高强混凝土不同，应需重新设计。

(1)原材料选择

变质岩机制砂自密实混凝土原材料要求除与高强度等级机制砂混凝土相同外，还需添加增黏剂、引气剂、缓凝剂或消泡剂等外加剂。粗集料的最大粒径应不大于25mm，优选20mm。

(2)自密实混凝土的性能要求

自密实混凝土拌和物性能的检测方法与指标要求见表9.19。在进行自密实混凝土配合比设计时，对于每一批混凝土拌和物的工作性优先选用坍落扩展度L形仪或坍落扩展度和U形仪检测方法分别对其填充性、间隙通过性和抗离析性进行测试评价。

拌和物性能的检测方法与指标要求 表9.19

序号	方法	单位	指标要求	检测性能
1	坍落度(SL)	mm	$SL \geqslant 220$	流动性
2	坍落扩展度(SF)	mm	$550 \leqslant SF \leqslant 750$	填充性
3	倒坍落度筒流动时间(T)	s	$5 \leqslant T_{50} \leqslant 15$	填充性
4	L形仪(H_2/H_1)	—	$0.8 \leqslant H_2/H_1 \leqslant 1$	间隙通过性抗离析性
5	U形仪(Δh)	mm	$0 \leqslant \Delta h \leqslant 30$	间隙通过性抗离析性

对于密集配筋构件或厚度小于100mm的混凝土加固工程，采用自密实混凝土施工时，拌和物工作性指标按表从严要求。

(3)配合比参数

①粗细集料。

不得采用变质岩作为混凝土的粗细集料，具体要求应满足《暂行规定》的要求。

②胶凝材料用量。

胶凝材料用量的大小直接决定了混凝土的强度。对C40、C50高强度等级的混凝土，胶凝材料用量不大于 550 kg/m³，其中水泥用量不超过 350 kg/m³。其余采用矿物掺和料替代。

对更高强度等级混凝土，胶凝材料总量不受此限制。但超高强混凝土的配合比设计也应在满足强度前提下，尽可能降低混凝土中水泥用量。

③矿物掺和料。

对具有碱活性的集料，应掺入大量的矿物掺和料，一般粉煤灰、矿渣粉的掺量在 40%左右，不应低于 30%。对粉煤灰矿物掺和料，应采取超量取代法进行配合比设计，超量取代系数在 1.3%～1.5%之间，具体根据混凝土性能需求调整。

可采用复掺硅灰与粉煤灰或矿渣粉，应根据试验结果选择不同种类矿物掺和料合理的掺量。

④用水量。

对机制砂自密实混凝土，混凝土坍落度控制在 200～240mm。可以通过改变减水剂掺量来控制坍落度，对减水剂掺量一定时，可通过调整用水量来控制坍落度。混凝土单位用水量不应超过 170 kg/m³。

⑤减水剂掺量。

聚羧酸减水剂应通过试验，根据其与水泥(胶凝材料)的适应性，混凝土强度设计与坍落度需求，选择合理的类型与掺量。应在保证混凝土强度与坍落度前提下，应适当增大减水剂掺量、提高减水率，以降低混凝土单位用水量。掺量按固体计，为胶凝材料用量的 0.3%～1.0%。

⑥总碱含量。

对非碱活性集料，不做总碱含量限制要求。

⑦砂率。

变质岩机制砂自密实混凝土的砂率一般取 50%左右。砂率可根据混凝土的实际拌和物的性能进行适当调整。

(4)配合比设计步骤

机制砂自密实混凝土的配合比设计步骤与高强度等级机制砂混凝土基本相同。具体设计步骤略。

6)变质岩机制砂喷射混凝土配合比设计

变质岩机制砂喷射混凝土一般强度等级均在 C30 及以下，属于低强度等级机制砂混凝土一类。但喷射混凝土因其要求速凝性、可泵性与可喷性，其胶凝材料的用量要比普通机制砂混凝土高。因此，其混凝土原材料与配合比参数均与普通机制砂混凝土不同，应需重新设计。

(1)原材料选择

变质岩机制砂喷射混凝土原材料要求除与低强度等级机制砂混凝土相同外，还需添加低碱速凝剂、消泡剂等外加剂。粗集料的最大粒径也应不大于 25mm。

(2)配合比参数

①胶凝材料用量。

对 C30 及其以下低强度等级的喷射混凝土，胶凝材料用量不大于 390 kg/m³，其中水泥用量不超过 252 kg/m³，其余采用矿物掺和料替代。

②矿物掺和料。

对具有碱活性的集料,应掺入大量的矿物掺和料,一般粉煤灰、矿渣粉的掺量在35%左右,不应低于25%。对粉煤灰矿物掺和料,应采取等量取代法进行配合比设计。

同掺不同种类的矿物掺和料时,应根据试验结果选择合理的掺量。

③用水量。

机制砂喷射混凝土坍落度控制在180~220mm。可以通过改变减水剂掺量来控制坍落度,对减水剂掺量一定时,可通过调整用水量来控制坍落度。混凝土单位用水量不应超过176 kg/m^3。

④减水剂掺量。

聚羧酸减水剂应通过试验,根据其与水泥(胶凝材料)的适应性,混凝土强度设计与坍落度需求,选择合理的类型与掺量。在保证混凝土强度与坍落度前提下,应适当增大减水剂掺量、提高减水率,以降低混凝土单位用水量。掺量按固体计,为胶凝材料用量的0.2%~1.0%。

⑤总碱含量。

对具有碱活性的集料,应根据《暂行规定》中规定的碱含量计算方法,对混凝土配合比中总碱含量进行计算,其总碱含量不应超过3kg/m^3。审核是否符合其规程规定要求,如超过技术规程所规定的含量,应重新进行配合比设计。

对非碱活性集料,不做总碱含量限制要求。

⑥砂率。

变质岩机制砂喷射混凝土,砂率一般取45%~50%。砂率可根据混凝土的实际拌和物的性能进行适当调整。

(3)配合比设计步骤

变质岩机制砂喷射混凝土的配合比设计步骤与低强度等级普通混凝土基本相同。具体设计步骤略。

9.4.4 变质岩机制砂混凝土的性能

1)拌和物性能

机制砂超高泵送混凝土拌和物性能试验方法应执行《公路工程水泥及水泥混凝土试验规程》(JTG E30—2005)和《普通混凝土拌和物性能试验方法标准》(GB/T 50080—2002)。混凝土拌和物应不离析、无泌水。拌和物性能还应符合表9.20的要求。具体混凝土拌和物性能要求可根据工程需求由施工单位自行试配。

拌和物性能技术要求 表9.20

项目	技术要求	
	泵送	非泵送
坍落度(mm)	80~180	10~50
坍落度经时损失值(mm/h)	满足施工要求	
凝结时间(h)	满足工程要求	

2)力学性能

变质岩机制砂混凝土抗压强度应符合《公路桥涵施工技术规范》(JTG/T F50—2011)第11.11.3条第1款和《混凝土强度检验评定标准》(GB/T 50107—2010)的规定，并满足设计要求，弹性模量应经试验确定，并满足设计要求。

3)耐久性

变质岩机制砂混凝土耐久性能试验方法应执行《公路工程水泥及水泥混凝土试验规程》(JTG E30—2005)和《普通混凝土长期性能和耐久性能试验方法标准》(GB/T 50082—2009)。

(1)碱活性

参照混凝土棱柱体方法进行对比试验，工程实际集料掺粉煤灰混凝土棱柱体试件(以下简称对比试件)1年和2年膨胀率与相同配合比碳酸岩非活性集料混凝土棱柱体试件(以下简称基准试件)相比，当基准试件膨胀率小于0.014%时，对比试件膨胀率与基准试件膨胀率的差值不宜大于0.009%；当基准试件膨胀率大于0.014%时，对比试件膨胀率不宜大于基准试件膨胀率的65%。此方法是检验预防混凝土碱集料反应长期效果的必要手段之一。

或采用工程实际的原材料、按粉煤灰掺量不低于30%等量替代水泥，按快速砂浆棒法进行试验，试件28d膨胀率不应大于0.003%。这是快速检验混凝土实际采用的材料对集料碱活性抑制效果的方法之一。

(2)其他指标

机制砂超高泵送混凝土耐久性能还应满足表9.21的要求。

机制砂超高泵送混凝土耐久性能技术要求　　表9.21

耐久性项目	技术要求
氯离子渗透(库仑电量)(C)	≤2 000
快速碳化深度(mm)	≤25

9.5　变质岩机制砂混凝土施工质量保障

变质岩机制砂混凝土搅拌、运输、浇筑、养护过程中的施工技术要求可参见其他章节相应高性能混凝土的施工要求。

(1)变质岩机制砂混凝土的养护

变质岩机制砂混凝土采用大掺量粉煤灰技术抑制变质岩集料的碱活性，由于混凝土中粉煤灰掺量较大，因此，拆模时间可适当延后，但应满足《公路桥涵施工技术规范》(JTG/T F50—2011)关于拆模时混凝土强度的要求。

(2)变质岩机制砂混凝土的质量检验

变质岩机制砂混凝土拌和物性能、力学性能、耐久性能检验方法参见9.4.4节变质岩机制砂混凝土的性能，应重点检验混凝土的碱活性。

9.6 变质岩机制砂混凝土在厦蓉高速工程中应用

9.6.1 工程概况

厦蓉高速公路 AT22 合同段位于榕江县古州镇头塘村，距榕江县城 4km。本合同段起点位于榕江县古州镇长岭坡，桩号 ZK93＋200(YK93＋200)，路线西行设长岭坡隧道穿长岭坡后，设都柳江 2 号特大桥跨越都柳江及 321 国道，于邮电农场南侧设榕江互通与 321 国道相连，再设黄蒙 1 号大桥跨越深沟后到本合同段终点，终点桩号 K96＋665，路线全长 3.465km。主要工程有都柳江 2 号特大桥(图 9.7)、黄蒙 1 号大桥(图 9.8)、长岭坡隧道、榕江互通。

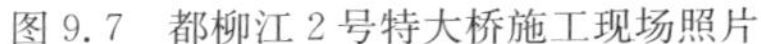

图 9.7 都柳江 2 号特大桥施工现场照片

图 9.8 黄蒙 1 号特大桥施工现场照片

都柳江 2 号特大桥主桥采用 90m＋170m＋90m 预应力混凝土变截面连续刚构箱梁，引桥采用预应力混凝土连续 T 梁。左线桥跨布置为(90＋170＋90)m＋(4×40)m＋(2×40＋30＋40)m，左线桥全长 669.54m；右线桥跨布置为 40m＋(90＋170＋90)m＋(4×40＋)m＋(40＋2×30＋40)m，右线桥全长 704.06m。

黄蒙 1 号大桥采用 11×40m 预应力混凝土连续 T 梁，桥长 449m，受榕江互通加减速车道影响，本桥为变宽桥，并计入榕江互通内。

长岭坡隧道左线起讫桩号为 ZK93＋498～ZK94＋663，长 1 165m；右线起讫桩号为 YK93＋487～YK94＋599，长 1 112m。

榕江互通的中心桩号为 ZK95＋610，采用单喇叭型，匝道与 321 国道相连接，主线计算行车速度为 100km/h，互通匝道的设计车速为 40km/h。

变质岩机制砂混凝土已在本合同段中的公路、桥梁、隧道等不同结构部位应用，具体包括都柳江 2 号特大桥、黄蒙 1 号大桥、长岭坡隧道、路基涵洞等标志性节点工程，在这些工程中，低强度等级混凝土均得到应用。

9.6.2 变质岩机制砂混凝土配制与性能

(1)混凝土的配制

都柳江2号特大桥、黄蒙1号大桥、长岭坡隧道用变质岩机制砂混凝土配合比如表9.22～表9.24所示。

桥梁工程用C25变质岩机制砂混凝土配合比(kg/m)^3　　表9.22

原材料	水泥	粉煤灰		砂	碎石	外加剂		水
		掺量(%)	用量			掺量(%)	用量	
用量	221	30	95	883	996	0.8	2.53	155

桥梁工程用C30变质岩机制砂水下混凝土配合比(kg/m^3)　　表9.23

原材料	水泥	粉煤灰		砂	碎石	外加剂		水
		掺量(%)	用量			掺量(%)	用量	
用量	307	25	66	867	990	0.75	2.75	165

桥梁工程用C30变质岩机制砂大体积混凝土配合比(kg/m^3)　　表9.24

原材料	水泥	粉煤灰		砂	碎石	外加剂		水
		掺量(%)	用量			掺量(%)	用量	
用量	236	30	101	782	1 126	0.95	3.2	155

(2)混凝土的性能

桥梁工程、隧道工程用各种类变质岩机制砂混凝土的拌和物性能、力学性能、耐久性均满足配合比设计要求，具体可参见9.4.4节变质岩机制砂混凝土的性能。

9.6.3　变质岩机制砂混凝土工程应用效果

变质岩集料混凝土碱集料反应抑制技术方案在该工程中取得了良好的应用效果。尽管混凝土工程所处环境潮湿，但项目建成3年后，对混凝土构筑物的外观复查结果显示，并无明显碱集料反应发生(图9.9、图9.10)。对多处应用变质岩机制砂混凝土的构筑物碳化深度、回弹强度测试显示，仅一处有明显碳化，其他各处无明显碳化(图9.11、图9.12)。混凝土强度均高于设计强度，强度没有明显损失。对取回芯样参照ASTM C1260(快速砂浆棒试验法)加速碱集料反应，一个月内各处芯样并无明显膨胀。

图9.9　黄蒙1号特大桥复查现场

该技术在有效抑制变质岩碱集料反应的基础上，结合现场使用的材料，配制出各种用途变质岩机制砂混凝土，解决了石灰岩质集料紧缺、运输困难、辅助设施投入多、工程进度慢的难题。经大量使用后不仅降低了施工成本、加快了施工进度，带来了可观的经济效益，而且还促进了变质岩集料在混凝土工程中的应用，使得黔东南等富含变质岩地区的混凝土工程能就地取材，减少因原材料运输所带来的粉尘污染，具有较好的社会效益。

图 9.10　都柳江 2 号特大桥复查现场照片

图 9.11　复查现场钻芯取样

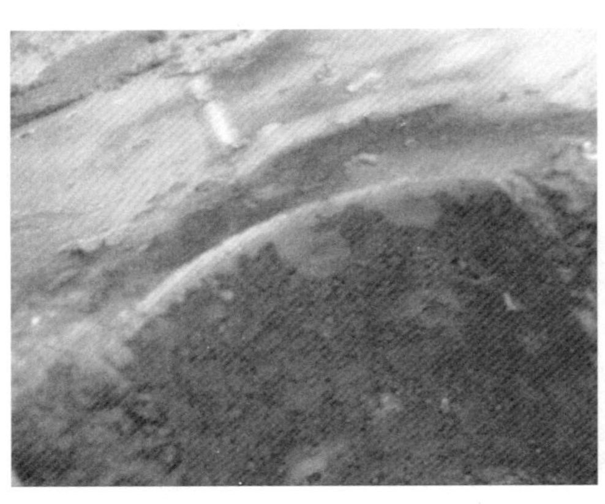

图 9.12　复查现场碳化深度测试

本章参考文献

[1] 朱安磊，李固华，李远富，等. 板岩集料的碱活性特征[J]. 建筑科学，2011，(05)：50-53.

[2] 徐培强. 板岩集料碱活性试验研究[J]. 混凝土，2001，(08)：18-21,50.

[3] 蒋正武，李享涛. 黔东南地区变质岩集料的碱活性及预防措施[J]. 建筑材料学报，2010，(01)：22-26.

[4] Fred Shrimer，Anett Briggs，Benjamin Hudson. Alkali-aggregate reaction in western Canada：review of current trends[J]. Proceedings of the 13th International Conference on Alkali-Aggregate Reaction in Concrete，Trondheim，Norway：32-41.

[5] 彭显晓，李固华，刘童超，等. 集料粒径对板岩碱活性的影响[J]."第四届全国特种混凝土技术"学术交流会暨中国土木工程学会混凝土质量专业委员会 2013 年年会. 2013.

[6] 彭显晓. 板岩石粉对板岩集料碱活性的影响研究[D]. 成都：西南交通大学，2013.

[7] 兰光裕. 浅谈板岩集料混凝土发生碱活性破坏的可能性[J]. 贵州水力发电，2000，(02)：75-76.

[8] 白瑞英. 混凝土集料碱活性及碱集料反应抑制方法的研究[D]. 石家庄：河北理工大学，2005.

[9] 苏凤莲，王萍，邵菁，等. 混凝土碱集料反应问题及预防措施[J]. 华北水利水电学院学报，2002，(04)：22-25.

[10] 卢都友，许仲梓，吕忆农，等. 集料碱活性快速检测法对比研究[J]. 建筑材料学报，2006，(04)：493-499.

[11] 文才华. 板岩集料在双江水电站工程中的应用[J]. 中国农村水利水电，1998，(12)：30-32.

[12] 卢都友. 国际混凝土碱集料反应研究动态[J]. 混凝土，2009(1)：57-61

[13] 莫祥银，许仲梓，吴科如. 不同因素对外加剂抑制碱集料反应的影响[J]. 混凝土与水泥制品，2002(8)：6-3

[14] Maarten A. T. M. Broekmans. Preface of Proceedings of the 13th International Conference on Alkali-Aggregate Reaction in Concrete[J]. Trondheim，Norway，2008，5.

[15] Monnin Y，Dégrugilliers P，Bulteel D，Garcia-Diaz E. Petrography study of two siliceous limestones submitted to alkali-silica reaction [J]. Cem Concr Res 2006；36：1 460-1461

[16] Owsiak Y. Alkali-aggregate reaction in concrete containing high－alkali cement and granite aggregate[J]. Cem Concr Res 2004；34(1)：7-11.

[17] T. E. Stanton，Expansion of concrete through reaction between cement and aggregate [J]. Proceedings of the American Society of Civil Engineers 66 (10)，1940：1781-1 811.

[18] Monteiro PJM，Shomglin K，Wenk HR，Hasparyk NP. Effect of aggregate deformation on alkali-silica reaction[J]. ACI Mater J 2001；98(2)：179-83.

[19] Maarten A. T. M. Broekmans. Preface of Proceedings of the 13th International Conference on Alkali-Aggregate Reaction in Concrete[J]. Trondheim, Norway,2008,5.

[20] 蒋正武,梅世龙,机制砂高性能混凝土[M]. 北京:化学工业出版社,2015.

[21] 莫祥银,李钢. LiOH 抑制碱集料反应长期有效性及机理的研究[J]. 硅酸盐学报,2003(2):117-121.

第10章 机制砂耐腐蚀混凝土工程应用

10.1 概述

强度和耐久性是混凝土的两大基本特征，也是混凝土科学的两个主要研究内容。耐腐蚀混凝土就是按耐久性为设计指标的混凝土，具有较低的水胶比，致密的结构，优异的渗透性，能有效地抵抗外部介质的侵蚀。与普通混凝土相比，耐腐蚀混凝土具有优异的耐久性，可以有效抵抗外界侵蚀离子的侵蚀作用，保证混凝土结构长期处于稳定安全的状态，降低破坏维修的概率。

在腐蚀环境下，引起混凝土腐蚀破坏的基本原因是混凝土水泥石中存在与侵蚀性介质发生不利反应的成分，同时混凝土本身不密实，有很多毛细孔通道，使得侵蚀性介质中的镁离子、氯离子、硫酸根离子等容易进入其内部，也为产生腐蚀创造了条件。在地下水强腐蚀环境中，对混凝土有侵蚀性的介质包括酸、碱、硫酸盐、氯盐、压力流水等。混凝土的化学侵蚀分为三类[1-3]：第一类是溶解性侵蚀（软水腐蚀），即混凝土在压力流动水作用下某些水化产物被水溶解、流失；第二类是溶出性侵蚀（离子交换腐蚀），即混凝土的某些水化产物与酸、碱等介质起化学反应，生产易溶或没有凝胶性能的产物；第三类是膨胀性侵蚀，即混凝土的某些水化产物与硫酸盐等介质起化学反应，生产膨胀性的产物。

针对不同的侵蚀介质的侵蚀机理，国内外学者已进行较多的研究。

在硫酸盐作用下，混凝土的破坏形式主要有三种[4,5]：①形成石膏并导致混凝土截面积、重量以及强度损失，混凝土结构的水化产物逐渐减少，形成无黏聚性的颗粒状；②在混凝土中富含铝相，pH 值较高，硫酸盐腐蚀形成钙矾石晶体从而导致混凝土的膨胀和开裂；③粉煤灰混凝土暴露在复合硫酸盐中，混凝土由于连续剥落和表层脱落形成的洋葱头似的破坏形式（报道很少）。混凝土在硫酸盐作用下的腐蚀产物主要有石膏、钙矾石、氢氧化镁、镁硅酸凝胶、碳硫硅钙石等。水泥是混凝土中最容易受到侵蚀的部分，其水化产物只能在碱性环境中存在[20]，在酸性环境中易发生“中和”或者分解反应造成混凝土性能的衰败，减短混凝土建筑物结构寿命，经济损失巨大，甚至会对人的生命安全构成威胁。混凝土结构在酸性环境下，影响其腐蚀性能的因素有很多，主要有：①溶液中侵蚀性离子种类；②酸的浓度或 pH 值；③溶液的流动性；④混凝土水灰比；⑤水泥品种以及矿物掺和料的种类和掺量；⑥集料种类和级配；⑦浆体—集料界面区（ITZ）；⑧混凝土外加剂等。

在很多情况下，混凝土结构在使用过程中要受到多种有害离子的腐蚀作用，各种有害离子之间存在着相互作用，有对腐蚀的加速作用，也存在相互扩散的抑制效果。在硫酸盐与铝盐复合环境中，氯离子扩散系数随时间增加而降低，且小于单一氯盐侵蚀下的扩散系数[6]，同时，氯离子的存在对混凝土的硫酸盐损伤有抑制效果[7]，但有学者则认为，氯盐虽然减缓了砂浆的硫酸盐腐蚀程度，但高浓度的氯离子会形成针状细小微粒的氯铝酸盐，导致内部液相的碱度降低，使混凝土产生溶出型腐蚀[8]。在酸和硫酸盐的共同作用下，侵蚀作用主要表现为对水泥水化物的复分解反应，硫酸根离子侵蚀强度与溶液 pH 值和硫酸根离子浓度密切相关，当硫酸根离子浓度很高时，石膏的结晶膨胀作用也会明显起来[9]。

同时，针对混凝土耐腐蚀性能的评价方法主要分为物理性能表征（质量变化率、外观变化等）、力学性能表征（强度对比法、相对动弹模等）以及微观测试表征（衍射分析、电镜观测等）。

目前，提高混凝土抗腐蚀性能的措施主要有如下几种方法：

①针对腐蚀介质种类和腐蚀类型选取合适的胶凝材料。腐蚀环境是混凝土长期面临的困境，针对不同环境选取合适的胶凝材料，可以有效地提高混凝土的耐腐蚀性能。例如针对 SO_4^{2-} 的侵蚀可选取抗硫酸盐水泥，针对酸性环境可以选取水玻璃作为胶凝材料。

②降低混凝土中易腐蚀的物质含量。在水泥水化产物中，水化铝酸盐与 $Ca(OH)_2$ 是最易受到侵蚀的成分，降低水泥中 C_3A 的含量，或者添加粉煤灰、矿粉等矿物外加剂来降低 $Ca(OH)_2$ 的含量，都可以提高混凝土的耐腐蚀性能。但是由于混凝土中水化铝酸盐和 $Ca(OH)_2$ 必然存在，所以这只能作为一种提高混凝土抗腐蚀性能的辅助手段。

③提高混凝土的密实度、改善混凝土内部孔隙结构和降低混凝土的孔隙率。混凝土内部的腐蚀主要是外部腐蚀介质通过混凝土内部孔隙或者是内部水化产物通过内部孔隙溶析出去造成的，所以内部孔隙是腐蚀的快速通道。

④附加防护措施。在混凝土外表面涂覆保护层也有很好的效果[10]，但这增大了工程建设和维护费用，需要选择性使用。

⑤对于强腐蚀环境，混凝土所用集料严禁采用活性集料，宜采用惰性集料，以避免集料成为混凝土中易受侵蚀的部分。

结合国内外现有的研究，针对混凝土的耐腐蚀性能，行之有效的措施是掺入矿物掺和料[11,12]，其作用机理主要是通过改善混凝土的孔隙结构[13]，提高其耐腐蚀和抗氯离子的渗透性能，这是改善混凝土抗腐蚀性能的一个重要手段。此外，在混凝土中掺加高效减水剂可降低水灰比，并可以有效地提高混凝土的密实性和耐腐蚀性能。

本章节主要针对地下水复合腐蚀环境，从原材料控制、配合比设计与混凝土的性能等方面入手，结合实际工程，对机制砂耐腐蚀混凝土进行阐述。

10.2 机制砂耐腐蚀混凝土的配制与性能

10.2.1 机制砂耐腐蚀混凝土的原材料要求

机制砂耐腐蚀混凝土对原材料除第 2 章所提到的要求外，更有进一步严格的规定。具体内容如下：

(1)水泥

优选耐硫酸盐性能良好的抗硫酸盐硅酸盐水泥，强度等级不低于42.5。可选用普通硅酸盐水泥，强度等级不低于P.O42.5，但应了解其掺入的混合材的类型及掺量，矿物组分C_3A含量应小于8%，宜低于3%。不建议使用硅酸盐水泥，如采用硅酸盐水泥，应通过试验验证确定其应用的可行性。

(2)矿物掺和料

粉煤灰宜选用一级灰，若无一级粉煤灰，考虑到贵州地区粉煤灰的特点，可以允许使用需水量比或烧失量指标仅达到二级粉煤灰要求，其他指标均可以达到一级灰要求的二级粉煤灰；硅粉的二氧化硅含量应大于95%。若选用其他矿物掺和料，应通过长期耐久性试验验证确定。

(3)细集料

对酸腐蚀环境(pH值小于5)下地下混凝土结构用机制砂严禁采用母岩为石灰岩或白云岩等酸活性集料，应选用砂岩、玄武岩等酸惰性集料。机制砂应采用水洗碎石破碎机制砂工艺制备机制砂，以严格控制机制砂中含泥量，并保证含泥量小于0.5%。同时，机制砂的含水率应保持稳定，不宜超过5%，必要时应采取加速脱水措施。针片状含量应小于5%。此外，在弱酸环境下，石粉含量应控制，且具体含量应经试验论证后确认。

(4)粗集料

对酸腐蚀环境(pH值小于5)下地下混凝土结构用粗集料严禁采用母岩为石灰岩或白云岩等酸活性集料，应选用砂岩、玄武岩等酸惰性集料。

(5)外加剂

除减水剂、引气剂、增黏剂等外，还可掺入耐腐蚀外加剂，其具体掺量应根据厂家提供的资料及现场混凝土试验验证后确定。

(6)拌和用水

不得采用当地含腐蚀性离子或酸性的水源中水。

10.2.2　机制砂耐腐蚀混凝土的配合比设计

1)混凝土配合比参数的确定

(1)胶凝材料用量

胶凝材料用量的多少直接决定了混凝土的强度，也确定了混凝土抗腐蚀能力。C30混凝土中胶凝材料最小用量应大于280kg/m^3，最大用量不宜超过400kg/m^3，最大水胶比为0.55。C40混凝土中胶凝材料最小用量应大于360kg/m^3，最大用量不宜超过450kg/m^3，其中水泥用量不超过300kg/m^3，最大水胶比为0.35。其余采用矿物掺和料替代。

对更高强度等级耐腐蚀混凝土，胶凝材料总量不受此限制。但超高强混凝土的配合比设计也应在满足强度前提下，尽可能降低混凝土中水泥用量。

(2)矿物掺和料用量

高性能机制砂耐腐蚀混凝土中应掺入单掺或复掺大量的矿物掺和料，优选复掺不同矿物掺和料。其矿物掺和料总掺量不应低于20%，宜在30%～50%之间。

可采用复掺硅灰与粉煤灰或矿渣粉，应根据地下水腐蚀类型，通过试验结果选择合理的不同种类的矿物掺和料类型及掺量。

(3)用水量

对于高性能机制砂耐腐蚀混凝土，水胶比大小不仅取决于混凝土强度设计与工作性需求，更主要取决于混凝土耐腐蚀性能需求。对一般地下腐蚀水环境，水胶比一般不大于0.4，对强腐蚀环境条件，其水胶比宜小于0.36。同时，混凝土单位用水量不应超过160 kg/m^3。

(4)减水剂掺量

聚羧酸减水剂应通过试验，根据其与水泥(胶凝材料)的适应性，混凝土强度设计与坍落度需求，选择合理的类型与掺量。应在保证混凝土强度与坍落度前提下，适当增大减水剂掺量、提高减水率，以降低混凝土单位用水量。掺量按固体计，为胶凝材料用量的0.1%～0.3%。

(5)总碱含量

对非碱活性集料，不做总碱含量限制要求。一般，混凝土内总含碱量不得大于3.0kg/m^3。

(6)砂率

砂率取决于砂的类型、粗集料的级配和粒形。高性能机制砂耐腐蚀混凝土砂率一般取40%～45%。砂率可根据混凝土的实际拌和物的性能进行适当调整。

2)混凝土配合比设计步骤

高性能机制砂耐腐蚀混凝土配合比具体设计步骤与普通混凝土配合比设计基本相同，宜采用体积法进行混凝土配合比设计。

高性能机制砂耐腐蚀混凝土配合比试配和试拌时，每盘混凝土的最小搅拌量不宜小于30L，且应检测拌和物的工作性是否达到相应评价指标要求，并校核混凝土强度是否达到配制强度要求，同时，还应检测相应的耐腐蚀等耐久性指标。

对于应用条件特殊的工程，如有必要，可在混凝土搅拌站或施工现场对确定的配合比进行足尺试验，以检验所设计的配合比是否满足工程应用条件。

根据试配、调整、混凝土强度检验结果、耐久性试验结果和足尺试验结果，确定符合设计要求的合适配合比。

10.2.3 机制砂耐腐蚀混凝土的性能

优异的耐腐蚀性能是耐腐蚀混凝土的显著特征，而提高混凝土耐腐蚀性能的措施主要有三种方法：一是针对腐蚀介质种类和腐蚀类型选取合适的胶凝材料；二是降低混凝土中易腐蚀的物质含量；三是提高混凝土的密实度、改善混凝土内部孔隙结构和降低混凝土的孔隙率，而这些措施归根结底就是对混凝土材料的组成提出相应的要求。改善混凝土结构耐久性必须从混凝土材料本身的性能出发，提高混凝土结构材料本体的耐腐蚀性，方可保证结构的使用寿命。

在前期研究的基础上，编者通过C30、C40和C50三组混凝土作为基准配合比探究不同因素对机制砂耐腐蚀混凝土耐腐蚀性能的影响。三组基准配合比的具体参数见表10.1。

基准配合比(kg/m³) 表10.1

原材料	胶凝材料	粉煤灰	矿渣粉	硅灰	砂	石子	水灰比	砂率	水	密度
C30	390	0	0	0	1 075.4	659.1	0.45	62%	175.5	2 300
C40	450	0	0	0	1 031.8	747.2	0.38	58%	171	2 400
C50	500	0	0	0	1 014.8	830.3	0.31	55%	155	2 500

1)矿物掺和料对混凝土耐腐蚀性能的影响

考虑到公路桥梁墩柱混凝土以C40强度等级为主,因此本部分的研究过程中,主要采用C40混凝土为研究对象。其配合比参数、工作性及力学性能如表10.2所示。

矿物掺和料对混凝土耐腐蚀性能影响的具体试验配合比 表10.2

组别	粉煤灰(%)	矿渣粉(%)	硅灰(%)	减水剂(%)	坍落度(mm)	扩展度(mm)	抗压强度(MPa)			
							28d	56d	90d	180d
J0	0	0	0	1.47	190	450	46.5	58.3	57.6	58.2
F40	40	0	0	1.05	200	450	43.2	50.5	54.8	55.1
K40	0	40	0	1.29	190	420	52.4	60.5	62.7	63.9
SF5	0	0	5	1.54	170	400	51.7	58.1	56.1	59.2
F40S5	40	0	5	1.29	170	430	45.8	47.2	49.4	49.9
F15K15	15	15	0	1.21	170	420	45.7	56.9	58.7	59.6
F20K10	20	10	0	1.15	160	400	44.9	55.1	57.2	56.9
F25K25	25	25	0	1.11	170	420	45.7	55.7	57.1	58.7
F20K30	20	30	0	1.01	180	410	46.2	56.1	57.9	58.4
F30K20	30	20	0	0.93	190	450	45.1	56.3	56.8	57.5
F30K10	30	10	0	0.93	180	430	44.1	55.3	56.2	56.8
F20K20S5	20	20	5	1.32	190	500	52.8	60.3	59.6	60.5
F20K20	20	20	0	1.02	160	400	45.7	59.7	60.1	61.2

(1)不同种类矿物掺和料单掺对混凝土耐腐蚀性能的影响

本部分试验研究比较40%粉煤灰、40%矿渣粉和5%硅灰单掺对混凝土耐腐蚀性能的影响,选取抗压强度耐蚀系数、相对动弹性模量、氯离子相对扩散深度作为耐腐蚀性能评价指标。

①抗压强度耐蚀系数。

不同种类矿物掺和料单掺对混凝土抗压强度耐蚀系数的影响如图10.1所示,从图中可以看出,掺40%矿渣粉的混凝土抗压强度耐蚀系数最大,基准组J0的抗压强度耐蚀系数最小。试验结果表明三种矿物掺和料(粉煤灰、矿渣粉和硅灰)都有利于混凝土的耐腐蚀性能,且三种矿物掺和料中,单掺矿渣粉的混凝土耐复合腐蚀的性能最好。主要原因在于,矿物掺和料一方面可以降低水泥的用量,减少C_3A的含量;另一方面,矿物掺和料与水化生成的$Ca(OH)_2$发生二次水化,在降低$Ca(OH)_2$含量的同时提高基体的密实度,提高混凝土的耐腐蚀性能。此外,矿物掺和料中存在的微小颗粒在水泥相中起到了填充效应,同样可以改善基体的密实度,从而提高混凝土耐腐蚀性能。

②相对动弹性模量。

不同种类矿物掺和料单掺对混凝土相对动弹性模量的影响试验结果如图 10.2 所示，从图中可以看出，掺 40%矿渣粉的混凝土相对动弹性模量 E_{rd} 最大，基准组 J0 的最小。试验结果表明不同矿物掺和料对混凝土的相对动弹性模量 E_{rd} 的影响规律与不同矿物掺和料对混凝土的力学性能的影响规律相似。

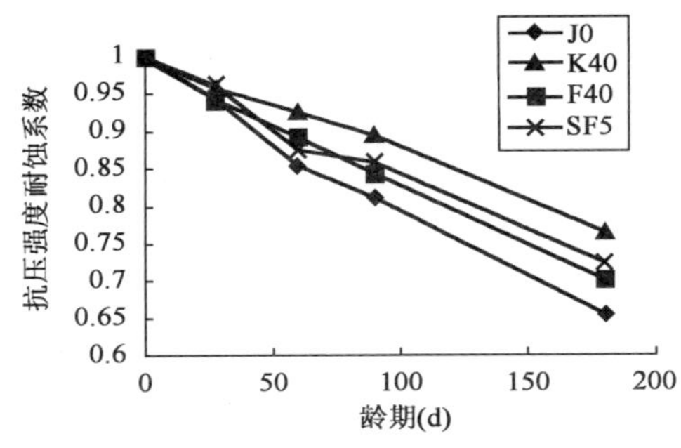

图 10.1 不同种类矿物掺和料单掺对混凝土抗压强度耐蚀系数的影响

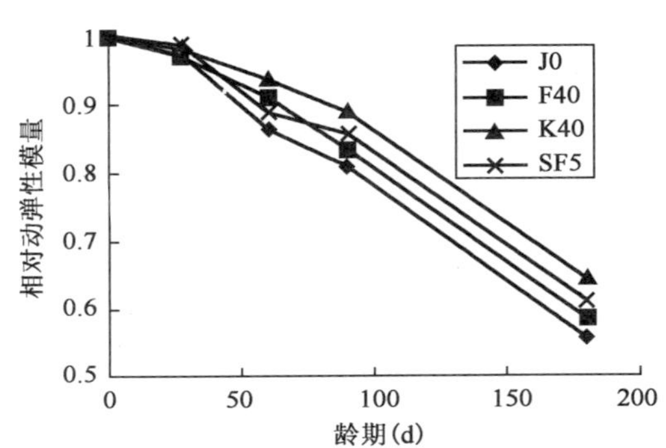

图 10.2 不同种类矿物掺和料单掺对混凝土相对动弹性模量的影响

③氯离子相对扩散深度。

不同种类矿物掺和料单掺对混凝土氯离子相对扩散深度的影响试验结果如图 10.3 所示，从图中可以看出，单掺矿渣粉的混凝土氯离子相对扩散深度最小。且相对于基准组，单掺矿物掺和料对混凝土的抗氯离子渗透性能有利。在混凝土中，氯离子扩散深度主要取决于材料本身的孔结构，当材料的孔结构比较密实时，氯离子扩散深度即随之降低。从图中数据可以得出，粉煤灰、矿渣粉以及硅灰的掺入都会改善水泥砂浆的孔结构。

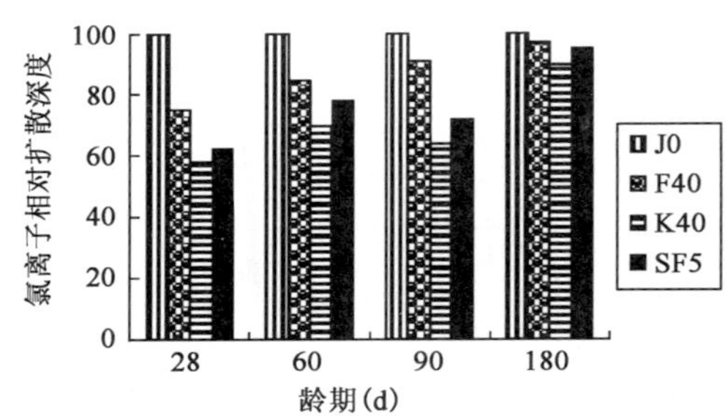

图 10.3 不同种类矿物掺和料单掺对混凝土氯离子相对扩散深度的影响

④电通量。

单掺矿物掺和料对混凝土电通量的影响试验结果见表 10.3。从表中可以看出，两种养护条件下，掺矿物掺和料的混凝土电通量都小于基准组的混凝土电通量。同时，对某一特定的龄期，浸泡腐蚀条件下混凝土电通量大于水养条件下混凝土的电通量值。另外，通过对三种矿物掺和料对比可以看出，掺 40%矿渣粉的混凝土电通量值最小。

两种养护条件下单掺矿物掺和料对混凝土电通量的影响 表 10.3

组　别	养护龄期	电通量（C）	
		水养	浸泡腐蚀
J0	28d	1 123.2	1 373.7
	60d	1 109.2	1 689.6
	90d	1 020.5	2 097.2

续上表

组　别	养护龄期	电通量(C)	
		水养	浸泡腐蚀
F40	28d	818.6	844.6
	60d	809.5	989.3
	90d	796.5	1 124.9
K40	28d	748.4	760.3
	60d	739.7	869.2
	90d	703.8	1 024.5
SF5	28d	778.9	790.6
	60d	784	945.8
	90d	749.2	1 078.5

(2)不同种类矿物掺和料复掺对混凝土耐腐蚀性能的影响

①抗压强度耐蚀系数。

不同种类矿物掺和料复掺对混凝土抗压强度耐蚀系数的影响试验结果见表10.4。根据表10.4的试验结果，当粉煤灰和矿渣粉比例为1∶1时，不同掺量矿物掺和料对混凝土耐腐蚀性能的影响试验结果如图10.4所示；当粉煤灰掺量一定时，不同掺量矿渣粉对混凝土耐腐蚀性能的影响试验结果如图10.5所示。

不同种类矿物掺和料复掺对混凝土抗压强度耐蚀系数的影响　　表10.4

组　别	养护龄期(d)			
	28	60	90	180
J0	0.938	0.855	0.822	0.684
F40S5	0.976	0.901	0.860	0.730
F15K15	1.005	0.911	0.873	0.763
F20K10	0.995	0.900	0.851	0.751
F25K25	1.021	0.891	0.855	0.765
F20K30	0.953	0.866	0.848	0.758
F30K20	0.970	0.862	0.866	0.746
F30K10	1.011	0.905	0.851	0.731
F20K20	1.016	0.930	0.908	0.778
F20K20S5	1.045	0.936	0.915	0.785

由表10.4可以看出，F20K20和F20K20S5两组的抗压强度耐蚀系数大于其他试验组，即说明当粉煤灰掺量为20%、矿渣粉掺量为20%及硅灰掺量为5%时，混凝土的耐腐蚀性能最优。由表10.4和图10.4可得，通过对F15K15、F20K20和F25K25三组进行比较，当掺入的粉煤灰和矿渣粉比例为1∶1时，混凝土的抗压强度耐蚀系数较其他试验组大。另外，当掺入的粉煤灰和矿渣粉比例为1∶1时，混凝土的28d抗压强度耐蚀系数随矿物总掺量的增大呈增大

的趋势，混凝土的60d和90d抗压强度耐蚀系数随矿物总掺量的增大而呈先增大后减小的趋势。

由表10.4和图10.5可以看出，通过将F20K10、F20K20和F20K30三组进行对比可得，当粉煤灰掺量为20%，且保持一定时，混凝土的抗压强度耐蚀系数都随矿渣粉掺量的增大呈先增大后减小的趋势。且通过试验结果可以看出，当粉煤灰和矿渣粉总掺量超过40%时，混凝土的抗压强度耐蚀系数都较为明显地减小。

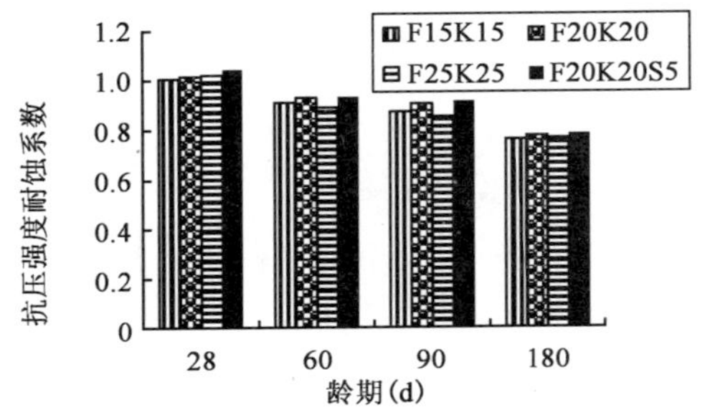

图10.4 粉煤灰和矿渣粉比例为1:1，不同矿物掺和料总掺量对混凝土耐腐蚀性能的影响

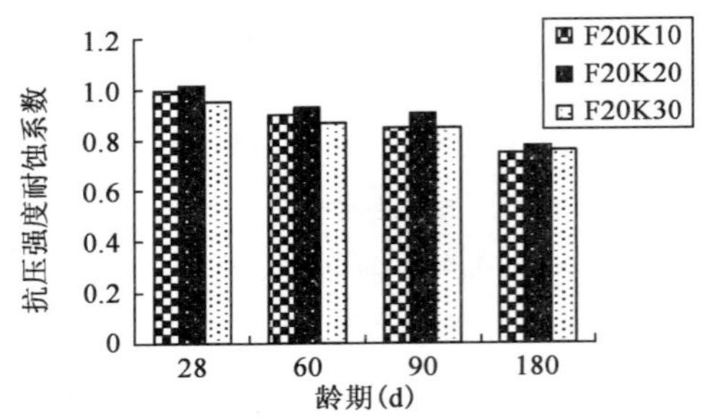

图10.5 当粉煤灰掺量一定时，不同掺量矿渣粉对混凝土耐腐蚀性能的影响

②氯离子相对扩散深度。

在模拟地下水复合腐蚀溶液中，氯离子对掺矿物掺和料混凝土扩散侵蚀，其扩散深度试验结果见表10.5。从表中可以看出，掺复合矿物掺和料的混凝土试件的Cl^-渗透深度小于基准组。

复掺矿物掺和料对混凝土氯离子渗透深度的影响(mm)　　表10.5

组　　别	龄　期　(d)				
	0	28	60	90	180
J0	0	4.8	5.9	7.5	18.1
F40S5	0	3.4	4.6	6.2	16.7
F15K15	0	2.9	4.4	6.1	16.5
F20K10	0	3.1	4.7	6.4	17.2
F25K25	0	2.7	4.8	7.1	17.7
F20K30	0	2.4	4.5	6.7	16.7
F30K20	0	2.8	5.1	7.0	17.8
F30K10	0	3.0	4.3	5.9	17.5
F20K20	0	2.7	3.9	5.5	15.9
F20K20S5	0	2.1	3.5	5.2	15.6

矿物掺和料总量对混凝土氯离子相对扩散深度的影响试验结果如图10.6所示。从图中可以看出，随着矿物总掺量的增大，混凝土氯离子相对扩散深度呈先增大后减小的趋势；当矿物总掺量超过40%时，混凝土氯离子相对扩散深度增大，试验结果表明，过量的矿物掺和料不利于复合腐蚀环境下混凝土的抗氯离子渗透性能。

在模拟地下水环境下，硅灰对复掺矿物掺和料的混凝土氯离子相对扩散深度的影响试验结果如图10.7所示。通过将F20K20和F20K20S5两组进行对比可以看出，掺入硅灰后，其

混凝土试件的 Cl^- 渗透深度较小。其原因在于硅灰中有大量活性 SiO_2 能与混凝土中的 $Ca(OH)_2$ 反应，改善混凝土的界面过渡区结构，同时由于其颗粒粒径很小，适宜的掺量能充分发挥其形态效应，从而提高混凝土的抗渗透性能。

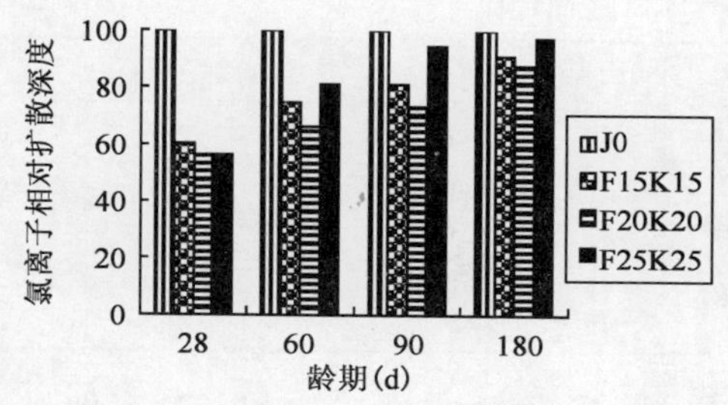

图 10.6 矿物掺和料总掺量对混凝土氯离子相对扩散深度的影响

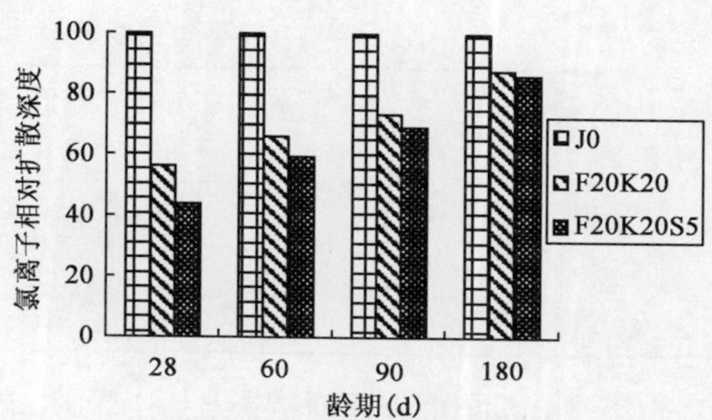

图 10.7 硅灰对复掺矿物掺和料的混凝土氯离子相对扩散深度的影响

以上试验结果表明，掺矿物掺和料对复合腐蚀的混凝土抗氯离子的渗透性能有利。同时，掺入硅灰可减小 Cl^- 对混凝土试件的渗透。此外，过量的矿物掺和料不利于复合腐蚀中混凝土的抗氯离子渗透性能。

(3)矿物掺和料单掺与复掺对混凝土耐腐蚀性能的影响比较

本部分分析比较矿物掺和料单掺与复掺对混凝土耐腐蚀性能的影响，根据前面的试验结果，选取 F40、K40、F20K20、F20K20S5 四组进行比较。

①抗压强度耐蚀系数。

单掺与复掺矿物掺和料对混凝土抗压强度耐蚀系数的影响试验结果如图 10.8 所示，从图中可以看出，复掺矿物掺和料的混凝土试验组，其抗压强度耐蚀系数 K 都比单掺的大。矿物掺和料的掺入改善了混凝土的耐腐蚀性能。而在矿物掺和料复掺时，相互之间会存在协同作用，可以提高水泥颗粒的抗絮凝性，增大水泥颗粒与水的接触面积，增强颗粒间的电动电势，从而提高水化产物生成量，降低 $Ca(OH)_2$ 含量，提高混凝土的耐腐蚀性能。

②氯离子相对扩散深度。

单掺与复掺矿物掺和料对混凝土氯离子相对扩散深度的影响试验结果如图 10.9 所示，从图中可以看出，复掺矿物掺和料的混凝土氯离子相对扩散深度几乎都小于单掺的试验组，结果表明在地下水强酸盐复合腐蚀环境下，相对于单掺矿物掺和料的混凝土，复掺矿物掺和料对混凝土的抗氯离子渗透性能更有利。

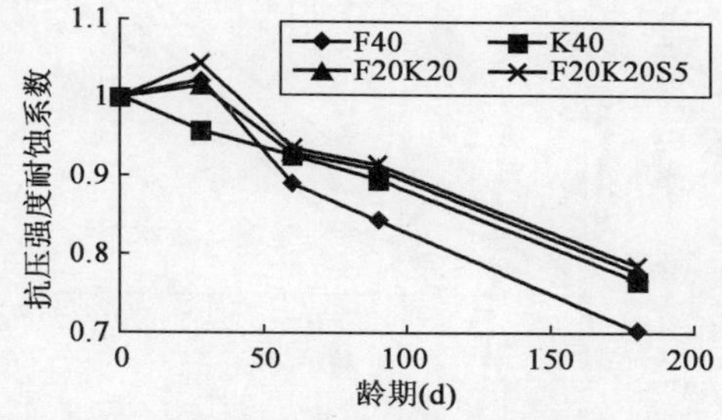

图 10.8 单掺与复掺矿物掺和料对混凝土抗压强度耐蚀系数的影响

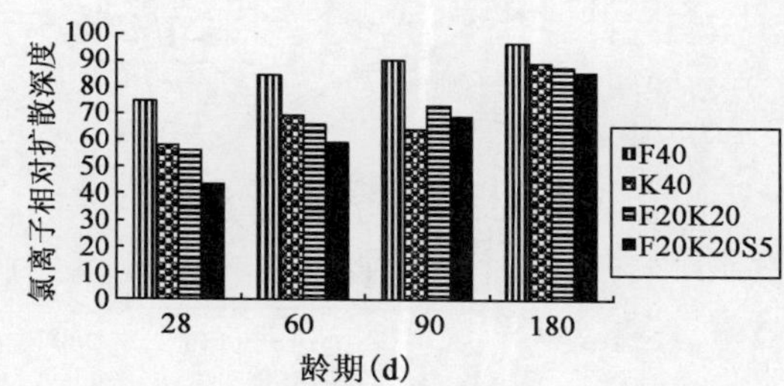

图 10.9 单掺与复掺矿物掺和料对混凝土氯离子相对扩散深度的影响

2)不同水胶比对混凝土耐腐蚀性能的影响

不同水胶比对混凝土耐腐蚀性能的影响具体试验配合比见表 10.6。为减少混凝土成型过程中造成的误差,试验过程中调节新拌混凝土坍落度为 180～220mm。

不同强度等级混凝土的具体试验配合比　　表 10.6

组别	水胶比	粉煤灰(%)	矿渣粉(%)	硅灰(%)	坍落度(mm)	扩展度(mm)	抗压强度(MPa)			
							28d	56d	90d	180d
C30	0.45	10	30	0	160	420	34.3	41.5	44.7	45.1
C40	0.38	10	30	0	160	400	45.7	59.7	60.1	61.4
C50	0.31	10	30	0	170	490	52.4	64.8	65.7	67.2

为研究不同水胶比对混凝土耐腐蚀性能的影响,试验配制了 C30、C40 和 C50 三种强度等级的混凝土,并研究了不同强度等级混凝土的耐腐蚀性能。

(1)抗压强度耐蚀系数

模拟地下水强酸盐复合腐蚀环境下,不同强度等级混凝土的抗压强度耐蚀系数的试验结果如图 10.10 所示,从图中可以看出,随着强度的提高,混凝土的 28d 抗压强度耐蚀系数并没有得到增大,但随着腐蚀龄期的增长,混凝土的抗压强度耐蚀系数随着强度的提高而呈增大的趋势。

分析其原因,在混凝土受侵蚀的初期,SO_4^{2-} 与水泥水化产物生成膨胀性的物质,导致混凝土结构体系孔径减小,密实度增加,同时由于 H^+ 溶蚀硬化砂浆表面的 $Ca(OH)_2$ 晶体,生成 Ca^{2+} 与 SO_4^{2-} 结合生成 $CaSO_4 \cdot 2H_2O$,同样会增加密实性,使得混凝土的早期强度有一定的提升,而强度等级越高的混凝土,其内部结构越致密,在早期受到的腐蚀较少,致使其强度的变化较低等级混凝土小,使早期抗压强度耐蚀系数 K 较小;而后随着腐蚀龄期的增长,混凝土结构逐渐被破坏,强度等级越高的混凝土其结构的破坏越少,因此,相对于低强度的混凝土,其抗压强度耐蚀系数 K 较大。

(2)氯离子扩散深度

试验模拟地下水环境下,研究在浸泡腐蚀条件下,不同强度等级混凝土的氯离子扩散深度。具体的试验结果如图 10.11 所示。由图中可以看出,在地下水强酸盐复合腐蚀环境下,随着强度的提高,混凝土的氯离子扩散深度逐渐减小,即抗氯离子渗透性能呈逐渐增强的趋势。

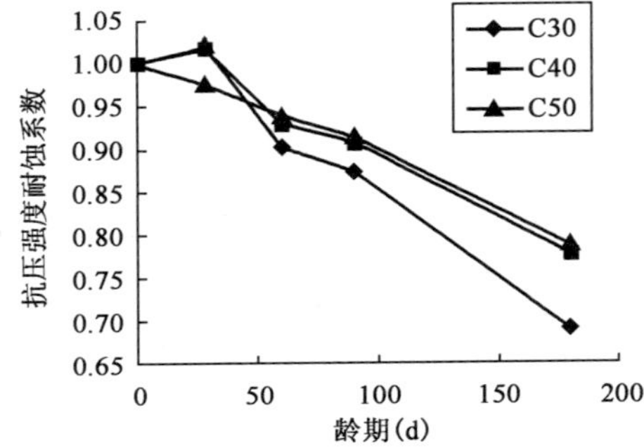

图 10.10　不同水胶比对混凝土抗压强度耐蚀系数的影响

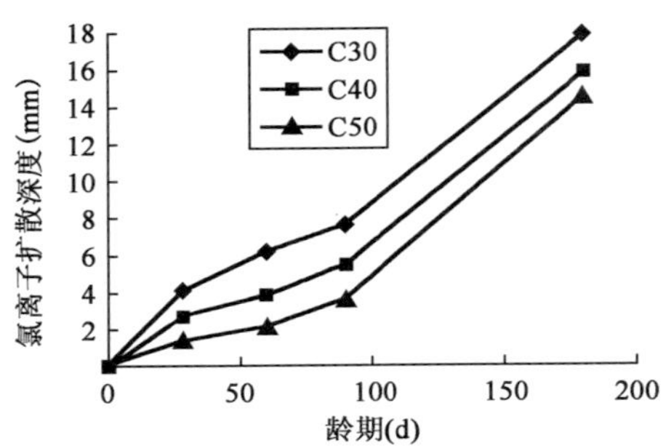

图 10.11　不同水胶比对混凝土氯离子扩散深度的影响

综上所述，不同强度等级混凝土在地下水强酸盐复合腐蚀环境下，混凝土的耐腐蚀性能均随强度等级的升高而增强。为了提高地下水强酸盐复合腐蚀环境条件下结构混凝土的耐腐蚀性能，提高混凝土强度等级是一条有效途径。

3）集料岩性对混凝土耐腐蚀性能影响比较

由于贵州地区矿石较多，且贵州大部分地区都采用机制砂制备混凝土，因此本文试验采用机制砂作为原材料，在地下水强酸盐复合腐蚀环境下，作为混凝土材料组成的一部分，相对于河砂，机制砂特别是石灰岩质机制砂本身并不耐腐蚀。

不同集料岩性对混凝土耐腐蚀性能影响比较具体试验配合比见表 10.7。在本部分的研究过程中，主要采用 C50 混凝土为研究对象，L 和 M 两组是在 C50 基准配合比上进行调整得到的。

不同集料岩性对混凝土耐腐蚀性能影响比较具体试验配合比 表 10.7

组别	岩性	粉煤灰（%）	矿渣粉（%）	硅灰（%）	坍落度（mm）	扩展度（mm）	抗压强度（MPa）			
							28d	56d	90d	180d
L	石灰岩	10	30	0	170	440	55.1	66.3	69.1	70.9
M	变质岩	10	30	0	175	450	53.5	64.9	66.3	67.6

表 10.8 表示石灰岩质集料和变质岩质集料浸泡在 pH=1 的硫酸溶液中，经过一定龄期后的质量损失率，从中可以看出，石灰岩质集料浸泡在酸溶液中，其质量随浸泡龄期的增长呈逐渐减小的趋势，而变质岩质集料在浸泡 3d 后，其质量就开始保持不变，试验结果表明，相对于变质岩质集料，石灰岩质集料本身并不耐酸。

两种岩性集料耐酸腐蚀质量损失率试验结果 表 10.8

龄 期	两种集料的质量损失率	
	变质岩质集料	石灰岩质集料
初始	0	0
12h	0	0.051%
1d	0.041%	0.111%
2d	0.053%	0.212%
3d	0.058%	0.462%
7d	0.064%	1.341%

（1）抗压强度耐蚀系数

不同集料岩性对混凝土抗压强度耐蚀系数试验结果如图 10.12 所示，从图中可以看出，使用石灰石质集料的混凝土的抗压强度耐蚀系数 K 小于使用变质岩质集料的混凝土。相对于石灰岩质机制砂混凝土，变质岩质机制砂混凝土的 90d 抗压强度耐蚀系数提高了 1.97%，其原因是在地下水强酸盐复合腐蚀环境下，相对于变质岩，石灰岩自身的化学组成决定其更易受到侵蚀，强度损失较大，所以其混凝土的抗压强度耐蚀系数 K 较小。

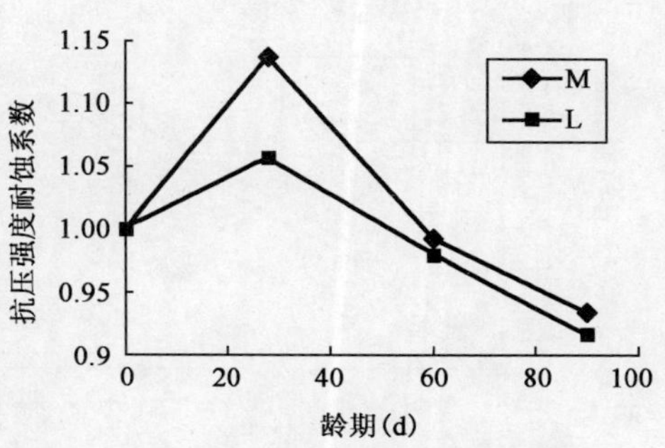

图 10.12 变质岩质与石灰岩质机制砂混凝土抗压强度耐蚀系数比较

(2)质量变化率

图 10.13 表示两种混凝土试件分别在水和模拟地下水腐蚀环境中的质量变化率，其中，质量变化率为负数时表示特定龄期下混凝土质量增加，正数表示质量减少。从图 10.13b)中可以得知，在水中浸泡的混凝土试件表现为质量增加，且随养护龄期增长，其质量增加越大；而在模拟地下水腐蚀溶液中[图 10.13a)]的两组混凝土的 28d 质量变化率都为负数，即表现为质量增加，且使用变质岩集料混凝土的质量增加大于使用石灰岩质集料混凝土。随着腐蚀龄期的增长，两组混凝土的质量变化率为正数，即质量损失，其中使用变质岩集料混凝土的质量损失小于使用石灰岩质集料混凝土，相对于石灰岩质机制砂混凝土，变质岩质机制砂混凝土的 90d 质量损失率减小了 19.7%。

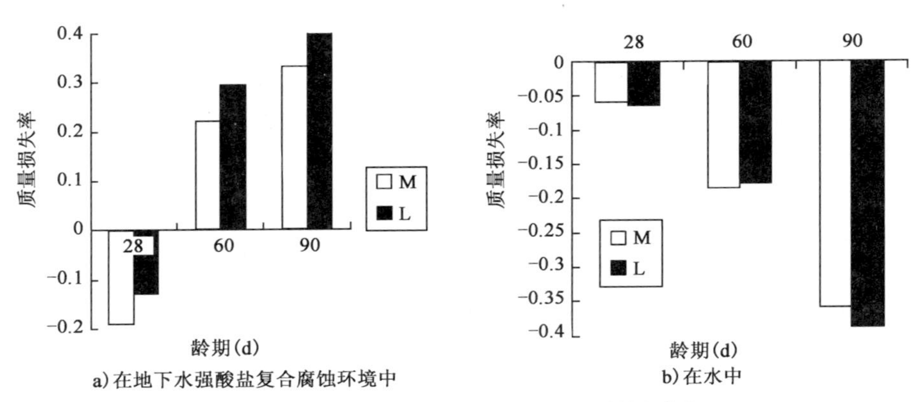

图 10.13 两种集料混凝土在不同环境下的质量变化率

实际上，在地下水强酸盐复合腐蚀环境下，影响混凝土的质量变化率有三个方面：在腐蚀的初期，一方面，由于 H^+ 对混凝土腐蚀，溶解 $Ca(OH)_2$ 晶体，降低混凝土的 pH 值，并导致水化产物的分解，致使混凝土试件的质量下降；另一方面，混凝土试件经浸泡腐蚀后，溶液中的 SO_4^{2-} 离子侵入试件内部，与材料内 $Ca(OH)_2$ 等易受侵蚀的化合物反应，形成固体化合物而固化其中，致使混凝土更密实，增加了试件的质量；此外，一部分未水化水泥的继续水化及粉煤灰、矿渣粉颗粒火山灰效应的发挥，吸收了一部分水分，亦可增加试件的质量。从试验结果来看，显然，第二个方面和第三个方面的作用在腐蚀初期起主要作用，而随着腐蚀龄期的增长，H^+ 对混凝土腐蚀，同时 SO_4^{2-} 离子侵入试件内部，与材料内的 $Ca(OH)_2$ 等易受侵蚀的化合物反应，形成固体化合物聚集产生膨胀应力逐渐超过混凝土的抗拉强度，致使混凝土内部膨胀而引起开裂，混凝土内部的微裂纹逐渐增多后，并相互连通，使得混凝土更加容易受到腐蚀，最终导致混凝土质量下降。

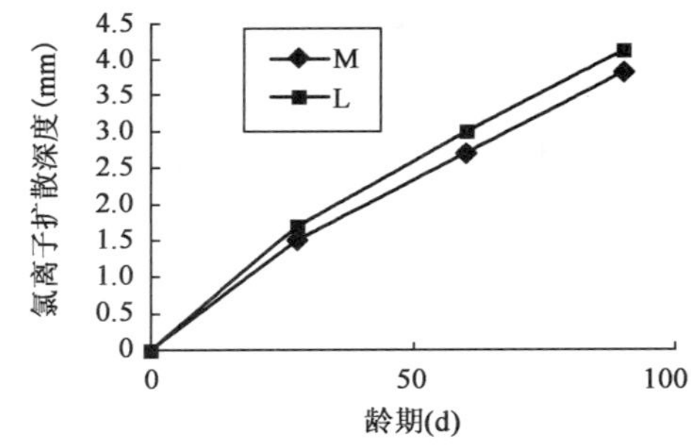

图 10.14 两种集料混凝土试件在模拟地下水强酸盐复合腐蚀环境中氯离子扩散深度

(3)氯离子扩散深度

图 10.14 表示两种集料混凝土试件在地下水强酸盐复合腐蚀环境中的氯离子扩散深度试验结果，从图中可以看出，使用石灰岩质集料混凝土的氯离子扩散深度大于使用变质岩质集料混凝土。

4)不同胶集比对混凝土耐腐蚀性能的影响

在地下水强酸盐复合腐蚀环境下，除集料外，胶凝材料本身也是容易受到腐蚀，因此本节试验研究在混凝土总密度保持不变的情况下，不同胶集比对混凝土耐腐蚀性能的影响。

不同胶集比对混凝土耐腐蚀性能的影响具体试验配合比见表 10.9。本部分的研究过程中，主要采用 C50 混凝土为研究对象，J0A、J1A 和 J2A 三组是在 C50 基准配合比上进行调整得到的。

不同胶集比对混凝土耐腐蚀性能的影响具体试验配合比　　表 10.9

序号	胶凝材料 (kg/m³)	胶材：集料	粉煤灰 (%)	矿渣粉 (%)	坍落度 (mm)	扩展度 (mm)	抗压强度(MPa)			
							28d	56d	90d	180d
J0A	470	1：4.0	10	30	170	450	58.4	69.3	72.9	74.6
J1A	500	1：3.7	10	30	170	440	55.1	66.3	69.1	70.9
J2A	530	1：3.4	10	30	175	470	50.1	61.2	67.5	69.4

(1)抗压强度耐蚀系数

不同胶集比对混凝土抗压强度耐蚀系数的影响如图 10.15 所示，从图中可以看出，在地下水强酸盐复合腐蚀环境下，随着胶凝材料用量的增大，石灰岩质集料用量的减小，浸泡腐蚀 28d 后，混凝土的抗压强度耐蚀系数呈先增大后减小的趋势，随着浸泡腐蚀龄期的增长，混凝土抗压强度耐蚀系数呈逐渐减小的趋势。试验研究表明，增大胶集比不利于混凝土的耐腐蚀性能。分析原因可能是在地下水强酸盐复合腐蚀环境下，相对于集料，混凝土中胶凝材料部分更易受到腐蚀。

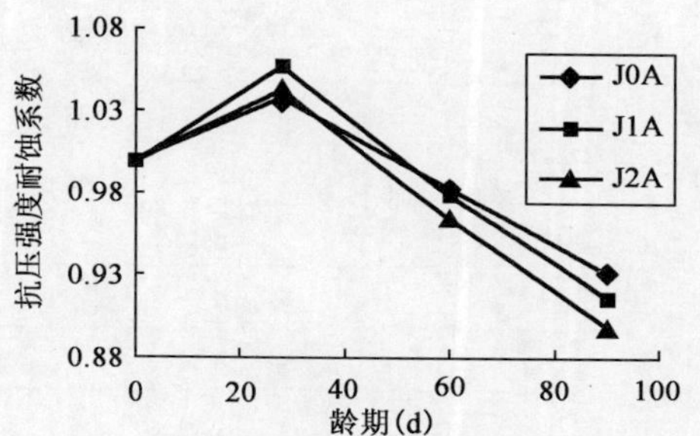

图 10.15　不同胶集比对混凝土抗压强度耐蚀系数的影响

(2)质量变化率

不同胶集比对混凝土质量变化率的影响如图 10.16 所示，其中，质量变化率为负数时表示特定龄期下混凝土质量增加，正数表示质量减少。从图 10.16b)中可以得知，在水中浸泡的混凝土试件表现为质量增加，且随养护龄期增长，其质量增加越大；而在模拟地下水强酸盐复合腐蚀溶液中[图 10.16a)]的三组混凝土的 28d 质量变化率都为负数，即表现为质量增加，且随着胶凝材料用量的增大，混凝土的质量增加呈逐渐增大的趋势；当腐蚀龄期为 60d 时，随着胶凝材料用量的增大，混凝土的质量损失呈逐渐增大的趋势；之后随着腐蚀龄期的增长，混凝土的质量损失随着胶凝材料用量的增大而呈逐渐减小的趋势；试验结果表明，在腐蚀龄期 0～60d 内，胶凝材料用量对混凝土的质量损失起主要作用，随着腐蚀龄期的增长，在 60～90d 内，石灰岩质集料的用量对混凝土的质量损失起主要作用。

(3)氯离子扩散深度

不同胶集比对混凝土氯离子扩散深度的影响见表 10.10，从表中可以看出，随着胶集比的增大，混凝土的氯离子扩散深度呈逐渐增大的趋势。试验结果表明，在地下水强酸盐复合腐蚀环境下，胶凝材料用量的增大不利于混凝土的抗氯离子渗透性能。

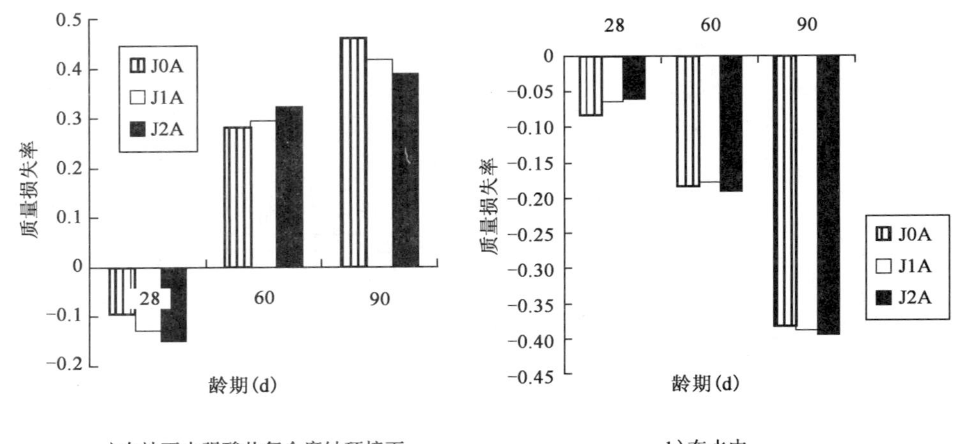

图 10.16 不同环境下胶集比对混凝土质量变化率的影响

不同胶集比对混凝土氯离子扩散深度的影响(mm) 表 10.10

组　别	龄　期			
	0d	28d	60d	90d
J0A	0	1.8	2.7	3.9
J1A	0	1.7	3.0	4.1
J2A	0	1.9	3.5	4.6

综上所述,在地下水强酸盐复合腐蚀环境下,胶凝材料用量的增大不利于混凝土的力学性能和抗氯离子渗透性能。因此在制备耐腐蚀混凝土时,在满足混凝土工作性及力学性能情况下,应尽量减少胶凝材料的用量。

5)防护涂料对混凝土耐腐蚀性能的影响

试验研究在 F10K30 组的基础上,在混凝土表面分别涂覆硅烷(F10K30G)和复合涂料(F10K30F)。研究过程中,主要采用 C40 混凝土为研究对象。防护涂料对混凝土耐腐蚀性能的影响具体试验配合比见表 10.11。

防护涂料对混凝土耐腐蚀性能的影响具体试验配合比 表 10.11

组别	粉煤灰(%)	矿渣粉(%)	硅灰(%)	减水剂(%)	坍落度(mm)	扩展度(mm)	抗压强度(MPa)			
							28d	56d	90d	180d
F10K30	10	30	0	1.47	170	430	48.8	58.3	59.9	59.1
F10K30G	10	30	0	1.47	170	430	47.2	56.7	58.2	58.7
F10K30F	10	30	0	1.47	170	430	47.4	56.1	57.4	58.2

(1)抗压强度耐蚀系数

防护涂料对混凝土抗压强度耐蚀系数的影响试验结果如图 10.17 所示,从图中可以看出,相对于基准组 F10K30,表面涂覆硅烷和复合涂料的试验组,其抗压强度耐蚀系数较大,表面涂覆硅烷的混凝土 180d 抗压强度耐蚀系数提高了 3.7%,且表面涂覆复合涂料试验组的抗压强度耐蚀系数略大于表面涂覆硅烷试验组。其原因是在地下水强酸盐复合腐蚀环境下，表面涂覆防护涂料可以减少腐蚀离子和水进入混凝土的内部，减少腐蚀离子对混凝土的腐蚀，因此混凝土表面涂覆硅烷和复合涂料的混凝土耐蚀系数比基准组的大。

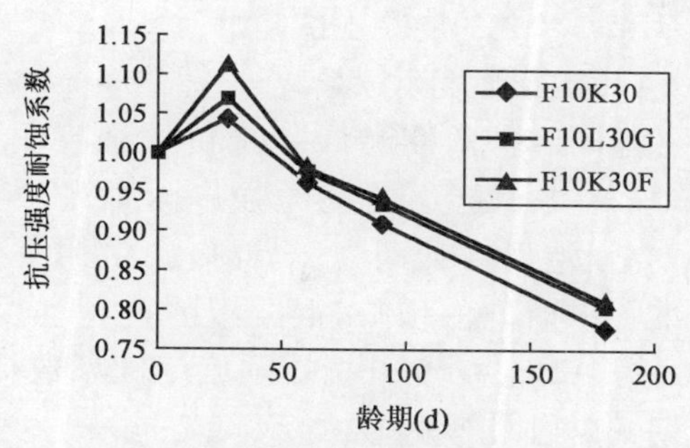

图 10.17　防护涂料对混凝土抗压强度耐蚀系数的影响

(2)质量变化率

防护涂料对混凝土质量变化率的影响如图 10.18 所示，其中，质量变化率为负数时表示特定龄期下混凝土质量增加，正数表示质量减少。从图 10.18b)中可以得知，在水浸泡的混凝土试件表现为质量增加，且随养护龄期增长，其质量增加越大；而在模拟地下水腐蚀溶液中[图 10.18a)]三组混凝土的 28d 质量变化率都为负数，即表现为质量增加，且表面涂覆硅烷和复合涂料的混凝土试件质量增加小于基准组，之后随着腐蚀龄期的增长，表面涂覆硅烷和复合涂料的混凝土试件质量损失小于基准组，相对于基准组，表面涂覆硅烷的混凝土试件 180d 质量损失率减小了 23.0%，且表面涂覆复合涂料的混凝土试件，其质量损失略小于表面涂覆硅烷的混凝土试件。试验结果表明，表面涂覆硅烷和复合涂料的混凝土，其质量变化率小于基准组。

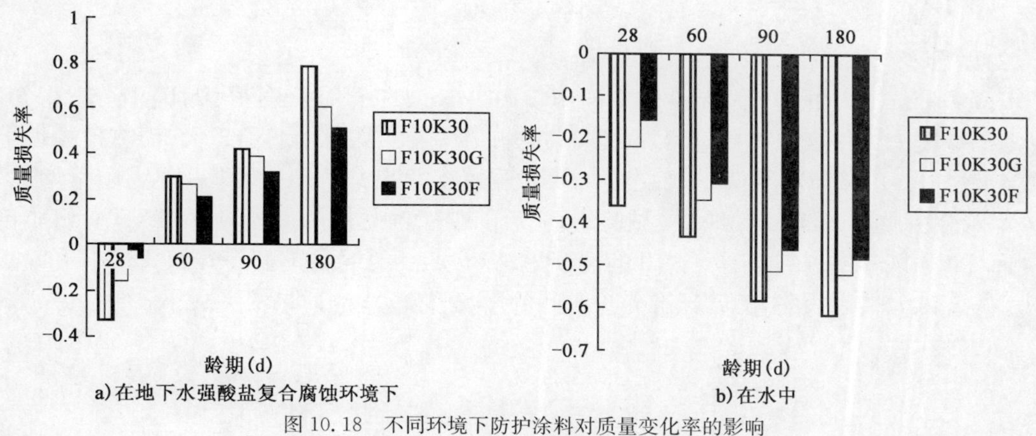

图 10.18　不同环境下防护涂料对质量变化率的影响

(3)氯离子相对扩散深度

防护涂料对混凝土氯离子扩散深度的影响如图 10.19 所示，从图中可以看出，相对于基准组，表面涂覆硅烷和复合涂料的混凝土试件的氯离子扩散深度都较小，且相对于表面涂覆硅烷的混凝土试件，表面涂覆复合涂料的混凝土试件的氯离子扩散深度较小。试验结果表明，表面涂覆硅烷和复合涂料有利于提高混凝土抗氯离子渗透性能，且表面涂覆复合涂料的混凝土抗氯离子渗透性能较优。

6)不同养护龄期对混凝土耐腐蚀性能的影响

考虑到在实际施工现场，很多时候浇筑后的混凝土没有经过一定时间的标准养护就直接受到腐蚀溶液的侵蚀，因此结合施工现场的实际情况，试验研究将 J1A 试验组分别标准养护 7d 和 28d 后，便开始混凝土的耐腐蚀试验。其中 J1A-7 表示标养 7d 的混凝土试验组，J1A-28

表示标养 28d 的混凝土试验组。

(1)抗压强度耐蚀系数

不同养护龄期对混凝土抗压强度耐蚀系数的影响如图 10.20 所示,从图中可以看出,J1A-28 试验组的抗压强度耐蚀系数 K 大于 J1A-7 试验组,且相对于其他给定的龄期,当浸泡腐蚀龄期为 28d 时,两组的抗压强度耐蚀系数相差较大,试验结果表明,随着标准养护时间的增长,混凝土的抗压强度耐蚀系数增大,相对于标养 7d 的混凝土,标养 28d 的混凝土的 90d 抗压强度耐蚀系数提高了 1.67%,且标准养护时间的长短对混凝土早期力学性能影响较大。

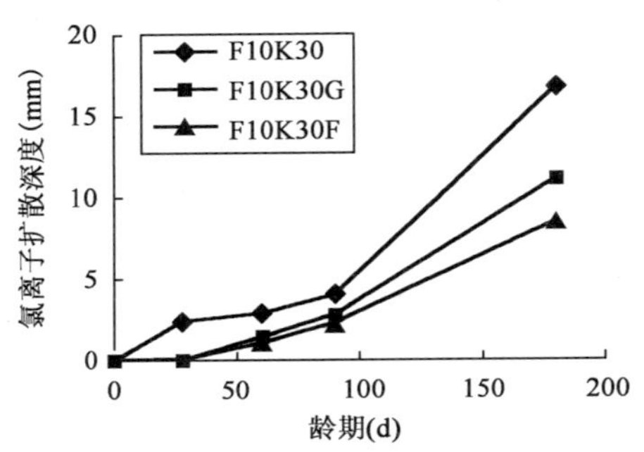

图 10.19 防护涂料对混凝土氯离子扩散深度的影响

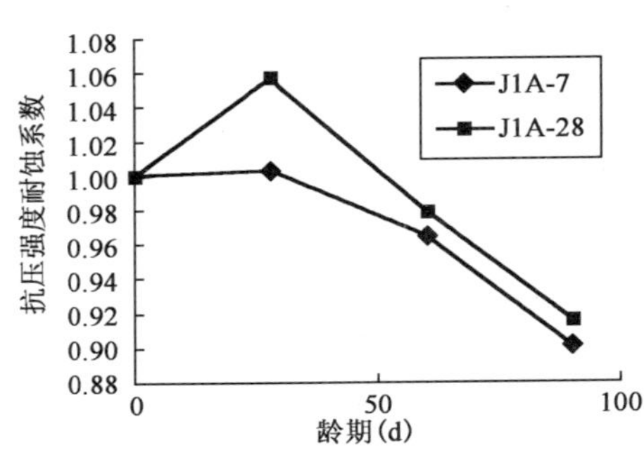

图 10.20 不同养护龄期对混凝土抗压强度耐蚀系数的影响

(2)质量变化率

不同养护龄期对混凝土质量变化率的影响如图 10.21 所示,从图 10.21b)中可以得知,在水浸泡的混凝土试件表现为质量增加,且随养护龄期增长,其质量增加越大;而在模拟地下水腐蚀溶液中[图 10.21a)]的两组混凝土的 28d 质量变化率都为负数,即表现为质量增加,且 J1A-28 试验组质量增加大于 J1A-7 试验组;之后随着腐蚀龄期的增长,J1A-28 试验组质量损失小于 J1A-7 试验组,相对于标养 7d 的混凝土,标养 28d 的混凝土的 90d 的质量损失率减小了39.5%。试验结果表明,随着标准养护时间的增长,混凝土的质量损失减小。

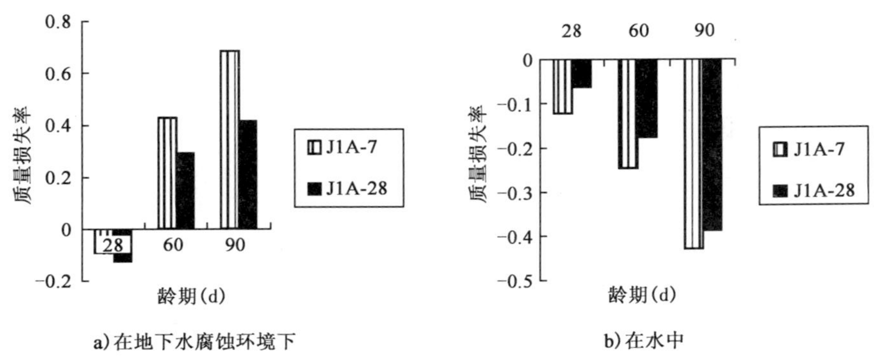

图 10.21 不同养护龄期对混凝土质量变化率的影响

(3)氯离子扩散深度

不同养护龄期对混凝土氯离子扩散深度的影响如图 10.22 所示,从图中可以看出,J1A-28

试验组的氯离子扩散深度小于J1A-7试验组。试验结果表明,随着标准养护时间的增长,混凝土的氯离子扩散深度减小。

综上所述,成型后的混凝土在与腐蚀溶液接触前,其耐腐蚀性能随标准养护时间的增长呈增强的趋势。其原因是在混凝土还未接触腐蚀溶液前,标准养护龄期的增长可以使混凝土内部水化更加充分,其内部的结构更加密实,从而提高其耐腐蚀性能。显然,为了提高地下水强酸盐复合腐蚀环境条件下结构混凝土的耐腐蚀性能,增长标准养护时间是一条有效途径。

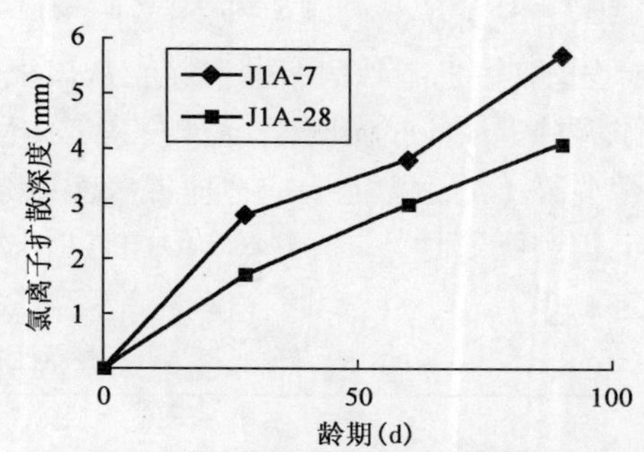

图10.22　不同养护龄期对混凝土氯离子扩散深度的影响

10.3　机制砂耐腐蚀混凝土的施工质量保障

机制砂耐腐蚀混凝土的施工质量保障包括机制砂耐腐蚀混凝土的拌制、运输、泵送、浇筑、养护与质量检验等。

机制砂耐腐蚀混凝土宜采用预拌混凝土生产方式生产。预拌混凝土生产企业必须具有相应的资质等级证书,建立完善、可行的规章制度,设计技术与质量管理机构,并配备具有技术合格的检测人员和试验设备齐全的试验室。当混凝土用量较少时,在符合有关规定的情况下可以采用现场搅拌的方式生产机制砂耐腐蚀混凝土。

此外,在机制砂耐腐蚀混凝土生产过程中,还应做好有关天气记录、生产记录和检验记录。

10.3.1　机制砂耐腐蚀混凝土的拌制

当采用预拌混凝土生产方式或采用现场搅拌楼生产方式时,搅拌机应符合《混凝土搅拌机》(GB/T 9142—2000)的规定;当采用工地现场拌制时,搅拌机应采用强制式搅拌机,禁止使用人工搅拌。搅拌机装料的先后顺序宜为碎石、胶凝材料、砂。进料后,先干搅30s,再边搅拌边加水和减水剂,搅拌的最短时间不能小于2min。搅拌时间应比普通混凝土适当延长,具体时间应根据搅拌机的性能和拌和物的和易性确定。

砂、石中的含水量应及时测定,并按测定值调整配合比中的用水量和砂、石用量。除水和外加剂溶液可按体积计量外,其他原材料应按质量计量,原材料的计量允许偏差为:水泥±1%,矿物掺和料±1%,粗、细集料±2%,水±1%,外加剂±1%。同时,当机制砂耐腐蚀混凝土在现场拌制时,必须对搅拌机加水装置进行校核。

在正式生产前,必须对机制砂耐腐蚀混凝土进行开盘鉴定,检测其工作性,并在其生产过程中进行严格管理,控制混凝土的质量。

10.3.2　机制砂耐腐蚀混凝土的运输

机制砂耐腐蚀混凝土使用混凝土搅拌车运输到工地现场,并根据待浇混凝土桩基(承台)

的实际情况对机制砂耐腐蚀混凝土的生产速度、运输时间及浇筑速度进行协调，制订合理的运输计划，缩短机制砂耐腐蚀混凝土从出机到入模的时间，保证运输、施工过程的连续，确保机制砂耐腐蚀混凝土的分送与浇筑在其工作性保持期内完成。

混凝土的运输能力应适应混凝土凝结速度和浇注速度的需要，使浇筑工作不间断并使混凝土运到浇筑地点时仍保持均匀性和规定的坍落扩展度。运输时间不宜超过表 10.12 的规定。

混凝土拌和物运输时间限制　　表 10.12

气温(℃)	有搅拌设施运输(min)
20～30	60
10～19	75
5～9	90

混凝土在运输过程或现场停置时间太长，将引起机制砂耐腐蚀混凝土的坍落度损失，使其工作性不满足工程要求。因此，当发生交通阻塞等意外情况时，可以根据设计在现场掺加部分外加剂来调整其工作性，但必须根据试验结果确定其掺量，并保证混凝土拌和物搅拌均匀。

10.3.3　机制砂耐腐蚀混凝土的泵送与浇筑

对于耐腐蚀混凝土的泵送作业，应严格按照泵送要求进行。输送管道尽量少地采用弯管和软管，避免使用弯度过大的弯头；在泵送前，对泵机进行全面检查，进行试运转用系统各部位的调试，确保泵机在泵送期间运转正常；泵送时，严格执行泵机操作的作业程序，防止混凝土在管道内离析或者堵塞，混凝土泵送即将结束时，应正确计算尚需的混凝土数量，并应及时通知混凝土搅拌站，以保证混凝土泵送的连续性，如若混凝土供应不上，泵送需要停歇时，每隔10min 反泵一次，把料重新拌和，以避免混凝土发生沉淀堵塞管道；泵送结束之后，应及时进行泵管的清洗工作，防止管内混凝土凝结硬化堵塞泵管。泵管清洗时，从进料口放入特制的清洗球，用泵压水或压缩空气把管道中的混凝土推挤出去。此外，由于夏季气温较高，管道在强烈阳光照射下，混凝土易脱水，从而导致堵管，所以应在管道上加盖湿草袋或其他降温用品。

在混凝土浇筑之前，应根据工程的特点制定机制砂耐腐蚀混凝土的施工方案，做好单位工程施工组织设计，并要求有关人员掌握操作要领。同时，应确认模板的安装符合设计要求。对于钢筋混凝土加固工程，可以用泵送或人工浇筑的方法施工。当场地狭窄或浇注口很小时，可用小桶向浇注口倾倒机制砂耐腐蚀混凝土，但应保证施工组织连贯、紧凑，浇注口间距不宜大于 2m。此外，机制砂耐腐蚀混凝土在浇筑过程中应进行实时的振捣与抹面。

10.3.4　机制砂耐腐蚀混凝土的养护

由于机制砂耐腐蚀混凝土与普通混凝土相比，其表面泌水量少，甚至没有泌水，所以为了减少混凝土的水分散失和塑性开裂，需加强养护。

在浇筑完毕后，要及时进行养护。混凝土的养护包括保持湿度与温度两个方面。在养护的过程中，除了保持混凝土始终处于湿润状态外，还应避免外部环境和混凝土内部的温差过大，温差应小于 25℃。

为减少机制砂耐腐蚀混凝土的非荷载裂缝，必须从混凝土入模开始就进行湿养护，在混凝土塑性阶段可采取喷洒养护剂、薄膜覆盖等措施。一旦混凝土硬化，便采用覆盖湿麻布，并及时浇水，以使混凝土能够及时散热，降低水化放热的峰值温度。

10.3.5　机制砂耐腐蚀混凝土的质量检验与验收

1)质量检验方法

(1)机制砂耐腐蚀混凝土拌和物性能检验方法

机制砂耐腐蚀混凝土拌和物主要检测如下性能：

①坍落度、坍落扩展度。检验机制砂耐腐蚀混凝土的水平自由流动性和填充性。

②倒坍落度筒流动时间。检验机制砂耐腐蚀混凝土拌和物的水平自由流动性、间隙通过性和填充性。

③混凝土 T_{50}时间。检验机制砂耐腐蚀混凝土拌和物的水平自由流动性、间隙通过性和填充性。

(2)硬化机制砂耐腐蚀混凝土质量检验方法

硬化机制砂耐腐蚀混凝土的质量检查应符合下列规定：每泵送 500～1 000m^3 混凝土应制作不小于 1 组的强度检查试件；不足 500m^3时，也应制作 1 组试件。当材料或配合比变更时，应分别制作试件。混凝土强度检查试件可采用边长为 150mm 的立方体试模制作试件。当对强度有怀疑时，可采用凿方切割方法或钻芯取样法制作试件。

(3)机制砂耐腐蚀混凝土取芯抗压强度检验方法

当对机制砂耐腐蚀混凝土的施工质量存在争议，需进一步检验时，可对机制砂耐腐蚀混凝土钻芯取样进行抗压强度检验。钻芯的数量不得少于 6 个。测试 28d、60d 或规定龄期的芯样抗压强度值，并计算出机制砂耐腐蚀混凝土的平均抗压强度。芯样平均抗压强度应满足设计要求。

2)质量验收

机制砂耐腐蚀混凝土拌和物性能验收与硬化混凝土质量验收应严格按照 10.3.5 节中的检验方法执行，以保证混凝土质量。

质量验收的主要要求和程序如下：

(1)现场验收应由经过训练(培训)的技术人员操作。

(2)维修和校准好所需用的仪器和试模，并将仪器和试模放置在平整、稳固的地面上。

(3)对于每车拌和物在浇注前均须进行性能检测。在进行现场质量验收时，若验收不合格，可适当添加原用外加剂予以调整，调整后仍然不合格，必须予以退回。同时，对验收过程和结果应详细记录。

(4)硬化机制砂耐腐蚀混凝土质量验收步骤分为：

①试块制作方法。强度、抗渗、收缩、抗冻等试块制作所用的试模及制作方法与普通混凝土相同。

②硬化混凝土质量验收。强度应按《普通混凝土力学性能试验方法标准》(GB/T 50081—2002)进行检验，并按《混凝土强度检验评定标准》(GB/T 50107—2010)进行合格评定；匀质性检验按《钻芯法检测混凝土强度技术规程》(CECS 03—2007)中的规定，采用直径为 75mm 钻

头钻芯取样，芯样长度为100mm，首先观察石子的均匀状况，然后测量表面砂浆层的厚度，其厚度宜小于20mm；耐久性试验方法应按《普通混凝土长期性能和耐久性能试验方法标准》(GB/T 50082—2009)的规定进行。性能指标应满足设计要求。

3)质量控制

为了确保施工质量，需要在机制砂耐腐蚀混凝土结构施工前，有关技术人员必须学习机制砂耐腐蚀混凝土的有关技术要求，并在机制砂耐腐蚀混凝土的生产与施工中严格执行以下规定。

(1)对原材料要严格按上文要求进行选择。

(2)对混凝土的配合比应进行多次试配，以根据不同的原材料以及施工现场的要求合理地调整配合比。

(3)严格控制拌和水的用量，其中集料中水分也应考虑进去。

(4)控制新拌混凝土的质量，在试验室用坍落度和混凝土的流动度、黏度等指标来控制，在施工现场采用坍落度流动度以及倒坍落度筒流出时间来控制。

(5)根据具体情况可采用超塑化剂和增稠剂来调整混凝土拌和物的状态，以满足施工的要求。

(6)确认混凝土不离折、不泌水。根据混凝土拌和物的状态调整混凝土的浇筑距离和浇筑点的分布。

10.4　C50机制砂耐腐蚀混凝土在沙坝大桥桩基、承台工程中的应用

10.4.1　工程概况

余庆至凯里(含施秉连接线)、凯里至羊甲高速公路是《贵州省高速公路网规划》“678网”中的第六横——余庆至安龙公路的前段。其中余庆至凯里起于余庆县城西南的平地，经黄平、施秉境内，重点在凯里市鸭塘镇青虎冲与沪昆高速公路的凯里至麻将段相连，主线全长88.055km，项目投资80.32亿元；而凯里至丹寨县羊甲段则由青虎冲南延伸至丹寨，途经凯里舟溪镇、丹寨兴仁、台辰、龙泉，最后抵达羊甲链接厦蓉国家高速公路，路线全长56.953km，项目投资估算39.83亿元。此外，余庆至凯里，凯里至羊甲高速公路均采用四车道高速公路标准建设，设计速度为80km/h，路基宽21.5m，采用沥青混凝土路面，桥涵设计荷载为公路—Ⅰ级。

其中，沙坝大桥是余庆至凯里高速公路YT8合同段工程，全长200.4m，左、右幅桥梁上部结构均为95m+95m预应力连续刚构，左幅桩号为ZK69+067.800～ZK69+268.200；右幅桩号为YK69+096.800～YK69+297.200，其中1号主墩承台、桩基均采用耐腐蚀混凝土，设计耐腐蚀混凝土用量为4 700m^3。

沙坝大桥桥区位于贵州高原的东部，地表受侵蚀、溶蚀作用强烈。两岸桥台及陡坡基岩出露，植被较发育，场区地貌类型为侵蚀、溶蚀型山槽谷地貌。桥位区地下水主要为第四系松散空隙水、强风化基岩裂隙水和岩溶管道水，地下水主要靠大气降水垂直补给。

采取桥区自然水进行试验，根据设计文件的《水质分析报告》，桥区自然水水质类型为氯盐钠钾水，根据《公路工程地质勘查规范》(JTG C20—2011)标准，试样 Cl^- 含量偏高，长期浸水环境中的地下水对混凝土结构具有微腐蚀性，干湿交替环境中的地下水对混凝土结构具有中等腐蚀性；SO_4^{2-} 含量偏高，地下水对混凝土结构具有弱腐蚀性；侵蚀性 CO_2 含量偏高，直接临水或强透水层中的地下水对混凝土结构具有中等腐蚀性；同时 pH 值偏低，直接临水或强透水层中的地下水对混凝土结构具有酸型腐蚀性。

10.4.2　机制砂耐腐蚀混凝土的配制与性能

1)机制砂耐腐蚀混凝土的性能要求与制备

(1)机制砂耐腐蚀混凝土的性能要求

①工作性能：坍落度≥160mm，扩展度≥400mm；

②力学性能：7d 抗压强度大于 40MPa，28d 抗压强度大于 56MPa；

③混凝土构件 28d 电通量应小于 800 库仑；

④混凝土标准试件在模拟地下水强酸盐复合腐蚀溶液中浸泡 28d 后进行耐腐蚀试验，要求试验后混凝土质量损失率小于 5%；

⑤混凝土的 28d 耐蚀系数应不小于 0.95。

(2)机制砂耐腐蚀混凝土的制备思路

由于实际工程现场用机制砂取代河砂作为混凝土细集料，而在地下水强酸盐复合腐蚀环境下，作为混凝土材料组成的一部分，相对于河砂，机制砂特别是石灰岩质机制砂本身并不耐腐蚀，且地下水强酸盐离子对混凝土的复合腐蚀是侵蚀介质通过混凝土内部孔隙渗透扩散进入混凝土内部，与水泥水化产物如 $Ca(OH)_2$、水化铝酸钙(C-A-H)、C-S-H 凝胶等发生反应，当混凝土孔隙溶液中的碱度降低到一定程度后使水泥水化产物发生分解，因此提高混凝土结构的耐腐蚀性主要是通过对混凝土材料的组成优化来提高混凝土密实度，减少混凝土中易与侵蚀介质反应的成分如 $Ca(OH)_2$、水化铝酸钙等的含量以及提高水化产物在腐蚀环境中的稳定性，所以结合前面试验研究的结果，可在混凝土中掺入矿物掺和料、减小水胶比、选择耐腐蚀性好的集料、减少胶凝材料用量、采用防护涂料及延长标准养护时间等措施来提高机制砂混凝土的耐腐蚀性，具体内容如下。

①矿物掺和料的种类及掺量的确定。

掺入适量的矿物掺和料有助于改善混凝土的耐腐蚀性能，三种矿物掺和料中，单掺矿渣粉的混凝土耐复合腐蚀的性能最好；复掺矿物掺和料对混凝土的耐腐蚀性能优于单掺时的耐腐蚀性能，其中以粉煤灰、矿渣粉和硅灰三元复掺效果最为明显；当矿物总掺量超过 40%时，混凝土的耐腐蚀性能较为明显地降低。因此确定矿物掺和料的种类及掺量为 10%粉煤灰+30%矿渣粉+5%硅灰。

②水胶比的确定。

混凝土水胶比的变化影响混凝土内部的密实度，从而影响混凝土的耐腐蚀性能。不同强度等级混凝土在地下水强酸盐复合腐蚀环境下，混凝土的耐腐蚀性能随强度等级的升高而增强。因此在满足混凝土工作性及力学性能的情况下，应尽量减小水胶比。

③集料岩性的确定。

应用不同岩性的集料会对混凝土材料在强酸盐复合腐蚀环境中的耐久性造成危害。在地下水强酸盐复合腐蚀环境下，变质岩质机制砂混凝土耐腐蚀性能优于石灰岩质机制砂混凝土。因此试验确定采用变质岩质集料。

④胶集比的确定。

在实际的混凝土结构工程中，不同胶集比会直接影响混凝土的工作性、强度及耐久性等诸多性能。在腐蚀环境中，水泥浆体是混凝土中容易受到侵蚀的一部分。在地下水强酸盐复合腐蚀环境下，胶凝材料用量的增大不利于混凝土的耐腐蚀性能。因此在满足混凝土工作性及力学性能的情况下，应尽量减小胶凝材料的用量。

⑤防护涂料层。

混凝土表面涂覆防护涂料可以减少腐蚀离子和水进入混凝土的内部，从而减少腐蚀离子对混凝土的腐蚀。在地下水强酸盐复合腐蚀环境下，表面涂覆硅烷和复合涂料均有利于混凝土的耐腐蚀性能，且表面涂覆复合涂料的混凝土耐腐蚀性能优于表面涂覆硅烷的混凝土。因此试验确定采用复合涂料作为防护涂料层。

⑥标准养护龄期的确定。

标准养护龄期的增长可以使混凝土内部水化更加充分，其内部的结构更加密实。延长标准养护的时间有利于提高混凝土的耐腐蚀性能。因此试验确定将成型后的混凝土标准养护28d后再浸泡在腐蚀溶液中。

2)工程原材料及性能评价

(1)水泥

试验过程中采用的水泥有两种，分别为贵定海螺盘江水泥(P.O 42.5)和海豹水泥(P·Ⅱ 42.5)。

(2)粉煤灰

试验采用的粉煤灰为黔东火力发电厂有限公司生产的F类Ⅱ级粉煤灰。其主要性能指标检测值见表10.13。

粉煤灰性能指标检测值 表10.13

检验项目	计量单位	技术要求		试验结果
		C50以下混凝土	C50及以上混凝土	
烧失量	%	≤8.0	≤5.0	4.23
含水量	%	≤1.0(对于干排灰)		0.37
氧化钙含量	%	≤10(对于硫酸盐侵蚀环境)		4.4
细度(0.045mm)	%	≤20.0	≤12.0	19.39
需水量比	%	≤105	≤95	100
三氧化硫含量	%	≤3.0		1.5
游离氧化钙	F类 %	≤1.0.(F类粉煤灰)		0.47
	C类 %	≤4.00(C类粉煤灰)		—
氯离子含量	%	≤0.02		0.011
安定性		≤5.0(雷氏夹沸煮后增加距离)		1.5

(3)矿渣粉

试验采用的矿渣粉为湖南冷水江市金竹山电厂生产的S95矿渣粉和福泉市顺昌建材有限公司生产的S95矿渣粉，其主要性能指标检测值见表10.14和10.15。

湖南冷水江市金竹山电厂生产的矿渣粉性能指标检测值 表10.14

检验项目	计量单位	技术要求	试验结果
比表面积	m^2/kg	350～500	466
密度	g/m^3	≥2.8	2.91
烧失量	%	≤3.0	2.9
氧化镁	%	≤14.0	1.78
三氧化硫	%	≤4.0	2.7
氯离子	%	≤0.06	0.016
28d活性指数	%	≥95	98
需水比	%	≤100	100

福泉市顺昌建材有限公司生产的矿渣粉性能指标检测值 表10.15

检验项目	计量单位	技术要求	试验结果
比表面积	m^2/kg	350～500	430
密度	g/m^3	≥2.8	2.81
流动度比	%	≥95	102
烧失量	%	≤3.0	0.56
氧化镁	%	≤14.0	9.0
三氧化硫	%	≤4.0	0.05
氯离子	%	≤0.06	0.02
含水量	%	≤1.0	0.5
7d活性指数	%	≥75	77
28d活性指数	%	≥95	96
需水比	%	≤100	97

(4)硅灰

试验采用的硅灰为成都恒瑞源环保材料有限公司生产的硅灰，其主要性能指标检测值见表10.16。

硅灰性能指标检测值 表10.16

检测项目	计量单位	技术要求	检测结果
比表面积	m^2/kg	≥15 000	15 282
需水量比	%	≤125	114
烧失量	%	≤6	3.0
含水率	%	≤3.0	0.5
28d活性指数	%	≥85	91
氯离子含量	%	≤0.02	0.006

(5)细集料

试验采用的细集料为两种机制砂,分别是板岩岩质机制砂和石灰岩质机制砂。其级配情况见表10.17。从筛分结果来看,筛分后的板岩岩质机制砂粒径大于4.75mm以上的颗粒含量为6.11%,石粉含量(筛分法)为2.28%,通过水洗法测其泥粉含量为6.23%,细度模数为3.7,属于粗砂(图10.23)。筛分后的石灰岩质机制砂粒径大于4.75mm以上的颗粒含量为0.55%左右。石粉含量(筛分法)为6.75 %,细度模数为3.3,属于粗砂。

机制砂的累积筛余率　表10.17

种　类		筛孔尺寸(mm)	9.5	4.75	2.36	1.18	0.6	0.3	0.15	0.075	筛底
板岩岩质机制砂	1	累计筛余率(%)	0	6.41	39.68	65.13	78.96	89.28	95.29	97.6	99.98
	2		0	5.81	39.68	65.23	79.16	89.48	95.49	97.81	99.99
石灰岩质机制砂	1	累计筛余率(%)	0	0.5	27.3	54.5	69.5	81.7	89.1	93.5	99.99
	2		0	0.6	25.5	51.4	66.5	79.7	87.8	93.0	99.99
标准范围			—	0～10	15～37	37～60	52～75	63～85	70～100	—	—

图10.23　板岩岩质机制砂

(6)石子

试验中采用的石子有两种,分别为石灰岩质石子和板岩质石子。

①石灰岩质石子。

石灰岩质石子有两种粒径,分别是5～10mm(图10.24)和10～20mm(图10.25)。

图10.24　5～10mm碎石

图10.25　10～20mm碎石

a. 5～10mm。

对粒径范围为5～10mm的碎石进行筛分，其筛分结果见表10.18。

粒径范围为5～10mm石子的级配情况　　表10.18

筛孔尺寸(mm)		16.0	9.5	4.75	2.5	0.075	筛底
累计筛余率(%)	1	0	15.9	99.0	99.9	99.9	100
	2	0	16.3	99.4	99.9	99.9	100
	平均	0	16.1	99.2	99.9	99.9	—

从筛分结果来看，粒径范围为5～10mm的碎石，9.5mm以上的颗粒含量为16.1%左右，粒径在5～10mm之间的碎石占大部分，含量为83.1%，石粉含量(筛分法)为0.1%。

b. 10～20mm。

对粒径范围为10～20mm的碎石进行筛分，其筛分结果见表10.19。

粒径范围为10～20mm石子的级配情况　　表10.19

筛孔尺寸(mm)		31.5	26.5	19.0	16.0	9.5	4.75	筛底
累计筛余率(%)	1	0	12.6	57.4	83.4	99.9	99.9	100
	2	0	7.95	46.6	73.25	99.2	99.9	100
	平均	0	10.3	52.0	78.3	99.6	99.9	—
9～20mm标准范围	—	0	0	0～10	—	40～80	90～100	—
16～31.5mm标准范围	—	0～10	—	—	85～100	—	95～100	—

从筛分结果来看，该批次碎石的粒径范围在10～26.5mm之间，26.5mm以上的颗粒含量为10.3%左右，20mm以上的颗粒含量为52%左右，粒径在10～26.5mm之间的含量为89.3%，石粉含量(筛分法)为0.01%。同时将筛分结果与给定的标准范围对比可以看出，该批次碎石不是一个单粒级配。此外，经测试其含泥量为0.70%。

②板岩质石子。

试验中采用板岩质石子有三种粒径，分别是5～10mm、10～20mm和16～31.5mm。

a. 5～10mm。

对粒径范围为5～10mm的碎石进行筛分，其筛分结果见表10.20。

粒径范围为5～10mm石子的级配情况　　表10.20

筛孔尺寸(mm)		16.0	9.5	4.75	2.5	0.075	筛底
累计筛余率(%)	1	0	11.4	99.69	99.7	99.9	100
	2	0	11.4	96.6	99.8	99.9	100
	平均	0	11.4	98.15	99.75	99.9	—

从筛分结果来看，粒径范围为5～10mm的碎石，9.5mm以上的颗粒含量为11.4%左右，

粒径在5～10mm之间的碎石占大部分，含量为86.75%，石粉含量（筛分法）为0.1%。

b. 10～20mm。

对粒径范围为10～20mm的碎石进行筛分，其筛分结果见表10.21。

粒径范围为10～20mm石子的级配情况　　表10.21

筛孔尺寸(mm)		26.5	19.0	16.0	9.5	4.75	0.075	筛底
累计筛余率(%)	1	0	13.95	62.76	97.37	99.24	99.99	100
	2	1.18	17.64	59.91	98.34	99.88	99.99	100
	平均	0.59	15.8	61.34	97.86	99.56	99.99	—
标准范围	—	0	0～10	—	40～80	90～100	95～100	—

从筛分结果来看，粒径范围为10～20mm的碎石，20mm以上的颗粒含量为15.8%左右，粒径在10～20mm之间的碎石占大部分，含量为82.06%，石粉含量（筛分法）为0.01%。同时根据筛分结果可以得到，其各个粒径级配含量均大于给定的标准范围值。另外，经测试其含泥量为0.75%，针片状颗粒含量为9.76%，针片状颗粒含量很大。

c. 16～31.5mm。

对粒径范围为16～31.5mm的碎石进行筛分，其筛分结果见表10.22。

粒径范围为16～31.5mm石子的级配情况　　表10.22

筛孔尺寸(mm)		40	31.5	26.5	19.0	16.0	9.5	4.75	0.075	筛底
累计筛余率(%)	1	0	7.37	57.08	95.94	99.77	99.89	99.9	99.99	100
	2	0	3.29	59.34	96.34	99.61	99.87	99.9	99.99	100
	平均	0	5.33	58.21	96.14	99.69	99.88	99.9	99.99	—
标准范围	—	0	0～10	—	—	85～100	—	95～100	—	—

从筛分结果来看，粒径范围为16～31.5mm的碎石，31.5mm以上的颗粒含量为5.33%左右，粒径在16～31.5mm之间的碎石占大部分，含量为94.36%，粒径在16～19mm范围内的碎石颗粒含量为3.55%，石粉含量（筛分法）为0.01%。另外，经测试其含泥量为0.55%，针片状颗粒含量为9.29%，针片状颗粒含量很大。

(7)减水剂

试验中减水剂采用云南天辰化学建材有限公司生产的聚羧酸高效减水剂，其减水率为26%，及贵州中兴南友建材有限公司生产的聚羧酸高效减水剂，其减水率为29%。

3)机制砂耐腐蚀混凝土试验室配比的确定

结合工程现场的实际需求与上述研究，在普通混凝土Y-0基准组的基础上，优化得到Y-1、Y-2和Y-3三组耐腐蚀混凝土。四组混凝土的优化调整方案见表10.23，其具体的试验配比及基本性能见表10.24和表10.25。本部分试验将四组混凝土浸泡在模拟地下水复合腐蚀溶液（3.5%NaCl、10%Na_2SO_4和pH=2的H_2SO_4三种溶液混合）进行加速腐蚀，分析基准组与优化后的三组混凝土的耐腐蚀性能。

四组混凝土的优化调整方案　表10.23

组别	强度等级	粉煤灰(%)	矿渣粉(%)	硅灰(%)	水胶比	集料岩性	胶集比	表面是否涂覆涂料	标准养护时间
Y-0	C40	0	0	0	0.38	变质岩	1∶4.0	否	28d
Y-1	C40	10	30	0	0.38	变质岩	1∶4.0	否	28d
Y-2	C50	10	30	0	0.30	变质岩	1∶3.4	否	28d
Y-3	C50	10	30	5	0.30	变质岩	1∶3.7	是	28d

四组混凝土的具体试验配合比(kg/m³)　表10.24

原材料	胶凝材料	粉煤灰(%)	矿渣粉(%)	硅灰(%)	砂	石子	水胶比	砂率(%)	水	密度
Y-0	450	0	0	0	1 031.8	747.2	0.38	58	171	2 400
Y-1	450	10	30	0	1 031.8	747.2	0.38	58	171	2 400
Y-2	530	10	30	0	996.1	815.0	0.30	55	159	2 500
Y-3	500	10	30	5	1 017.5	832.5	0.30	55	150	2 500

四组混凝土的工作性及力学性能　表10.25

组别	坍落度(mm)	扩展度(mm)	抗压强度(MPa)			
			28d	56d	90d	180d
Y-0	190	450	46.5	58.3	57.6	58.2
Y-1	160	410	46.5	60.8	61.4	62.5
Y-2	170	430	56.1	61.2	67.5	69.4
Y-3	160	420	58.2	70.3	70.5	71.4

在前面的试验基础上，以混凝土试件的抗压强度耐蚀系数(K)、质量损失率(S)、氯离子扩散深度及电通量四个指标作为评价标准，对基准组及优化后的三组耐腐蚀混凝土进行耐腐蚀性能评价。

(1)抗压强度耐蚀系数

四组混凝土在模拟地下水强酸盐复合腐蚀下的抗压强度耐蚀系数变化情况如图10.26所示，从中可以看出：优化后的三组混凝土的抗压强度耐蚀系数明显高于基准组Y-0，Y-3试验组的抗压强度耐蚀系数明显高于其他组，且其60d的抗压强度耐蚀系数仍大于1，与其他试验组相比较，优化后的Y-3试验组破坏明显较慢。

(2)质量损失率

四组混凝土在地下水强酸盐复合腐蚀下的质量变化率的影响如图10.27所示，其中，质量

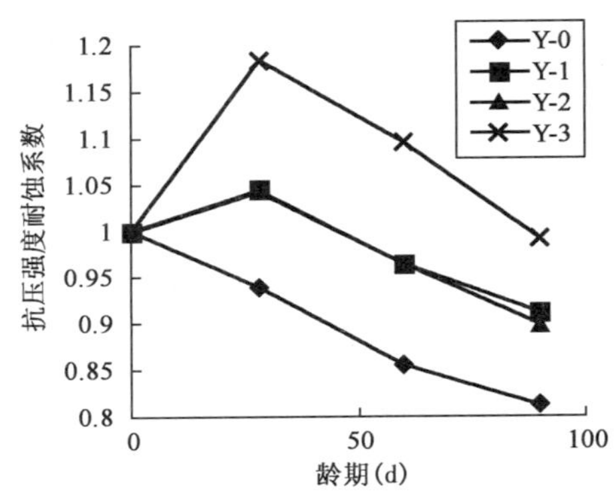

图 10.26 在地下水强酸盐复合腐蚀下混凝土的抗压强度耐蚀系数变化情况

变化率为负数时表示特定龄期下混凝土质量增加,正数表示质量减少。从图 10.27b)中可以得知,在水浸泡的混凝土试件表现为质量增加,相对于其他试验组,Y-3 组的质量增加较少,且随养护龄期增长,其质量增加越大;而在地下水强酸盐复合腐蚀溶液中[图 10.27a)],四组混凝土的 28d 质量变化率都为负数,即表现为质量增加,相对于其他试验组,优化后的 Y-3 试验组质量增加最少,之后随着腐蚀龄期的增长,四组混凝土质量开始损失,且优化后的 Y-1 和 Y-2 组的质量损失率大于基准组 Y-0,而优化后的 Y-3 组质量损失最少,通过以上的试验结果可得,在地下水强酸盐复合腐蚀环境下,相对于其他试验组,优化后的 Y-3 试验组的质量变化率最小。

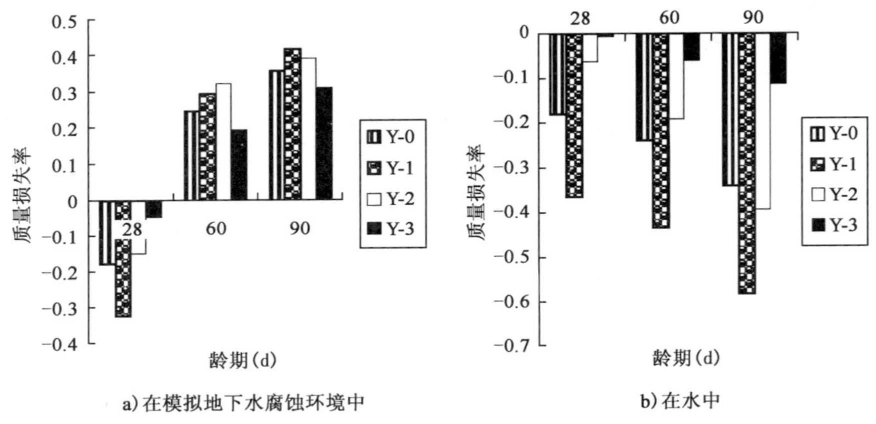

图 10.27 四组混凝土在不同环境下的质量变化率

(3)氯离子扩散深度

四组混凝土在模拟地下水强酸盐复合腐蚀下的氯离子扩散深度情况如图 10.28 所示,从中可以看出,在地下水强酸盐复合腐蚀下,相对于基准组 Y-0,优化后的三组混凝土的氯离子扩散深度较小,且优化后的 Y-3 试验组的氯离子扩散深度最小。

(4)电通量

四组混凝土在模拟地下水强酸盐复合腐蚀下的电通量值如图 10.29 所示,从中可以看出,在地下水强酸盐复合腐蚀下,相对于基准组 Y-0,优化后的三组混凝土的电通量较小,且优化后的 Y-3 试验组的电通量值最小。

(5)小结

综上所述,通过调整矿物掺和料种类及掺量、水胶比、集料岩性、胶集比和延长养护龄期,同时还可复合采用防护涂料等附加防腐蚀防护措施即可制备出耐腐蚀性能较优的混凝土。从宏观性能上来看,在地下水强酸盐复合腐蚀环境下,优化后的 Y-1、Y-2 和 Y-3

三组混凝土的耐腐蚀性能优于基准试验组 Y-0，且 Y-3 试验组混凝土的耐腐蚀性能明显优于其他试验组。

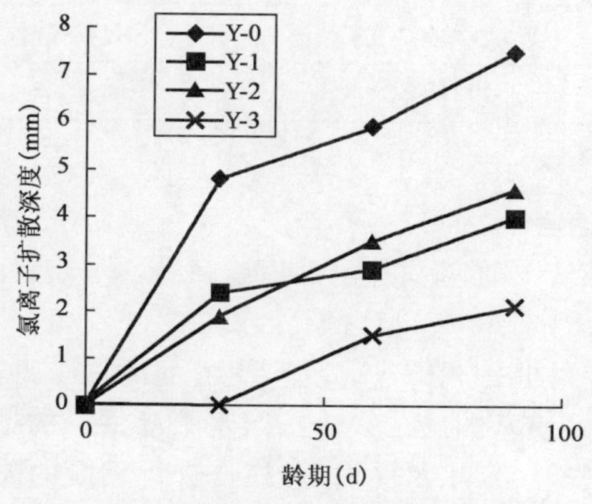

图 10.28　四组混凝土在地下水强酸盐复合腐蚀下的氯离子扩散深度情况

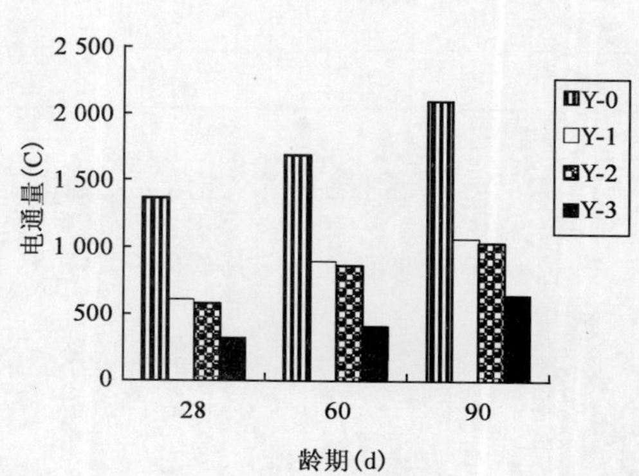

图 10.29　四组混凝土在模拟地下水强酸盐复合腐蚀下的电通量情况

优化后 Y-3 试验组混凝土的具体配比及耐腐蚀性能见表 10.26 和表 10.27。

优化后 Y-3 试验组耐腐蚀混凝土具体配比(kg/m³)　　表 10.26

原材料	胶凝材料	粉煤灰	矿渣粉	硅灰	砂	石子	水胶比	砂率	水	密度
Y-3	500	10%	30%	5%	1 017.5	832.5	0.30	55%	150	2 500

优化后 Y-3 试验组耐腐蚀混凝土的耐腐蚀性能　　表 10.27

耐腐蚀性能	抗压强度耐蚀系数			质量变化率(%)			电通量(C)		
	28d	60d	90d	28d	60d	90d	28d	60d	90d
Y-3	1.184	1.095	0.991	−0.049	0.191	0.308	324.6	415.8	648.9

通过上表可以看出，在地下水强酸盐复合腐蚀环境下，优化后的 Y-3 试验组耐腐蚀混凝土的 28d 抗压强度耐蚀系数为 1.184，60d 的抗压强度耐蚀仍大于 1，28d 的质量损失率为 −0.049%，混凝土破坏十分缓慢，且 28d 电通量值为 324.6C，混凝土抗氯离子渗透性能优良，其耐腐蚀性能满足相关规范及设计文件对耐腐蚀混凝土的性能要求。

4)机制砂耐腐蚀混凝土施工配合比的确定

结合施工现场材料的状态与工程的实际需求，对试验室配合比进行调整，主要调整参数为胶凝材料用量和砂率，具体施工配合比见表 10.28。

沙坝大桥机制砂耐腐蚀混凝土施工配合比(kg/m³)　　表 10.28

胶凝材料			粗集料		机制砂	水	减水剂
水泥	矿渣粉	粉煤灰	5～10mm	10～26.5mm			
306	153	51	356	533	948	153	9.1

对于上述施工配合比，根据试验室工作性、力学性能以及耐腐蚀性能测试，其具体性能见表 10.29。

沙坝大桥机制砂耐腐蚀混凝土的性能　　表 10.29

工作性(mm)		抗压强度(MPa)		耐腐蚀性能		
坍落度	扩展度	7d	28d	28d 电通量(C)	耐蚀系数	质量损失率(%)
170	440	41.6	62.2	734	0.97	0.55

10.4.3 机制砂耐腐蚀混凝土的施工

机制砂耐腐蚀混凝土的施工应严格按照 10.3 节中的要求执行，以保障混凝土工程的质量。

除此之外，针对桩基混凝土的浇筑，采用导管接入桩孔底部进行混凝土灌注的施工方法。在进行浇筑前，先进行钢筋笼的下放定位(图 10.30)，桩基的施工完全按照水下灌注桩的施工要求(图 10.31)。在混凝土浇筑完成之后，及时清理现场，并在桩基完成后，进行相应的质量检测，待检测合格后再进行下一道工序的施工。

图 10.30　钢筋笼下放定位

图 10.31　桩基混凝土的施工

针对承台混凝土的浇筑，在机制砂耐腐蚀混凝土施工前，先根据工程的结构特点，确定钢筋用量与部位，进行布筋作业，并确认模板的安装符合设计要求(图 10.32、图 10.33)。

图 10.32　承台的钢筋布置

图 10.33　承台的模板安装

对于处于强腐蚀环境中的混凝土结构，一般还采用附加防护措施提高结构的耐腐蚀性能，以延长混凝土结构的使用寿命。在本工程中采用的附加防护措施主要有混凝土表面涂层、钢筋阻锈剂等，其各项措施均应符合相应的规范技术要求，具体见 11.3 节。其中，工程中所用的表面涂层的性能应严格按表 10.30 的要求控制。

涂层性能要求　　表 10.30

<table>
<tr><th>项　目</th><th>使用年限及环境</th><th>试 验 条 件</th><th>标　准</th><th>涂层构造名称</th></tr>
<tr><td rowspan="2">涂层外观</td><td>8～10 年</td><td>抗老化试验 1 000h 后</td><td rowspan="2">不粉化、不起泡、不龟裂、不剥落</td><td rowspan="2">底层＋中间层＋面层的复合涂层</td></tr>
<tr><td>8～10 年，湿热</td><td>抗老化试验 1 500h 后</td></tr>
<tr><td rowspan="5">涂层外观</td><td>15～20 年</td><td>抗老化试验 3 000h 后</td><td rowspan="2">不粉化、不起泡、不龟裂、不剥落</td><td rowspan="5">底层＋中间层＋面层的复合涂层</td></tr>
<tr><td>15～20 年，湿热</td><td>抗老化试验 4 000h 后</td></tr>
<tr><td colspan="2">耐碱性试验 30d 后</td><td>不起泡、不龟裂、不剥落</td></tr>
<tr><td colspan="2">抗冻融循环 75 次后</td><td>不剥落、不龟裂</td></tr>
<tr><td colspan="2">标准养护后</td><td>均匀、无流挂、无斑点、不起泡、不龟裂、不剥落等</td></tr>
</table>

续上表

项目	使用年限及环境	试验条件	标准	涂层构造名称
抗氯离子侵入性	活动涂层片抗氯离子渗透试验 30d 后		氯离子穿过涂层片的渗透量在 5.0×10^{-3} mg/(cm^2·d)以下	底层＋中间层＋面层的复合涂层
吸水率	表面涂覆涂层的构件吸水率试验 30d 后		表面涂覆涂层的构件吸水率在 0.001 7mm/min$^{1/2}$ 以下	底层＋中间层＋面层的复合涂层
透气性	甲醇气体在 40℃水浴下的质量损失率		表面涂覆涂层的构件透气性在 0.77×10^{-21} mm/min 以上	底层＋中间层＋面层的复合涂层

注：涂层的耐老化性系采用涂装过的尺寸为 70mm×70mm×20mm 的砂浆试件，按现行国家标准《色漆和清漆人工气候老化和人工辐射曝露滤过的氙弧辐射》(GB/T 1865—2009)测定。

10.4.4 应用效果

沙坝大桥采用的耐腐蚀混凝土，施工过程较为顺利，现场检测其各项性能均满足工程技术要求，工作性良好，混凝土结构密实度高，各龄期强度均满足要求，施工效果较好(图 10.34、图 10.35)。

图 10.34 耐腐蚀混凝土承台效果图

图 10.35 耐腐蚀混凝土桩基效果图

耐腐蚀混凝土桩基、承台是沙坝大桥的重点工程，是保证工程进度的基础，机制砂耐腐蚀混凝土在承台与桩基工程中的全面使用，不仅解决了地下水对混凝土的强腐蚀作用，加快了工程施工进度，更保证了工程的施工质量，为整个项目的圆满完工与后期的长期耐久运营提供了保障。

同时，作为余庆至凯里、凯里至羊甲高速路段中的重点工程，其顺利施工对改善沿线经济社会发展条件，完善贵州省现代化交通网络体系，加快西部大开发和承接东部产业转移，具有十分重要的现实意义。

本章参考文献

[1] 蒋正武，孙振平，龙广成. 钢筋混凝土结构的腐蚀[M]. 北京：机械工业出版社，2009.

[2] 蒋正武，孙振平，龙广成. 混凝土修补——原理、技术与材料[M]. 北京：化学工业出版社，2009.

[3] 蒋正武，梅世龙. 机制砂高性能混凝土[M]. 北京：化学工业出版社，2015. 1.

[4] Al-Amoudi O S B. Sulfate attack and reinforcement corrosion in plain and blended cements exposed to sulfate environments[J]. Building and Environment，1998，33(1)：53-61.

[5] Al-Amoudi O S B. Attack on plain and blended cements exposed to aggressive sulfate environments[J]. Cement and Concrete Composites，2002，24(3-4)：305-316.

[6] R. F. Feldman，J. J. Beaudoio，K. e. Philipose. Effect of cement blends on chloride and sulfate ion diffusion in concrete[J]. Ⅱ Cemento，1991(88)：3-18.

[7] Al-Amoudi O S B，Maslehuddin M，Abdul-Al Y A B. Role of chloride ions on expansion and strength reduction in plain and blended cements in sulfate environments[J]. Construction and Building Materials，1995，9(1)：25-33.

[8] 刘惠兰，黄艳，韩云屏. 环境水对砂浆、混凝土的侵蚀性研究[J]. 混凝土与水泥制品，1997，6：001.

[9] 魏有仪，罗健，肖允发，等. 水泥砂浆酸性侵蚀试验研究Ⅰ非流动酸性水侵蚀试验[J]. 硅酸盐学报，1998，26(4)：417-423.

[10] 蒋正武，孙振平，王培铭. 硅烷对海工高性能混凝土防腐蚀性能的影响[J]. 中国港湾建设，2005，1:26-30.

[11] 陈剑毅，胡明玉，肖烨，等. 复杂环境下矿物掺和料混凝土的耐久性研究[J]. 硅酸盐通报，2011，30(3):638-644.

[12] Basheer P A M，Gilleece P R V，Long A E，et al. Monitoring electrical resistance of concretes containing alternative cementitious materials to assess their resistance to chloride penetration[J]. Cement and concrete composites，2002，24(5)：437-449.

[13] 林伦，王世伟. 掺和料对混凝土耐久性的影响[J]. 天津城市建设学院学报，2004，10(3)：204-207.

第11章 特殊季节、条件下机制砂高性能混凝土施工控制技术

11.1 冬期施工技术

11.1.1 概述

当环境昼夜平均气温(最高和最低气温的平均值或当地时间 6 时、14 时及 21 时室外气温的平均值)连续 3d 低于 5℃或最低气温低于－3℃时,混凝土施工应符合本节有关规定。

除非本节另有规定,冬期混凝土工程施工还应符合其他相关规定[1-3]。

冬期施工期间,当用硅酸盐水泥或普通硅酸盐水泥配制混凝土且其抗压强度达到设计强度的 30%前,混凝土均不得受冻。当混凝土抗压强度未达到 5MPa 前,也不得受冻。浸水冻融条件下的混凝土开始受冻时,其强度不得小于设计强度的 75%。

进入冬期施工前,应预先做好下列准备工作[4,5]:

(1)根据年度计划和施工组织设计,确定冬期施工的工程项目。对于大跨度拱桥、高架桥、隧道洞口附近及零小分散工程,不宜安排在冬期施工。

(2)收集工地气象台(站)历年气象资料,设置工地气象观测点,建立观测制度,及时掌握气象变化情况。

(3)落实有关工程材料、防寒物资、能源和机具设备。

(4)编制冬期施工方案及技术措施,对有关人员进行技术交底或培训。

冬期施工应根据工程类别、气象资料、材料来源和工期等要求,通过热工计算及经济分析,选择下列两类施工方法[6-8]:

(1)在养护期间不需对混凝土加热的蓄热法、掺外加剂法和综合法。

(2)在养护期间需利用外部热源对混凝土加热的暖棚法、蒸汽加热法、电热法和热综合法。

11.1.2 混凝土的配制、搅拌和运输

搅拌混凝土前,应先经过热工计算,并经试拌确定水和集料需要预热的最高温度,尽可能保证混凝土的入模温度不低于 5℃。水泥、矿物掺和料、外加剂等可在使用前运入暖棚进行自然预热,但不得直接加热。

混凝土宜选用较小的水胶比和较小的坍落度。

当需要对水进行加热处理时,水的加热温度不宜高于 80℃。当集料不加热时,水可加热

至 80℃以上，但搅拌时应先投入集料和已加热的水，拌匀后再投入水泥。当加热水尚不能满足要求时，可将集料均匀加热，其加热温度不应高于 60℃。当拌制的混凝土出现坍落度减小或发生速凝现象时，应重新调整拌和料的加热温度。混凝土搅拌时间宜较常温施工延长 50%左右。

集料中不得混有冰雪、冻块及易被冻裂的矿物质。

搅拌设备宜安装在气温不低于 10℃的厂房或暖棚内。搅拌混凝土前及停止搅拌后，应用热水冲洗搅拌机鼓筒。

混凝土的运输容器应有保温设施。运输时间应缩短，并尽量减少中间倒运环节。

11.1.3　混凝土的浇筑

混凝土浇筑前，应清除模板及钢筋上的冰雪和污垢。当环境气温低于－10℃时，应将直径大于或等于 25mm 的钢筋和金属预埋件加热至正温。

当旧混凝土面和外露钢筋(预埋件)暴露在冷空气中时，应对距离新、旧混凝土施工缝 1.5m范围内的旧混凝土和长度在 1.0m 范围内的外露钢筋(预埋件)进行防寒保温。

当混凝土不需加热养护，且在规定的养护期内不致冻结时，对于非冻胀性地基或旧混凝土面，可直接浇筑混凝土。当混凝土需加热养护时，混凝土和地基接触面的温度不得低于 2℃。

当浇筑负温早强混凝土时，对于用冻结法开挖的地基，或在冻结线以上且气温低于－5℃的地基应作隔热层。

混凝土浇筑应采用分层连续的方法浇筑，分层厚度不得小于 20cm。

采用加热养护的整体结构，当混凝土的养护温度高于 40℃时，应预先安排混凝土的浇筑顺序和施工缝的位置。

喷射混凝土作业区的环境气温和进入喷射机的材料温度不应低于 5℃。已喷射混凝土的强度未达到 5MPa 前不得受冻。

机制砂预应力高性能混凝土的孔道灌浆应在正温下进行，其强度达到 25MPa 前，不得受冻。

11.1.4　混凝土的养护与拆模

混凝土开始养护时的温度应按施工方案通过热工计算确定，但不得低于 5℃，细薄截面结构不宜低于 10℃。

当室外最低气温高于－15℃时，地下工程或表面系数(冷却面积和体积的比值)不大于 $15m^{-1}$的工程应优先采用蓄热法养护，并符合下列规定：

(1)所采用的保温措施应使混凝土的温度下降到 0℃以前达到相关规范规定的强度。

(2)混凝土浇筑成型后，应立即防寒保温。保温材料应按施工方案设置，并保持干燥。应对结构的边棱隅角加强覆盖保温，迎风面应采取防风措施。

(3)位于基坑中的混凝土，当地下水位较高时，可待顶面混凝土初凝后，采用放水淹没的方法养护；但当基坑地下水位超出混凝土顶面的高度小于冰层厚度时，不得放水养护。

当用蓄热法养护不能达到要求时，可采用外部热源加热法养护，养护制度应通过试验确定，并应符合下列规定：

(1)整体浇筑表面系数等于或大于 $6m^{-1}$ 的结构，升温速度不得大于 15℃/h；浇筑表面系数小于 $6m^{-1}$ 的结构，升温速度不得大于 10℃/h。

(2)用蒸汽加热法养护的混凝土，当采用快硬硅酸盐水泥、硅酸盐水泥和普通硅酸盐水泥时，养护温度不得高于 60℃。

(3)采用电热法养护的混凝土，当结构的表面系数小于 15 m^{-1} 时，养护温度不宜高于 40℃；当结构的表面系数大于 15 m^{-1} 时，养护温度不宜高于 35℃。

(4)恒温养护结束后，表面系数等于或大于 6 m^{-1} 的结构，降温速度不得大于 15℃/h；表面系数小于 $6m^{-1}$ 的结构，降温速度不得大于 5℃/h。

当采用电热法养护混凝土时，应符合下列规定：

(1)所有混凝土外露面覆盖后，方可通电加热。

(2)必须采用交流电源，电极的布置应保证混凝土的温度均匀。当达到设计强度的 50%时，应停止通电加热。

(3)工作电压宜采用 50～110V。当每立方米混凝土内钢筋用量不大于 50kg 时，工作电压也可采用 120～220V，严禁采用工作电压大于 380V 的电源。

(4)养护过程中应观察混凝土表面的温度。当表面开始干燥时，应暂停通电，并用温水湿润混凝土表面。

(5)掺用减水剂的混凝土，应经试验确认电热法养护对其强度无影响后，方可采用。

当采用暖棚法养护混凝土时，棚内底部温度不得低于 5℃，且混凝土表面应保持湿润；采用燃煤加热时，应将烟气排出棚外。

拆除模板和保温层应符合下列规定：

(1)当混凝土已达到相应的强度要求，并符合抗冻强度规定后，方可拆除模板。

(2)混凝土与环境的温差不得大于 15℃。当温差在 10℃以上，但低于 15℃时，拆除模板后的混凝土表面宜采取临时覆盖措施。

(3)采用外部热源加热养护的混凝土，当养护完毕后的环境气温仍在 0℃以下时，应待混凝土冷却至 5℃以下且混凝土与环境之间的温差不大于 15℃后，方可拆除模板。

11.1.5 混凝土的质量检验

定期检测水、外加剂及集料加入搅拌机时的温度，以及混凝土搅拌、浇筑时的环境温度，每一工作班至少检测 4 次。

混凝土养护温度的检测次数，应符合下列规定：

(1)当采用蓄热法养护时，在养护期间至少每 6h 检测 1 次。

(2)当采用蒸汽或电热法养护时，在升、降温期间每 1h 检测 1 次，在恒温期间每 2h 检测 1 次。

(3)室外气温及施工环境温度应每昼夜定时、定点观测 4 次。

混凝土养护温度的检测方法应符合下列规定：

(1)在结构隅角、突出、迎风和细薄部位应均匀留置测温孔，孔深可根据养护方法及结构尺寸进行确定。测温孔应编号并绘图。

(2)当采用蓄热法养护时，测温孔应设在易于散热的部位；当采用外部热源加热养护时，测温孔应在离热源不同的位置分别设置；大体积结构的测温孔应在表面及内部分别设置。

(3)检测混凝土温度时，测温计不应受外界气温的影响，并应在测温孔内至少留置3min。根据工地条件，可采用热电偶、热敏电阻等预埋式温度计检测混凝土的温度。

冬期施工的混凝土除应按本节的相关规定制作标准混凝土试件外，还应根据养护、拆模和承受荷载的需要，增加与结构同条件养护的施工试件不少于2组。此种试件应在解冻后试压。以上检测均应作记录。

11.2　夏(热)期施工技术[8-13]

11.2.1　混凝土的配制、搅拌和运输

混凝土原材料的储存和降温应满足以下要求：

(1)应对水泥、砂、石的储存仓、料堆等进行遮阳防晒处理，或在砂石料堆上喷水降温，以便降低原材料进入搅拌机的温度。

(2)采用冷却装置冷却拌和水，并对水管及水箱加遮阳和隔热设施，也可在拌和水中加碎冰作为拌和水的一部分。

(3)水泥进入搅拌机的温度不宜大于40℃。

混凝土配合比设计应考虑坍落度的损失。混凝土中可掺加减水剂或掺用粉煤灰取代部分水泥，以减少水泥用量。

搅拌站料斗、储水器、皮带运输机、搅拌楼都要尽可能采取遮阳措施，并尽量缩短搅拌时间。应经常测定混凝土的坍落度，调整混凝土的配合比，以满足施工所必需的坍落度要求。

混凝土宜选用水化热较低的水泥。当掺用缓凝型减水剂时，可根据气温适当增加坍落度。

宜尽可能在棚内或气温较低的晚上或夜间搅拌混凝土，以保证混凝土的入模温度满足设计要求。当设计未规定时，混凝土的入模温度不宜高于30℃。

宜采用混凝土运输搅拌车运输混凝土，混凝土运输容器应设防晒设施，并尽量缩短运输时间。运输混凝土过程中宜慢速搅拌混凝土，不得在运输过程加水搅拌。

11.2.2　混凝土的浇筑

夏(热)期浇筑混凝土前，应做好充分准备，备足施工设备，以保证混凝土能够连续进行浇筑；混凝土从搅拌机到入模的传递时间及浇筑时间要尽量缩短，并尽快开始养护。

混凝土浇筑宜选在一天温度较低的时间内进行。浇筑场地应遮阴，以降低模板、钢筋的温度；也可在模板、钢筋和地基上喷水以降温，但在浇筑时不能有附着水。

应加快混凝土的修整速度，修整时可用喷雾器喷少量水以防止表面裂纹，但不准直接往混凝土表面洒水。

混凝土浇筑前应将模板或基底喷水润湿。浇筑宜连续进行。

11.2.3 混凝土的养护

混凝土浇筑完后，表面应立即覆盖清洁的塑料膜，初凝后撤去塑料膜，再用浸湿的粗麻布覆盖，并经常洒水，保持潮湿状态最少 7d。当条件许可时，也可采取在混凝土表面喷雾降温、湿润空气等养护措施，在模板底部采取预先冷却的技术措施等。保湿养护期间，应采取遮阳和挡风措施，以控制温度和干热风的影响。

混凝土拆模后的洒水养护宜用自动喷水系统和喷雾器，湿养护应保证不间断，不得形成干湿循环。

对大体积混凝土应提前养护，且养护时间不应少于 28d。

11.2.4 质量检验

混凝土浇筑与养护时，环境温度每日检查 4 次，并做好检查记录；当温度超过热期规定的要求时，混凝土拌和时应采取有效降温、防晒措施，以保证混凝土的浇筑质量，否则应停止施工。

混凝土热期施工除应留标准条件下养护的试件外，还应制作相同数量的试件并将其置于与结构相同的环境条件下养护，检查其混凝土强度以指导施工。

在混凝土浇筑前，应通过试验确定在最高气温条件下，混凝土分层浇筑的覆盖时间，并在施工时应严格控制，不得超过。

在混凝土的浇筑过程中，应严格控制缓凝剂的掺量，并检查混凝土的凝结时间，以防因缓凝剂掺量不准造成危害。

11.3 附加防水与防腐蚀措施施工技术[14]

11.3.1 混凝土表面涂层

混凝土表面涂层涂装前应对混凝土表面进行处理。用水泥砂浆或与涂层涂料相容的填充料修补蜂窝、露石等明显的缺陷；用钢铲刀清除表面碎屑及不牢固的附着物；用汽油等适当溶剂抹除油污，最后用清洁水冲洗，使处理后的混凝土表面无露石、蜂窝、碎屑、油污、灰尘及不牢附着物等。

涂装工艺应符合下列规定[15,16]：

(1)不得随意变更设计确定的涂料品种牌号。当遇特殊情况需要变更时，应由设计部门重新设计和选定相应的涂料品种，且不得降低设计使用年限要求。

(2)涂料及辅料必须有产品出厂检验合格证书，且应在有效期内使用。

(3)对各种进场涂料应取样检验及保存样品，并应按现行国家标准《色漆和清漆　密度的测定　比重瓶法》(GB/T 6750—2007)和《色漆、清漆和塑料不挥发物含量的测定》(GB/T 1725—2007)的有关规定测定涂料的比重、固体含量和湿膜与干膜厚度的关系。

(4)各种涂料的使用应按产品说明书规定的方法进行。

(5)涂装方法应根据涂料的物理性能、施工条件、涂装要求和被涂结构的情况进行选择。宜采用高压无气喷涂，当条件不允许时，可采用刷涂或滚涂。

(6)涂装前应在表干区、表湿区各找 $10m^2$ 试验区，按相关要求处理表面，按涂层系统设计的配套涂料要求进行涂装试验。涂装试验时，应测定各层涂料耗用量(L/m^2)和湿膜的厚度，涂层经 7d 自然养护后用显微镜式测厚仪测定其平均干膜厚度。随机找三个点，用拉脱式涂层黏结力测试仪测定其涂层的黏结强度。各种测定值应作记录。

(7)当涂层黏结强度不能达到 1.5MPa 时，应按第 6 款的要求，另找 $20m^2$ 试验区重做涂装试验。如果仍不合格，应重新做涂层配套设计并经试验论证。

(8)涂装应在无雨的天气进行。涂装过程中应做好施工记录。

涂层的质量控制与检查应符合下列要求：

(1)施工过程中，应对每一道工序进行认真检查。

(2)应按设计要求的涂装道数和涂膜厚度进行施工，随时用湿膜厚度仪检查湿膜厚度，以控制涂层的最终厚度及其均匀性。

(3)涂装施工过程中应随时注意涂层湿膜的表面状况，当发现漏涂、流挂等情况时，应及时进行处理。每道涂装施工前应对上道涂层进行检查。

(4)涂装后应进行涂层外观的目视检查。涂层表面应均匀、无气泡、裂缝等缺陷。

(5)涂装完成 7d 后，应进行涂层干膜厚度测定。每 $50m^2$ 随机检测一个点，测点总数应不少于 30 个。平均干膜厚度应不小于设计干膜厚度，最小干膜厚度应不小于设计干膜厚度的 75%。当不符合上述要求时，应根据情况进行局部或全面补涂，直至达到要求的厚度为止。

11.3.2　环氧涂层钢筋施工

环氧涂层钢筋的原材料、加工工艺、质量检验方法及验收标准应符合现行行业标准《环氧树脂涂层钢筋》(JG 3042—1997)的有关规定[17]，不符合质量与验收标准者不得使用。

采用环氧涂层钢筋的混凝土应为优质混凝土，可同时掺加钢筋阻锈剂，但不得与外加电流阴极保护联合使用。

剪切与冷弯环氧涂层钢筋时，所有接触环氧涂层钢筋的支座和芯轴等接触区均应配尼龙套筒或其他合适的塑料套筒。

环氧涂层钢筋的包装、标志、搬运和存放除应符合行业标准《环氧树脂涂层钢筋》(JG 3042—1997)的有关规定外，尚应符合下列规定[16]：

(1)环氧涂层钢筋施工中应减少吊装次数，宜采用集装箱运输环氧涂层钢筋。

(2)环氧涂层钢筋的吊装应采用不损伤环氧涂层的绑带、麻绳索及多吊点的刚性吊架，或坚固的多点承托，接触环氧涂层钢筋的区域应设置垫片，不得在地上或其他钢筋上拖拽、掉落或承受冲击荷载。

(3)环氧涂层钢筋堆放时，其与地面之间应架空并设置保护性支承，各捆环氧涂层钢筋之间应用垫木隔开，支承的间距和垫木的间距应小到足以防止成捆钢筋的下垂，成捆堆放层数不得超过 5 层，无涂层钢筋与环氧涂层钢筋应分别堆放。

(4)环氧涂层钢筋现场存放期不宜超过6个月。当环氧涂层钢筋在室外存放的时间需要2个月以上时,应采取保护措施,避免阳光、盐雾和大气的影响。

在整个施工过程中应随时检验环氧涂层缺陷,严格限制环氧涂层钢筋出现过多的缺陷,每米涂层钢筋上小于25mm²的涂层缺陷的总面积不得超过钢筋表面积的0.1%。

架立环氧涂层钢筋时,不得采用无涂层钢筋。支承环氧涂层钢筋的垫块和绑扎环氧涂层钢筋的铁丝应采用尼龙、环氧、塑料或其他材料包裹。同一构件中,环氧涂层钢筋与无涂层钢筋不得有电连接。

环氧涂层钢筋架立后,不宜在其上行走,应防止工具或重物跌落其上,并应规定可移动设备的位置,以免损伤环氧涂层钢筋。浇筑混凝土前,应检查环氧涂层钢筋的涂层,尤其是剪切端头处,如有损伤应及时修补,待修补材料固化后,方可浇筑混凝土。

浇筑混凝土时,宜采用附着式振动器振捣密实。当采用插入式振动器时,应用塑料或橡胶包覆振动器,防止振捣混凝土过程中损伤环氧涂层。现场多次浇筑成整体或预制构件的外露环氧涂层钢筋应采取措施避免阳光曝晒。

环氧涂层钢筋的验收应符合下列规定:

(1)直径不大于20mm的环氧涂层钢筋宜2t为一验收批,直径大于20mm的环氧涂层钢筋宜4t为一验收批。

(2)每一验收批应随机至少抽取1根环氧涂层钢筋进行涂层厚度、连续性和柔韧性的复检。

(3)每米环氧涂层钢筋上涂层缺陷总面积最大不得超过钢筋表面积的0.05%。

环氧涂层钢筋的涂层厚度、连续性和柔韧性应符合下列规定:

(1)固化、无破损的环氧涂层厚度应为180～300μm。在每根被测钢筋的全部厚度记录值中,应有不少于95%的厚度记录值在上述规定范围内,且不得有低于130μm的厚度记录值。

(2)应在进行弯曲试验前检查环氧涂层的针孔数,每米长度上检测出的针孔数不应超过4个,且不得有肉眼可见的裂缝、孔隙、剥离等缺陷。

(3)环氧涂层钢筋弯曲后,应检查弯曲外凸面的针孔数,每米长度上检查出来的针孔数不应超过4个,且不得有肉眼可见的裂缝、孔隙、剥离等缺陷。

环氧涂层的修补应符合下列规定:

(1)在环氧涂层的任一点上,当涂层脱开、剥离或损伤到下列程度时,不得修补和使用。

①一点上的面积大于25mm²,或长度大于50mm,其中不包括钢筋剪切端头的修补面积;

②1m长度内有3个点以上,即使每个点的面积小于25mm²,或长度小于50mm;

③环氧涂层钢筋切下并弯曲的一段上,涂层有6个点以上的损伤。

(2)环氧涂层钢筋在搬运、加工、焊接、架立过程中造成的涂层损伤应按下列规定进行修补。

①加工过程中受到剪切、锯割或工具切断时的切断头,与焊接烧伤及热影响区,均应在切断或损伤后2h内及时修补;

②修补应采用环氧涂层钢筋生产厂家提供的材料;

③修补前,应除尽不黏着的涂层和修补处的锈迹;

④当修补时的环境相对湿度大于 85%时，应以电热吹风器适当加热；

⑤修补时，涂抹修补材料与已有牢固涂层的搭接范围应适当，不宜使已有的牢固涂层过量增厚；

⑥修补涂层厚度不得少于 180μm。

11.3.3　钢筋阻锈剂的应用[18]

下列情况下宜在混凝土中掺加钢筋阻锈剂。

(1)因条件所限，混凝土构件的保护层偏薄；

(2)因条件所限，混凝土氯离子含量超过规定；

(3)恶劣环境中的重要工程，要求进一步提高混凝土的护筋性。

施工前应按下列要求对钢筋阻锈剂的品质进行确认。

(1)钢筋阻锈剂对混凝土的主要物理、力学性能无不利影响；

(2)钢筋阻锈剂能有效抑制钢筋脱钝，防止钢筋锈蚀；

(3)钢筋阻锈剂在混凝土中能长期保持稳定。

使用钢筋阻锈剂应事先经过试配和适应性试验；钢筋阻锈剂与其他外加剂联合使用时，在搅拌时需首先加入钢筋阻锈剂后，再加入高程外加剂，搅拌时间可延长 1～3min，以便钢筋阻锈剂能在混凝土中均匀分布。

在氯盐环境中，掺入型(粉剂)钢筋阻锈剂的用量(kg/m^3 混凝土)应是结构使用年限内侵入混凝土中钢筋表面氯盐量(以 NaCl 计，kg/m^3 混凝土)的 1.2 倍。

在特殊情况下，混凝土拌和物的氯化物含量超过规定值需掺加阻锈剂时，应进行阻锈剂掺量的验证试验，并应将预期渗入氯化物含量加上该混凝土拌和物已有的氯化物含量，作为验证试验所采用的氯化物掺量。

掺钢筋阻锈剂混凝土可与环氧涂层钢筋、混凝土表面涂层等联合使用。

11.3.4　硅烷防水涂层施工

硅烷浸渍材料应原罐密封，储存于阴凉干燥处，并设立符合职业卫生和安全部门要求的警告牌。

喷涂设备应为不断循环的泵送系统，该系统提供的喷嘴压强应为 50～70kPa，水不得进入该系统的任何部分。

浸渍硅烷前应对混凝土进行下列表面处理：

(1)用水泥浆修补蜂窝、露石等明显缺陷，用钢铲刀清除表面碎屑及不牢固的附着物；

(2)按现行行业标准《水运工程混凝土施工规范》(JTS 202—2011)的有关规定修补宽度大于 0.2mm 的裂缝；

(3)清除不利于硅烷浸渍的灰尘、油污等有害物与污染物；

(4)当混凝土采用脱模剂或养护剂时，应按相关规定，通过喷涂试验确定脱模剂或养护剂对硅烷浸渍的影响，否则，在硅烷浸渍前，应充分清除；

(5)喷涂硅烷的混凝土表面应为面干状态。进行上述清除工作时，当需使用饮用水冲洗时，则应在冲洗后自然干燥 72h。在水位变动区，应在海水落到最低潮位，混凝土表面看不到水时，喷涂硅烷，以尽量延长喷涂前的自然干燥期。下雨或有强风、强烈阳光直射时不得喷涂硅烷。

浸渍硅烷施工应符合下列规定：

(1)喷涂硅烷的混凝土龄期应不少于28d，或混凝土修补后应不少于14d；

(2)喷涂2遍，2遍之间的间隔时间至少为6h。

本章参考文献

[1] 中华人民共和国行业标准. JGJ/T 104—2011 建筑工程冬期施工规程[S]. 北京：中国建筑工业出版社，2011.

[2] 中华人民共和国行业标准. JTG/T F50—2011 公路桥涵施工技术规范[S]. 北京：人民交通出版社，2011.

[3] 中华人民共和国行业标准. JTS 202—2011 水运工程混凝土施工规范[S]. 北京：人民交通出版社，2011.

[4] 刘红. 浅析混凝土冬季施工措施[J]. 中华民居，2014，03：327-328.

[5] 王鹏伟，李镇. 混凝土冬季施工常见冻害及预防[J]. 混凝土世界，2012，41：68-70.

[6] 周杰刚. 混凝土冬季施工技术探讨[J]. 福建建材，2011，01：33-34.

[7] 曹先库. 大面积混凝土冬季施工质量控制措施探讨[J]. 水电能源科学，2009，27(06)：147-149.

[8] 原晋濮. 混凝土冬季施工的要点[J]. 山西建筑，2007，33(06)：148-149.

[9] 廖蓉. 混凝土夏季施工裂缝的产生原因及防治[J]. 广东建材，2010，05：40-41.

[10] 王军军. 浅谈混凝土夏季施工的质量控制[J]. 山西建筑，2010，24：240-241.

[11] 李莉，陈辉. 论桥梁工程中高性能混凝土的夏季施工[J]. 北方交通，2014，01：36-38.

[12] 沈凯华，董磊. 浅析商品混凝土夏季施工措施[J]. 商品混凝土，2014，03：68，50.

[13] 卢详军. 混凝土夏季施工质量控制浅谈[J]. 广西质量监督导报，2008，07：46，48.

[14] 中华人民共和国国家标准. GB 50496—2009 大体积混凝土施工规范[S]. 北京：中国计划出版社，2009.

[15] 中华人民共和国国家标准. GB/T 50476—2008 混凝土结构耐久性设计规范[S]. 北京：中国建筑工业出版社，2008.

[16] 中华人民共和国行业标准. JT/T 695—2007 混凝土桥梁结构表面涂层防腐技术条件[S]. 北京：人民交通出版社，2007.

[17] 中华人民共和国行业标准. JG 3042—1997 环氧树脂涂层钢筋[S]. 北京：中国标准出版社，1997.

[18] 中华人民共和国行业标准. YB/T 9231—2009 钢筋阻锈剂应用技术规程[S]. 北京：冶金工业出版社，2009.